普通高等教育"十一五"国家级规划教材

大学数学
数学分析

（上册）

上海交通大学数学系
数学分析课程组　编

高等教育出版社·北京

内容提要

本书是普通高等教育“十一五”国家级规划教材“大学数学”系列教材之一，本着培养高素质综合性人才，贯彻“工科专业、理科基础”的总体指导思想，特为计算机、电信、管理等工科专业学生编写的。

从总体框架和结构上看，教材仍保持数学分析课程的原貌，主要具有如下特色：作为定位于理科和工科之间的教材，在概念引入、方法应用与例题介绍中尽可能联系应用问题或借用工程实例；加强了对基本概念的分析训练，同时着重介绍定理和例题证明的分析思路，使学生能逐步学会和掌握数学证明的思想和方法；对数学分析的重要思想和典型方法予以充分关注，对课程难点适当予以分散；相当一部分内容出自编者们自己的教学研究成果和教学经验总结；例题与习题都经过精选，有不少选自新引进的国外教材以及近年来本校和其他高校的考试题、考研题，题型较为新颖，覆盖面广。

本书为上册，内容包括集合与函数、极限与连续、实数及连续性、导数与微分、微分中值定理及其应用、不定积分、定积分、广义积分等八章。教材力图既体现数学分析本身的系统性、严密性，又符合好看易学、简洁精练的原则，使之既能适用于具有较高数学基础要求的非数学类专业，同时也可以作为数学专业的学习参考书。

图书在版编目（CIP）数据

大学数学. 数学分析. 上册/上海交通大学数学系数学分析课程组编. --北京:高等教育出版社,2007.5（2020.8重印）
ISBN 978-7-04-021207-5

Ⅰ. 大… Ⅱ. 上… Ⅲ. ①高等数学-高等学校-教材②数学分析-高等学校-教材 Ⅳ. O13

中国版本图书馆 CIP 数据核字(2007)第 038827 号

出版发行	高等教育出版社	咨询电话	400-810-0598
社　　址	北京市西城区德外大街 4 号	网　　址	http://www.hep.edu.cn
邮政编码	100120		http://www.hep.com.cn
印　　刷	天津嘉恒印务有限公司	网上订购	http://www.landraco.com
开　　本	787mm×960mm　1/16		http://www.landraco.com.cn
印　　张	19.75	版　　次	2007 年 5 月第 1 版
字　　数	370 千字	印　　次	2020 年 8 月第 7 次印刷
购书热线	010-58581118	定　　价	23.80 元

本书如有缺页、倒页、脱页等质量问题，请到所购图书销售部门联系调换

物 料 号　21207-00

前　言

数学分析是近代数学的基础，在科学技术中有着广泛的应用。作为高校数学专业重要的入门课程之一，它对于后续课程的学习乃至对学生素质的训练和培养起着举足轻重的作用。

随着时代进步和形势发展，科技创新成果和科学创新理论中的数学含量日益凸现和增强，数学分析也由昔日的"王榭堂前燕"开始飞入"寻常百姓家"，为更多非数学类专业的科技工作者所了解和熟悉，而数学分析在对学生思想训练中起到的作用也越来越受到人们重视。

上世纪 80 年代中期，本校开设了教改试点班和本硕联读班。本着培养高素质综合性人才，贯彻"工科专业、理科基础"的总体指导思想，学校从一开始就将数学分析作为主课导入部分工科专业的课程计划，以加强学生对数学思想与方法的认识，强化对学生的逻辑思维与科学规范的训练。近年来，数学分析的授课范围更延展到多个院系，并且还有进一步扩大的势头。

这一教改举措取得明显成效，不但提升了非数学类专业学生的数学水平，更培养了这些学生严谨、细致的作风和对新事物执著的探索精神。

由于授课对象、教学时数以及对课程的具体要求各有不同，本书编者们在长期教学实践的基础上对现有的教材作了细致比较与取舍，集众家之长，抒一己之见，经两年多时间的努力反复推敲终成此书。

我们编写本书的指导思想是，力图使教材既体现数学分析本身的系统性、严密性，又符合好看易学、简洁精练（全部内容在两学期内用 216 学时授完（含空间解析几何与常微分方程初步），其中带 * 号的为选学部分，可灵活掌握）的原则，使之既能适用于要求具有较高数学基础的非数学类专业，同时也可以作为数学专业的学习参考书。

基于这一思想，编者们对课程内容作了精心安排与挑选，力求内容有新意，方法有典型性和启发性。对一些基本概念和重要问题，就我们所想到的作了必要的注记：说明问题的背景，解题思想的分析，应注意的关键之点以及与其他内容的联系等等。

在总体框架和结构上，我们仍保持了数学分析课程原有的风貌，也不打算在基础训练阶段过多地引入更深刻的后续课程内容，但在以下几个方面我们作了很大的努力：

一、作为定位于理科和工科之间的教材,在概念引入、方法应用与例题介绍中都尽可能联系应用问题或借用工程实例。比如,在引进曲边梯形面积概念时,不惜花费较多笔墨加以描述,以使学生对定积分概念以及可积性条件有比较自然的理解,同时又在其后的定积分应用中作必要的呼应。

二、加强了对基本概念的分析训练,同时着重介绍定理和例题证明的分析思路,使学生能逐步学会和掌握数学证明的思想和方法。此外,习题配置既保证相当数量,难度上也呈梯次递进,以保证足够的训练量和训练强度,并且兼顾到各类学生的实际需要。

三、对数学分析的重要思想和典型方法予以充分关注,对课程难点适当予以分散。比如,在函数极限介绍了 Heine 归并定理后,即用这一定理证明了一系列函数极限的性质,并在对原命题作推广后进一步用于 L'Hospital 法则的证明中。

闭区间上连续函数性质的证明,按通常的习惯做法是将它们全放在实数连续性定理这一章中,而本书是在课程开头已引入确界原理的条件下,提前用确界原理加以论证。其中"介值性"作为区间上连续函数性质已先行作了介绍,而后又用同一思想证明了闭区间上连续函数的"有界性"。这样处理的好处是减轻了后一章"实数连续性定理"的难度与强度,也使学生对如何用确界原理证明问题有所理解和熟悉。

四、相当一部分内容出于编者们自己的教学研究成果和教学经验总结。比如,用 Stolz 定理和 Heine 归并定理证明 L'Hospital 法则,证法十分简洁而不失严谨;用 Duhamel 定理(一个典型的定积分习题)直接导出定积分以及曲线、曲面积分中若干重要的计算公式,从而无须借助于"ε-δ"语言的繁复叙述;对某些典型例题处理方法的改进与简化等等。有些内容尽管略去繁复的证明(如 Euler 积分中 Γ 函数与 B 函数的转换公式),但指出了解决问题的不同思想与途径以及相关资料出处,可供有兴趣、有余力的学生进一步学习钻研。

值得指出的是,教材在个别问题处理上却是"舍近求远",反其道而行之,比如,对定积分 Riemann 引理的介绍,我们没有采用常规的证法,而是将 $f(x)$ 先定义为常数,再定义为阶梯函数,最后定义为一般可积函数。由浅入深,由易转难,用前一结果论证后一问题。这并不仅仅是为了得出应用上更为广泛的推广命题,而是我们认为这更符合人们对客观规律的认识过程——从特殊到一般,从简单到复杂,从具体到抽象。

五、例题与习题都经过精选,有不少选自新引进的国外教材以及近年来本校和其他高校的考试题、考研题,题型较为新颖,覆盖面齐全。

在编排习题时,我们尽可能考虑和体现将其作为课程内容的延展。针对大一新生的特点,在本书上册(函数、极限、连续等章)特地安排了相似例题,以让学生从"模仿"入手逐步适应,再继而学习"创新"。此外,本书的概念和定理之后一般都有补充说明,其中既有需要进一步叙述清楚的地方,也提供可深入思考的问题。

本教材由上海交通大学数学系数学分析课程组集体讨论定稿,乃兵、陈克应、陈贤峰、邵国年、汪静、章仰文、裘兆泰(以姓氏笔画为序)等同志参与编写。初稿完成后,以胶印讲义形式在本校电信学院、软件学院和管理学院经两轮使用,并根据反馈信息作了适当的增补和删改。数学系系主任王维克教授仔细审阅了全书,并提出不少中肯的意见,高等教育出版社的李艳馥以及本书责任编辑李华英等老师为本书出版付出辛勤的努力,在此一并表示衷心的感谢。

囿于编者们的经验和学识,尽管竭诚而为之,但仍难免挂一漏万,书中的错误与失当之处也自然难免,敬请专家与广大读者不吝指正。

编　者

2006 年 11 月于上海交通大学

目　录

第一章 集合与函数

数学是一门研究数量关系和空间形式的科学,数学分析是讲述变量间最本质的联系——函数理论的基础课程,是几乎所有后继数学课程的奠基石.在培养学生具有良好的数学素质方面,它所起的作用是任何其他课程都无法相比的.

1.1 集合及其运算

集合论是当今数学各个分支的理论基础,具有无可比拟的重要作用.在本节中我们只是初步介绍在本课程中所涉及的有关集合的一些基本概念.

1.1.1 集合的概念

所谓一个"集合"(或"集"),是指在一定范围内可以互相区别的事物的全体.构成一个集合的每一事物称为该集合的*元素*或*点*.

若 x 是构成集合 A 的事物之一,则称 A 含有 x,或称 x 属于 A,记作 $x\in A$.

若 x 不是构成集合 A 的事物,则称 A 不含有 x,或称 x 不属于 A,记作 $x\notin A$.

对事物 x 与集合 A 来说,关系"$x\in A$"与"$x\notin A$"中有且只有一个成立.

为了方便,我们引进所谓不含任何元素的集合,称之为空集,记为 $\varnothing$.

注意,一个集合中的各个元素必须是彼此互异的,在集合的表示中相同的元素只出现一次.

表示集合的方法通常有两种:枚举法与条件法.

例如,由 a,b,c 这三个字母组成的集合 A 可表示为

$$A=\{a,b,c\}.$$

又如,$\{x\mid x^2+1=0, x \text{ 为实数}\}=\varnothing$;$\{x\mid x^2+1=0, x \text{ 为复数}\}=\{-\mathrm{i},\mathrm{i}\}$.

注意,$\{x\mid x \text{ 为高个子人}\}$ 不能表示集合,因为我们无法区分每一个具体的人是否为"高个子".

集合 $\{\varnothing\}$ 不是空集,该集合含有元素 $\varnothing$.

以下是本书中常见的一些集合的记号:

自然数集 **N**①;整数集 **Z**;有理数集 **Q**;实数集 **R**;正实数集 $\mathbf{R}_+$.

若集合 A 由 n 个元素组成,此处 n 是一个确定的自然数,则称 A 为有限集;特别地,当 $n=1$ 时,即仅由一个元素组成的集合称为单点集.

不是有限集的集合称为无限集.

若无限集 A 中元素可根据某一规律按序表示为

$$A=\{x_1,x_2,\cdots,x_n,\cdots\},$$

则称之为可列集.

不是可列集的无限集称为不可列集.

例 1 证明有理数集是可列集.

证明 有理数集 **Q** 中每个元素均可表示为 $x=\dfrac{p}{q}$,其中 $p\in\mathbf{Z},q\in\mathbf{N}$,且互质.现将满足 $q+|p|=n,n=1,2,\cdots$ 的所有有理数 $\dfrac{p}{q}$ 作一一排列,满足 $q+|p|=1$ 的有理数只有一个 0;满足 $q+|p|=2$ 的有理数只有 $\dfrac{1}{1},\dfrac{-1}{1}$ 两个;满足 $q+|p|=3$ 的有理数为 $\dfrac{2}{1},\dfrac{-2}{1},\dfrac{1}{2},\dfrac{-1}{2}$ 四个;……;满足 $q+|p|=n$ 的有理数为 $\dfrac{n-1}{1}$, $\dfrac{-(n-1)}{1},\dfrac{n-2}{2},\dfrac{-(n-2)}{2},\cdots,\dfrac{1}{n-1},\dfrac{-1}{n-1}$ 共 $2(n-1)$ 个;…….这样可将有理数集 **Q** 中元素按此规律无一遗漏地一一排列出来,故有理数集 **Q** 是可列集.

1.1.2 若干逻辑记号

设 P,Q 为两个命题.

“$P\Rightarrow Q$”表示“由命题 P 可推出命题 Q”,或“P 蕴涵 Q”,此时称 P 为 Q 的充分条件,相应地称 Q 为 P 的必要条件.

“$P\Leftrightarrow Q$”表示“$P\Rightarrow Q$ 且 $Q\Rightarrow P$”,此时称 Q 为 P 的充要条件,即 $P\Rightarrow Q$ 为必要性,$Q\Rightarrow P$ 为充分性.

记号“$\exists$”意指“存在”;记号“$\forall$”意指“每一个”、“任意的”或“任意给定的”;记号“:”意指“有”或“使得”.

例如,可将命题“对任意 $M>0$,存在 $n\in\mathbf{N}$,使得 $|x_n|\geqslant M$”用逻辑记号简单表述为“$\forall M>0,\exists n\in\mathbf{N}:|x_n|\geqslant M$”.

命题 P 的否命题称为 P 的否,记为 $\neg P$,$\neg P$ 的正面叙述在以后的学习中是非常有用的.

现设命题 P 为“对任意 $M>0$,存在 $n\in\mathbf{N}$,使得 $|x_n|\geqslant M$”,我们先试着将 P

---

① 本书中的自然数集 **N** 不包含零.

的否命题写出：

$\neg P$ 应为“并非对所有 $M>0$，都存在 $n\in\mathbf{N}$，使得 $|x_n|\geqslant M$”，即“存在 $M>0$，不存在 $n\in\mathbf{N}$，使得 $|x_n|\geqslant M$”，即“存在 $M>0$，对任意 $n\in\mathbf{N}$，使得 $|x_n|<M$”.

再用逻辑记号分别表示 P 和 $\neg P$，则有

$$P \text{ 为“} \forall M>0,\ \exists n\in\mathbf{N}: |x_n|\geqslant M\text{”}.$$

$$\neg P \text{ 为“} \exists M>0,\ \forall n\in\mathbf{N}: |x_n|<M\text{”}.$$

一般地，一个命题的否命题的正面叙述用逻辑记号表示遵循如下规律：首先将原命题 P 用逻辑记号表示，而否命题 $\neg P$ 只要将 P 中的“$\forall$”改为“$\exists$”，“$\exists$”改为“$\forall$”，并将最后结论改成否定形式即可.

为进一步熟悉逻辑记号的运用，下面我们看几个简单命题的证明.

例 2 设 $a,b\in\mathbf{R}$，则 $a\leqslant b \Leftrightarrow \forall \varepsilon>0: a<b+\varepsilon$.

证明 “$\Rightarrow$”为显然. 下面用反证法证明“$\Leftarrow$”. 事实上，若 $a>b$，则

$$\exists \varepsilon=\frac{a-b}{2}>0: a>\frac{a+b}{2}=b+\varepsilon.$$

由此即得所证.

例 3 设 $a,b\in\mathbf{R}$，则 $a\leqslant b\Leftrightarrow \forall n\in\mathbf{N}: a<b+\dfrac{1}{n}$.

证明 由例 2，我们只需证明

$$\forall \varepsilon>0: a<b+\varepsilon \quad\Leftrightarrow\quad \forall n\in\mathbf{N}: a<b+\frac{1}{n}.$$

“$\Rightarrow$”为显然. 下证“$\Leftarrow$”. 事实上，

$$\forall \varepsilon>0,\ \exists n\in\mathbf{N}: n>\frac{1}{\varepsilon} \quad\Rightarrow\quad 0<\frac{1}{n}<\varepsilon \quad\Rightarrow\quad a<b+\frac{1}{n}<b+\varepsilon.$$

例 4 设 $a,b\in\mathbf{R}$，则 $a=b\Leftrightarrow \forall \varepsilon>0: |a-b|<\varepsilon$.

证明 事实上，$a=b \quad\Leftrightarrow\quad |a-b|=0 \quad\Leftrightarrow\quad |a-b|\leqslant 0$

$$\Leftrightarrow\quad \forall \varepsilon>0: |a-b|<\varepsilon \text{（由例 2）}.$$

在以上的证明中，注意以下三点：

(1) 在例 2 的充分性证明中，事实上是证明了与原命题等价的逆否命题，即

$$\text{“}Q\Rightarrow P\text{”} \quad\Leftrightarrow\quad \text{“}\neg P\Rightarrow \neg Q\text{”}.$$

这是一种常用的证明方法.

(2) 在例 3 的证明中，我们利用了等价关系的所谓“传递性”，即

$$\text{“}P\Leftrightarrow R\text{”且“}Q\Leftrightarrow R\text{”} \quad\Rightarrow\quad \text{“}P\Leftrightarrow Q\text{”}.$$

同时，例 3 证明中所得的等价关系本身也很重要.

(3) 在例 4 的证明中，我们利用了例 2 的结论，这种探究“已知”与“未知”的联系、“由点及面”的思考方法值得重视.

1.1.3 集合的相等与包含关系

若集合 A 的元素均为集合 B 的元素，即

$$x\in A \quad\Rightarrow\quad x\in B,$$

则称 A 为 B 的子集，并称 A 包含于 B，或 B 包含 A，记为 $A\subset B$ 或 $B\supset A$.

若 A 与 B 的元素完全一致，即

$$x\in A \quad\Leftrightarrow\quad x\in B,$$

则称 A 与 B 相等，记为 $A=B$.

若 $A\subset B$ 且 $A\neq B$，则称 A 为 B 的真子集.

规定空集 $\varnothing$ 是任何集合的子集.

关系"$\subset$"满足：

(1) $A\subset A$；

(2) 若 $A\subset B$ 且 $B\subset A$，则 $A=B$；

(3) 若 $A\subset B$，$B\subset C$，则 $A\subset C$.

1.1.4 集合的运算

由集合 A 中的所有元素与集合 B 中的所有元素所构成的集合称为 A 和 B 的并集，记为 $A\cup B$，即

$$A\cup B=\{x\mid x\in A \text{ 或 } x\in B\}.$$

由集合 A 和 B 的一切共有元素所构成的集合称为 A 和 B 的交集，记为 $A\cap B$，即

$$A\cap B=\{x\mid x\in A \text{ 且 } x\in B\}.$$

特别地，若 $A\cap B=\varnothing$，即 A 和 B 无共有元素，则称 A 和 B 不相交.

由一切属于 A 但不属于 B 的元素所构成的集合称为 A 与 B 的差集，记为 $A\backslash B$，即

$$A\backslash B=\{x\mid x\in A \text{ 且 } x\notin B\}.$$

若 $A\subset X$，则 $X\backslash A$ 称为 A 关于 X 的余集（或补集），记为 $\complement_X A$，如果没有必要标出 X，也可简记为 A^c. 由此可知，若 $A,B\subset X$，则有 $A\backslash B=A\cap B^c$.

关于"并"、"交"和"余"有以下运算性质：

(1) 交换律 $A\cup B=B\cup A, A\cap B=B\cap A$；

(2) 结合律 $(A\cup B)\cup C=A\cup(B\cup C), (A\cap B)\cap C=A\cap(B\cap C)$；

(3) 分配律 $(A\cup B)\cap C=(A\cap C)\cup(B\cap C), (A\cap B)\cup C=(A\cup C)\cap(B\cup C)$；

(4) 对偶律(De Morgan 公式) $(A\cup B)^c=A^c\cap B^c, (A\cap B)^c=A^c\cup B^c$.

1.1.5 集族

若集合 C 的元素本身都是集合 X 的子集，则称 C 为集合 X 上的一个集族.

设有一个集合 Λ(称为指标集)，使得对于指标集 Λ 中的每一个元素 λ，有 X 的一个子集 A_λ 与之对应，这样就得到 X 上的一个集族

$$C=\{A_\lambda \mid \lambda\in\Lambda, A_\lambda\subset X\},$$

简记为 $\{A_\lambda\}_{\lambda\in\Lambda}$，称之为由指标集 Λ 所确定的 X 上的集族.

指标集 Λ 一般是一个数集，它可以是有限集，也可以是无限集，可以是可列集，也可以是不可列集. 例如，可以取 $\Lambda=\{1,2,\cdots,n\}$；$\Lambda=\mathbf{N}$；$\Lambda=[0,1]$ 中有理数；$\Lambda=[a,b]$ 等等. 假如我们设 $A_n=\left(a+\dfrac{1}{n}, b-\dfrac{1}{n}\right), n\in\mathbf{N}$，记 $\Lambda=\mathbf{N}$，$X=(a,b)$，则 $C=\{A_n \mid n\in\Lambda, A_n\subset X\}$ 就是由指标集 $\Lambda=\mathbf{N}$ 所确定的 $X=(a,b)$ 上的一个集族.

对于由指标集 Λ 所确定的 X 上的集族中的元素，也可作相应的并与交运算，记为

$$\bigcup_{\lambda\in\Lambda}A_\lambda=\{a \mid \exists\lambda\in\Lambda \text{ 使得 } a\in A_\lambda\},$$

$$\bigcap_{\lambda\in\Lambda}A_\lambda=\{a \mid \forall\lambda\in\Lambda \text{ 有 } a\in A_\lambda\}.$$

特别地，若 $\Lambda=\{1,2,\cdots,n\}$，则其并与交分别记为

$$\bigcup_{k=1}^{n}A_k \quad 与 \quad \bigcap_{k=1}^{n}A_k.$$

又若 Λ 为自然数集 $\mathbf{N}$，则记 $\{A_\lambda\}_{\lambda\in\Lambda}$ 为 $\{A_n\}$，其并与交分别记为

$$\bigcup_{n=1}^{\infty}A_n \quad 与 \quad \bigcap_{n=1}^{\infty}A_n.$$

$\{A_n\}$ 通常称为集合序列，简称为集列.

若 n 为自然数，则记号 $\{A_k\}_{k\geqslant n}$，$\bigcup\limits_{k=n}^{\infty}A_k$ 以及 $\bigcap\limits_{k=n}^{\infty}A_k$ 的意义是显而易见的.

需要特别指出的是，在集族的表示中并不要求当 $\alpha\neq\beta$ 时有 $A_\alpha\neq A_\beta$，对集合序列也有同样的说明.

例 5 设 $A_n=\left\{x \,\middle|\, x\geqslant\dfrac{1}{n}\right\}=\left[\dfrac{1}{n},+\infty\right)(n=1,2,\cdots)$，则 $\bigcup\limits_{n=1}^{\infty}A_n=\mathbf{R}_+$.

证明 由于 $\forall n\in\mathbf{N}: A_n\subset\mathbf{R}_+$，于是 $\bigcup\limits_{n=1}^{\infty}A_n\subset\mathbf{R}_+$.

反之，

$$\forall x\in\mathbf{R}_+ \quad\Rightarrow\quad x>0 \quad\Rightarrow\quad \exists n\in\mathbf{N}: x\geqslant\frac{1}{n} \text{ 即 } x\in A_n$$

$$\Rightarrow \quad x \in \bigcup_{n=1}^{\infty} A_n \quad \Rightarrow \quad \mathbf{R}_+ \subset \bigcup_{n=1}^{\infty} A_n.$$

例 6　设 $A_n = \left(a - \dfrac{1}{n}, b + \dfrac{1}{n}\right)(n = 1, 2, \cdots)$，则 $\bigcap\limits_{n=1}^{\infty} A_n = [a, b]$.

证明　$x \in \bigcap\limits_{n=1}^{\infty} A_n \quad \Leftrightarrow \quad \forall n \in \mathbf{N}: x \in A_n$ 即 $a - \dfrac{1}{n} < x < b + \dfrac{1}{n}$

$$\Leftrightarrow \quad a \leqslant x \leqslant b, \text{即 } x \in [a, b] (\text{由例 } 3).$$

1.1.6　集合的直积(集)

设 A, B 是两个集合，令

$$A \times B = \{(a, b) \mid a \in A, b \in B\},$$

称之为集合 A 和 B 的直积集(Cartesian 积集). 规定

$$(a_1, b_1) = (a_2, b_2) \quad \Leftrightarrow \quad a_1 = a_2 \text{ 且 } b_1 = b_2.$$

类似地，n 个集合 $A_k (1 \leqslant k \leqslant n)$ 的直积定义为

$$\prod_{k=1}^{n} A_k = \{(a_1, a_2, \cdots, a_n) \mid a_k \in A_k, k = 1, 2, \cdots, n\}.$$

特别地，记 $\mathbf{R}^2$ 为平面上点 (x, y) 的全体；$\mathbf{R}^3$ 为空间中点 (x, y, z) 的全体.

例 7　设 $A = [a, b], B = [c, d], C = [e, f]$ 为三个闭区间，则

$$A \times B = [a, b] \times [c, d]$$

表示平面上的一个闭矩形；而

$$A \times B \times C = [a, b] \times [c, d] \times [e, f]$$

表示空间中的一个闭长方体.

类似地，$(a, b) \times (c, d)$ 表示平面上的开矩形；$(a, b) \times (c, d) \times (e, f)$ 表示空间中的开长方体.

习题 1.1

1. 证明：整数集 $\mathbf{Z}$ 为可列集.

2. 证明：

(1) $\bigcap\limits_{n=1}^{\infty} \left(0, \dfrac{1}{n}\right) = \varnothing$；　(2) $\bigcap\limits_{n=1}^{\infty} \left[-\dfrac{1}{n}, \dfrac{1}{n}\right] = \{0\}$；　(3) $\bigcap\limits_{n=1}^{\infty} \left(1 - \dfrac{1}{n}, 2 + \dfrac{1}{n}\right) = [1, 2]$；

(4) $\bigcup\limits_{n=1}^{\infty} \left[1 + \dfrac{1}{n}, 3 - \dfrac{1}{n}\right] = (1, 3)$；　(5) $\bigcup\limits_{n=1}^{\infty} \left(\dfrac{1}{n}, n\right] = (0, +\infty)$.

3. 对下列命题 P 用逻辑记号写出 $\neg P$ 的正面叙述：

(1) P 为 $\forall a \in A: a \in B$；

(2) P 为 $\forall k \in \mathbf{N}, \exists N_k \in \mathbf{N}, \forall n > N_k: |x_n - a| < \dfrac{1}{k}$.

1.2 常用不等式举例

1. 若 $a\leqslant b\leqslant c$,则 $|b|\leqslant\max\{|a|,|c|\}\leqslant|a|+|c|$.

2. $\big||a|-|b|\big|\leqslant|a\pm b|\leqslant|a|+|b|$.

3. (Bernoulli 不等式) $(1+x)^n\geqslant 1+nx$(其中 $x>-1,n\in\mathbf{N}$).

4. (平均不等式) $\dfrac{n}{\sum\limits_{k=1}^{n}\dfrac{1}{x_k}}\leqslant\left(\prod\limits_{k=1}^{n}x_k\right)^{\frac{1}{n}}\leqslant\dfrac{1}{n}\sum\limits_{k=1}^{n}x_k$ (其中 $x_k>0,k=1,2,\cdots,n;n\in\mathbf{N}$).

5. (Schwarz 不等式) $\left|\sum\limits_{k=1}^{n}a_kb_k\right|\leqslant\sum\limits_{k=1}^{n}|a_kb_k|\leqslant\left(\sum\limits_{k=1}^{n}a_k^2\right)^{\frac{1}{2}}\left(\sum\limits_{k=1}^{n}b_k^2\right)^{\frac{1}{2}}$.

我们只证明平均不等式. 先证右边不等式(常称之为 A-G 不等式).

当 $n=1,2$ 时,不等式显然成立.

当 $n=2^k(k\in\mathbf{N})$ 时,不等式是 $\sqrt{ab}\leqslant\dfrac{a+b}{2}$ 的直接推论.

当 $n\neq 2^k$ 时, 必 $\exists\, l\in\mathbf{N}:2^{l-1}<n<2^l$. 令

$$\sqrt[n]{x_1x_2\cdots x_n}=\bar{x},\quad x_k=\bar{x}(n<k\leqslant 2^l),$$

则有

$$\begin{aligned}\bar{x}&=(\bar{x}^n\cdot\bar{x}^{2^l-n})^{\frac{1}{2^l}}=\left(\prod_{k=1}^{2^l}x_k\right)^{\frac{1}{2^l}}\leqslant\frac{1}{2^l}\sum_{k=1}^{2^l}x_k\\&=\frac{1}{2^l}\left(\sum_{k=1}^{n}x_k+(2^l-n)\bar{x}\right),\end{aligned}$$

整理后即得 A-G 不等式.

对 $\dfrac{1}{x_1},\dfrac{1}{x_2},\cdots,\dfrac{1}{x_n}$ 应用 A-G 不等式,即可得到平均不等式中的左边不等式.

习题 1.2

1. 证明不等式:

(1) $|a+b|^p\leqslant 2^p\max\{|a|^p,|b|^p\}(p>0)$; (2) $\max\{|a+b|,|a-b|,|1-b|\}\geqslant\dfrac{1}{2}$.

2. 设 $a,b>0$,证明不等式:

(1) $(a+b)^p\geqslant a^p+b^p(p>1)$; (2) $(a+b)^p\leqslant a^p+b^p(0<p<1)$.

3. 证明不等式:

$$\frac{1}{2\sqrt{n}}\leqslant\frac{(2n-1)!!}{(2n)!!}<\frac{1}{\sqrt{2n+1}}(n\in\mathbf{N}).$$

4. 试证 Bernoulli 不等式:

$$(1+x)^n \geqslant 1+nx\ (x>-1, n\in\mathbf{N}).$$

并利用 Bernoulli 不等式证明：$\sqrt[n]{2}-1<\frac{1}{n}\ (n>1)$.

5. 设 $x_k>0\ (k=1,2,\cdots,n)$，且 $\prod\limits_{k=1}^{n} x_k=1$. 证明：$\sum\limits_{k=1}^{n} x_k \geqslant n$.

6. 证明下列不等式（其中 $n\in\mathbf{N}$）：

(1) $n! \leqslant \left(\frac{n+1}{2}\right)^n$；　　(2) $\sqrt[n]{n}-1<\frac{2}{\sqrt{n}}$；

(3) $\left(1+\frac{1}{n}\right)^n \leqslant \left(1+\frac{1}{n+1}\right)^{n+1}$；　　(4) $\left(1+\frac{1}{n}\right)^{n+1} \geqslant \left(1+\frac{1}{n+1}\right)^{n+2}$.

7. 证明 Schwarz 不等式：

$$\left(\sum_{k=1}^{n} a_k b_k\right)^2 \leqslant \sum_{k=1}^{n} a_k^2 \cdot \sum_{k=1}^{n} b_k^2.$$

8. 考察数集 $E=\{\sqrt[n]{n}\mid n\in\mathbf{N}\}$ 的最大数与最小数.

1.3　实数集及其确界

本节讨论实数集 $\mathbf{R}$ 的子集，由于本课程所涉及的数集均为实数集的子集，因此若无特别说明，一般地便简称其为“数集”.

1.3.1　邻域

设 $a\in\mathbf{R}$，$\delta>0$，数集

$$U(a,\delta)=(a-\delta,a+\delta)=\{x \mid |x-a|<\delta\},$$
$$U_-(a,\delta)=(a-\delta,a]=\{x\mid -\delta<x-a\leqslant 0\},$$
$$U_+(a,\delta)=[a,a+\delta)=\{x\mid 0\leqslant x-a<\delta\}$$

分别称为点 a 的 *δ 邻域*、*δ 左邻域*及 *δ 右邻域*. 而集合

$$\mathring{U}(a,\delta)=U(a,\delta)\setminus\{a\}=\{x\mid 0<|x-a|<\delta\},$$
$$\mathring{U}_-(a,\delta)=U_-(a,\delta)\setminus\{a\}=(a-\delta,a)=\{x\mid -\delta<x-a<0\},$$
$$\mathring{U}_+(a,\delta)=U_+(a,\delta)\setminus\{a\}=(a,a+\delta)=\{x\mid 0<x-a<\delta\}$$

分别称为点 a 的 *δ 去心邻域*、*δ 左去心邻域*及 *δ 右去心邻域*.

上述各式中的 a 与 δ 分别称为该（去心）邻域的中心与半径.

如果论及的问题与点 a 的邻域半径 δ 的具体大小无关，则简记为 $U(a)$，$\mathring{U}(a)$. 例如，

“$\forall\, U(a)$ 有 $x\in U(a)$”意指“$\forall\, \varepsilon>0$ 有 $x\in U(a,\varepsilon)$”；

“$\exists\ \mathring{U}(a)$使得 $x\in\mathring{U}(a)$”意指“$\exists\ \delta>0$ 使得 $x\in\mathring{U}(a,\delta)$”.

1.3.2 数集的上界与下界

设 A 为数集. 若 $\exists\ M\in\mathbf{R}$, $\forall\ x\in A$ 有 $x\leqslant M$,则称 M 为数集 A 的一个上界,并称 A 为上有界集.

若 $\exists\ m\in\mathbf{R}$, $\forall\ x\in A$ 有 $x\geqslant m$,则称 m 为数集 A 的一个下界,并称 A 为下有界集.

若 A 既是上有界集又是下有界集,则称 A 为有界集. 易知,

$$A \text{ 为有界集} \quad \Leftrightarrow \quad \exists\ K>0,\ \forall\ x\in A \text{ 有 } |x|\leqslant K.$$

显然,若数集 A 有上界 M,则任一大于 M 的实数也是 A 的上界. 类似地,若数集 A 有下界 m,则任一小于 m 的实数也是 A 的下界.

请读者运用逻辑非的运算自行给出数集 A 分别为上无界集、下无界集以及无界集的用“肯定语气”叙述的相应定义.

例 1 自然数集 $\mathbf{N}$ 是下有界集,又是上无界集,当然也是无界集.

1.3.3 数集的上确界与下确界

若实数 β 为数集 A 的最小上界,则称 β 为数集 A 的上确界,记 $\beta=\sup A$.

若实数 α 为数集 A 的最大下界,则称 α 为数集 A 的下确界,记 $\alpha=\inf A$.

数集 A 的上、下确界统称为 A 的确界.

对于“β 为数集 A 的最小上界”可分别从两方面理解:

其一,β 为数集 A 的上界数集中的最小数;

其二,首先 β 是数集 A 的上界,其次,任何小于 β 的数均不是数集 A 的上界.

于是我们就有下述的等价定义.

定义 1 设 A 为数集,若 $\exists\beta\in\mathbf{R}$ 满足:

(1) $\forall\ x\in A$ 有 $x\leqslant\beta$;

(2) $\forall\ b<\beta$, $\exists\ x\in A$ 使得 $x>b$.

则称 β 为 A 的上确界.

关于定义 1 中的条件(2),我们常常也用以下的方式表述:

(2′) $\forall\ \varepsilon>0$, $\exists\ x\in A$ 使得 $x>\beta-\varepsilon$.

类似地,我们有关于下确界的等价定义.

定义 2 设 A 为数集,若 $\exists\ \alpha\in\mathbf{R}$ 满足:

(1) $\forall\ x\in A$ 有 $x\geqslant\alpha$;

(2) $\forall\ a>\alpha$, $\exists\ x\in A$ 使得 $x<a$.

则称 α 为 A 的下确界.

同样地，对于定义 2 中的条件(2)，我们也常常表述为：

(2′) $\forall \varepsilon>0, \exists x \in A$ 使得 $x<\alpha+\varepsilon$.

由定义即知有以下定理：

定理 若数集 A 存在上(下)确界，则其上(下)确界必唯一.

那么怎样的数集必存在上(下)确界呢？在此，我们将其作为公理给出如下的确界存在原理. 它描述了所谓的"实数的连续性"，与之等价的其他定理我们将在以后陆续给出.

确界存在原理 非空上(下)有界数集必存在上(下)确界.

为使以下论及的有关性质有更大的包容性，我们约定：

若 A 为上无界集，则记 $\sup A=+\infty$；

若 A 为下无界集，则记 $\inf A=-\infty$.

注意，在此约定下，它们仍满足关于上确界、下确界定义中的条件(1)、(2)，但不能用表述形式(2′). 现以 $\sup A=+\infty$ 为例加以说明：

首先，由于 $\forall x \in \mathbf{R}: x<+\infty$，而 $A \subset \mathbf{R}$，因此满足条件(1)是显然的.

其次，$\forall b<+\infty$，由 A 为上无界集的定义即知，$\exists x \in A: x>b$.

此外还规定：$\sup \varnothing=-\infty$，$\inf \varnothing=+\infty$.

例 2 设 $A=\left\{\frac{1}{n} \middle| n \in \mathbf{N}\right\}, B=\left\{-\frac{1}{x} \middle| x \in \mathbf{R}_{+}\right\}$，则

$$\sup A=1, \inf A=0 ; \sup B=0, \inf B=-\infty .$$

例 3 设 A 为非空数集，则

(1) $\sup A \in A \Leftrightarrow A$ 中存在最大数. 此时有 $\sup A=\max A$.

("$\max A$"表示数集 A 中的最大数.)

(2) $\inf A \in A \Leftrightarrow A$ 中存在最小数. 此时有 $\inf A=\min A$.

("$\min A$"表示数集 A 中的最小数.)

证明 (1) 若 $\sup A \in A$，即 $\exists \beta \in A: \sup A=\beta$；且由 $\sup A$ 的定义条件(1)知，$\forall x \in A: x \leqslant \beta$，此即说明 β 为 A 中的最大数.

反之，若 A 中存在最大数，即 $\exists \beta \in A, \forall x \in A: x \leqslant \beta$；同时，$\forall b<\beta$，当然有 $\beta \in A: \beta>b$. 此即说明 $\beta=\sup A$.

(2) 作与上述(1)类似的说明，即可得(2). 详细的论述留给读者完成.

注 本例说明数集的上(下)确界是数集的最大(小)数概念的推广.

例 4 设 A 为数集，记 $-A=\{x \mid -x \in A\}$，则

(1) $\sup(-A)=-\inf A$；

(2) $\inf(-A)=-\sup A$.

证明 (1) 若 $A=\varnothing$，则 $(-A)=\varnothing$，此时结论显然成立. 下设 $A \neq \varnothing$.

首先，由 $\inf A$ 的定义条件(1)知：$\forall x \in(-A)$，有 $-x \in A$，于是 $-x \geqslant \inf A$，

所以

$$\forall x \in (-A): x \leqslant -\inf A.$$

其次,由 inf A 的定义条件(2)知:$\forall b < -\inf A$,则 $-b > \inf A$,于是 $\exists (-x) \in A$: $-x < -b$,所以

$$\forall b < -\inf A, \exists x \in (-A): x > b.$$

以上两式便说明:$\sup(-A) = -\inf A$.

(2) 注意到 $-(-A) = A$,则由本例(1)的结论即得

$$-\sup A = -\sup(-(-A)) = -(-\inf(-A)) = \inf(-A).$$

建议读者仿照(1)的论述重新证明(2).

例 5 设 A, B 为两个数集,且 $A \subset B$,则

(1) $\sup A \leqslant \sup B$;

(2) $\inf A \geqslant \inf B$.

证明 (1) 用反证法. 若 $\sup A > \sup B$,取

$$c \in (\sup B, \sup A),$$

则由 sup A 的定义条件(2)知,

$$\exists x_0 \in A: x_0 > c.$$

由 $A \subset B$ 知,即 $\exists x_0 \in B: x_0 > c > \sup B$,此与 sup B 的定义条件(1)矛盾.

(2) 证明留作练习. 建议读者用两种方法论证:其一,直接由定义出发;其二,利用本例(1)及例 4.

例 6 设 A, B 为两个非空数集,记

$$A + B = \{x \mid x = a + b, a \in A, b \in B\},$$
$$A - B = \{x \mid x = a - b, a \in A, b \in B\}.$$

则有(1) $\sup(A + B) = \sup A + \sup B$;

(2) $\inf(A + B) = \inf A + \inf B$;

(3) $\sup(A - B) = \sup A - \inf B$;

(4) $\inf(A - B) = \inf A - \sup B$.

证明 (1) 易知 $A + B$ 为上无界数集的充要条件是 A 或 B 为上无界数集. 此时等式两端均为"$+\infty$". 下设 A, B 均为上有界数集. 首先,

$$\forall a \in A: a \leqslant \sup A; \forall b \in B: b \leqslant \sup B.$$

于是有

$$\forall x \in A + B: x = a + b \leqslant \sup A + \sup B.$$

其次,$\forall \varepsilon > 0$,由上确界定义条件(2)知,

$$\exists a \in A: a > \sup A - \frac{\varepsilon}{2}; \exists b \in B: b > \sup B - \frac{\varepsilon}{2}.$$

由此得出

$$\exists x=a+b\in A+B:x>\sup A+\sup B-\varepsilon.$$

此即说明 $\sup(A+B)=\sup A+\sup B$.

(2) $\inf(A+B)=-\sup(-(A+B))=-\sup((-A)+(-B))$

$=-(\sup(-A)+\sup(-B))=-(-\inf A-\inf B)$

$=\inf A+\inf B$.

(3) $\sup(A-B)=\sup A+\sup(-B)=\sup A-\inf B$.

(4) $\inf(A-B)=-\sup(-(A-B))=-\sup(B-A)$

$=-(\sup B-\inf A)=\inf A-\sup B$.

习题 1.3

1. 求下列数集的上确界和下确界:

(1) $E=\left\{1,\frac{1}{2},\frac{1}{3},\cdots,\frac{1}{n},\cdots\right\}$;　　(2) $E=\left\{\frac{1}{2},\frac{2}{3},\cdots,\frac{n}{n+1},\cdots\right\}$;

(3) $E=\{x\in\mathbf{R}\mid x^2<3\}$;　　(4) $E=\{x\in\mathbf{Q}\mid x^2<5\}$;

(5) $E=\{-n(3^n+(-3)^n)\mid n\in\mathbf{N}\}$.

2. 设 A,B 为两个非空数集,且 $\exists c>0,\forall a\in A,\forall b\in B:|a-b|<c$. 证明:

$$|\sup A-\sup B|\leqslant c,\quad |\inf A-\inf B|\leqslant c,$$
$$|\sup A-\inf B|\leqslant c,\quad |\inf A-\sup B|\leqslant c.$$

3. 设 A 为非空数集,$k\in\mathbf{R}$,记

$$kA=\{x\mid x=ka,a\in A\}.$$

证明:$\sup(kA)=\begin{cases}k\sup A, & k>0,\\ 0, & k=0,\\ k\inf A, & k<0.\end{cases}$　　$\inf(kA)=\begin{cases}k\inf A, & k>0,\\ 0, & k=0,\\ k\sup A, & k<0.\end{cases}$

4. 设 A,B 为两个非空数集,且 $\forall a\in A:a\geqslant 0;\forall b\in B:b\geqslant 0$. 记

$$AB=\{ab\mid a\in A,b\in B\}.$$

证明:$\inf AB=\inf A\cdot\inf B$;$\sup AB=\sup A\cdot\sup B$.

1.4 映射与函数

1.4.1 映射与函数的概念

设 X 和 Y 是两个非空集合,若在 X 和 Y 之间存在一个对应关系,使得对于 X 中的每个元素 x,在 Y 中有唯一的元素 y 与之对应,就称给出了一个从 X 到 Y 的映射,而上述 y 称为 x 在该映射下的像. 若用 f 表示此映射,则上述对应关系常表示为

$$f:X\to Y$$
$$x\mapsto y=f(x),$$

X 称为映射 f 的定义域，记为 D_f；$f(X)=\{f(x)\mid x\in X\}$ 称为 f 的值域，也记作 R_f.

若对于任一 $y\in Y$ 存在 $x\in X$ 使得 $y=f(x)$，则称 f 是“映上”的或“满射”.

若对于 X 中的任何两个元素，当 $x_1\neq x_2$ 时有 $f(x_1)\neq f(x_2)$，则称 f 是“1－1”的或“单射”.

若 f 既是“1－1”的（单射）又是“映上”的（满射），则称 f 是一一对应（双射）.

若存在 $y_0\in Y$ 使得对一切 $x\in X$ 有 $f(x)=y_0$，则称 f 为常值映射.

若 $Y=X$，且对于任一 $x\in X$ 有 $f(x)=x$，则称 f 为恒等映射，X 上的恒等映射常记作 I_X.

习惯上，若 $f:X\to Y$，且 X,Y 均为数集，则称 f 为 X 上的函数，有时还称 X 中的 x 为自变量，$y(=f(x))$ 为因变量. 若 $X\subset \mathbf{R}^n$，通常称 f 为 X 上的 n 元函数.

尽管在定义上，我们称 f 为函数，而 $f(x)$ 是指函数 f 在点 x 处的函数值，但在本课程中，除了某些必须将两者区分清楚的场合之外，我们往往也说“函数 $f(x),x\in X$”或“函数 $y=f(x),x\in X$”.

若 $f:X\to Y$ 为双射，则对每一个 $y\in Y$，有且仅有一个 $x\in X$ 使得 $f(x)=y$，定义

$$\begin{aligned} f^{-1}:&Y\to X\\ &y\mapsto x=f^{-1}(y),\end{aligned}$$

则 f^{-1} 是 Y 到 X 上的双射，称之为 f 的逆映射（当 f 为函数时，相应地称 f^{-1} 为 f 的反函数）.

易知，若 $f:X\to Y$ 为单射，则 f 必为 X 到 R_f 的双射，此时 f^{-1} 为 R_f 到 X 的双射，且 $D_f=R_{f^{-1}}$，$D_{f^{-1}}=R_f$.

设 $f:X\to Y$，对于 $A\subset X$ 及 $B\subset Y$，令

$$f(A)=\{f(x)\mid x\in A\},$$
$$f^{-1}(B)=\{x\mid f(x)\in X\},$$

（规定 $f(\varnothing)=\varnothing$），则称 $f(A)$ 为 A 在映射 f 下的像，$f^{-1}(B)$ 为 B 在映射 f 下的原像.

注意，原像记号中的 B 不必为 R_f 的子集. 易知，若 $f:X\to Y$ 为双射，则对于 $B\subset Y$，$f^{-1}(B)$ 既可视作 B 在映射 f 下的原像，又可视作 B 在映射 f^{-1} 下的像.

易知，若 $A_1\subset A_2$，$B_1\subset B_2$，则 $f(A_1)\subset f(A_2)$，$f^{-1}(B_1)\subset f^{-1}(B_2)$.

例 1 设 $f(x)=\sqrt{x}$，$x\in[1,10]$，则

$$f((2,3])=(\sqrt{2},\sqrt{3}],\quad f^{-1}([0,3))=[1,9).$$

1.4.2 函数的表示

在函数的具体表示中有图表法、图像法、解析法以及用语言描述等.

设 $f: X \to Y$，则 $X \times Y$ 中的集合

$$\{(x,y) \mid y = f(x), x \in X\}$$

称为函数 f 的图形. 函数的图形有助于我们对函数的直观了解与分析.

在此，我们指出，在一元函数中，一般地将 $y=f(x)$ 的反函数记作 $y=f^{-1}(x)$，若将它们的图形画在同一坐标平面上，则这两个图形关于直线 $y=x$ 对称.

下面给出在我们今后的学习中常见的几个用分段表示法给出的函数：

(1) 取整函数

$$[x] = n, n \leqslant x < n+1, n \in \mathbf{Z}.$$

表示该函数在 x 的值为不大于 x 的最大整数.

(2) 符号函数

$$\operatorname{sgn}(x) = \begin{cases} 1, & x > 0, \\ 0, & x = 0, \\ -1, & x < 0. \end{cases} \quad x \in \mathbf{R}.$$

(3) Dirichlet 函数

$$D(x) = \begin{cases} 1, & x \in \mathbf{Q}, \\ 0, & x \in \mathbf{Q}^c. \end{cases} \quad x \in \mathbf{R}.$$

(4) Riemann 函数

$$R(x) = \begin{cases} 1, & x = 0, 1, \\ \dfrac{1}{q}, & x = \dfrac{p}{q}\,(p, q \in \mathbf{N}, \text{且互质}), \\ 0, & x \in \mathbf{Q}^c. \end{cases} \quad x \in [0,1].$$

1.4.3 函数的几种特性

以下所述的函数均为一元函数.

1. 奇偶性

若 $\forall x \in D_f$ 有 $-x \in D_f$，且 $f(-x) = -f(x)$，则称 f 为奇函数.

若 $\forall x \in D_f$ 有 $-x \in D_f$，且 $f(-x) = f(x)$，则称 f 为偶函数.

由定义知，若 D_f 不关于原点对称，则 f 必为非奇非偶函数.

奇函数的图形关于坐标原点 $(0,0)$ 对称，偶函数的图形关于直线 $x=0$ 对称.

易知，若奇函数在 $x=0$ 有定义，则 $f(0)=0$.

例 2 设 $f(x) = \lg(x + \sqrt{x^2+1})$，$x \in \mathbf{R}$，则 f 为奇函数.

证明 显然 D_f 关于原点对称，且 $\forall x \in \mathbf{R}$：

$$f(-x)=\lg(-x+\sqrt{(-x)^2+1})=\lg\frac{1}{x+\sqrt{x^2+1}}$$
$$=-\lg(x+\sqrt{x^2+1})=-f(x).$$

例 3 设 f 在 X 上既是奇函数又是偶函数,则 $f(x)\equiv 0$.

证明 $\forall x\in X$,

$$\left.\begin{array}{l} f\text{为奇函数} \Rightarrow f(-x)=-f(x) \\ f\text{为偶函数} \Rightarrow f(-x)=f(x) \end{array}\right\} \Rightarrow f(x)=-f(x) \Rightarrow f(x)=0.$$

例 4 设 $f:X\to\mathbf{R}$,且 X 关于原点对称,令

$$\varphi(x)=f(x)+f(-x),\quad \psi(x)=f(x)-f(-x),\quad x\in X,$$

则 $\varphi:X\to\mathbf{R}$ 为偶函数,$\psi:X\to\mathbf{R}$ 为奇函数.

由定义即可证得,详细论述略.

2. 周期性

若 $\exists T>0,\forall x\in D_f$ 有 $x\pm T\in D_f$,且 $f(x+T)=f(x)$,则称 f 为周期函数,T 称为该函数的一个周期.

易知,若 T 为 f 的一个周期,则 $\forall n\in\mathbf{N}$,nT 也是 f 的周期.

若周期函数存在最小正周期,则通常所称的周期即指最小正周期.

并非每个周期函数都存在最小正周期. 例如,定义在 $\mathbf{R}$ 上的常值函数便是其中最平凡的例子;又如,Dirichlet 函数也是一例,事实上任一正有理数均为其周期,但不存在最小正有理数.

例 5 设 $f:\mathbf{R}\to\mathbf{R}$,若 f 的图形既关于直线 $x=a$ 对称,又关于点 (b,c) 对称,则 f 是周期函数.

证明 f 的图形关于直线 $x=a$ 对称 $\Leftrightarrow \forall x\in\mathbf{R}:f(a-x)=f(a+x)$

$\Leftrightarrow \forall x\in\mathbf{R}:f(x)=f(2a-x)$;

f 的图形关于点 (b,c) 对称 $\Leftrightarrow \forall x\in\mathbf{R}:f(b-x)+f(b+x)=2c$

$\Leftrightarrow \forall x\in\mathbf{R}:f(x)=2c-f(2b-x)$.

于是,当 $a=b$ 时,$f(x)\equiv c$,常值函数当然是周期函数. 当 $a\neq b$ 时,$\forall x\in\mathbf{R}$:

$$f(x)=2c-f(2b-x)=2c-f(2a-(2b-x))=2c-f(2a-2b+x)$$
$$=2c-(2c-f(2b-(2a-2b+x)))=f(4b-2a-x)$$
$$=f(2a-(4b-2a-x))=f(x+4(a-b)),$$

上式说明 $4|a-b|$ 为 f 的一个周期,即说明 f 为周期函数.

3. 单调性

设 I 为一个区间,$E=I\cap D_f$.

若 $\forall x_1,x_2\in E,x_1<x_2$ 有 $f(x_1)\leqslant f(x_2)$,则称 f 在 E 上是单调增的.

若 $\forall x_1,x_2\in E,x_1<x_2$ 有 $f(x_1)<f(x_2)$,则称 f 在 E 上是严格单调增的.

若 $\forall x_1, x_2 \in E, x_1 < x_2$ 有 $f(x_1) \geqslant f(x_2)$，则称 f 在 E 上是单调减的.

若 $\forall x_1, x_2 \in E, x_1 < x_2$ 有 $f(x_1) > f(x_2)$，则称 f 在 E 上是严格单调减的.

若 f 在 D_f 上是(严格)单调(增、减)的，则称 f 为(严格)单调(增、减)函数.

(严格)单调增函数与(严格)单调减函数统称为(严格)单调函数.

易知，严格单调函数 f 必为单射，故 f 为 D_f 到 R_f 的双射，因此必存在定义在 R_f 上的反函数 f^{-1}；同时，若 f 为严格单调增(减)函数，则

$$x_1 < x_2 \quad \Leftrightarrow \quad f(x_1) < f(x_2)\ (f(x_1) > f(x_2)).$$

由此得到下述定理.

反函数存在定理 严格单调函数必存在具有相同严格单调性的反函数.

例 6 设

$$f(x) = \begin{cases} x, & x \in \mathbf{Q}, \\ -x, & x \in \mathbf{Q}^c. \end{cases}$$

则 f 存在反函数

$$f^{-1}(x) = \begin{cases} x, & x \in \mathbf{Q}, \\ -x, & x \in \mathbf{Q}^c. \end{cases}$$

注意，例 6 中的函数及其反函数在 $\mathbf{R}$ 的任一区间中均不单调，由此可知，函数的严格单调性只是其反函数存在的充分条件，而非必要条件.

4. 有界性

若 $f(A)$ 为下有界数集，即 $\exists m \in \mathbf{R}, \forall x \in A: f(x) \geqslant m$，则称 f 在 A 上是下有界的.

若 $f(A)$ 为上有界数集，即 $\exists M \in \mathbf{R}, \forall x \in A: f(x) \leqslant M$，则称 f 在 A 上是上有界的.

若 $f(A)$ 为有界数集，即 $\exists K > 0, \forall x \in A: |f(x)| \leqslant K$，则称 f 在 A 上是有界的.

若 R_f 为(上、下)有界数集，则称 f 为(上、下)有界函数.

易知，f 为有界函数的充要条件是 f 既为下有界函数又为上有界函数.

上述的 m, M 与 K 分别称为 f 的一个下界、上界与界.

对于 $\max R_f, \max f(A), \sup R_f$ 及 $\sup f(A)$ 等记号，我们也记作 $\max\limits_{x \in D_f} f(x)$，$\max\limits_{x \in A} f(x)$，$\sup\limits_{x \in D_f} f(x)$ 及 $\sup\limits_{x \in A} f(x)$.

类似地，关于 min 及 inf 也有相应的各种记法.

例 7 设

$$f(x) = \begin{cases} 1, & x = 0, 1, \\ q, & x = p/q\ (p, q \in \mathbf{N}, \text{且互质}), \\ 0, & x \in \mathbf{Q}^c. \end{cases} \quad x \in [0, 1].$$

则 f 在 $[0,1]$ 的任一子区间上均上无界.

例 7 的具体证明留给读者完成(提示:用反证法,且注意到在任意区间上存在无限个有理数).

1.4.4 函数的运算

设有两个函数 f 与 g,若 $D_f = D_g = X$,且 $\forall x \in X$ 有 $f(x) = g(x)$,则称 f 与 g 相等,记为 $f = g$.

设 $f: A \to \mathbf{R}, \alpha \in \mathbf{R}$,定义 $\alpha f: A \to \mathbf{R}$,

$$(\alpha f)(x) = \alpha f(x), x \in A.$$

设 $f: A \to \mathbf{R}, g: B \to \mathbf{R}, E = A \cap B (\neq \varnothing)$,定义 $f \pm g: E \to \mathbf{R}$,

$$(f \pm g)(x) = f(x) \pm g(x), x \in E.$$

定义 $f \cdot g: E \to \mathbf{R}$,

$$(f \cdot g)(x) = f(x) \cdot g(x), x \in E.$$

记 $B_1 = g^{-1}\{0\}$,若 $E_1 = E \setminus B_1 (\neq \varnothing)$,则定义 $\dfrac{f}{g}: E_1 \to \mathbf{R}$,

$$\left(\frac{f}{g}\right)(x) = \frac{f(x)}{g(x)}, x \in E_1.$$

$f \pm g, f \cdot g$ 以及 $\dfrac{f}{g}$ 分别称为 f 与 g 的和(差)函数、乘积函数以及商函数.

设 $f: B \to C, A = g^{-1}(B) (\neq \varnothing)$,定义 $f \circ g: A \to C$,

$$(f \circ g)(x) = f(g(x)), x \in A.$$

$f \circ g$ 称为 f 与 g 的复合函数.

易证,上述给出的运算具有下列性质(在以下所述的运算中均假定有意义,且略去有关定义域、值域及各种字母的具体说明):

$(\alpha f) \cdot (\beta g) = \alpha\beta(f \cdot g)$;

$f + g = g + f, f \cdot g = g \cdot f$;

$(f + g) + h = f + (g + h), (f \cdot g) \cdot h = f \cdot (g \cdot h), (f \circ g) \circ h = f \circ (g \circ h)$;

$(\alpha + \beta) f = \alpha f + \beta f, \alpha(f + g) = \alpha f + \alpha g, f \cdot (g + h) = f \cdot g + f \cdot h$.

正因为关于“和”、“积”以及“复合”运算结合律分别成立,所以 $f + g + h, f \cdot g \cdot h$ 以及 $f \circ g \circ h$ 的意义是明确的.

例 8 设 $f(x) = \begin{cases} 2x, & 0 \leqslant x \leqslant 1, \\ x^2, & 1 < x \leqslant 2, \end{cases}$ $g(x) = \ln x$,求 $f(g(x))$ 和 $g(f(x))$.

解 $f(g(x)) = \begin{cases} 2\ln x, & 0 \leqslant \ln x \leqslant 1, \\ \ln^2 x, & 1 < \ln x \leqslant 2 \end{cases} = \begin{cases} 2\ln x, & 1 \leqslant x \leqslant \mathrm{e}, \\ \ln^2 x, & \mathrm{e} < x \leqslant \mathrm{e}^2. \end{cases}$

$g(f(x)) = \begin{cases} \ln 2x, & 0 < x \leqslant 1, \\ \ln x^2, & 1 < x \leqslant 2 \end{cases} = \begin{cases} \ln 2x, & 0 < x \leqslant 1, \\ 2\ln x, & 1 < x \leqslant 2. \end{cases}$

注意：$g(f(x))$的定义域为$(0,2]$，而不是$[0,2]$.

例 9 若f,g为单调函数，则$f\circ g$也是单调函数.

证明 注意到，任一函数φ单调的充要条件是

$$(\varphi(x_1)-\varphi(x_2))(x_1-x_2),\ \forall x_1,x_2\in D_\varphi$$

不变号. 于是由题设

$$(f(u_1)-f(u_2))(u_1-u_2),\ \forall u_1,u_2\in D_f$$

不变号，得到下式

$$(f(g(x_1))-f(g(x_2)))(g(x_1)-g(x_2)),\ \forall x_1,x_2\in D_{f\circ g} \tag{1}$$

不变号. 又由

$$(g(x_1)-g(x_2))(x_1-x_2),\ \forall x_1,x_2\in D_g$$

不变号，结合(1)式推得

$$(f(g(x_1))-f(g(x_2)))(g(x_1)-g(x_2))^2(x_1-x_2),\ \forall x_1,x_2\in D_{f\circ g}$$

不变号，继而得到

$$(f(g(x_1))-f(g(x_2)))(x_1-x_2),\ \forall x_1,x_2\in D_{f\circ g}$$

不变号.

由此即得所证.

请读者考虑，对于f和g不同的单调性，相应的$f\circ g$具有怎样的单调性.

例 10 设$f:J\to\mathbf{R}$严格单调增，$g:I\to\mathbf{R}$，且$R_g\subset J$，则

$$\exists U(x_0)\subset I,\ \forall x\in\mathring{U}(x_0):g(x)<g(x_0)$$

$$\Leftrightarrow\exists U(x_0)\subset I,\ \forall x\in\mathring{U}(x_0):(f\circ g)(x)<(f\circ g)(x_0).$$

证明 “$\Rightarrow$”. 若

$$\exists U(x_0)\subset I,\ \forall x\in\mathring{U}(x_0):g(x)<g(x_0),$$

则由f严格单调增及复合函数的定义知

$$(f\circ g)(x)=f(g(x))<f(g(x_0))=(f\circ g)(x_0).$$

“$\Leftarrow$”. 注意到f^{-1}仍为严格递增，于是若

$$\exists U(x_0)\subset I,\ \forall x\in\mathring{U}(x_0):(f\circ g)(x)<(f\circ g)(x_0),$$

则有

$$\begin{aligned}g(x)&=(f^{-1}\circ f)(g(x))=f^{-1}((f\circ g)(x))\\&<f^{-1}((f\circ g)(x_0))=(f^{-1}\circ f)(g(x_0))=g(x_0).\end{aligned}$$

例 11 设$f:[a,b]\to\mathbf{R}$为有界函数，则

$$\sup_{x,y\in[a,b]}|f(x)-f(y)|=\sup_{x\in[a,b]}f(x)-\inf_{x\in[a,b]}f(x).$$

证明 由f为$[a,b]$上的有界函数以及上确界、下确界的定义，有

$$-\infty<\inf_{x\in[a,b]}f(x)\leqslant f(x)\leqslant\sup_{x\in[a,b]}f(x)<+\infty,\quad x\in[a,b].$$

于是

$$|f(x)-f(y)|\leqslant \sup_{x\in[a,b]}f(x)-\inf_{x\in[a,b]}f(x),\quad x,y\in[a,b],$$

即 $\sup\limits_{x\in[a,b]}f(x)-\inf\limits_{x\in[a,b]}f(x)$ 为数集 $E=\{z\,|\,z=|f(x)-f(y)|,x,y\in[a,b]\}$ 的一个上界.

另一方面，$\forall\varepsilon>0$，$\exists x_0,y_0\in[a,b]$：

$$f(x_0)>\sup_{x\in[a,b]}f(x)-\frac{\varepsilon}{2},\quad f(y_0)<\inf_{x\in[a,b]}f(x)+\frac{\varepsilon}{2},$$

于是

$$|f(x_0)-f(y_0)|\geqslant f(x_0)-f(y_0)>\sup_{x\in[a,b]}f(x)-\inf_{x\in[a,b]}f(x)-\varepsilon.$$

综上所述，即知 $\sup\limits_{x\in[a,b]}f(x)-\inf\limits_{x\in[a,b]}f(x)$ 为数集 E 的上确界.

注 $\sup\limits_{x\in[a,b]}f(x)-\inf\limits_{x\in[a,b]}f(x)$ 称为函数 f 在 $[a,b]$ 上的振幅.

1.4.5 初等函数

常值函数 $y=c$、幂函数 $y=x^\alpha$、指数函数 $y=a^x\ (a>0)$、对数函数 $y=\log_a x\ (a>0,a\neq1)$、三角函数及反三角函数统称为基本初等函数.

由基本初等函数经有限次四则运算及复合所得的函数称为初等函数.

初等函数的自然定义域是指使得该函数有意义的自变量的取值范围.

在实际问题的应用题中，函数的定义域应视题意而定.

习题 1.4

1. 设 $f(x)\leqslant g(x)$，$x\in E$. 证明：

(1) $\sup f(E)\leqslant\sup g(E)$； (2) $\inf f(E)\leqslant\inf g(E)$.

2. 设 f,g 均为 E 上的有界函数. 证明：

$$\inf f(E)+\inf g(E)\leqslant\inf(f+g)(E)\leqslant\begin{matrix}\inf f(E)+\sup g(E)\\ \sup f(E)+\inf g(E)\end{matrix}$$

$$\leqslant\sup(f+g)(E)\leqslant\sup f(E)+\sup g(E).$$

3. 设 f,g 均为 E 上的有界正值函数. 证明：

$$\inf f(E)\cdot\inf g(E)\leqslant\inf(f\cdot g)(E)\leqslant\begin{matrix}\inf f(E)\cdot\sup g(E)\\ \sup f(E)\cdot\inf g(E)\end{matrix}$$

$$\leqslant\sup(f\cdot g)(E)\leqslant\sup f(E)\cdot\sup g(E).$$

4. 设 $f\left(x+\dfrac{1}{x}\right)=x^2+\dfrac{1}{x^2}$，求 $f(x)$.

5. 设 $f\left(\sin\dfrac{x}{2}\right)=1+\cos x$，求 $f\left(\cos\dfrac{x}{2}\right)$.

6. 求下列指定函数的复合函数：

(1) 设$f(x)=\dfrac{x}{x-1}(x\neq 0,1)$,求$f\left(\dfrac{1}{f(x)}\right)$;

(2) 设$f(x)=\begin{cases}2x, & x\leqslant 0,\\ 0, & x>0,\end{cases}$ $g(x)=x^2-1$,求$f(g(x))$;

(3) 设$f(x)=\dfrac{x+|x|}{2}$,$g(x)=\begin{cases}x, & x<0\\ x^2, & x\geqslant 0,\end{cases}$求$f(g(x))$;

(4) 设$f(x)=\begin{cases}1, & |x|<1,\\ 0, & |x|=1,\\ -1, & |x|>1,\end{cases}$ $g(x)=e^x$,求$f(g(x))$和$g(f(x))$.

(5) 设$f(x)=\begin{cases}x^2, & x<0,\\ -x, & x\geqslant 0,\end{cases}$ $g(x)=\begin{cases}2-x, & x\leqslant 0,\\ x+2, & x>0,\end{cases}$求$g(f(x))$;

(6) 设$f(x)=\begin{cases}1+x, & x<0,\\ 1, & x\geqslant 0,\end{cases}$求$f(f(x))$.

7. 记$f_n=\underbrace{f\circ f\circ\cdots\circ f}_{n个}$,求$f_n(x)$:

(1) $f(x)=\dfrac{x}{x-1}(x\neq 0,1)$;　　(2) $f(x)=ax+b$;

(3) $f(x)=\dfrac{x}{\sqrt{1+x^2}}$;　　(4) $f(x)=|1+x|-|1-x|$.

8. 设$f(x)-3f(2-x)=2x+1$,求$f(x)$.

9. 设$f(x)=x^2-x+3$,试求方程$f(x)=f(2x+1)$的实数解.

10. 已知$f(x)=e^{x^2}$,$f(g(x))=1-x$,且$g(x)\geqslant 0$,求$g(x)$.

11. 设函数$f(x)$满足$2f(x)+f\left(\dfrac{1}{x}\right)=\dfrac{a}{x}$,$a$为常数,证明:$f(x)$为奇函数.

12. 设$f(x)$,$g(x)$均为偶函数(或均为奇函数),试考察下列函数的奇偶性:

(1) $f(x)+g(x)$; (2) $f(x)-g(x)$; (3) $f(x)g(x)$; (4) $\dfrac{f(x)}{g(x)}$; (5) $f(g(x))$.

13. 设$f(x)$是奇函数,$g(x)$是偶函数,试考察下列函数的奇偶性:

(1) $f(x)g(x)$;　(2) $\dfrac{f(x)}{g(x)}$;　(3) $f(g(x))$;　(4) $g(f(x))$.

14. 证明:定义在区间$[-l,l]$($l>0$)上的任一函数均可表为一个奇函数与一个偶函数的和,且表示法是唯一的.

15. 设$\varphi(x)$,$\psi(x)$,$f(x)$均为单调增函数,且$\varphi(x)\leqslant f(x)\leqslant\psi(x)$,证明:

$$\varphi(\varphi(x))\leqslant f(f(x))\leqslant\psi(\psi(x)).$$

16. 设$f(x)$, $g(x)$均为单调增(或均为单调减)函数,试考察下列函数的单调性:

(1) $M(x)=\max\{f(x),g(x)\}$; (2) $m(x)=\min\{f(x),g(x)\}$.

17. 试求$[0,1]$到$[0,1]$上的一一对应f,它在$[0,1]$的任一子区间上均不单调.

18. 设$f(x)=\dfrac{ax^2+1}{bx+c}$(其中$a,b,c$为整数)是奇函数,且在$[1,+\infty)$上单调增,$f(1)=2$,$f(2)<3$.

(1) 试确定 a,b,c 的值;

(2) 证明:$f(x)$ 在 $(0,1)$ 内单调减.

19. 设 $f:\mathbf{R}\to\mathbf{R}$, $a<b$. 证明:

(1) 若 f 的图形既关于直线 $x=a$ 对称,又关于直线 $x=b$ 对称,则 f 为周期函数;

(2) 若 f 的图形既关于点 (a,y_1) 对称,又关于点 (b,y_2) 对称,则

$$f(x)=\varphi(x)+cx,\quad x\in\mathbf{R},$$

其中 φ 是周期函数,c 是常数. 特别当 $y_1=y_2$ 时,$c=0$.

20. 设 f 为 $\mathbf{R}$ 上的奇函数,$f(1)=a$,且对 $\forall x$ 满足:$f(x+2)-f(x)=f(2)$.

(1) 试用 a 表示 $f(2)$ 与 $f(5)$;

(2) 确定 a,使得 f 是以 2 为周期的周期函数.

21. 设 f 为 $\mathbf{R}$ 上不恒为零的函数,且对 $\forall x,y\in\mathbf{R}$ 满足:

$$f(x+y)=f(x)+f(y);\quad f(xy)=f(x)f(y).$$

证明:(1) $f(1)=1$;

(2) $f(x)=x$ 对任一有理数 x 成立;

(3) $f(x)>0$ 对任一正数 x 成立;

(4) 若 $x>y$,则 $f(x)>f(y)$;

(5) $f(x)=x$ 对任一实数 x 成立.

22. 设 $f:\mathbf{R}\to\mathbf{R}$. 若 $f\circ f$ 存在唯一不动点,则 f 存在唯一不动点.

(注:满足 $f(x^*)=x^*$ 的点 x^* 称为 f 的不动点.)

第二章　极限与连续

2.1　数列极限

数列是指按自然数编了号的一串数：

$$x_1,x_2,x_3,\cdots,x_n,\cdots.$$

通常记作$\{x_n\}$，也可将其看做定义在自然数集 $\mathbf{N}$ 上的函数

$$x_n=f(n),n\in\mathbf{N},$$

故也称之为整标函数.

由函数的单调性、有界性定义易得下述定义：

若对$\forall n\in\mathbf{N}$有$x_n\leqslant x_{n+1}(x_n\geqslant x_{n+1})$，则称$\{x_n\}$为单调增(单调减)数列.

单调增与单调减数列统称为单调数列.

若$\exists M>0$，对$\forall n\in\mathbf{N}$有$|x_n|\leqslant M$，则称$\{x_n\}$为有界数列.

利用逻辑符号，就有下面用肯定语气给出的有关无界数列的叙述：

若对$\forall M>0$，$\exists n\in\mathbf{N}$使得$|x_n|>M$，则称$\{x_n\}$为无界数列.

请读者自行给出关于上有界数列、下有界数列、上无界数列以及下无界数列的定义.

例如，$\{n\}$为单调增、上无界数列；$\{(-1)^n n\}$为非单调、无界数列；$\left\{(-1)^n\frac{1}{n}\right\}$为非单调、有界数列.

例 1　若$x_n\neq0$且$\exists N\in\mathbf{N}$，$\forall n>N$：$|x_n|\geqslant c>0$，则$\left\{\frac{1}{x_n}\right\}$为有界数列.

证明　取$M=\max\left\{\left|\frac{1}{x_1}\right|,\left|\frac{1}{x_2}\right|,\cdots,\left|\frac{1}{x_N}\right|,\frac{1}{c}\right\}$，则$M$即为数列$\left\{\frac{1}{x_n}\right\}$的一个界.

2.1.1　数列极限的概念

我们知道，圆内接正n边形的面积当n越来越大时，其面积也随之越来越大，它的“极限”也就是圆的面积.

我们也会(不严格地)计算一些极限，例如，$\lim\limits_{n\to\infty}\frac{1}{n}=0$，$\lim\limits_{n\to\infty}\frac{n^2-1}{2n^2+1}=\frac{1}{2}$等等.

但如何对数列$\{x_n\}$的极限给出严格的定义,这在历史上也确实混沌了近百年,经过几代数学家的努力探索,才有了下面借助简单的逻辑符号叙述的定义.

定义1 对数列$\{x_n\}$,若存在常数A,对$\forall \varepsilon>0$,$\exists N\in \mathbf{N}$,$\forall n>N$有

$$|x_n-A|<\varepsilon,$$

则称数列$\{x_n\}$收敛且收敛于A,并称数列$\{x_n\}$的极限为A,记为

$$\lim_{n\to\infty}x_n=A.$$

首先,我们来体味"$\forall \varepsilon>0$",它用来刻画x_n与A的接近程度.需要注意的是,虽然正数ε是"任意的",但一经给出就不再改变.

其次,我们来说明"$\exists N$",对此N只需"存在"(不必刻意地找最小).一般来说,N的取值与先期给定的ε的大小有关,但并不唯一.事实上,如果某个N_0满足定义的要求,那么对于任一大于N_0的N也必定可行.故即使将N写作$N(\varepsilon)$也不能就此认为它是ε的函数.

最后,"$\forall n>N$有"是表明"当$n>N$时,以下所述的性质(在本定义中即为不等式$|x_n-A|<\varepsilon$)无一例外地成立".

数列极限的几何意义是,对于A的任一ε邻域,数列$\{x_n\}$中自某项后的所有项均位于此邻域之中.如图2.1所示.

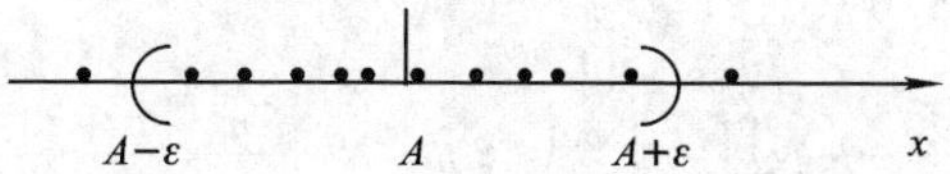

图2.1

若数列$\{x_n\}$不收敛,则称之为发散.用肯定语气叙述应是

$$\forall A\in \mathbf{R},\ \exists \varepsilon>0,\ \forall N\in \mathbf{N},\ \exists n>N: |x_n-A|\geqslant\varepsilon.$$

而"对于常数A,$\exists \varepsilon>0$,$\forall N\in \mathbf{N}$,$\exists n>N$: $|x_n-A|\geqslant\varepsilon$"只是表明"$A$不是数列$\{x_n\}$的极限".

一旦区分清楚上述两个概念,那么就不难得出,当我们需用反证法论证相关问题时,应该如何正确地给出有关的"否定假设".

由定义即知,数列的敛散性以及收敛数列的极限均与数列的有限项取值无关.因此,当论及与之有关的结论时,尽管已知的某些条件是对充分大的n给出,但在论证时我们往往说"不妨设那些条件对一切n均成立".

例2 试用定义验证:$\lim\limits_{n\to\infty}\dfrac{1}{n}=0$.

证明 分析过程.欲使$\left|\dfrac{1}{n}-0\right|=\dfrac{1}{n}<\varepsilon$,只需$n>\dfrac{1}{\varepsilon}$即可.故

$$\forall \varepsilon>0, \exists N=\left[\frac{1}{\varepsilon}\right]+1, \forall n>N:\left|\frac{1}{n}-0\right|<\varepsilon.$$

例 3 试用定义验证：$\lim\limits_{n\to\infty} q^n=0(-1<q<1)$.

证明 分析过程. 欲使 $|q^n-0|=|q|^n<\varepsilon$，只需 $n>\dfrac{\lg \varepsilon}{\lg |q|}$（注意 $\lg|q|<0$）. 故

$$\forall \varepsilon>0, \exists N=\max\left\{\left[\frac{\lg \varepsilon}{\lg |q|}\right],1\right\}, \forall n>N:|q^n-0|<\varepsilon.$$

对于比较复杂的表达式 $|x_n-A|=\alpha_n$，一般地，我们通过运算、适当放大，将 α_n 变形简化到 β_n，既使得对于 $\forall \varepsilon>0$ 由不等式 $\beta_n<\varepsilon$ 能比较容易地求得 N，又使得当 $n>N$ 时，恒成立不等式 $\beta_n<\varepsilon$，从而有 $|x_n-A|=\alpha_n\leqslant\beta_n<\varepsilon$.

以下各例的解法中都贯穿着这一思路.

例 4 试用定义验证：$\lim\limits_{n\to\infty}\dfrac{n^2-n+2}{3n^2+2n-4}=\dfrac{1}{3}$.

证明 分析过程.

$$\left|\frac{n^2-n+2}{3n^2+2n-4}-\frac{1}{3}\right|=\left|\frac{5n-10}{3(3n^2+2n-4)}\right|\overset{(n>2)}{<}\frac{5n}{9n^2}<\frac{1}{n}<\varepsilon.$$

故

$$\forall \varepsilon>0, \exists N=\max\left\{\left[\frac{1}{\varepsilon}\right],2\right\}, \forall n>N:\left|\frac{n^2-n+2}{3n^2+2n-4}-\frac{1}{3}\right|<\varepsilon.$$

例 5 试用定义验证：$\lim\limits_{n\to\infty}\sqrt[n]{a}=1(a>1)$.

证明 分析过程. 欲使 $|\sqrt[n]{a}-1|=\sqrt[n]{a}-1=\alpha_n<\varepsilon$，注意到 $\sqrt[n]{a}=1+\alpha_n$，利用 Bernoulli 不等式得 $a=(1+\alpha_n)^n\geqslant 1+n\alpha_n>n\alpha_n$，只需 $\alpha_n<\dfrac{a}{n}<\varepsilon$. 故

$$\forall \varepsilon>0, \exists N=\left[\frac{a}{\varepsilon}\right]+1, \forall n>N:|\sqrt[n]{a}-1|<\varepsilon.$$

例 6 试用定义验证：$\lim\limits_{n\to\infty}\sqrt[n]{n}=1$.

证明 分析过程. 仿照上例的证法，记 $\sqrt[n]{n}=1+\alpha_n$，有

$$n=(1+\alpha_n)^n\geqslant 1+\frac{n(n-1)}{2}\alpha_n^2,$$

只需 $\alpha_n<\sqrt{\dfrac{2}{n}}<\varepsilon$. 故

$$\forall \varepsilon>0, \exists N=\left[\frac{2}{\varepsilon^2}\right]+1, \forall n>N:|\sqrt[n]{n}-1|<\varepsilon.$$

例 7 关于数列 $\{x_n\}$，证明：若对于某个常数 A 以及 $q\in(0,1)$，$\exists N_0\in\mathbf{N}$，

$\forall n > N_0$:

$$|x_n - A| \leqslant q|x_{n-1} - A|,$$

则有 $\lim\limits_{n\to\infty} x_n = A$.

证明 由 $\lim\limits_{n\to\infty} q^n = 0$ 可知,

$$\forall \varepsilon > 0, \exists N_1 \in \mathbf{N}, \forall n > N_1: 0 < q^n < \frac{q^{N_0}\varepsilon}{|x_{N_0} - A| + 1},$$

于是由题设可得, $\forall n > \max\{N_0, N_1\}$:

$$|x_n - A| \leqslant q^{n-N_0}|x_{N_0} - A| < \varepsilon.$$

例 8 设 $x_1 = 1, x_{n+1} = \dfrac{1}{1+x_n}, n \in \mathbf{N}$. 证明: $\lim\limits_{n\to\infty} x_n = \dfrac{\sqrt{5}-1}{2}$.

证明 显然 $x_n > 0$,注意到

$$\left|x_{n+1} - \frac{\sqrt{5}-1}{2}\right| = \left|\frac{1}{1+x_n} - \frac{2}{\sqrt{5}+1}\right| = \frac{2}{(\sqrt{5}+1)(1+x_n)}\left|x_n - \frac{\sqrt{5}-1}{2}\right|$$

$$< \frac{2}{3}\left|x_n - \frac{\sqrt{5}-1}{2}\right|.$$

于是由例 7 即得所证.

2.1.2 收敛数列的性质

1. 唯一性

定理 1 若数列 $\{x_n\}$ 收敛,则其极限唯一.

证法 1 用反证法. 若 $\lim\limits_{n\to\infty} x_n = a, \lim\limits_{n\to\infty} x_n = b$, 且 $a < b$, 取 $\varepsilon = \dfrac{b-a}{2} > 0$, 则由定义,

$$\exists N_1, \forall n > N_1: |x_n - a| < \frac{b-a}{2} \quad\Rightarrow\quad x_n < a + \frac{b-a}{2} = \frac{a+b}{2};$$

$$\exists N_2, \forall n > N_2: |x_n - b| < \frac{b-a}{2} \quad\Rightarrow\quad x_n > b - \frac{b-a}{2} = \frac{a+b}{2}.$$

于是, $\forall n > N = \max\{N_1, N_2\}$: $\dfrac{a+b}{2} < x_n < \dfrac{a+b}{2}$, 由此得到矛盾.

证法 2 记 $\lim\limits_{n\to\infty} x_n = a, \lim\limits_{n\to\infty} x_n = b$, 则由定义, $\forall \varepsilon > 0$,

$$\exists N_1, \forall n > N_1: |x_n - a| < \frac{\varepsilon}{2};$$

$$\exists N_2, \forall n > N_2: |x_n - b| < \frac{\varepsilon}{2}.$$

于是, $\forall n > N = \max\{N_1, N_2\}$:

$$|a-b|\leqslant|x_n-a|+|x_n-b|<\frac{\varepsilon}{2}+\frac{\varepsilon}{2}=\varepsilon.$$

由于 a,b 是确定的常数,因此由 $\varepsilon(>0)$ 的任意性即知 $a=b$.

2. 有界性

定理 2　若数列 $\{x_n\}$ 收敛,则 $\{x_n\}$ 有界.

证明　设 $\lim\limits_{n\to\infty}x_n=a$,取 $\varepsilon=1$,则由定义知,$\exists N,\forall n>N$:

$$|x_n|-|a|\leqslant|x_n-a|<1\quad\Rightarrow\quad|x_n|<|a|+1.$$

令 $M=\max\{|x_1|,|x_2|,\cdots,|x_N|,|a|+1\}$,则 $\forall n\in\mathbf{N}:|x_n|\leqslant M$.

由上述证明可知:数列 $\{x_n\}$ 的有界性与所谓的"往后有界性"(即数列自某项后有界)等价.

3. 保号性

定理 3　若 $\lim\limits_{n\to\infty}x_n=a>0$,则 $\exists N,\forall n>N:x_n>0$.

事实上,我们可得结论:$\forall c\in(0,a),\exists N,\forall n>N:x_n>c>0$.

证明　$\forall c\in(0,a)$,取 $\varepsilon=a-c>0$,则由定义知,$\exists N,\forall n>N$:

$$|x_n-a|<a-c\quad\Rightarrow\quad x_n>a-(a-c)=c.$$

4. 不等式性

定理 4　设 $\lim\limits_{n\to\infty}x_n=a,\lim\limits_{n\to\infty}y_n=b$. 若 $a<b$,则 $\exists N,\forall n>N:x_n<y_n$.

证明　取 $\varepsilon=\dfrac{b-a}{2}>0$,则由定义知,

$$\exists N_1,\forall n>N_1:|x_n-a|<\frac{b-a}{2}\quad\Rightarrow\quad x_n<a+\frac{b-a}{2}=\frac{a+b}{2};$$

$$\exists N_2,\forall n>N_2:|y_n-b|<\frac{b-a}{2}\quad\Rightarrow\quad y_n>b-\frac{b-a}{2}=\frac{a+b}{2}.$$

于是,$\forall n>N=\max\{N_1,N_2\}:x_n<\dfrac{a+b}{2}<y_n$.

推论　设 $\lim\limits_{n\to\infty}x_n=a,\lim\limits_{n\to\infty}y_n=b$. 若 $\exists N,\forall n>N:x_n\geqslant y_n$,则 $a\geqslant b$.

但请注意,若将条件改为"$\exists N,\forall n>N:x_n>y_n$",其结论仍为"$a\geqslant b$". 请考察数列 $\{x_n\}=\left\{\dfrac{2}{n}\right\},\{y_n\}=\left\{\dfrac{1}{n}\right\}$.

若 $\lim\limits_{n\to\infty}x_n=a,\lim\limits_{n\to\infty}y_n=b$,且 $a\leqslant b$,则对于 x_n 与 y_n 之间的大小关系无任何结论可得,请读者自行举例说明.

5. 夹逼性

定理 5　设有数列 $\{x_n\},\{y_n\},\{z_n\}$,若

$$\exists N_0,\forall n>N_0:x_n\leqslant y_n\leqslant z_n,$$

且

$$\lim_{n\to\infty}x_n=\lim_{n\to\infty}z_n=a,$$

则$\{y_n\}$收敛,且$\lim\limits_{n\to\infty}y_n=a$.

证明 由极限定义,$\forall\varepsilon>0$,

$$\exists N_1,\forall n>N_1:|x_n-a|<\varepsilon;$$

$$\exists N_2,\forall n>N_2:|z_n-a|<\varepsilon.$$

于是,$\forall n>N=\max\{N_0,N_1,N_2\}:|y_n-a|\leqslant\max\{|x_n-a|,|z_n-a|\}<\varepsilon$.

2.1.3 数列极限的运算

1. 无穷小量

我们在证明$\lim\limits_{n\to\infty}\sqrt[n]{a}=1$时,事实上是将问题转化为证明$\lim\limits_{n\to\infty}(\sqrt[n]{a}-1)=0$. 一般地,我们有

$$\lim_{n\to\infty}x_n=A \quad\Leftrightarrow\quad \lim_{n\to\infty}(x_n-A)=0.$$

可见,极限为零的数列就显得非常重要. 为此,我们对这类数列作专门讨论.

定义 2 若$\lim\limits_{n\to\infty}x_n=0$,则称数列$\{x_n\}$为无穷小量.

注意:无穷小量是个变量(即数列、函数),而非绝对值很小的一个数.

定理 6(有关无穷小量的运算性质)

(1) 有限个无穷小量之和仍为无穷小量;

(2) 无穷小量与有界量之积为无穷小量.

证明 (1) 设$\{x_n^{(k)}\}(k=1,2,\cdots,m)$为$m$个无穷小量,$y_n=\sum\limits_{k=1}^{m}x_n^{(k)},n\in\mathbf{N}$.

由于$\lim\limits_{n\to\infty}x_n^{(k)}=0(k=1,2,\cdots,m)$,由定义有

$$\forall\varepsilon>0,\exists N_k,\forall n>N_k:\left|x_n^{(k)}-0\right|=\left|x_n^{(k)}\right|<\frac{\varepsilon}{m}\quad(k=1,2,\cdots,m),$$

因此,

$$\forall n>N=\max_{1\leqslant k\leqslant m}\{N_k\}:|y_n-0|=\left|\sum_{k=1}^{m}x_n^{(k)}\right|\leqslant\sum_{k=1}^{m}\left|x_n^{(k)}\right|<m\cdot\frac{\varepsilon}{m}=\varepsilon.$$

此即说明$\{y_n\}$为无穷小量.

(2) 设$\{\alpha_n\}$为无穷小量,$\{\beta_n\}$为有界数列,则由定义有

$$\exists M>0,\forall n:|\beta_n|\leqslant M;$$

$$\forall\varepsilon>0,\exists N,\forall n>N:|\alpha_n|<\frac{\varepsilon}{M}.$$

因此,对上述的ε与N,当$n>N$时有

$$|\alpha_n\beta_n-0|=|\alpha_n\beta_n|<M\cdot\frac{\varepsilon}{M}=\varepsilon.$$

此即说明$\{\alpha_n\beta_n\}$为无穷小量.

定理 7 数列$\{x_n\}$收敛的充要条件是,存在常数A及无穷小量$\{\alpha_n\}$,使得

$$x_n = A + \alpha_n, n \in \mathbf{N}.$$

虽然此定理的成立是显而易见的,看上去貌不惊人,但它的作用不可小觑.

2. 收敛数列的运算

定理 8 设$\{x_n\}$,$\{y_n\}$为两个收敛数列,则它们的和(差)数列$\{x_n \pm y_n\}$、积数列$\{x_n y_n\}$以及当$\lim\limits_{n\to\infty} y_n \neq 0$且$y_n \neq 0(\forall n \in \mathbf{N})$时的商数列$\left\{\dfrac{x_n}{y_n}\right\}$均收敛,此外还成立如下等式:

(1) $\lim\limits_{n\to\infty}(x_n \pm y_n) = \lim\limits_{n\to\infty} x_n \pm \lim\limits_{n\to\infty} y_n$;

(2) $\lim\limits_{n\to\infty}(x_n y_n) = \lim\limits_{n\to\infty} x_n \cdot \lim\limits_{n\to\infty} y_n$,特别地,对于$c \in \mathbf{R}$,$\lim\limits_{n\to\infty}(c x_n) = c \lim\limits_{n\to\infty} x_n$;

(3) $\lim\limits_{n\to\infty}\dfrac{x_n}{y_n} = \dfrac{\lim\limits_{n\to\infty} x_n}{\lim\limits_{n\to\infty} y_n}$.

证明 设$\lim\limits_{n\to\infty} x_n = a$,$\lim\limits_{n\to\infty} y_n = b$,则由定理 7,存在无穷小量$\{\alpha_n\}$,$\{\beta_n\}$使

$$x_n = a + \alpha_n, y_n = b + \beta_n, n \in \mathbf{N}.$$

此时,

(1) $(x_n \pm y_n) = (a + \alpha_n) \pm (b + \beta_n) = (a \pm b) + (\alpha_n \pm \beta_n)$;

(2) $x_n y_n = (a + \alpha_n)(b + \beta_n) = ab + (b\alpha_n + a\beta_n + \alpha_n\beta_n)$.

由定理 6 知$\{\alpha_n \pm \beta_n\}$,$\{b\alpha_n + a\beta_n + \alpha_n\beta_n\}$均为无穷小量,再由定理 7 即证得(1)、(2).

(3) 由(2)可知只需证明:当$b \neq 0$,$y_n \neq 0(n \in \mathbf{N})$时$\lim\limits_{n\to\infty}\dfrac{1}{y_n} = \dfrac{1}{b}$成立. 由于

$$\lim_{n\to\infty} y_n = b(\neq 0) \quad \Rightarrow \quad \lim_{n\to\infty} |y_n| = |b| > 0,$$

由保号性知,$\exists N, \forall n > N: |y_n| > \dfrac{|b|}{2} > 0$,于是由例 1 知$\left\{\dfrac{1}{y_n}\right\}$进而$\left\{\dfrac{1}{by_n}\right\}$为有界数列,注意到

$$\frac{1}{y_n} = \frac{1}{b} - \frac{y_n - b}{by_n} = \frac{1}{b} - \frac{1}{by_n} \cdot \beta_n,$$

再利用定理 6 及定理 7 即得所证.

3. 无穷大量

有一类发散数列$\{x_n\}$,随着n的增大,$|x_n|$也越来越大(比任意事先给定的数都要大),我们就称之为无穷大量. 它的严格定义如下:

定义 3 若$\forall M > 0, \exists N \in \mathbf{N}, \forall n > N: |x_n| > M$,则称数列$\{x_n\}$为无穷大量,记作

$$\lim_{n\to\infty} x_n = \infty .$$

若将定义中的$|x_n| > M$分别改为“$x_n > M$”与“$x_n < -M$”,则相应地称数列$\{x_n\}$为正无穷大量与负无穷大量,且分别记作

$$\lim_{n\to\infty} x_n = +\infty \quad 与 \quad \lim_{n\to\infty} x_n = -\infty .$$

需要再次强调的是,无穷大量$\{x_n\}$是一个发散数列,我们可以说“数列趋于无穷”或按字面说“数列的极限为无穷”,但不能说“数列收敛于无穷”. 上式中的“∞”只是记号,它不属于$\mathbf{R}$(即不是“数”).

在此我们指出,按照约定俗成,当且仅当$\{x_n\}$收敛时,我们才说数列$\{x_n\}$存在极限;而当$\{x_n\}$为(正、负)无穷大量时,尽管如上所述,我们有时也说“$\{x_n\}$的极限为(正、负)无穷”,但仍然称$\{x_n\}$不存在极限. 但是,在某些场合,我们把$\{x_n\}$为收敛或为(正、负)无穷大量统称为$\{x_n\}$存在广义极限.

由定义可知:对于数列$\{x_n\}$,若它为无穷大量,则必为无界数列;若它为正无穷大量,则必为上无界(而下有界)数列;若它为负无穷大量,则必为下无界(而上有界)数列. 反之,无界数列不一定是无穷大量.

例如,$\{2^n\}$为正无穷大量;$\{-2^n\}$为负无穷大量;$\{(-1)^n 2^n\}$为无穷大量. 而$\{(1+(-1)^n)^n\}$为(上)无界数列,但不是无穷大量.

请读者自行给出数列$\{x_n\}$为无界而非无穷大量的肯定语气的叙述,并以此对数列$\{(1+(-1)^n)^n\}$作相应的说明.

定理 9(与无穷大量有关的若干性质)

(1) 若$\{x_n\}$为无穷大量,$\{y_n\}$为有界数列,则$\{x_n \pm y_n\}$为无穷大量;

若$\{x_n\}$为正(负)无穷大量,$\{y_n\}$为下(上)有界数列,则$\{x_n + y_n\}$为正(负)无穷大量;

特别地,若$\{x_n\}$,$\{y_n\}$同为正(负)无穷大量,则$\{x_n + y_n\}$为正(负)无穷大量.

(2) 若$\{x_n\}$为无穷大量,$\{y_n\}$满足:$\exists N, \forall n > N: |y_n| \geqslant c > 0$,则$\{x_n y_n\}$为无穷大量;

特别地,$\{x_n\}$为正(负)无穷大量的充要条件是$\{-x_n\}$为负(正)无穷大量.

(3) 若$\forall n \in \mathbf{N}: x_n \neq 0$,则$\{x_n\}$为无穷大(小)量的充要条件是$\left\{\dfrac{1}{x_n}\right\}$为无穷小(大)量;

特别地,若$\exists N, \forall n > N: x_n > 0\ (<0)$,则$\{x_n\}$为正(负)无穷大量的充要条件是$\left\{\dfrac{1}{x_n}\right\}$为无穷小量.

由相关的定义即可得到定理的证明,具体论述留给读者完成.

此外,前面叙述的有关收敛数列的部分性质对于无穷大量或正、负无穷大量

仍成立.

例如,极限存在的唯一性. 但需要指出的是,若$\{x_n\}$为无穷大量,则其所谓"广义极限"的唯一性是指其在集合$\mathbf{R}\cup\{\infty\}$中唯一,即在具体讨论时不再有"广义极限"为正无穷、负无穷之说;若$\{x_n\}$为正无穷大量、负无穷大量,则其"广义极限"在集合$\mathbf{R}\cup\{-\infty,+\infty\}$中唯一.

至于有关收敛数列的其余性质中哪些对无穷大量仍然成立,而哪些对正无穷大量、负无穷大量仍然成立,请读者自行考虑,在此不再一一叙述.

例 9　证明:$\lim\limits_{n\to\infty}\sqrt[n]{a}=1(a>0)$.

证明　在例 5 中,我们已证得当$a>1$时有$\lim\limits_{n\to\infty}\sqrt[n]{a}=1$;而当$a=1$时,结论显然成立. 因此只需证明当$0<a<1$时结论成立.

记$b=\dfrac{1}{a}$,则$b>1$,于是由极限的运算法则,有

$$\lim_{n\to\infty}\sqrt[n]{a}=\lim_{n\to\infty}\frac{1}{\sqrt[n]{b}}=\frac{1}{\lim\limits_{n\to\infty}\sqrt[n]{b}}=\frac{1}{1}=1.$$

例 10　求下列数列的极限:

(1) $\lim\limits_{n\to\infty}\dfrac{2n^2-5n+2}{3n^3-7}$;　(2) $\lim\limits_{n\to\infty}\dfrac{2n^2-5n+2}{3n^2-7}$;　(3) $\lim\limits_{n\to\infty}\dfrac{2n^2-5n+2}{3n-7}$.

解　(1) 原式$=\lim\limits_{n\to\infty}\dfrac{\dfrac{2}{n}-\dfrac{5}{n^2}+\dfrac{2}{n^3}}{3-\dfrac{7}{n^3}}=\dfrac{0-0+0}{3-0}=0$;

(2) 原式$=\lim\limits_{n\to\infty}\dfrac{2-\dfrac{5}{n}+\dfrac{2}{n^2}}{3-\dfrac{7}{n^2}}=\dfrac{2-0+0}{3-0}=\dfrac{2}{3}$;

(3) 由于$\lim\limits_{n\to\infty}\dfrac{3n-7}{2n^2-5n+2}=\lim\limits_{n\to\infty}\dfrac{\dfrac{3}{n}-\dfrac{7}{n^2}}{2-\dfrac{5}{n}+\dfrac{2}{n^2}}=\dfrac{0-0}{2-0+0}=0$,故原式$=\infty$.

利用本例的方法可得如下一般结论:当$a_0\neq 0,b_0\neq 0$时,有

$$\lim_{n\to\infty}\frac{a_0n^l+a_1n^{l-1}+\cdots+a_l}{b_0n^m+b_1n^{m-1}+\cdots+b_m}=\begin{cases}0, & l<m,\\ \dfrac{a_0}{b_0}, & l=m,\\ \infty, & l>m.\end{cases}$$

例 11　求下列极限:

(1) $\lim\limits_{n\to\infty}(\sqrt{n+3}-\sqrt{n-1})$； (2) $\lim\limits_{n\to\infty}\left(\frac{1}{n^2}+\frac{2}{n^2}+\cdots+\frac{n}{n^2}\right)$；

(3) $\lim\limits_{n\to\infty}\left(\frac{1}{1\times 2}+\frac{1}{2\times 3}+\cdots+\frac{1}{n(n+1)}\right)$；

(4) $\lim\limits_{n\to\infty}(1+q+q^2+\cdots+q^n)(q\neq -1)$.

解 (1) 因为

$$0\leqslant \sqrt{n+3}-\sqrt{n-1}=\frac{4}{\sqrt{n+3}+\sqrt{n-1}}\leqslant\frac{4}{\sqrt{n+3}}<\frac{4}{\sqrt{n}},$$

且易知$\lim\limits_{n\to\infty}\frac{4}{\sqrt{n}}=0$,所以原式$=0$.

(2) 原式$=\lim\limits_{n\to\infty}\frac{1+2+\cdots+n}{n^2}=\lim\limits_{n\to\infty}\frac{n(n+1)}{2n^2}=\frac{1}{2}$.

试问:如下运算错在哪里?

$$原式=\lim_{n\to\infty}\frac{1}{n^2}+\lim_{n\to\infty}\frac{2}{n^2}+\cdots+\lim_{n\to\infty}\frac{n}{n^2}=0+0+\cdots+0=0.$$

(3) 原式$=\lim\limits_{n\to\infty}\left(\left(1-\frac{1}{2}\right)+\left(\frac{1}{2}-\frac{1}{3}\right)+\cdots+\left(\frac{1}{n}-\frac{1}{n+1}\right)\right)$

$=\lim\limits_{n\to\infty}\left(1-\frac{1}{n+1}\right)=1$.

(4) 注意到,

$$x_n=1+q+q^2+\cdots+q^n=\begin{cases}\dfrac{1-q^{n+1}}{1-q}, & q\neq 1,\\ n+1, & q=1\end{cases}$$

$$=\begin{cases}\dfrac{1-q^{n+1}}{1-q}, & |q|\neq 1,\\ n+1, & q=1,\\ \dfrac{1+(-1)^n}{2}, & q=-1.\end{cases}$$

由此可知,当$q\geqslant 1$时,$\{x_n\}$为正无穷大量;当$q<-1$时,$\{x_n\}$为无穷大量;当$-1<q<1$时,$\{x_n\}$收敛于$\frac{1}{1-q}$.

(作为练习,请读者证明:当$q=-1$时,$\{x_n\}$为有界的发散数列.)

例 12(Stolz 定理) 设数列$\{y_n\}$严格递增且趋于$+\infty$.若$\lim\limits_{n\to\infty}\frac{x_n-x_{n-1}}{y_n-y_{n-1}}=A$,则$\lim\limits_{n\to\infty}\frac{x_n}{y_n}=A$,其中$-\infty\leqslant A\leqslant+\infty$.

证明　(i) 首先设 $-\infty < A < +\infty$，则

$$\lim_{n\to\infty}\frac{x_n - x_{n-1}}{y_n - y_{n-1}} = A \quad\Rightarrow\quad \frac{x_n - x_{n-1}}{y_n - y_{n-1}} = A + \alpha_n, n\in\mathbf{N}. \tag{1}$$

$$\lim_{n\to\infty}\alpha_n = 0 \quad\Rightarrow\quad \forall\varepsilon>0, \exists N_1\in\mathbf{N}, \forall n>N_1: |\alpha_n| < \frac{\varepsilon}{2};$$

$$\lim_{n\to\infty} y_n = +\infty \quad\Rightarrow\quad \exists N_2\in\mathbf{N}, \forall n>N_2: \left|\frac{x_{N_1} - Ay_{N_1}}{y_n}\right| < \frac{\varepsilon}{2}.$$

于是，由(1)式，$\forall n > \max\{N_1, N_2\}$：

$$\begin{aligned} x_n - x_{N_1} &= \sum_{k=N_1+1}^{n}(x_k - x_{k-1}) \\ &= \sum_{k=N_1+1}^{n} A(y_k - y_{k-1}) + \sum_{k=N_1+1}^{n}\alpha_k(y_k - y_{k-1}) \\ &= A(y_n - y_{N_1}) + \sum_{k=N_1+1}^{n}\alpha_k(y_k - y_{k-1}), \end{aligned}$$

所以

$$\begin{aligned} \left|\frac{x_n}{y_n} - A\right| &\leqslant \left|\frac{x_{N_1} - Ay_{N_1}}{y_n}\right| + \frac{1}{|y_n|}\sum_{k=N_1+1}^{n}|\alpha_k(y_k - y_{k-1})| \\ &< \frac{\varepsilon}{2} + \frac{\varepsilon}{2}\left(\frac{1}{|y_n|}\sum_{k=N_1+1}^{n}|y_k - y_{k-1}|\right) \\ &= \frac{\varepsilon}{2} + \frac{\varepsilon}{2}\left|\frac{1}{y_n}\sum_{k=N_1+1}^{n}(y_k - y_{k-1})\right| \\ &= \frac{\varepsilon}{2} + \frac{\varepsilon}{2}\left(1 - \frac{y_{N_1}}{y_n}\right) < \varepsilon. \end{aligned}$$

(ii) 其次设 $A = +\infty$，注意到

$$\lim_{n\to\infty}\frac{x_n - x_{n-1}}{y_n - y_{n-1}} = +\infty \quad\Rightarrow\quad \lim_{n\to\infty}\frac{y_n - y_{n-1}}{x_n - x_{n-1}} = 0,$$

以及

$$\exists N_0\in\mathbf{N}, \forall n>N_0: \frac{x_n - x_{n-1}}{y_n - y_{n-1}} > 1,$$

因此

$$\forall n > N_0: x_n > x_{n-1},$$

并且

$$x_n - x_{n-1} > y_n - y_{n-1} \quad\Rightarrow\quad \forall n>N_0: x_n > y_n - y_{N_0} + x_{N_0},$$

故

$$\lim_{n\to\infty}x_n = +\infty\ (\text{因为}\lim_{n\to\infty}y_n = +\infty).$$

于是,由(i)及定理9可得

$$\lim_{n\to\infty}\frac{y_n}{x_n}=0 \quad\Rightarrow\quad \lim_{n\to\infty}\frac{x_n}{y_n}=+\infty\left(\text{注意到当 } n \text{ 充分大时}\frac{x_n}{y_n}>0\right).$$

(iii) 最后设 $A=-\infty$,则由定理9知

$$\lim_{n\to\infty}\frac{x_n-x_{n-1}}{y_n-y_{n-1}}=-\infty \quad\Rightarrow\quad \lim_{n\to\infty}\left(-\frac{x_n-x_{n-1}}{y_n-y_{n-1}}\right)=\lim_{n\to\infty}\frac{(-x_n)-(-x_{n-1})}{y_n-y_{n-1}}=+\infty,$$

由(ii)且再次由定理9,有

$$\lim_{n\to\infty}\frac{-x_n}{y_n}=+\infty \quad\Rightarrow\quad \lim_{n\to\infty}\frac{x_n}{y_n}=\lim_{n\to\infty}\left(-\left(\frac{-x_n}{y_n}\right)\right)=-\infty.$$

提请读者注意上述(ii)、(iii)的证明思路. 但作为基本训练,还是希望读者直接从定义出发,对(ii)及(iii)重新加以证明.

需要指出的是,Stolz 定理中所设的 $\lim\limits_{n\to\infty}\frac{x_n-x_{n-1}}{y_n-y_{n-1}}=A$ 是使得结论 $\lim\limits_{n\to\infty}\frac{x_n}{y_n}=A$ 成立的充分条件而非必要条件. 例如,令 $x_n=(-1)^n$, $y_n=n$,则显然 $\lim\limits_{n\to\infty}\frac{x_n}{y_n}=0$,但 $\left\{\frac{x_n-x_{n-1}}{y_n-y_{n-1}}\right\}=\{(-1)^n 2\}$ 无极限.

例 13 求下列极限:

(1) $\lim\limits_{n\to\infty}\frac{n}{a^n}(a>1)$;　　(2) $\lim\limits_{n\to\infty}\frac{1}{n}\left(1+\frac{1}{2}+\cdots+\frac{1}{n}\right)$.

解 利用 Stolz 定理,有

(1) 原式 $=\lim\limits_{n\to\infty}\frac{n-(n-1)}{a^n-a^{n-1}}=\frac{1}{a-1}\lim\limits_{n\to\infty}\left(\frac{1}{a}\right)^{n-1}=0$;

(2) 原式 $=\lim\limits_{n\to\infty}\frac{1}{n-(n-1)}\left(\left(1+\frac{1}{2}+\cdots+\frac{1}{n}\right)-\left(1+\frac{1}{2}+\cdots+\frac{1}{n-1}\right)\right)$

$=\lim\limits_{n\to\infty}\frac{1}{n}=0.$

2.1.4 数列极限的存在性条件

1. 单调数列的极限

定理 10(单调有界数列收敛定理) 单调增(减)、上(下)有界的数列必为收敛数列;单调增(减)、上(下)无界数列必为正(负)无穷大量.

证明 (i) 设 $\{x_n\}$ 为单调增数列,E 为数列 $\{x_n\}$ 中的一切项 x_n 所组成的数集,当然 $E\neq\varnothing$,且数列 $\{x_n\}$ 上有(无)界,即数集 E 上有(无)界. 记 $\beta=\sup E$,则 $-\infty<\beta\leqslant+\infty$.(注:为简化语言,习惯上我们将所述的 $\sup E$ 就记作 $\sup\{x_n\}$.)

若 $\{x_n\}$ 上有界,则 $\beta<+\infty$,于是

$$\forall \varepsilon>0, \exists N \in \mathbf{N}(\text{即} \exists x_N \in E): \beta-\varepsilon<x_N \leqslant \beta,$$

注意到$\{x_n\}$递增,故

$$\forall n>N: \beta-\varepsilon<x_N \leqslant x_n \leqslant \beta<\beta+\varepsilon \quad \Rightarrow \quad |x_n-\beta|<\varepsilon,$$

此即说明$\{x_n\}$收敛且收敛于β.

若$\{x_n\}$上无界,则$\beta=+\infty$,于是

$$\forall M>0, \exists N \in \mathbf{N}(\text{即} \exists x_N \in E): x_N>M,$$

仍由$\{x_n\}$递增知,

$$\forall n>N: x_n \geqslant x_N>M,$$

即证得$\{x_n\}$为正无穷大量.

(ii) 设$\{x_n\}$为单调减数列. 注意到,此时$\{-x_n\}$为单调增数列,则由(i)知

$$\lim_{n \to \infty}(-x_n)=\sup\{-x_n\},$$

于是有

$$\begin{aligned}\lim_{n \to \infty} x_n &=\lim_{n \to \infty}(-(-x_n))=-\lim_{n \to \infty}(-x_n) \\ &=-\sup\{-x_n\}=\inf\{x_n\}.\end{aligned}$$

而$\{x_n\}$下有(无)界,即$\inf\{x_n\}>-\infty\ (=-\infty)$,由此即得所证.

注 由上述证明可知:若数列$\{x_n\}$单调增,则$\lim\limits_{n \to \infty} x_n=\sup\{x_n\}$;若数列$\{x_n\}$单调减,则$\lim\limits_{n \to \infty} x_n=\inf\{x_n\}$. 由此可得如下结论:

单调增(减)数列$\{x_n\}$收敛的充要条件是数列$\{x_n\}$上(下)有界.

单调增(减)数列$\{x_n\}$若发散,则必为正(负)无穷大量.

例 14 设$a>1$,证明:$\lim\limits_{n \to \infty} \dfrac{n^k}{a^n}=0$.

证明 令$x_n=\dfrac{n^k}{a^n}$,则$\lim\limits_{n \to \infty} \dfrac{x_{n+1}}{x_n}=\lim\limits_{n \to \infty} \dfrac{1}{a}\left(\dfrac{n+1}{n}\right)^k=\dfrac{1}{a}<1$,于是

$$\exists N, \forall n>N: 0<\frac{x_{n+1}}{x_n}<1 \quad \Rightarrow \quad 0<x_{n+1}<x_n,$$

可知,当n充分大后,$\{x_n\}$单调减且有下界0,从而$\{x_n\}$收敛. 记$\lim\limits_{n \to \infty} x_n=A$,则

$$A=\lim_{n \to \infty} x_{n+1}=\lim_{n \to \infty} \frac{1}{a}\left(\frac{n+1}{n}\right)^k x_n=\frac{A}{a} \quad \Rightarrow \quad A=0.$$

注 利用此例可知,

$$\forall \varepsilon>0, \exists N, \forall n>N: \frac{n}{(1+\varepsilon)^n}<1 \quad \Rightarrow \quad 1 \leqslant \sqrt[n]{n}<1+\varepsilon,$$

由此证得$\lim\limits_{n \to \infty} \sqrt[n]{n}=1$.

例 15 设$x_n=\sqrt{2+\sqrt{2+\cdots+\sqrt{2+\sqrt{2}}}}$($n$重根号),求$\lim\limits_{n \to \infty} x_n$.

解 由 x_n 的表达式可知有递推式

$$x_1=\sqrt{2},\quad x_{n+1}=\sqrt{2+x_n},\quad n\in\mathbf{N}.$$

利用数学归纳法易知，$\forall n\in\mathbf{N}:0<x_n<2$. 于是

$$x_{n+1}-x_n=\sqrt{2+x_n}-x_n=\frac{(2-x_n)(1+x_n)}{\sqrt{2+x_n}+x_n}>0,$$

此即说明 $\{x_n\}$ 单调增且有上界 2，从而 $\{x_n\}$ 收敛. 记 $\lim\limits_{n\to\infty}x_n=A$，则

$$A^2=\lim_{n\to\infty}x_{n+1}^2=\lim_{n\to\infty}(2+x_n)=2+A,$$

解此方程得 $A=-1$(舍)，$A=2$，即 $\lim\limits_{n\to\infty}x_n=2$.

例 16 设 $x_n=\left(1+\dfrac{1}{n}\right)^n$，$n\in\mathbf{N}$，证明：$\{x_n\}$ 为收敛数列.

证法 1 利用平均不等式，$\forall n\in\mathbf{N}$ 有

$$\text{(i)}\ x_n=\left(1+\frac{1}{n}\right)^n=\left(1+\frac{1}{n}\right)^n\cdot 1<\left(\frac{n\left(1+\frac{1}{n}\right)+1}{n+1}\right)^{n+1}=\left(1+\frac{1}{n+1}\right)^{n+1}=x_{n+1};$$

$$\text{(ii)}\ \frac{x_n}{4}=\left(1+\frac{1}{n}\right)^n\cdot\frac{1}{2}\cdot\frac{1}{2}<\left(\frac{n\left(1+\frac{1}{n}\right)+\frac{1}{2}+\frac{1}{2}}{n+2}\right)^{n+2}=1\quad\Rightarrow\quad x_n<4,$$

于是 $\{x_n\}$ 单调增且有上界 4，从而 $\{x_n\}$ 为收敛数列.

证法 2 令 $y_n=\left(1+\dfrac{1}{n}\right)^{n+1}$，$n\in\mathbf{N}$，利用平均不等式，$\forall n\in\mathbf{N}$ 有

$$\begin{aligned}y_n&=\left(1+\frac{1}{n}\right)^{n+1}=\left(\frac{n+1}{n}\right)^{n+1}\cdot 1\\&>\left(\frac{n+2}{(n+1)\dfrac{n}{n+1}+1}\right)^{n+2}\\&=\left(1+\frac{1}{n+1}\right)^{n+2}=y_{n+1};\end{aligned}$$

于是 $\{y_n\}$ 单调减且显然有下界 0，从而 $\{y_n\}$ 收敛. 注意到

$$x_n=\frac{n}{n+1}y_n,\ n\in\mathbf{N},$$

由此即知 $\{x_n\}$ 收敛且与 $\{y_n\}$ 收敛于同一极限.

由本例，我们得到了微积分中的一个重要极限，且记此极限为 e，即

$$\lim_{n\to\infty}\left(1+\frac{1}{n}\right)^n=\lim_{n\to\infty}\left(1+\frac{1}{n}\right)^{n+1}=\mathrm{e},$$

$\mathrm{e}=2.7182818\cdots$是自然对数的底. 同时,由例中的两种证法可知,

$$\left(1+\frac{1}{n}\right)^{n}<\mathrm{e}<\left(1+\frac{1}{n}\right)^{n+1}, n\in\mathbf{N}. \tag{2}$$

例 17 设 $c_n=1+\frac{1}{2}+\cdots+\frac{1}{n}-\ln n$,证明:$\{c_n\}$为收敛数列.

证明 由(2)式,$\forall n\in\mathbf{N}$:

$$\frac{1}{n+1}<\ln\frac{n+1}{n}<\frac{1}{n} \Rightarrow \frac{1}{2}+\cdots+\frac{1}{n+1}<\ln(n+1)<1+\frac{1}{2}+\cdots+\frac{1}{n}.$$

于是,

(i) $c_{n+1}-c_n=\frac{1}{n+1}-\ln\frac{n+1}{n}<0$;

(ii) $c_n>\ln(n+1)-\ln n>0$,

即$\{c_n\}$单调减且有下界 0,从而$\{c_n\}$为收敛数列.

注 本例中的极限 $c=0.57721566490\cdots$称为 Euler 常数.

2. 数列的子列、数列与其子列极限的关系

定义 4 设有数列$\{x_n\}$,给定一个正整数数列$\{n_k\}$满足

$$n_k<n_{k+1}, \quad k\in\mathbf{N},$$

由此确定的$\{x_{n_k}\}$称为数列$\{x_n\}$的一个子列.

注意,x_{n_k}中的 n_k 是指其位于原数列$\{x_n\}$中的第 n_k 项;k 是指其位于相应的子列$\{x_{n_k}\}$中的第 k 项. 事实上,我们可以用复合函数的概念来定义子列的概念:

设函数 $f:\mathbf{N}\to\mathbf{R}$,又函数 $g:\mathbf{N}\to\mathbf{N}$ 严格单调增,记

$$x_n=f(n), \quad n_k=g(k),$$

则

$$x_{n_k}=f(g(k))=(f\circ g)(k), \quad k\in\mathbf{N},$$

上述整标复合函数 $f\circ g$ 便称为整标函数 f 的一个子列.

由此可见,在子列$\{x_{n_k}\}$中,自变量是 k 而非 n_k,此外恒有 $n_k\geqslant k$.

定理 11 $\lim\limits_{n\to\infty}x_n=A$ 的充要条件是$\{x_n\}$的一切子列$\{x_{n_k}\}$均有$\lim\limits_{k\to\infty}x_{n_k}=A$($A$ 可为∞或$\pm\infty$).

证明 由于$\{x_n\}$本身当然是它的一个子列,故充分性显然. 下证必要性. 任取$\{x_n\}$的一个子列$\{x_{n_k}\}$. 由$\lim\limits_{n\to\infty}x_n=A$ 的定义,

(i) 若 $-\infty<A<+\infty$. 则

$$\forall\varepsilon>0, \exists K\in\mathbf{N}, \forall k>K: |x_k-A|<\varepsilon$$
$$\Rightarrow |x_{n_k}-A|<\varepsilon(\text{因为}\forall k>K: n_k\geqslant k>K);$$

(ii) 若 $A=\infty$. 则

$$\forall M>0, \exists K\in\mathbf{N}, \forall k>K: |x_k|>M$$

$$\Rightarrow |x_{n_k}| > M(\text{因为}\ \forall k > K: n_k \geqslant k > K);$$

(iii) 若 $A = \pm\infty$，其证明与(ii)类似，故从略.

例 18 证明：$\{(-1)^n\}$ 发散.

证明 由于 $\lim\limits_{n\to\infty}(-1)^{2n-1} = -1$；$\lim\limits_{n\to\infty}(-1)^{2n} = 1$，故由定理 11 即知 $\{(-1)^n\}$ 发散.

例 19 证明：$\{\sin n\}$ 发散.

证法 1 注意到，$\forall k \in \mathbf{N}$，区间 $\left(2k\pi + \dfrac{\pi}{4}, 2k\pi + \dfrac{3\pi}{4}\right)$ 的长度大于 1，因此必可在其中取一正整数 n_k；同理，在区间 $\left(2k\pi + \dfrac{5\pi}{4}, 2k\pi + \dfrac{7\pi}{4}\right)$ 中也可取一正整数 m_k. 由此得到 $\{\sin n\}$ 的两个子列：$\{\sin n_k\}$ 与 $\{\sin m_k\}$. 由于，

$$\sin n_k > \frac{\sqrt{2}}{2}, \quad \sin m_k < -\frac{\sqrt{2}}{2}, \forall k \in \mathbf{N},$$

故由定理 11 可知 $\{\sin n\}$ 发散.

证法 2 用反证法. 若 $\{\sin n\}$ 收敛，则

$$\lim_{n\to\infty}\cos n = \lim_{n\to\infty}\frac{1}{2\sin 1}(\sin(n+1) - \sin(n-1)) = 0,$$

于是有

$$\lim_{n\to\infty}\sin 2n = \lim_{n\to\infty}(2\sin n\cos n) = 0 \quad \Rightarrow \quad \lim_{n\to\infty}\sin n = 0,$$

得出

$$\lim_{n\to\infty}(\sin^2 n + \cos^2 n) = 0,$$

但这与 $\sin^2 n + \cos^2 n = 1$，$\forall n \in \mathbf{N}$ 矛盾.

例 20 证明：无界数列必有一子列为无穷大量.

证明 设 $\{x_n\}$ 为无界数列，则由定义，

$$\forall M > 0, \exists n \in \mathbf{N}: |x_n| > M.$$

于是，对于

$$M_1 = 1, \exists n_1: |x_{n_1}| > 1;$$

对于

$$M_2 = 1 + \sum_{i=1}^{n_1}|x_i|, \exists n_2 > n_1: |x_{n_2}| > M_2 > 2;$$

如此以往，一般地，对于

$$M_{k+1} = 1 + \sum_{i=1}^{n_k}|x_i|, \exists n_{k+1} > n_k: |x_{n_{k+1}}| > M_{k+1} > k+1, k \in \mathbf{N}.$$

由此取得的 $\{x_n\}$ 的子列 $\{x_{n_k}\}$ 即为无穷大量.

定理 12 设 $\{x_n\}$ 为单调数列，则 $\lim\limits_{n\to\infty}x_n = A$ 的充要条件是存在 $\{x_n\}$ 的一个子

列$\{x_{n_k}\}$使得$\lim\limits_{k\to\infty}x_{n_k}=A(-\infty\leqslant A\leqslant+\infty)$.

证明　只需证明充分性. 不妨设$\{x_n\}$为单调增数列(若为单调减数列,则只需考虑相应的$\{-x_n\}$). 注意到$\{x_{n_k}\}$仍为单调增数列,由定理 10 以及上确界的性质可知

$$\lim_{k\to\infty}x_{n_k}=\sup\{x_{n_k}\}\leqslant\sup\{x_n\}=\lim_{n\to\infty}x_n.$$

又注意到,

$$\forall k\in\mathbf{N}:n_k\geqslant k\quad\Rightarrow\quad x_k\leqslant x_{n_k}\leqslant\sup\{x_{n_k}\},$$

即知$\sup\{x_n\}\leqslant\sup\{x_{n_k}\}$,从而$\sup\{x_{n_k}\}=\sup\{x_n\}$.

例 21　设$a_n=1+\dfrac{1}{2^p}+\cdots+\dfrac{1}{n^p},n\in\mathbf{N}$,证明:当$p>1$时,数列$\{a_n\}$收敛;当$p\leqslant1$时,数列$\{a_n\}$为正无穷大量.

证明　显然,对任意实数p,$\{a_n\}$均为单调增数列.

(i) 当$p>1$时,记$\dfrac{1}{2^{p-1}}=q$,则$0<q<1$,则

$$\begin{aligned}a_{2^k-1}&=1+\frac{1}{2^p}+\frac{1}{3^p}+\cdots+\frac{1}{(2^k-1)^p}\\&=1+\left(\frac{1}{2^p}+\frac{1}{3^p}\right)+\cdots+\left(\frac{1}{(2^{k-1})^p}+\frac{1}{(2^{k-1}+1)^p}+\cdots+\frac{1}{(2^k-1)^p}\right)\\&<1+\frac{2^1}{2^p}+\cdots+\frac{2^{k-1}}{2^{(k-1)p}}=1+\frac{1}{2^{p-1}}+\cdots+\frac{1}{(2^{p-1})^{k-1}}<\frac{1}{1-q},\end{aligned}$$

可知$\{a_n\}$的子列$\{a_{2^k-1}\}$为单调增上有界数列,从而为收敛子列,进而由定理 12 知原数列$\{a_n\}$收敛.

(ii) 当$p\leqslant1$时,

$$\begin{aligned}a_{2^k}&=1+\frac{1}{2^p}+\frac{1}{3^p}+\cdots+\frac{1}{(2^k)^p}\geqslant1+\frac{1}{2}+\frac{1}{3}+\cdots+\frac{1}{2^k}\\&=1+\frac{1}{2}+\left(\frac{1}{3}+\frac{1}{4}\right)+\cdots+\left(\frac{1}{2^{k-1}+1}+\cdots+\frac{1}{2^k}\right)\\&>1+\frac{1}{2}+\frac{2}{2^2}+\cdots+\frac{2^{k-1}}{2^k}=1+\frac{k}{2}.\end{aligned}$$

于是$\{a_n\}$的子列$\{a_{2^k}\}$为正无穷大量,再由定理 12 即知数列$\{a_n\}$为正无穷大量.

3. Cauchy 收敛准则

定理 13(Cauchy 收敛准则)　数列$\{x_n\}$收敛的充要条件是

$$\forall\varepsilon>0,\exists N\in\mathbf{N},\forall n>N,\forall m>N:|x_n-x_m|<\varepsilon.$$

我们将满足上述条件的数列称为基本数列或 Cauchy 数列. 由此,本定理也可表述为:数列$\{x_n\}$收敛的充要条件是$\{x_n\}$为基本数列.

证明 必要性.设$\{x_n\}$收敛,则

$$\exists A\in\mathbf{R},\forall\varepsilon>0,\exists N\in\mathbf{N},\forall n>N:|x_n-A|<\frac{\varepsilon}{2},$$

故有

$$\forall n>N,\forall m>N:|x_n-x_m|\leqslant|x_n-A|+|x_m-A|<\varepsilon.$$

充分性.设$\{x_n\}$为基本数列.首先证明$\{x_n\}$为有界数列.事实上,对于$\varepsilon=1$,

$$\exists N_0\in\mathbf{N},\forall n>N_0:|x_n-x_{N_0+1}|<1\quad\Rightarrow\quad|x_n|<|x_{N_0+1}|+1,$$

即$\{x_n\}$往后有界,从而为有界数列,于是存在常数a,b使得

$$-\infty<a<x_n<b<+\infty,\quad n=1,2,\cdots.$$

令

$$E=\{t\,|\,(-\infty,t)\text{中至多含有数列}\{x_n\}\text{中的有限多项},t\in(-\infty,b+1)\}.$$

显然$a\in E$,故$E\neq\varnothing$,且E有上界b,于是

$$\exists\xi=\sup E\in[a,b].$$

以下分两步论证:

(i) 往证:在ξ的任一邻域中必含有数列$\{x_n\}$中的无穷多项.

用反证法.若$\exists\varepsilon_0\in(0,1):(\xi-\varepsilon_0,\xi+\varepsilon_0)$中至多含有$\{x_n\}$中的有限多项,由上确界定义知,$\exists t_0\in(\xi-\varepsilon_0,\xi]\cap E$,即$\exists t_0\in(\xi-\varepsilon_0,\xi]:(-\infty,t_0)$中至多含有$\{x_n\}$中的有限多项,由此推得在$(-\infty,\xi+\varepsilon_0)$中至多含有$\{x_n\}$中的有限多项,即

$$\exists\xi+\varepsilon_0\in E:\xi+\varepsilon_0>\xi=\sup E,$$

上式与$\sup E$为E的上界矛盾.

(ii) 往证:在ξ的任一邻域中含有数列$\{x_n\}$中的几乎所有的项,即

$$\forall\varepsilon>0,\exists N\in\mathbf{N},\forall n>N:|x_n-\xi|<\varepsilon.$$

因$\{x_n\}$为基本数列,故

$$\forall\varepsilon>0,\exists N\in\mathbf{N},\forall n,m>N:|x_n-x_m|<\frac{\varepsilon}{2},$$

又由(i)知,

$$\exists m_0>N:x_{m_0}\in\left(\xi-\frac{\varepsilon}{2},\xi+\frac{\varepsilon}{2}\right),$$

即$|x_{m_0}-\xi|<\dfrac{\varepsilon}{2}$,由此,$\forall n>N$,我们有

$$|x_n-\xi|\leqslant|x_n-x_{m_0}|+|x_{m_0}-\xi|<\frac{\varepsilon}{2}+\frac{\varepsilon}{2}=\varepsilon,$$

此即说明$\{x_n\}$为收敛数列.

注 1 $\{x_n\}$为基本数列也可表述为:

$$\forall\varepsilon>0,\exists N\in\mathbf{N},\forall n>N,\forall p\in\mathbf{N}:|x_{n+p}-x_n|<\varepsilon.$$

注 2 请读者考虑以下说法的真伪:

$$\{x_n\}\text{为基本数列} \quad \Leftrightarrow \quad \forall p \in \mathbf{N}: \lim_{n\to\infty} |x_{n+p} - x_n| = 0.$$

例 22 设 $x_n = \sum_{k=1}^{n} (-1)^{k-1}\frac{1}{k}, n \in \mathbf{N}$,证明:数列$\{x_n\}$收敛.

证明 注意到,$\forall n, p \in \mathbf{N}$:

$$|x_{n+p} - x_n| = \left|\sum_{k=n+1}^{n+p} (-1)^{k-1}\frac{1}{k}\right| = \left|\frac{1}{n+1} - \frac{1}{n+2} + \cdots + (-1)^{p-1}\frac{1}{n+p}\right|$$

$$= \begin{cases} \left(\frac{1}{n+1} - \frac{1}{n+2}\right) + \cdots + \left(\frac{1}{n+p-1} - \frac{1}{n+p}\right), & p\text{ 为偶数}, \\ \left(\frac{1}{n+1} - \frac{1}{n+2}\right) + \cdots + \left(\frac{1}{n+p-2} - \frac{1}{n+p-1}\right) + \frac{1}{n+p}, & p\text{ 为奇数} \end{cases}$$

$$= \begin{cases} \frac{1}{n+1} - \left(\frac{1}{n+2} - \frac{1}{n+3}\right) - \cdots - \left(\frac{1}{n+p-2} - \frac{1}{n+p-1}\right) - \frac{1}{n+p}, & p\text{ 为偶数}, \\ \frac{1}{n+1} - \left(\frac{1}{n+2} - \frac{1}{n+3}\right) - \cdots - \left(\frac{1}{n+p-1} - \frac{1}{n+p}\right), & p\text{ 为奇数} \end{cases}$$

$$< \frac{1}{n+1} < \frac{1}{n},$$

由此可知,

$$\forall \varepsilon > 0, \exists N = \left[\frac{1}{\varepsilon}\right] + 1, \forall n > N, \forall p \in \mathbf{N}: |x_{n+p} - x_n| < \varepsilon,$$

即$\{x_n\}$为基本数列,从而为收敛数列.

例 23 设 $x_n = \sum_{k=1}^{n} \frac{1}{k}, n \in \mathbf{N}$,用 Cauchy 收敛准则证明:$\{x_n\}$为发散数列.

证明 注意到,$\forall n, p \in \mathbf{N}$:

$$|x_{n+p} - x_n| = \sum_{k=n+1}^{n+p} \frac{1}{k} > \frac{p}{n+p},$$

由此可知,

$$\exists \varepsilon = \frac{1}{2}, \forall N \in \mathbf{N}, \exists n > N, \exists p = n: |x_{n+n} - x_n| > \frac{1}{2},$$

于是$\{x_n\}$不是基本数列,从而为发散数列.

习题 2.1

1. 试判断下列命题的真伪. 若正确证明之,否则举反例说明.

(1) $\lim_{n\to\infty} x_n = a(\in \mathbf{R}) \quad \Leftrightarrow \quad \forall \varepsilon > 0, \exists N \in \mathbf{N}, \forall n > N: x_n - a < \varepsilon$;

(2) $\lim_{n\to\infty} x_n = a(\in \mathbf{R}) \quad \Leftrightarrow \quad \forall \varepsilon > 0, \exists N \in \mathbf{N}, \forall n > N: |x_n - a| < M\varepsilon$($M$ 为正常数);

(3) $\lim_{n\to\infty} x_n = a(\in \mathbf{R}) \quad \Leftrightarrow \quad \forall \varepsilon > 0$,在$(a-\varepsilon, a+\varepsilon)$中含有$\{x_n\}$中的无穷多项;

(4) $\lim_{n\to\infty} x_n = a(\in \mathbf{R}) \quad \Leftrightarrow \quad \forall k \in \mathbf{N}, \exists N_k \in \mathbf{N}, \forall n > N_k: |x_n - a| < \frac{1}{k}$;

(5) $\lim\limits_{n\to\infty}x_n=a(\in\mathbf{R})\quad\Leftrightarrow\quad\forall k\in\mathbf{N}$，$\{x_n\}$中只有有限多项在$\left(a-\dfrac{1}{k},a+\dfrac{1}{k}\right)$之外；

(6) 若$a_n\leqslant b_n\leqslant c_n(n\in\mathbf{N})$，且$\lim\limits_{n\to\infty}(c_n-a_n)=0$，则$\{b_n\}$收敛；

(7) 若$a_n\leqslant b_n\leqslant c_n(n\in\mathbf{N})$，$\{b_n\}$收敛且$\lim\limits_{n\to\infty}(c_n-a_n)=0$，则$\{a_n\}$和$\{c_n\}$收敛；

(8) 若$\lim\limits_{n\to\infty}a_nb_n=0$，则$\lim\limits_{n\to\infty}a_n=0$或$\lim\limits_{n\to\infty}b_n=0$；

(9) 若$\lim\limits_{n\to\infty}\dfrac{b_n}{a_n}=1$，且$\{a_n\}$收敛，则$\{b_n\}$收敛且$\lim\limits_{n\to\infty}b_n=\lim\limits_{n\to\infty}a_n$；

(10) 若$\{a_n\}$收敛，且$a_n\neq0,n\in\mathbf{N}$，则$\lim\limits_{n\to\infty}\dfrac{a_{n+1}}{a_n}=1$.

2. 设E为非空数集，$\beta=\sup E,\beta\notin E$，证明：自$E$中可选取严格递增数列$\{x_n\}$使得$\lim\limits_{n\to\infty}x_n=\beta$.

3. 设$a_n\neq0,\dfrac{a_{n+1}}{a_n}>0(n\in\mathbf{N})$，$\lim\limits_{n\to\infty}\dfrac{a_{n+1}}{a_n}=0$. 证明：当$n$充分大后，数列$\{a_n\}$单调.

4. 证明：若$\lim\limits_{n\to\infty}x_n=a$，则$\lim\limits_{n\to\infty}|x_n|=|a|$. 又问：反之如何？

5. 设数列$\{a_n\}$收敛，证明：$\{a_n\}$或者有最大的一项或者有最小的一项. 又问是否必定二者都有.

6. 用定义证明：

(1) $\lim\limits_{n\to\infty}\dfrac{4n^2+n+9}{3n^2-8}=\dfrac{4}{3}$；　(2) $\lim\limits_{n\to\infty}\dfrac{a^n}{n!}=0$；

(3) $\lim\limits_{n\to\infty}\dfrac{1}{\sqrt[n]{n!}}=0$；　(4) 若$\lim\limits_{n\to\infty}x_n=a$，则$\lim\limits_{n\to\infty}\sqrt[3]{x_n}=\sqrt[3]{a}$.

7. 求下列极限：

(1) $\lim\limits_{n\to\infty}\dfrac{1+\dfrac{1}{2}+\cdots+\dfrac{1}{2^n}}{1+\dfrac{1}{4}+\cdots+\dfrac{1}{4^n}}$；　(2) $\lim\limits_{n\to\infty}\dfrac{5^n+(-2)^n}{5^{n+1}+(-2)^{n+1}}$；

(3) $\lim\limits_{n\to\infty}\left(\dfrac{1}{n^2}+\dfrac{3}{n^2}+\cdots+\dfrac{2n-1}{n^2}\right)$；　(4) $\lim\limits_{n\to\infty}\left(\dfrac{1}{1\cdot3}+\dfrac{1}{2\cdot4}+\cdots+\dfrac{1}{n(n+2)}\right)$；

(5) $\lim\limits_{n\to\infty}\left(1-\dfrac{1}{2^2}\right)\left(1-\dfrac{1}{3^2}\right)\cdots\left(1-\dfrac{1}{n^2}\right)$；(6) $\lim\limits_{n\to\infty}\left(1+\dfrac{1}{2}\right)\left(1+\dfrac{1}{2^2}\right)\left(1+\dfrac{1}{2^4}\right)\cdots\left(1+\dfrac{1}{2^{2^n}}\right)$；

(7) $\lim\limits_{n\to\infty}\left(1-\dfrac{1}{\sqrt[n]{2}}\right)\cos n$；　(8) $\lim\limits_{n\to\infty}\sqrt[n]{n\ln n}$；

(9) $\lim\limits_{n\to\infty}\sqrt[n]{\arctan n}$；　(10) $\lim\limits_{n\to\infty}((n+1)^\alpha-n^\alpha),\alpha\in(0,1)$；

(11) $\lim\limits_{n\to\infty}\left(\dfrac{1}{\sqrt{n^2+1}}+\dfrac{1}{\sqrt{n^2+2}}+\cdots+\dfrac{1}{\sqrt{n^2+n}}\right)$；

(12) $\lim\limits_{n\to\infty}\left(\dfrac{1}{n^2+n+1}+\dfrac{2}{n^2+n+2}+\cdots+\dfrac{n}{n^2+n+n}\right)$；

(13) $\lim\limits_{n\to\infty}\dfrac{1\cdot3\cdot\cdots\cdot(2n-1)}{2\cdot4\cdot\cdots\cdot(2n)}$；　(14) $\lim\limits_{n\to\infty}\sqrt[n]{\dfrac{1\cdot3\cdot\cdots\cdot(2n-1)}{2\cdot4\cdot\cdots\cdot(2n)}}$；

(15) $\lim\limits_{n\to\infty}\dfrac{1+\sqrt{2}+\sqrt[3]{3}+\cdots+\sqrt[n]{n}}{n}$； (16) $\lim\limits_{n\to\infty}\dfrac{a_1+2a_2+\cdots+na_n}{1+2+\cdots+n}$（已知$\lim\limits_{n\to\infty}a_n=a$）；

(17) $\lim\limits_{n\to\infty}\dfrac{[na_n]}{n}$（已知$\lim\limits_{n\to\infty}a_n=a$，$[\cdot]$为取整函数）.

8. 设$a_k\geqslant0(k=1,2,\cdots,m)$，$A=\max\limits_{1\leqslant k\leqslant m}\{a_k\}$，证明：

$$\lim_{n\to\infty}\sqrt[n]{a_1^n+a_2^n+\cdots+a_m^n}=A.$$

9. 设$\lim\limits_{n\to\infty}a_n=a(a_n>0,n\in\mathbf{N})$. 证明：$\lim\limits_{n\to\infty}\sqrt[n]{a_1a_2\cdots a_n}=a$. 并依次证明：

(1) 若$\lim\limits_{n\to\infty}\dfrac{a_{n+1}}{a_n}=a(a_n>0,n\in\mathbf{N})$，则$\lim\limits_{n\to\infty}\sqrt[n]{a_n}=a$；

(2) $\lim\limits_{n\to\infty}\dfrac{\sqrt[n]{n!}}{n}=\dfrac{1}{\mathrm{e}}$.

10. 求下列递归数列$\{x_n\}$的极限：

(1) 设$x_1=1$，$x_{n+1}=\dfrac{x_n+2}{x_n+1}$，$n\in\mathbf{N}$；

(2) 设$x_1=1$，$x_{n+1}=1+\dfrac{x_n}{1+x_n}$，$n\in\mathbf{N}$；

(3) 设$x_1>0$，$x_{n+1}=\dfrac{1}{2}\left(x_n+\dfrac{1}{x_n}\right)$，$n\in\mathbf{N}$；

(4) 设$x_1>1$，$x_{n+1}=\dfrac{3x_n+1}{x_n+3}$，$n\in\mathbf{N}$.

11. 设$0<a_1<b_1$，令

$$a_{n+1}=\sqrt{a_nb_n},\quad b_{n+1}=\frac{a_n+b_n}{2},\quad n\in\mathbf{N}.$$

证明：$\{a_n\}$，$\{b_n\}$收敛且收敛于同一极限.

12. 设$a_n=1+\dfrac{\sin x}{1^2}+\cdots+\dfrac{\sin nx}{n^2}$，$x\in\mathbf{R}$，证明：$\{a_n\}$收敛.

13. 证明：若数列$\{|a_1|+|a_2|+\cdots+|a_n|\}$收敛，则数列$\{a_1+a_2+\cdots+a_n\}$也收敛.

14. 设$\{|x_2-x_1|+|x_3-x_2|+\cdots+|x_{n+1}-x_n|\}$有界，证明：$\{x_n\}$收敛.

15. 设$a_n>0$，$n\in\mathbf{N}$，$\lim\limits_{n\to\infty}\dfrac{a_n}{a_{n+1}+a_{n+2}}=0$，证明：数列$\{a_n\}$无界.

16. 设$x_1\in(0,1)$，$x_{n+1}=x_n(1-x_n)$，$n\in\mathbf{N}$，证明：$\{nx_n\}$收敛，并求其极限.

2.2 函数极限

2.2.1 函数极限的概念

数列是定义在自然数集$\mathbf{N}$上的函数，若将函数的定义域改为$(a,+\infty)$，类似于数列极限我们可以得到相应的一种函数极限的定义.

定义 1 设$f:(a,+\infty)\to\mathbf{R}$,若存在$A\in\mathbf{R}$,

$$\forall\varepsilon>0,\exists X>a,\forall x\in(X,+\infty):|f(x)-A|<\varepsilon,$$

则称当x趋于$+\infty$时$f(x)$的极限为A,记为

$$\lim_{x\to+\infty}f(x)=A\text{ 或 }f(x)\to A(x\to+\infty).$$

类似地,设$f:(-\infty,b)\to\mathbf{R}$,若存在$A\in\mathbf{R}$,

$$\forall\varepsilon>0,\exists X<b,\forall x\in(-\infty,X):|f(x)-A|<\varepsilon,$$

则称当x趋于$-\infty$时$f(x)$的极限为A,记为

$$\lim_{x\to-\infty}f(x)=A\text{ 或 }f(x)\to A(x\to-\infty).$$

定义 2 设$f:\mathbf{R}\to\mathbf{R}$,若存在$A\in\mathbf{R}$,

$$\forall\varepsilon>0,\exists X>0,\forall|x|\in(X,+\infty):|f(x)-A|<\varepsilon,$$

则称当x趋于∞时$f(x)$的极限为A,记为

$$\lim_{x\to\infty}f(x)=A\text{ 或 }f(x)\to A(x\to\infty).$$

下面讨论当x趋于某一实数x_0时函数的变化情况.

定义 3 设$E\subset\mathbf{R},p\in\mathbf{R}$,若在$p$点的任一去心邻域中总含有$E$中的点,即

$$\forall\delta>0:E\cap\mathring{U}(p,\delta)\neq\varnothing,$$

则称p为集E的一个聚点.

定义 4 设$f:D\to\mathbf{R}$,x_0是D的聚点,若存在$A\in\mathbf{R}$,

$$\forall\varepsilon>0,\exists\delta>0,\forall x\in D\cap\mathring{U}(x_0,\delta):|f(x)-A|<\varepsilon,$$

则称$f(x)$在点x_0处的极限为A,记为

$$\lim_{x\to x_0}f(x)=A\quad\text{或}\quad f(x)\to A(x\to x_0).$$

特别地,若

$$\forall\varepsilon>0,\exists\delta>0,\forall x\in D\cap\mathring{U}_+(x_0,\delta):|f(x)-A|<\varepsilon,$$

则称$f(x)$在点x_0处的右极限为A,记为

$$\lim_{x\to x_0^+}f(x)=A\quad\text{或}\quad f(x)\to A(x\to x_0^+).$$

若

$$\forall\varepsilon>0,\exists\delta>0,\forall x\in D\cap\mathring{U}_-(x_0,\delta):|f(x)-A|<\varepsilon,$$

则称$f(x)$在点x_0处的左极限为A,记为

$$\lim_{x\to x_0^-}f(x)=A\quad\text{或}\quad f(x)\to A(x\to x_0^-).$$

函数$f(x)$在点x_0处的左极限、右极限也可分别记作$f(x_0-0)$,$f(x_0+0)$,左极限、右极限统称为单侧极限.

若f在x_0的某去心邻域中有定义,则由定义可知:

$$\lim_{x\to x_0}f(x)\text{存在} \iff \lim_{x\to x_0^-}f(x)\text{和}\lim_{x\to x_0^+}f(x)\text{均存在且相等.}$$

注 需要特别指出的是,由于在一元函数微积分中我们研究的函数的定义域一般为区间或若干个区间的并集,因此在以后的有关函数极限的论证中,我们将 $D\cap \mathring{U}(x_0,\delta)$ 就记作 $\mathring{U}(x_0,\delta)$,对 x_0 的左去心邻域、右去心邻域也作类似的简化处理.

几何意义 设 $y=f(x)$,在 xOy 平面上任意画一条以 $y=A$ 为中心线、宽为 2ε 的横带,则必存在一条以 $x=x_0$ 为中心线、宽为 2δ 的竖带,使得竖带内的函数图像(除点 $(x_0,f(x_0))$ 外)全部位于所给定的横带内.

如同数列分别以 ∞, $+\infty$, $-\infty$ 为极限一样,我们也可给出函数 $f(x)$ 在 x 的各种不同趋向下分别以 ∞, $+\infty$, $-\infty$ 为极限的定义. 由于自变量有 6 种不同的趋向、函数值有 4 种不同的极限,由此可写出相应的 24 种函数极限的定义. 对于初学者来说,必须能熟练、正确地叙述其中每一种定义.

例 1 试用定义验证下列函数极限:

(1) $\lim\limits_{x\to 0}x\sin\dfrac{1}{x}=0$; (2) $\lim\limits_{x\to 1}\dfrac{x^2-1}{2x^2-x-1}=\dfrac{2}{3}$.

证明 (1) 因为 $\left|x\sin\dfrac{1}{x}-0\right|\leqslant |x|$,所以

$$\forall\,\varepsilon>0,\ \exists\,\delta=\varepsilon,\ \forall\,x\in\mathring{U}(0,\delta):\left|x\sin\frac{1}{x}-0\right|<\varepsilon.$$

(2) 当 $x\neq 1$ 时,

$$\left|\frac{x^2-1}{2x^2-x-1}-\frac{2}{3}\right|=\left|\frac{x-1}{3(2x+1)}\right|.$$

因为 $x\to 1$,所以不妨设 $0<|x-1|<1$,由此推得 $1<2x+1<5$,此时

$$\left|\frac{x-1}{3(2x+1)}\right|<\frac{|x-1|}{3},$$

于是

$$\forall\,\varepsilon>0,\ \exists\,\delta=\min\{1,3\varepsilon\}>0,\ \forall\,x\in\mathring{U}(1,\delta):\left|\frac{x^2-1}{2x^2-x-1}-\frac{2}{3}\right|<\varepsilon.$$

例 2 说明下列函数在点 $x=0$ 处不存在极限:

(1) $f(x)=\operatorname{sgn}(x)$; (2) $f(x)=\dfrac{|x|}{x}$; (3) $f(x)=10^{\frac{1}{x}}$.

证明 (1) 因为 $f(0-0)=-1$, $f(0+0)=1$,所以 $f(x)$ 在 $x=0$ 处不存在极限.(但是有 $\lim\limits_{x\to 0}|\operatorname{sgn}(x)|=1$. 注意,$|\operatorname{sgn}(0)|=0\neq 1=\lim\limits_{x\to 0}|\operatorname{sgn}(x)|$.)

(2) 与(1)同理可得 $f(x)$ 在 $x=0$ 处不存在极限.

注意,本例中的函数与上例中的函数的区别仅在点 $x=0$ 处是否有定义,但由极限定义可知,这并不影响我们对函数在 $x=0$ 处的极限存在性的讨论.

(3) 因为$f(0-0)=0$, $f(0+0)=+\infty$,所以$f(x)$在$x=0$处不存在广义极限.

2.2.2 函数极限存在性条件

1. Heine 归并定理

定理 1(Heine 归并定理) $\lim\limits_{x\to x_0}f(x)=A\Leftrightarrow\forall\{x_n\}$,若$x_0\neq x_n\to x_0$,则$\lim\limits_{n\to\infty}f(x_n)=A$.

定理中的A可以是实数,也可以是∞, $-\infty$, $+\infty$. 以下只对$A\in\mathbf{R}$加以证明,其余情形留作练习.

证明 必要性. 由$\lim\limits_{x\to x_0}f(x)=A\in\mathbf{R}$的定义,

$$\forall\varepsilon>0,\exists\delta>0,\forall x\in\mathring{U}(x_0,\delta):|f(x)-A|<\varepsilon.$$

任取数列$\{x_n\}$满足$x_0\neq x_n\to x_0$,由数列极限定义可知,对上述$\delta>0$,

$$\exists N\in\mathbf{N},\forall n>N:|x_n-x_0|<\delta,$$

注意到$x_n\neq x_0$,即有

$$\forall n>N:x_n\in\mathring{U}(x_0,\delta)\quad\Rightarrow\quad|f(x_n)-A|<\varepsilon,$$

此即说明$\lim\limits_{n\to\infty}f(x_n)=A$.

充分性. 用反证法. 若A不是$f(x)$在点x_0处的极限,则

$$\exists\varepsilon_0>0,\forall\delta>0,\exists x\in\mathring{U}(x_0,\delta):|f(x)-A|\geqslant\varepsilon_0.$$

取一列$\delta_n=\dfrac{1}{n}(n\in\mathbf{N})$,则

$$\exists x_n\in\mathring{U}(x_0,\delta_n)\left(\text{即 }0<|x_n-x_0|<\frac{1}{n}\right):|f(x_n)-A|\geqslant\varepsilon_0,$$

由此取得的自变量数列$\{x_n\}$满足$x_0\neq x_n\to x_0$,但A却不是相应的函数值数列$\{f(x_n)\}$的极限,由此得到矛盾.

关于 Heine 归并定理,我们有下述较弱形式的结论.

推论 1 $\lim\limits_{x\to x_0}f(x)$广义存在的充要条件是,$\forall\{x_n\}$,若$x_0\neq x_n\to x_0$,则$\lim\limits_{n\to\infty}f(x_n)$广义存在.

证明 由定理1,我们只需证明条件的充分性.

还是由定理1可知,事实上只要证明:对于任意满足上述条件的自变量数列$\{x_n\}$,其相应的函数值数列$\{f(x_n)\}$都趋于同一广义极限. 用反证法. 若

$$\exists\{x_n^{(k)}\},x_0\neq x_n^{(k)}\to x_0(k=1,2):\lim_{n\to\infty}f(x_n^{(1)})\neq\lim_{n\to\infty}f(x_n^{(2)}),$$

将$\{x_n^{(1)}\}$, $\{x_n^{(2)}\}$合并组成一个新的数列$\{x_n^*\}$,其中

$$x_{2n-1}^*=x_n^{(1)},\quad x_{2n}^*=x_n^{(2)},\quad n\in\mathbf{N},$$

可见$\{x_n^*\}$仍满足$x_0\neq x_n^*\to x_0$,但$\{f(x_n^*)\}$却不存在广义极限,由此得到矛盾.

关于函数的单侧极限,事实上还有下述更弱形式的结论.

推论 2 (1) $\lim\limits_{x\to x_0^-}f(x)$广义存在的充要条件是,任意严格递增数列$\{x_n\}$,若$x_n\to x_0$,则$\lim\limits_{n\to\infty}f(x_n)$广义存在;

(2) $\lim\limits_{x\to x_0^+}f(x)$广义存在的充要条件是,任意严格递减数列$\{x_n\}$,若$x_n\to x_0$,则$\lim\limits_{n\to\infty}f(x_n)$广义存在.

证明 我们只证明(1). 由推论 1,必要性显然成立.

下证充分性. 仍由推论 1 知,只需证明$\forall\{x_n\}$,若$x_0>x_n\to x_0$,则$\{f(x_n)\}$都存在广义极限.

用反证法. 如若不然,则

$$\exists\{x_n^{(k)}\},x_0>x_n^{(k)}\to x_0(k=1,2):\lim_{n\to\infty}f(x_n^{(1)})\neq\lim_{n\to\infty}f(x_n^{(2)}).$$

(以上结论要利用第三章习题 3.1 中题 2 及题 3 等,目前我们暂且承认它.)

现在,我们用如下方法选取$\{x_n^*\}$:

首先取定$x_{n_1}^{(1)}$,则$x_{n_1}^{(1)}<x_0$,由$x_0>x_n^{(2)}\to x_0$知

$$\exists m_1:x_{n_1}^{(1)}<x_{m_1}^{(2)}<x_0;$$

再由$x_0>x_n^{(1)}\to x_0$知

$$\exists n_2>n_1:x_{n_1}^{(1)}<x_{m_1}^{(2)}<x_{n_2}^{(1)}<x_0;$$

仍由$x_0>x_n^{(2)}\to x_0$知

$$\exists m_2>m_1:x_{n_1}^{(1)}<x_{m_1}^{(2)}<x_{n_2}^{(1)}<x_{m_2}^{(2)}<x_0;$$

如此以往,我们得到两个(严格递增)子列$\{x_{n_k}^{(1)}\}$,$\{x_{m_k}^{(2)}\}$以及一个严格递增数列

$$\{x_n^*\}:x_{n_1}^{(1)},x_{m_1}^{(2)},x_{n_2}^{(1)},x_{m_2}^{(2)},\cdots,x_{n_k}^{(1)},x_{m_k}^{(2)},\cdots,$$

且满足$x_0>x_n^*\to x_0$.

注意到,由数列与其子列极限的关系可知,此时仍有

$$\lim_{k\to\infty}f(x_{n_k}^{(1)})\neq\lim_{k\to\infty}f(x_{m_k}^{(2)}),$$

由此可知$\{f(x_n^*)\}$不存在广义极限,这与题设条件矛盾.

注 对于自变量x的其他不同的趋向,也有相应的 Heine 归并定理及其推论,不再一一细述.

例 3 说明函数$f(x)=\sin\dfrac{1}{x}$在点$x=0$处不存在单侧极限.

证明 取$x_n=\dfrac{1}{n\pi+\dfrac{\pi}{2}}$,则$f(x_{2n})=1,f(x_{2n-1})=-1(n\in\mathbf{N})$,显然$0<x_n\to 0$,而$\{f(x_n)\}$不存在极限,从而函数$f(x)$在$x=0$处不存在右极限.

若考察$\{f(-x_n)\}$,则同理可说明$f(x)$在$x=0$处不存在左极限.

2. Cauchy 收敛准则

类似于数列极限的 Cauchy 收敛准则,对于函数极限也有下述结论.

定理 2(Cauchy 收敛准则) 设 f 在 x_0 的某一去心邻域中有定义,则 $f(x)$ 在点 x_0 处存在极限的充要条件是

$$\forall \varepsilon>0, \exists \delta>0, \forall x', x'' \in \mathring{U}(x_0,\delta): |f(x')-f(x'')|<\varepsilon.$$

证明 必要性. 设 $\lim\limits_{x\to x_0} f(x)=A\in\mathbf{R}$,则由定义,

$$\forall \varepsilon>0, \exists \delta>0, \forall x \in \mathring{U}(x_0,\delta): |f(x)-A|<\frac{\varepsilon}{2}$$

$$\Rightarrow \forall x', x'' \in \mathring{U}(x_0,\delta): |f(x')-f(x'')| \leqslant |f(x')-A|+|f(x'')-A|<\varepsilon.$$

充分性. 利用 Heine 定理的推论,我们只需证明:$\forall\{x_n\}$,若 $x_0\neq x_n\to x_0$,则 $\{f(x_n)\}$ 收敛. 事实上,因为 $x_0\neq x_n\to x_0$,所以 $\forall \varepsilon>0$,对于充分性条件中的 δ,则

$$\exists N\in\mathbf{N}, \forall n>N: 0<|x_n-x_0|<\delta \text{ 即 } x_n\in\mathring{U}(x_0,\delta)$$

$$\Rightarrow \quad \forall n,m>N: x_n, x_m\in\mathring{U}(x_0,\delta) \quad \Rightarrow \quad |f(x_n)-f(x_m)|<\varepsilon,$$

此即说明 $\{f(x_n)\}$ 为一基本数列,再由数列的 Cauchy 收敛准则即知 $\{f(x_n)\}$ 收敛.

注 对于自变量的其他 5 种趋向也有相应的 Cauchy 收敛准则的表述,事实上只需将本定理中的"$\mathring{U}(x_0,\delta)$"改为相应的去心邻域即可.

3. 单调函数的单侧极限的存在性

定理 3 若函数 f 在点 x_0 的某一左去心邻域 $\mathring{U}_-(x_0)$ 中单调有界,则 $\lim\limits_{x\to x_0^-} f(x)$ 存在;若 f 在点 x_0 的任一左去心邻域中单调无界,则 $\lim\limits_{x\to x_0^-} f(x)$ 为定号无穷. 且均有:

(1) 当 f 单调增时,$\lim\limits_{x\to x_0^-} f(x)=\sup f(\mathring{U}_-(x_0))$;

(2) 当 f 单调减时,$\lim\limits_{x\to x_0^-} f(x)=\inf f(\mathring{U}_-(x_0))$.

证明 (1) 由 Heine 归并定理的推论可知,我们只需证明任意严格单调增数列 $\{x_n\}$ $(x_n\in\mathring{U}_-(x_0))$,若 $x_n\to x_0$,则 $\lim\limits_{n\to\infty} f(x_n)=\sup f(\mathring{U}_-(x_0))$.

因为 $f(x)$ 单调增,且 $\{x_n\}$ 也单调增,所以函数值数列 $\{f(x_n)\}$ 必为单调增,由单调数列极限的结论知

$$\lim_{n\to\infty} f(x_n)=\sup\{f(x_n)\}.$$

注意到,$x_0>x_n\to x_0$,因此由

$$\forall x\in\mathring{U}_-(x_0), \exists x_K: x<x_K \quad \Rightarrow \quad f(x)\leqslant f(x_K)\leqslant \sup\{f(x_n)\},$$

得到

$$\sup f(\mathring{U}_-(x_0)) \leqslant \sup\{f(x_n)\};$$

另一方面,由上确界性质,不等式

$$\sup f(\mathring{U}_-(x_0)) \geqslant \sup\{f(x_n)\}$$

恒成立,从而上述不等式成为等式.由此即证得

$$\lim_{n\to\infty} f(x_n) = \sup f(\mathring{U}_-(x_0)).$$

(2) 令 $g(x) = -f(x)$,则 g 为单调增,由(1),结合极限与确界的运算性质(在此,先利用一下函数极限的运算性质:$\lim\limits_{x\to x_0^-}(-f(x)) = -\lim\limits_{x\to x_0^-} f(x)$),即可推得

$$\lim_{x\to x_0^-} f(x) = -\lim_{x\to x_0^-} g(x) = -\sup g(\mathring{U}_-(x_0)) = \inf f(\mathring{U}_-(x_0)).$$

注 1 从定理可知,欲求单调函数 $f(x)$ 在 x_0 处的单侧极限,只需求得满足定理条件的相应的某个单调数列 $\{f(x_n)\}$ 的极限即可.

注 2 请读者自行给出当 $x\to x_0^+$, $x\to -\infty$, $x\to +\infty$ 时单调函数 $f(x)$ 极限的相应结论.

2.2.3 函数极限的性质

以下只就函数在点 x_0 处的极限加以叙述,其余情形不再一一说明.

1. 唯一性

定理 4 若函数 f 在点 x_0 处的广义极限存在则必唯一.

证明 设 $\lim\limits_{x\to x_0} f(x) = A$ 且 $\lim\limits_{x\to x_0} f(x) = B$. 先取 $\{x_n\}$ 满足:$x_0 \neq x_n \to x_0$,则由 Heine 定理知

$$\lim_{n\to\infty} f(x_n) = A \text{ 且 } \lim_{n\to\infty} f(x_n) = B,$$

再由数列 $\{f(x_n)\}$ 广义极限的唯一性即知 $A = B$.

2. 局部有界性

定理 5 若函数 f 在点 x_0 处存在极限,则存在 x_0 的某一去心邻域 $\mathring{U}(x_0)$ 使得 $f(x)$ 在该邻域内有界.

证明 设 $\lim\limits_{x\to x_0} f(x) = A \in \mathbf{R}$,则由定义,对于 $\varepsilon = 1$,

$$\exists\, \mathring{U}(x_0),\ \forall x \in \mathring{U}(x_0): |f(x) - A| < 1 \quad \Rightarrow \quad |f(x)| < |A| + 1.$$

3. 局部保号性

定理 6 若 $\lim\limits_{x\to x_0} f(x) = A\ (0 < A \leqslant +\infty)$,则 $\exists\, \mathring{U}(x_0),\ \forall x \in \mathring{U}(x_0): f(x) > 0$.

事实上,我们有更强的结论:$\forall c \in (0, A),\ \exists\, \mathring{U}(x_0),\ \forall x \in \mathring{U}(x_0):\ f(x) > c > 0$.

证明 用反证法.如若不然,则

$$\exists c\in(0,A),\forall n\in\mathbf{N},\exists x_n\in\mathring{U}\left(x_0,\frac{1}{n}\right):f(x_n)\leqslant c,$$

注意到由此得到的数列$\{x_n\}$满足:$x_0\neq x_n\to x_0$,由 Heine 归并定理及数列极限的不等式性推得

$$A=\lim_{n\to\infty}f(x_n)\leqslant c,$$

上式与假设 $c<A$ 矛盾.

4. 不等式性

定理 7 若$\lim\limits_{x\to x_0}f(x)<\lim\limits_{x\to x_0}g(x)$,则$\exists\mathring{U}(x_0),\forall x\in\mathring{U}(x_0):f(x)<g(x)$.

证明 用反证法.如若不然,则

$$\forall n\in\mathbf{N},\exists x_n\in\mathring{U}\left(x_0,\frac{1}{n}\right):f(x_n)\geqslant g(x_n),$$

注意到由此得到的数列$\{x_n\}$满足 $x_0\neq x_n\to x_0$,由 Heine 归并定理及数列极限的不等式性推得

$$\lim_{x\to x_0}f(x)=\lim_{n\to\infty}f(x_n)\geqslant\lim_{n\to\infty}g(x_n)=\lim_{x\to x_0}g(x),$$

上式与题设$\lim\limits_{x\to x_0}f(x)<\lim\limits_{x\to x_0}g(x)$矛盾.

在此提请读者给出与数列极限不等式性的证明后所作的类似的说明.

5. 夹逼性

定理 8 若$\exists\mathring{U}(x_0),\forall x\in\mathring{U}(x_0):f(x)\leqslant g(x)\leqslant h(x)$,且$\lim\limits_{x\to x_0}f(x)=\lim\limits_{x\to x_0}h(x)=A$,则 $g(x)$在点 x_0 处的广义极限存在且为 A.

证明 在 $\mathring{U}(x_0)$中任取数列$\{x_n\}$满足:$x_0\neq x_n\to x_0$,则

$$f(x_n)\leqslant g(x_n)\leqslant h(x_n),n\in\mathbf{N},$$

由 Heine 归并定理的必要性得

$$\lim_{n\to\infty}f(x_n)=\lim_{n\to\infty}h(x_n)=A,$$

再由数列极限的夹逼性知,数列$\{g(x_n)\}$的广义极限存在且为 A.

最后,由满足条件的数列$\{x_n\}$取法的任意性,利用 Heine 归并定理的充分性即知函数 $g(x)$在 x_0 处广义极限存在且为 A.

2.2.4 函数极限的运算

以下只就函数在 x_0 处的极限加以叙述,其余情形不再一一说明.

1. 四则运算

定理 9 设 $f(x),g(x)$在点 x_0 处均存在极限,则

(1) $\lim\limits_{x\to x_0}(f\pm g)(x)=\lim\limits_{x\to x_0}f(x)\pm\lim\limits_{x\to x_0}g(x)$;

(2) $\lim\limits_{x\to x_0}(f\cdot g)(x)=\lim\limits_{x\to x_0}f(x)\cdot\lim\limits_{x\to x_0}g(x)$,特别地,对于 $c\in\mathbf{R}$,

$$\lim_{x\to x_0}(cf)(x)=c\lim_{x\to x_0}f(x);$$

(3) $\lim\limits_{x\to x_0}\left(\dfrac{f}{g}\right)(x)=\dfrac{\lim\limits_{x\to x_0}f(x)}{\lim\limits_{x\to x_0}g(x)}$(当 $\lim\limits_{x\to x_0}g(x)\neq 0$ 时).

本定理可应用 Heine 归并定理,结合数列极限的相应运算法则推证,当然也可从函数极限的定义直接加以论证. 此外,也可用类似于数列极限的相应证明方法,先考虑极限为零的特殊情形,再利用

$$\lim_{x\to x_0}f(x)=A \quad\Leftrightarrow\quad f(x)=A+\alpha(x)\,(\text{其中}\lim_{x\to x_0}\alpha(x)=0)$$

加以推广. 具体论证留给读者完成.

注 请读者比照有关数列的无穷大量的运算,考虑如果 $f(x)$,$g(x)$ 在点 x_0 处的广义极限中有一个(或都)为无穷(正无穷、负无穷),则相应地有何结论?

2. 复合运算

定理 10 设 $\lim\limits_{u\to u_0}f(u)=A$,$\lim\limits_{x\to x_0}g(x)=u_0$,且 $\exists\,\mathring{U}(x_0)$,$\forall x\in\mathring{U}(x_0):g(x)\neq u_0$,则 $\lim\limits_{x\to x_0}(f\circ g)(x)=A$ (A 可为 ∞,$-\infty$,$+\infty$).

证明 在 $\mathring{U}(x_0)$ 中任取数列 $\{x_n\}$ 满足:$x_0\neq x_n\to x_0$,记相应的 $g(x_n)=u_n$,则由题设,对 $g(x)$ 在 x_0 的极限运用 Heine 归并定理的必要性,有

$$u_0\neq u_n\to u_0.$$

再对 $f(u)$ 在 u_0 处的极限运用 Heine 归并定理的必要性,并由复合函数的定义,即有

$$\lim_{n\to\infty}(f\circ g)(x_n)=\lim_{n\to\infty}f(g(x_n))=\lim_{n\to\infty}f(u_n)=A.$$

最后,由满足条件的数列 $\{x_n\}$ 取法的任意性,利用 Heine 归并定理的充分性即知复合函数 $f\circ g$ 在 x_0 处的广义极限存在且为 A.

作为练习,请读者直接从函数极限的定义出发重新证明本定理.

注 请读者特别注意条件"$\exists\,\mathring{U}(x_0)$,$\forall x\in\mathring{U}(x_0):g(x)\neq u_0$",试举例说明,若无此条件,则定理的结论不一定成立.

例 4 试证:$\lim\limits_{x\to x_0}a^x=a^{x_0}\,(a>0,a\neq 1)$.

证明 首先证明 $\lim\limits_{x\to 0}a^x=1$. 注意到 a^x 为单调函数,因此其在 $x=0$ 处的单侧广义极限必存在,现分别取 $x_n=\dfrac{1}{n}$ 与 $x_n=-\dfrac{1}{n}$,则所得的数列 $\{x_n\}$ 分别严格递减、严格递增趋于 0,且有

$$\lim_{n\to\infty} a^{\frac{1}{n}} = 1,\ \lim_{n\to\infty} a^{-\frac{1}{n}} = \lim_{n\to\infty} \frac{1}{a^{\frac{1}{n}}} = \frac{1}{1} = 1,$$

于是由 Heine 归并定理知，$\lim\limits_{x\to 0^+} a^x = \lim\limits_{x\to 0^-} a^x = 1$，从而有 $\lim\limits_{x\to 0} a^x = 1$.

对于一般情形，利用上述结果，结合函数的极限运算法则，有

$$\lim_{x\to x_0} a^x = \lim_{x\to x_0} a^{x_0}\cdot a^{x-x_0} = a^{x_0}\lim_{x\to x_0} a^{x-x_0} = a^{x_0}\cdot 1 = a^{x_0}.$$

2.2.5 两个重要极限

1. $\lim\limits_{x\to 0}\dfrac{\sin x}{x} = 1.$

证明 首先，证明 $\lim\limits_{x\to 0^+}\dfrac{\sin x}{x} = 1$. 设 $0 < x < \dfrac{\pi}{2}$，借助初等数学中对 $\sin x$、$\tan x$ 所下的定义，比较图 2.2 中扇形 OAB 和三角形 OAB 以及三角形 OAC 的面积，有

$$\frac{1}{2}\sin x < \frac{1}{2}x < \frac{1}{2}\tan x,$$

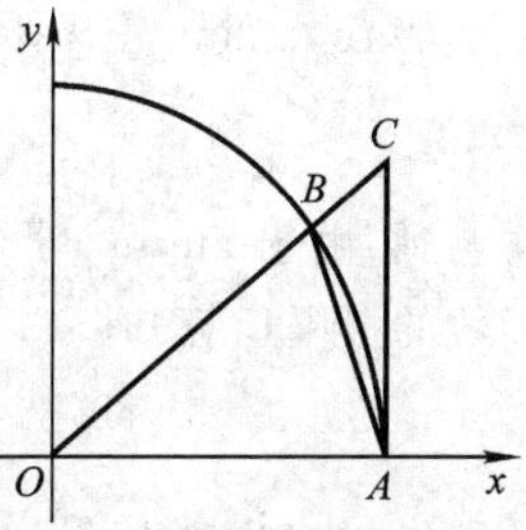

图 2.2

从而有

$$0 < 1 - \frac{\sin x}{x} < 1 - \cos x < 1 - \cos^2 x = \sin^2 x < x^2,$$

由函数极限的夹逼性定理，即得

$$\lim_{x\to 0^+}\frac{\sin x}{x} = 1.$$

其次，当 $x < 0$ 时，设 $x = -y$，则由复合函数的极限运算有

$$\lim_{x\to 0^-}\frac{\sin x}{x} = \lim_{y\to 0^+}\frac{\sin(-y)}{-y} = \lim_{y\to 0^+}\frac{\sin y}{y} = 1.$$

从而证得 $\lim\limits_{x\to 0}\dfrac{\sin x}{x} = 1$.

注 由上述证明可知：$\lim\limits_{x\to 0}\sin x = 0$，$\lim\limits_{x\to 0}\cos x = 1$.

例 5 试证：(1) $\lim\limits_{x\to 0}\dfrac{\tan x}{x} = 1$； (2) $\lim\limits_{x\to 0}\dfrac{1-\cos x}{x^2} = \dfrac{1}{2}$.

证明 (1) 由上述注，利用函数极限的运算法则，有

$$\lim_{x\to 0}\frac{\tan x}{x} = \lim_{x\to 0}\left(\frac{\sin x}{x}\cdot\frac{1}{\cos x}\right) = 1\cdot\frac{1}{1} = 1.$$

(2) 利用复合函数的极限运算以及上述重要极限，有

$$\lim_{x\to 0}\frac{1-\cos x}{x^2} = \lim_{x\to 0}\frac{2\sin^2\frac{x}{2}}{x^2} = \frac{1}{2}\lim_{x\to 0}\left(\frac{\sin\frac{x}{2}}{\frac{x}{2}}\right)^2 = \frac{1}{2}\cdot 1\cdot 1 = \frac{1}{2}.$$

例 6 试证：

(1) $\lim\limits_{x\to x_0}\sin x=\sin x_0$； (2) $\lim\limits_{x\to x_0}\cos x=\cos x_0$；

(3) $\lim\limits_{x\to x_0}\arcsin x=\arcsin x_0$.

证明 (1) 事实上,由于

$$|\sin x-\sin x_0|=\left|2\sin\frac{x-x_0}{2}\cos\frac{x+x_0}{2}\right|\leqslant 2\left|\sin\frac{x-x_0}{2}\right|,$$

于是由 $\lim\limits_{x\to 0}\sin x=0$ 结合函数极限的夹逼性定理即知 $\lim\limits_{x\to x_0}\sin x=\sin x_0$.

(2) 利用复合函数的极限运算,有

$$\lim_{x\to x_0}\cos x=\lim_{x\to x_0}\sin\left(\frac{\pi}{2}-x\right)=\sin\left(\frac{\pi}{2}-x_0\right)=\cos x_0.$$

(3) 记 $y=\arcsin x, y_0=\arcsin x_0$,则 $x=\sin y, x_0=\sin y_0$. 由 $\arcsin x$ 的严格递增且有界可知其在 x_0 处的单侧极限存在.

取点 x_0 处的左极限,记

$$\lim_{x\to x_0^-}\arcsin x=\bar{y},$$

注意到,由于 $\arcsin x$ 严格递增,故当 $x\neq x_0$ 时 $\arcsin x\neq\bar{y}$,于是由(1)结合复合函数的极限运算知

$$\sin y_0=x_0=\lim_{x\to x_0^-}x=\lim_{x\to x_0^-}\sin(\arcsin x)=\sin\bar{y},$$

又由 $x=x_0\Leftrightarrow y=y_0$,知 $\bar{y}=y_0$. 即有

$$\lim_{x\to x_0^-}\arcsin x=\arcsin x_0.$$

同理可证

$$\lim_{x\to x_0^+}\arcsin x=\arcsin x_0.$$

由此即证得 $\lim\limits_{x\to x_0}\arcsin x=\arcsin x_0$.

注 对于 $\tan x,\cot x,\sec x,\csc x$ 与 $\arccos x,\arctan x,\operatorname{arccot} x$ 等函数我们也有相应的结论(其中 x_0 为各自定义域中的点).

例 7 试证:(1) $\lim\limits_{x\to 0}\dfrac{\arcsin x}{x}=1$； (2) $\lim\limits_{x\to 0}\dfrac{\arctan x}{x}=1$.

证明 (1) 令 $y=\arcsin x$,则 $x=\sin y$,且 $x\neq 0\Leftrightarrow y\neq 0, x\to 0\Leftrightarrow y\to 0$,于是由复合函数的极限运算,有

$$\lim_{x\to 0}\frac{\arcsin x}{x}=\lim_{x\to 0}\frac{y}{\sin y}=\lim_{y\to 0}\frac{y}{\sin y}=1.$$

(2) 同理可得

$$\lim_{x\to 0}\frac{\arctan x}{x}=\lim_{x\to 0}\frac{y}{\tan y}=\lim_{y\to 0}\frac{y}{\tan y}=1.$$

2. $\lim\limits_{x\to\infty}\left(1+\dfrac{1}{x}\right)^x=\mathrm{e}$.

证明 首先,考虑 $x\to+\infty$ 的情形. 注意到当 $x>1$ 时有不等式

$$\left(1+\frac{1}{[x]+1}\right)^{[x]}<\left(1+\frac{1}{x}\right)^x<\left(1+\frac{1}{[x]}\right)^{[x]+1},$$

由复合函数的极限运算,有

$$\lim_{x\to+\infty}\left(1+\frac{1}{[x]+1}\right)^{[x]}=\lim_{n\to\infty}\left(1+\frac{1}{n+1}\right)^n=\mathrm{e},$$

$$\lim_{x\to+\infty}\left(1+\frac{1}{[x]}\right)^{[x]+1}=\lim_{n\to\infty}\left(1+\frac{1}{n}\right)^{n+1}=\mathrm{e}.$$

再由函数极限的夹逼性定理得

$$\lim_{x\to+\infty}\left(1+\frac{1}{x}\right)^x=\mathrm{e}.$$

其次,当 $x\to-\infty$ 时,设 $x=-y$,由复合函数的极限运算得

$$\lim_{x\to-\infty}\left(1+\frac{1}{x}\right)^x=\lim_{y\to+\infty}\left(1-\frac{1}{y}\right)^{-y}=\lim_{y\to+\infty}\left(1+\frac{1}{y-1}\right)^{y-1}\left(1+\frac{1}{y-1}\right)=\mathrm{e}.$$

从而证得 $\lim\limits_{x\to\infty}\left(1+\dfrac{1}{x}\right)^x=\mathrm{e}$.

注 由复合函数的极限运算,我们有

$$\lim_{x\to0}(1+x)^{\frac{1}{x}}=\mathrm{e}.$$

例 8 试证:$\lim\limits_{x\to x_0}\log_a x=\log_a x_0$.

证明 注意到 $\log_a x=\dfrac{\ln x}{\ln a}$,由极限的运算法则可知,只需证

$$\lim_{x\to x_0}\ln x=\ln x_0,$$

即

$$\lim_{x\to x_0}(\ln x-\ln x_0)=\lim_{x\to x_0}\ln\frac{x}{x_0}=0,$$

再由复合函数的极限运算知,只需证

$$\lim_{x\to1}\ln x=0.$$

由于 $\ln x$ 为单调增函数,故其在 $x=1$ 处的单侧极限必存在,分别取 $x_n=\dfrac{n+1}{n}$,$x_n=\dfrac{n}{n+1}$,则由

$$\left(1+\frac{1}{n}\right)^n<\mathrm{e},$$

得到

$$0<\ln\left(1+\frac{1}{n}\right)<\frac{1}{n},\quad n\in\mathbf{N},$$

利用函数极限的夹逼性定理及 Heine 归并定理,有

$$\lim_{x\to1^+}\ln x=\lim_{n\to\infty}\ln\frac{n+1}{n}=0;$$

再利用函数极限的运算法则及 Heine 归并定理,有

$$\lim_{x\to1^-}\ln x=\lim_{n\to\infty}\ln\frac{n}{n+1}=-\lim_{n\to\infty}\ln\frac{n+1}{n}=0.$$

由此证得 $\lim\limits_{x\to1}\ln x=0$.

例 9 试证:$\lim\limits_{x\to x_0}x^\alpha=x_0^\alpha$.

证明 利用已证指数函数与对数函数的极限结论,结合函数极限的运算法则,有

$$\lim_{x\to x_0}x^\alpha=\lim_{x\to x_0}\mathrm{e}^{\alpha\ln x}=\mathrm{e}^{\alpha\ln x_0}=x_0^\alpha.$$

例 10 设 $\lim\limits_{x\to x_0}f(x)=A$,$\lim\limits_{x\to x_0}g(x)=B$,且当 $x\neq x_0$ 时 $f(x)\neq A$,其中 $A\in(0,+\infty)$,$B\in(-\infty,+\infty)$. 试证:$\lim\limits_{x\to x_0}(f(x))^{g(x)}=A^B$.

证明 利用已证指数函数与对数函数的极限结论,结合函数极限的运算法则,有

$$\lim_{x\to x_0}(f(x))^{g(x)}=\lim_{x\to x_0}\mathrm{e}^{g(x)\ln f(x)}=\mathrm{e}^{B\ln A}=A^B.$$

需要说明的是,事实上,若无条件“当 $x\neq x_0$ 时 $f(x)\neq A$”,下式

$$\lim_{x\to x_0}\ln f(x)=\ln A$$

仍成立,但其原因并不能简单地归结为复合函数的极限运算(在此暂且搁置不论).

例 11 试证:$\lim\limits_{x\to0}\dfrac{\ln(1+x)}{x}=1$.

证明 利用已证对数函数极限的结论,结合复合函数的极限运算,有

$$\lim_{x\to0}\frac{\ln(1+x)}{x}=\lim_{x\to0}\ln(1+x)^{\frac{1}{x}}=\ln\mathrm{e}=1.$$

例 12 试证:$\lim\limits_{x\to0}\dfrac{\mathrm{e}^x-1}{x}=1$.

证明 令 $\mathrm{e}^x-1=y$,则 $x=\ln(1+y)$,且 $x\neq0\Leftrightarrow y\neq0$,$x\to0\Leftrightarrow y\to0$,于是由例 11,结合函数极限的运算法则,有

$$\lim_{x\to0}\frac{\mathrm{e}^x-1}{x}=\lim_{x\to0}\frac{y}{\ln(1+y)}=\lim_{y\to0}\frac{y}{\ln(1+y)}=\frac{1}{1}=1.$$

例 13 试证:$\lim\limits_{x\to0}\dfrac{(1+x)^\alpha-1}{x}=\alpha$.

证明 令 $(1+x)^\alpha-1=t$,则由已证指数函数的极限结论知,当 $x\to0$ 时 $t\to0$

且 $x\neq 0\Leftrightarrow t\neq 0$，同时还有 $\alpha\ln(1+x)=\ln(1+t)$，于是由例 11，结合极限运算法则，有

$$\lim_{x\to 0}\frac{(1+x)^{\alpha}-1}{x}=\lim_{x\to 0}\left(\frac{t}{\ln(1+t)}\cdot\alpha\cdot\frac{\ln(1+x)}{x}\right)=1\cdot\alpha\cdot 1=\alpha.$$

例 14 试求极限 $\lim\limits_{x\to 0}(\cos x)^{\frac{1}{x^2}}$.

解法 1 $\lim\limits_{x\to 0}(\cos x)^{\frac{1}{x^2}}=\lim\limits_{x\to 0}\left((1+(\cos x-1))^{\frac{1}{\cos x-1}}\right)^{\frac{\cos x-1}{x^2}}=e^{-\frac{1}{2}}$.

解法 2

$$\lim_{x\to 0}(\cos x)^{\frac{1}{x^2}}=\lim_{x\to 0}\exp\left(\frac{\ln(\cos x)}{x^2}\right)$$

$$=\lim_{x\to 0}\exp\left(\frac{\ln(1+(\cos x-1))}{\cos x-1}\cdot\frac{\cos x-1}{x^2}\right)=e^{-\frac{1}{2}}.$$

注 从本例的两种运算过程，我们可得出求 $\lim(f(x))^{g(x)}$ 的一般规律：除了运用例 10 的结论及其过程（求 $\lim g(x)\ln f(x)$）之外，特别当 $1\neq f(x)\to 1$ 时，问题转化为求 $\lim g(x)(f(x)-1)$，此理由也可由下一小节的等价无穷小替换来说明.

2.2.6 无穷小量及无穷大量的阶的比较

以下只就当 $x\to x_0$ 时的情形加以叙述，其余情形不再一一说明.

定义 5 (1) 若 $\lim\limits_{x\to x_0}f(x)=0$，则称当 $x\to x_0$ 时函数 $f(x)$ 为无穷小量.

(2) 若 $\lim\limits_{x\to x_0}f(x)=\infty\ (+\infty,-\infty)$，则称当 $x\to x_0$ 时函数 $f(x)$ 为无穷大量（正无穷大量、负无穷大量）.

定义 6 (1) 若 $\lim\limits_{x\to x_0}\dfrac{f(x)}{g(x)}=0$，则记为 $f(x)=o(g(x))\ (x\to x_0)$.

若 $f(x)$，$g(x)$ 同为 $x\to x_0$ 时的无穷小（大）量，则称当 $x\to x_0$ 时 $f(x)$ 是 $g(x)$ 的高（低）阶无穷小（大）量.

(2) 若 $\lim\limits_{x\to x_0}\dfrac{f(x)}{g(x)}=1$，则记为 $f(x)\sim g(x)\ (x\to x_0)$.

若 $f(x)$，$g(x)$ 同为 $x\to x_0$ 时的无穷小（大）量，则称当 $x\to x_0$ 时 $f(x)$ 与 $g(x)$ 为等价无穷小（大）量.

特别地，若 $g(x)=a(x-x_0)^k$，则称当 $x\to x_0$ 时 $a(x-x_0)^k$ 为无穷小量 $f(x)$ 的主要部分.

(3) 若 $\exists M>0$，$\exists \mathring{U}(x_0)$，$\forall x\in\mathring{U}(x_0)$：$|f(x)|\leqslant M|g(x)|$，则记为 $f(x)=O(g(x))\ (x\to x_0)$.

若 $\exists A,B>0$，$\exists\mathring{U}(x_0)$，$\forall x\in\mathring{U}(x_0)$：$A\leqslant\left|\dfrac{f(x)}{g(x)}\right|\leqslant B$，且当 $x\to x_0$ 时 $f(x)$，

$g(x)$同为无穷小(大)量,则称当 $x \to x_0$ 时 $f(x)$ 与 $g(x)$ 为同阶无穷小(大)量.

特别地,若 $g(x)=(x-x_0)^k$,则称当 $x \to x_0$ 时 $f(x)$ 是 $(x-x_0)$ 的 k 阶无穷小量.(若 k 不是正整数,而是正实数时,只能考虑 $x \to x_0^+$ 时的情形.)

注 1 定义中有关"o"与"O"中的"="应当理解为"逻辑等号",即 $f(x)=o(g(x))$ 不等价于 $o(g(x))=f(x)$,$f(x)=O(g(x))$ 不等价于 $O(g(x))=f(x)$.

注 2 由定义可知,若 $f(x)=o(g(x))(x \to x_0)$,则 $f(x)=O(g(x))(x \to x_0)$;若 $f(x) \sim g(x)(x \to x_0)$,则 $f(x)=O(g(x))(x \to x_0)$.

注 3 特别地,若取 $g(x) \equiv 1$,则 $f(x)=o(1)(x \to x_0)$ 表示当 $x \to x_0$ 时函数 $f(x)$ 为无穷小量,而 $f(x)=O(1)(x \to x_0)$ 则表示函数 $f(x)$ 在 x_0 的某邻域中有界.

注 4 在求函数极限的过程中,对于函数的乘、除因子中的无穷小量可用与其等价的无穷小量替换.

现列出一些常用的等价无穷小,它们经常被用来计算一类函数极限.

当 $x \to 0$ 时,$\sin x \sim x$,$\tan x \sim x$,$\arcsin x \sim x$,$\arctan x \sim x$,$1-\cos x \sim \dfrac{x^2}{2}$,

$$\ln(1+x) \sim x,\ e^x-1 \sim x,\ (1+x)^\alpha-1 \sim \alpha x.$$

注意,上述 x 可以是自变量,也可以是中间变量 $x(t)$,其中 $\lim\limits_{t \to t_0} x(t)=0$,且当 $t \neq t_0$ 时 $x(t) \neq 0$.

例 15 计算下列函数极限:

(1) $\lim\limits_{x \to 0} \dfrac{1-\cos x}{x(e^x-1)}$; (2) $\lim\limits_{x \to 0} \dfrac{\sin ax}{\sin bx}(a,b \neq 0)$;

(3) $\lim\limits_{x \to 0} \dfrac{\tan x-\sin x}{x^3}$; (4) $\lim\limits_{x \to 0}(1+\arcsin 2x)^{\cot x}$.

解 (1) $\lim\limits_{x \to 0} \dfrac{1-\cos x}{x(e^x-1)}=\lim\limits_{x \to 0} \dfrac{\frac{1}{2}x^2}{x \cdot x}=\lim\limits_{x \to 0} \dfrac{1}{2}=\dfrac{1}{2}$.

(2) $\lim\limits_{x \to 0} \dfrac{\sin ax}{\sin bx}=\lim\limits_{x \to 0} \dfrac{ax}{bx}=\lim\limits_{x \to 0} \dfrac{a}{b}=\dfrac{a}{b}$.

(3) $\lim\limits_{x \to 0} \dfrac{\tan x-\sin x}{x^3}=\lim\limits_{x \to 0} \dfrac{(1-\cos x)\tan x}{x^3}=\lim\limits_{x \to 0} \dfrac{\frac{x^2}{2} \cdot x}{x^3}=\lim\limits_{x \to 0} \dfrac{1}{2}=\dfrac{1}{2}$.

(4) $\lim\limits_{x \to 0}(1+\arcsin 2x)^{\cot x}=\lim\limits_{x \to 0}\exp\left(\dfrac{\ln(1+\arcsin 2x)}{\tan x}\right)$,而

$$\lim_{x \to 0} \frac{\ln(1+\arcsin 2x)}{\tan x}=\lim_{x \to 0} \frac{\arcsin 2x}{x}=\lim_{x \to 0} \frac{2x}{x}=\lim_{x \to 0} 2=2,$$

故原式 $=e^2$.(上式中第一个等式的结果可参阅例 14 后的注解:$\lim g(x)(f(x)-1)$.)

习题 2.2

1. 判断下列命题的真伪. 若真则证明之,否则举反例说明.

(1) $\lim\limits_{x\to x_0}f(x)=A(\in\mathbf{R})\Leftrightarrow\forall n\in\mathbf{N},\exists\delta>0,\forall x\in\mathring{U}(x_0,\delta):|f(x)-A|<\dfrac{1}{2^n}$;

(2) $\lim\limits_{x\to x_0}f(x)=A(\in\mathbf{R})\Leftrightarrow\forall\varepsilon>0,\exists n\in\mathbf{N},\forall x\in\mathring{U}\left(x_0,\dfrac{1}{n}\right):|f(x)-A|<\varepsilon$;

(3) $\lim\limits_{x\to x_0}f(x)=A(\in\mathbf{R})\Leftrightarrow\forall\varepsilon>0,\exists\delta>0,\forall x\in\mathring{U}(x_0,\delta):|f(x)-A|<\varepsilon^2$;

(4) $\lim\limits_{x\to x_0}f(x)=A(\in\mathbf{R})\Leftrightarrow\forall\varepsilon>0,\exists\delta>0,\forall x\in\mathring{U}(x_0,\delta):|f(x)-A|<\delta\varepsilon$;

(5) $\lim\limits_{x\to x_0}f(x)=A(\in\mathbf{R})\Leftrightarrow\forall\varepsilon>0,\exists\delta>0,\forall x\in\mathring{U}(x_0,\delta\varepsilon):|f(x)-A|<\varepsilon$.

2. 试用定义验证:

(1) $\lim\limits_{x\to1}\dfrac{x(x-1)}{x^2-1}=\dfrac{1}{2}$;　(2) $\lim\limits_{x\to\infty}\dfrac{x^2+1}{3x^2-x+1}=\dfrac{1}{3}$;

(3) $\lim\limits_{x\to a}\dfrac{1}{x}=\dfrac{1}{a}(a\neq0)$;　(4) $\lim\limits_{x\to a}\sqrt{x}=\sqrt{a}(a\geqslant0)$.

3. 证明: $\lim\limits_{x\to x_0}f(x)=A\Leftrightarrow\lim\limits_{x\to x_0^-}f(x)=A$ 且 $\lim\limits_{x\to x_0^+}f(x)=A$.

4. 求下列函数在指定点 x_0 的左右极限:

(1) $f(x)=\dfrac{\sqrt{(x-1)^2}}{x-1},x_0=1$;　(2) $f(x)=\arctan\dfrac{1}{x},x_0=0$;

(3) $f(x)=\dfrac{2^{\frac{1}{x}}-1}{2^{\frac{1}{x}}+1},x_0=0$;　(4) $f(x)=\dfrac{1}{x}-\left[\dfrac{1}{x}\right],x_0=\dfrac{1}{n}(n\in\mathbf{Z})$.

5. 证明下列极限:

(1) $\lim\limits_{x\to+\infty}\dfrac{\ln x}{x}=0$;　(2) $\lim\limits_{x\to+\infty}\dfrac{x}{a^x}=0(a>1)$;　(3) $\lim\limits_{x\to+\infty}\dfrac{a^x}{x^x}=0(a>1)$.

6. 求下列极限:

(1) $\lim\limits_{x\to4}\dfrac{x^2-6x+8}{x^2-5x+4}$;　(2) $\lim\limits_{x\to a}\dfrac{x^2-(a+1)x+a}{x^3-a^3}(a\neq0)$;

(3) $\lim\limits_{h\to0}\dfrac{(x+h)^n-x^n}{h}(n\in\mathbf{N})$;　(4) $\lim\limits_{x\to\infty}\dfrac{(2x-3)^{20}(3x+2)^{30}}{(5x+1)^{50}}$;

(5) $\lim\limits_{x\to0}\dfrac{\sqrt{1+x}-1}{x}$;　(6) $\lim\limits_{x\to1}\dfrac{\sqrt{3-x}-\sqrt{1+x}}{x^2-1}$;

(7) $\lim\limits_{x\to4}\dfrac{\sqrt{2x+1}-3}{\sqrt{x-2}-\sqrt{2}}$;　(8) $\lim\limits_{x\to-8}\dfrac{\sqrt{1-x}-3}{2+\sqrt[3]{x}}$;

(9) $\lim\limits_{x\to1}\left(\dfrac{1}{x-1}-\dfrac{2}{x^2-1}\right)$;　(10) $\lim\limits_{x\to+\infty}\sqrt{x}(\sqrt{x+1}-\sqrt{x})$;

(11) $\lim\limits_{x\to+\infty}\left(\sqrt{x+\sqrt{x+\sqrt{x}}}-\sqrt{x}\right)$; (12) $\lim\limits_{n\to\infty}\sin\left(\pi\sqrt{n^2+1}\right)$;

(13) $\lim\limits_{x\to0^+}x\ln x$; (14) $\lim\limits_{x\to0^+}x^x$;

(15) $\lim\limits_{x\to0}\dfrac{(1+x)(1+2x)(1+3x)-1}{x}$; (16) $\lim\limits_{x\to1}\dfrac{x+x^2+\cdots+x^n-n}{x^n-1}$;

(17) $\lim\limits_{x\to\infty}\dfrac{(x+1)(x^2+1)\cdots(x^n+1)}{((nx)^n+1)^{\frac{n+1}{2}}}$; (18) $\lim\limits_{x\to0}\dfrac{(1+mx)^n-(1+nx)^m}{x^2}(m,n\in\mathbf{N})$;

(19) $\lim\limits_{x\to+\infty}x\left[\dfrac{1}{x}\right]$; (20) $\lim\limits_{x\to0}x\left[\dfrac{1}{x}\right]$;

(21) $\lim\limits_{h\to0}\dfrac{\sin(x+h)-\sin x}{h}$; (22) $\lim\limits_{h\to0}\dfrac{\cos(x+h)-\cos x}{h}$;

(23) $\lim\limits_{x\to\pi}\dfrac{\sin x}{\pi-x}$; (24) $\lim\limits_{x\to\frac{\pi}{2}}\dfrac{\cos x}{\dfrac{\pi}{2}-x}$;

(25) $\lim\limits_{x\to\frac{\pi}{4}}\dfrac{\tan x-1}{x-\dfrac{\pi}{4}}$; (26) $\lim\limits_{x\to0}\dfrac{\cos x-\sqrt[3]{\cos x}}{\sin^2x}$;

(27) $\lim\limits_{x\to0}\dfrac{\sqrt{1+x\sin x}-\cos x}{\sin^2\dfrac{x}{2}}$; (28) $\lim\limits_{x\to0}\dfrac{\sqrt{1+x+x^2}-1}{\sin 2x}$;

(29) $\lim\limits_{x\to\frac{\pi}{6}}\dfrac{\sin\left(x-\dfrac{\pi}{6}\right)}{\dfrac{\sqrt{3}}{2}-\cos x}$; (30) $\lim\limits_{x\to0}\dfrac{1-\cos x\sqrt{\cos 2x}}{x^2}$;

(31) $\lim\limits_{x\to1}(1-x)\tan\dfrac{\pi x}{2}$; (32) $\lim\limits_{n\to\infty}\left(\cos\dfrac{x}{2}\cos\dfrac{x}{4}\cdots\cos\dfrac{x}{2^n}\right)$;

(33) $\lim\limits_{x\to\infty}\left(1+\dfrac{2}{x}\right)^{x+3}$; (34) $\lim\limits_{x\to0}(1-2x)^{\frac{1}{x}}$;

(35) $\lim\limits_{x\to\infty}\left(\dfrac{2x-1}{2x+1}\right)^x$; (36) $\lim\limits_{x\to\infty}\left(\dfrac{x^2}{x^2-1}\right)^x$;

(37) $\lim\limits_{x\to0^+}\left(\cos\sqrt{x}\right)^{\frac{1}{x}}$; (38) $\lim\limits_{x\to a}\left(\dfrac{\sin x}{\sin a}\right)^{\frac{1}{x-a}}$;

(39) $\lim\limits_{x\to0}\left(3\mathrm{e}^{\frac{x}{x-1}}-2\right)^{\frac{1}{x}}$; (40) $\lim\limits_{x\to\infty}\left(\sin\dfrac{1}{x}+\cos\dfrac{1}{x}\right)^x$;

(41) $\lim\limits_{x\to0^+}\left(\dfrac{2^x+3^x}{5}\right)^{\frac{1}{x}}$; (42) $\lim\limits_{x\to0}\left(\dfrac{a^x+b^x+c^x}{3}\right)^{\frac{1}{x}}$;

(43) $\lim\limits_{h\to0}\dfrac{\log_a(x+h)-\log_a x}{h}$; (44) $\lim\limits_{x\to0}\dfrac{a^x-1}{x}$;

(45) $\lim\limits_{x\to0}\dfrac{1-\cos x}{(\mathrm{e}^x-1)\ln(1+x)}$; (46) $\lim\limits_{x\to0}\dfrac{\ln(\sin^2x+\mathrm{e}^x)-x}{\ln(\mathrm{e}^{2x}-x^2)-2x}$;

(47) $\lim\limits_{x\to0}\dfrac{\ln(\cos ax)}{\ln(\cos bx)}(a,b\neq0)$; (48) $\lim\limits_{x\to0}\dfrac{\sqrt[n]{1+ax}-\sqrt[m]{1+bx}}{x}$;

(49) $\lim\limits_{x\to 0}\dfrac{\ln(1+x)+\ln(1-x)}{1-\cos x+\sin^2 x}$；　　(50) $\lim\limits_{x\to 0}\left(\dfrac{2+e^{\frac{1}{x}}}{1+e^{\frac{2}{x}}}+\dfrac{\sin x}{|x|}\right)$.

7. 已知 $\lim\limits_{x\to 0}\dfrac{\ln\left(1+\dfrac{f(x)}{\sin 2x}\right)}{3^x-1}=5$，求 $\lim\limits_{x\to 0}\dfrac{f(x)}{x^2}$.

8. 确定常数 a, b 使得下列等式成立：

(1) $\lim\limits_{x\to+\infty}\left(\dfrac{x^2+1}{x+1}-ax-b\right)=0$；　　(2) $\lim\limits_{x\to+\infty}\left(\sqrt{x^2-x+1}-ax-b\right)=0$.

9. 证明：函数 $f(x)=\dfrac{1}{x}\cos\dfrac{1}{x}$ 在点 $x=0$ 的邻域内为无界函数，但当 $x\to 0$ 时并非为无穷大量.

10. 设 $\lim\limits_{x\to x_0^-}f(x)<\lim\limits_{x\to x_0^+}f(x)$，证明：

$$\exists\delta>0,\ \forall x'\in(x_0-\delta,x_0),\ \forall x''\in(x_0,x_0+\delta):f(x')<f(x'').$$

11. 设 f 为 $\mathbf{R}$ 上的周期函数，且 $\lim\limits_{x\to+\infty}f(x)=0$. 证明：$f(x)\equiv 0$.

12. 设 f 在 $(0,+\infty)$ 上满足：$f(2x)=f(x)$ 且 $\lim\limits_{x\to+\infty}f(x)=A$. 证明：$f(x)\equiv A$.

13. 设 f 为 $(a,+\infty)$ 上的严格单调增函数，$x_n\in(a,+\infty)$，$n\in\mathbf{N}$，且

$$\lim_{n\to\infty}f(x_n)=\lim_{x\to+\infty}f(x).$$

证明：$\lim\limits_{n\to\infty}x_n=+\infty$.

14. 设 $\forall n\in\mathbf{N}$：E_n 为区间 $[0,1]$ 的有限子集，且 $E_n\cap E_m=\varnothing\ (n\neq m)$，

$$f(x)=\begin{cases}\dfrac{1}{n}, & x\in E_n,n\in\mathbf{N},\\ 0, & x\in[0,1]\Big\backslash\bigcup\limits_{n=1}^{\infty}E_n.\end{cases}$$

试证：$\lim\limits_{x\to x_0}f(x)=0\ (\forall x_0\in[0,1])$.

利用本题结论说明，Riemann 函数在 $[0,1]$ 上任一点处的极限存在且为零.

15. 试问：当 $x\to 0$ 时，下列式子是否成立？

(1) $o(x^2)=o(x)$；　　(2) $O(x^2)=o(x)$；

(3) $o(x)=O(x^2)$；　　(4) $x\cdot o(x)=o(x^2)$；

(5) $x^2\cdot o(1)=o(x^2)$；　　(6) $\dfrac{o(x^2)}{x}=o(x)$；

(7) $\dfrac{o(x^2)}{o(x)}=o(x)$；

(8) $o(x^m)+o(x^n)=o(x^n)\ (m>n>0)$；

(9) $o(x^m)\cdot o(x^n)=o(x^{m+n})\ (m,n>0)$.

2.3 函数的连续性

当我们讨论函数 f 在点 x_0 处的极限时，只考虑该点的某一去心邻域内的

$f(x)$,而与 f 在 x_0 点是否有定义、或有定义时 $f(x_0)$ 的取值无关. 但在上节的一些具体函数极限计算的实例中,我们又常常遇见 $\lim\limits_{x\to x_0}f(x)=f(x_0)$ 的情形,它是一种巧合吗? 从中我们能提取什么有用的信息呢? 这就是我们即将引入的函数连续的概念,它是函数的一大分析性质. 函数的连续性,它既是客观事物的某种变化形态的具体体现,更是这种形态在数学上的一种抽象.

2.3.1 函数连续的概念

定义 1 设 $f:E\to\mathbf{R}$, $x_0\in E$,若

$$\forall \varepsilon>0,\exists \delta>0,\forall x\in E\cap U(x_0,\delta):|f(x)-f(x_0)|<\varepsilon,$$

则称函数 f 在 x_0 点连续,且称 x_0 为函数 f 的连续点.

当 $x_0\in E$ 且为 E 的聚点时,则有

$$\text{函数} f \text{在} x_0 \text{点连续} \iff \lim_{x\to x_0}f(x)=f(x_0). \tag{1}$$

仔细观察以上两种说法,我们发现它们之间存在"细微"的区别,也就是说,当 $x_0\in E$ 而不是 E 的聚点(称之为 E 的孤立点)时,函数 f 在 x_0 点当然满足连续的定义,但此时不能考虑函数在 x_0 点的极限.

需要再次特别指出的是,由于本课程中我们讨论的一元函数的定义域一般为区间或若干个区间之并,因此在讨论函数的连续性时,往往采用上述(1)式的定义. 此外,与上节中有关函数极限定义后的说明类似,今后我们一般将"$E\cap U(x_0,\delta)$"就记作"$U(x_0,\delta)$".

定义 2 设 f 在 x_0 的某一左(右)邻域中有定义,若

$$\lim_{x\to x_0^-}f(x)=f(x_0)\quad\left(\lim_{x\to x_0^+}f(x)=f(x_0)\right),$$

则称函数 f 在 x_0 点左(右)连续,且称 x_0 为函数 f 的左(右)连续点.

由定义易知,若 f 在 x_0 的某一邻域中有定义,则有

$$f \text{在} x_0 \text{点连续} \iff f \text{在} x_0 \text{点既左连续又右连续}.$$

定义 3 设 $f:E\to\mathbf{R}$,若 f 在 E 的每一点处连续,则称 f 在 E 上连续,且记作 $f\in C(E)$.

注 $f\in C(a,b)$ 指 f 在开区间 (a,b) 内的每一点处连续;而 $f\in C[a,b]$ 是指 f 在开区间 (a,b) 中的每一点连续,且在 a 点右连续,在 b 点左连续.

例 1 设 $f(x)=\sin x$,则 $f\in C(\mathbf{R})$.

证明 由 2.2.5 节例 6, $\forall x_0\in\mathbf{R}:\lim\limits_{x\to x_0}\sin x=\sin x_0$,即得 $f\in C(\mathbf{R})$.

定义 4 设 x_0 为函数 f 的定义域 D_f 的聚点,若 x_0 不是 f 的连续点,则称 x_0 为 f 的间断点(或不连续点),并称 f 在点 x_0 处间断(或不连续).

设 x_0 为 f 的间断点,且 f 在 x_0 的某一去心邻域中有定义,则由 f 在 x_0 点的极限存在情况,将间断点作如下分类:

$$
x_0\text{ 为 }f\text{ 的间断点}\begin{cases}\text{第一类间断点}\begin{cases}\text{可去间断点}(f(x_0-0)=f(x_0+0))\\ \text{跳跃间断点}(f(x_0-0)\neq f(x_0+0))\end{cases}\\ (f(x_0\pm 0)\text{存在})\\ \text{第二类间断点}\\ (\text{不是第一类间断点的间断点})\end{cases}
$$

注 1 所谓 x_0 是函数 f 的可去间断点即指 f 在 x_0 处存在极限,但或极限值不等于函数值 $f(x_0)$,或函数 f 在 x_0 点无定义,此时如果改变或补充定义在 x_0 的函数值为函数在该点的极限值,则 x_0 点便成为重新定义后的函数的连续点.

注 2 若 x_0 为 f 的跳跃间断点,则称 $|f(x_0+0)-f(x_0-0)|$ 为 f 在 x_0 点的跃度.

注 3 在 f 的第二类间断点中,若 $\lim\limits_{x\to x_0}f(x)=\infty$,则称 x_0 为 f 的无穷间断点.

注 4 函数 f 的间断点 x_0 有可能不属于 f 的定义域 D_f(但它须是 D_f 的聚点),我们之所以还“关心”它,其原因是通过考察它的分类,最终还是为了探究函数在该点附近有定义处的变化形态. 因此对于“远离”函数定义域的点,我们就无需关心它,从而也就不存在函数的“间断区间”一说.

例 2 讨论函数 $f(x)=\begin{cases}\dfrac{\sin x}{x}, & x<0,\\ 0, & x=0,\\ \dfrac{e^{2x}-1}{x}, & x>0\end{cases}$ 在 $x=0$ 点的连续性.

解 因为 $\lim\limits_{x\to 0^-}f(x)=\lim\limits_{x\to 0^-}\dfrac{\sin x}{x}=1$, $\lim\limits_{x\to 0^+}f(x)=\lim\limits_{x\to 0^+}\dfrac{e^{2x}-1}{x}=2$,所以 f 在 $x=0$ 处间断,$x=0$ 为 f 的第一类间断点(跳跃间断点).

例 3 考察函数 $f(x)=\begin{cases}|x|^{\alpha}\sin\dfrac{1}{x}, & x\neq 0,\\ 0, & x=0\end{cases}$ 在 $x=0$ 点的连续性.

解 当 $\alpha>0$ 时,因为 $\lim\limits_{x\to 0}f(x)=\lim\limits_{x\to 0}|x|^{\alpha}\sin\dfrac{1}{x}=0=f(0)$,所以 f 在 $x=0$ 点连续;当 $\alpha\leqslant 0$ 时,由于 f 在 $x=0$ 的单侧极限不存在,因此 f 在 $x=0$ 点间断,且 $x=0$ 为 f 的第二类间断点.

需要指出的是,当 $\alpha<0$ 时,$f(x)$ 在 $x=0$ 的任一邻域中无界,但 $x=0$ 并非 f 的无穷间断点.

例 4 考察 Riemann 函数 $R(x)=\begin{cases}\dfrac{1}{q}, & x=\dfrac{p}{q}(p,q\in\mathbf{N},\text{且互质}),\\ 0, & x\in\mathbf{Q}^c,\\ 1, & x=0,1.\end{cases}$ $x\in[0,1]$

的连续性.

解 由习题2.2的题14，$\forall x_0\in[0,1]:\lim\limits_{x\to x_0}R(x)=0$，可知函数 R 在 $[0,1]$ 的任一无理点处连续，在 $[0,1]$ 的任一有理点处间断，且任一有理点均为函数 R 的可去间断点.

2.3.2 函数连续的性质

1. 局部有界性

定理1 若函数 f 在 x_0 点连续，则 f 在 x_0 的某一邻域中有界.

2. 局部保号性

定理2 若函数 f 在 x_0 点连续，且 $f(x_0)\neq 0$，则在 x_0 的某一邻域中 $f(x)$ 与 $f(x_0)$ 同号.

3. 不等式性

定理3 若函数 f,g 在 x_0 的某邻域中有定义，$f(x_0)<g(x_0)$，且它们均在 x_0 点连续，则存在 x_0 的某一邻域使得在其中恒有 $f(x)<g(x)$.

以上定理的结论可由函数连续的定义，结合函数极限的相应定理推出，故证明从略.

4. 介值性

定理4(*零点存在定理*) 设 $f\in C[a,b]$. 若 $f(a)\cdot f(b)<0$，则

$$\exists\xi\in(a,b):f(\xi)=0.$$

证明 不妨设 $f(a)<0,f(b)>0$. 令

$$E=\{x\mid f(x)<0,x\in[a,b]\}.$$

由 $f(a)<0$ 知 $E\neq\varnothing$，且 b 为 E 的一个上界，于是根据确界存在原理，

$$\exists\xi=\sup E\in[a,b].$$

下证 $f(\xi)=0$(注意到 $f(a)\neq 0,f(b)\neq 0$，故此时必有 $\xi\in(a,b)$). 事实上，

(i) 若 $f(\xi)<0$，则 $\xi\in[a,b)$，由函数连续的局部保号性知

$$\exists x_1\in(\xi,b):f(x_1)<0\Rightarrow\exists x_1\in E:x_1>\sup E,$$

这与 $\sup E$ 为 E 的上界矛盾；

(ii) 若 $f(\xi)>0$，则 $\xi\in(a,b]$，仍由函数连续的局部保号性可知

$$\exists\delta>0,\forall x\in(\xi-\delta,\xi]:f(x)>0\Rightarrow\exists\delta>0,\forall x\in E:x<\xi-\delta,$$

这又与 $\sup E$ 为 E 的最小上界矛盾.

综合(i)、(ii)，即推得 $f(\xi)=0$.

定理5(*介值定理*) 设 $f\in C[a,b]$，$\forall\gamma\in[\min\{f(a),f(b)\},\max\{f(a),f(b)\}]$，$\exists\xi\in[a,b]:f(\xi)=\gamma$.

证明 若 $f(a)=f(b)$，则取 $\xi=a$ 即可.

下设 $f(a)\neq f(b)$，且 $\gamma\in[\min\{f(a),f(b)\},\max\{f(a),f(b)\}]$. 作辅助函数

$$F(x)=f(x)-\gamma, x\in[a,b],$$

则易知 $F\in C[a,b]$ 且 $F(a)\cdot F(b)<0$. 于是由零点存在定理,

$$\exists \xi\in(a,b): F(\xi)=0\Rightarrow f(\xi)=\gamma.$$

推论 设 I 为一个区间,若 $f\in C(I)$,则 $f(I)$ 也为一个区间(可以退化为一个点).

证明 若 f 为 I 上的常值函数,则 $f(I)$ 为一个单点集(可视为闭区间). 若 f 不是常值函数,则在 $f(I)$ 中任取两点 $y_1<y_2$,其中 $y_1=f(x_1), y_2=f(x_2), x_1, x_2\in I$. 由介值定理知,必有 $[y_1,y_2]\subset f(I)$,再由 y_1,y_2 的任意性,即知 $f(I)$ 是一个区间.

例 5 试证方程 $3^x=5x$ 有一个小于 $\frac{1}{2}$ 的正根.

解 作辅助函数

$$f(x)=3^x-5x,\quad x\in\left[0,\frac{1}{2}\right].$$

则 $f\in C\left[0,\frac{1}{2}\right]$,且 $f(0)=1>0, f\left(\frac{1}{2}\right)=\sqrt{3}-\frac{5}{2}<0$,于是由零点存在定理知,

$$\exists \xi\in\left(0,\frac{1}{2}\right): f(\xi)=0,$$

由此即得所证.

例 6 试证实系数三次方程 $ax^3+bx^2+cx+d=0(a\neq 0)$ 必有实根.

证明 设

$$f(x)=x^3+px^2+qx+r,$$

其中 $p=\frac{b}{a}, q=\frac{c}{a}, r=\frac{d}{a}$,则 $\lim\limits_{x\to+\infty}f(x)=+\infty$, $\lim\limits_{x\to-\infty}f(x)=-\infty$,于是

$$\exists \alpha\in(-\infty,0): f(\alpha)<0;$$
$$\exists \beta\in(0,+\infty): f(\beta)>0.$$

而 $f\in C[\alpha,\beta]$,于是由零点存在定理,

$$\exists \xi\in(\alpha,\beta): f(\xi)=0\quad\Rightarrow\quad af(\xi)=0,$$

即证得原三次方程有实根 $x=\xi$.

2.3.3 连续函数的运算

1. 四则运算

定理 6 若 f,g 均在 x_0 点连续,则 $\alpha f+\beta g$ (α,β 为常数), $f\cdot g$ 以及 $\frac{f}{g}$ (当 $g(x_0)\neq 0$ 时)也均在 x_0 点连续.

本定理可由函数在 x_0 点连续的定义,结合函数极限的四则运算法则证得.

2. 复合函数的连续性

定理 7(复合函数连续性定理) 若函数 g 在 x_0 点连续，f 在 $u_0=g(x_0)$ 点连续，则复合函数 $f\circ g$ 在 x_0 点连续.

证明 由函数 f 在 u_0 点连续的定义，

$$\forall \varepsilon>0, \exists \eta>0, \forall u\in U(u_0,\eta): |f(u)-f(u_0)|<\varepsilon;$$

又由函数 g 在 x_0 点连续的定义，对于上述的 $\eta>0$,

$$\exists \delta>0, \forall x\in U(x_0,\delta): |g(x)-g(x_0)|<\eta.$$

注意到 $u_0=g(x_0)$，上式即为

$$\exists \delta>0, \forall x\in U(x_0,\delta): g(x)\in U(u_0,\eta),$$

于是

$$|f(g(x))-f(g(x_0))|<\varepsilon,$$

即

$$|(f\circ g)(x)-(f\circ g)(x_0)|<\varepsilon.$$

由此即证明了复合函数 $f\circ g$ 在 x_0 点连续.

注 由本定理我们可得有关复合函数求极限的结论：

若函数 f 在 u_0 点连续，$\lim\limits_{x\to x_0}g(x)=u_0$，且 $\exists \mathring{U}(x_0): g(\mathring{U}(x_0))\subset D_f$，则有

$$\lim_{x\to x_0}f(g(x))=f(u_0)\left(=f\left(\lim_{x\to x_0}g(x)\right)\right).$$

请读者比较与复合函数极限运算的定理条件的异同.

3. 反函数的连续性

引理 区间 J 上的单调函数 φ 的值域 $\varphi(J)$ 若是区间，则 $\varphi\in C(J)$.

证明 用反证法. 不妨设 φ 为单调增函数，x_0 为区间 J 的内点且为 φ 的间断点，则必有 $x\in J$ 满足

$$\sup_{x<x_0}\varphi(x)=\varphi(x_0-0)\leqslant\varphi(x_0)\leqslant\varphi(x_0+0)=\inf_{x>x_0}\varphi(x),$$

且上式中的两个“$\leqslant$”中至少有一个是“$<$”. 此外，注意到

$$\varphi(x)\begin{cases}\leqslant\varphi(x_0-0), & x<x_0,\\ \geqslant\varphi(x_0+0), & x>x_0,\end{cases}\quad x\in J.$$

因此在区间 $(\varphi(x_0-0),\varphi(x_0+0))$ 中至多只含有值域 $\varphi(J)$ 中的一点 $\varphi(x_0)$，此即说明 $\varphi(J)$ 不是区间，由此得到矛盾.

定理 8(反函数连续性定理) 若 f 为区间 I 上严格单调的连续函数，记 $J=f(I)$，则在区间 J 上存在严格单调的连续反函数 f^{-1}.

证明 因为 f 为 I 上的严格单调函数，则在 f 的值域 $J=f(I)$ 上存在严格单调的反函数 f^{-1}，又由介值定理的推论知，区间 I 上的连续函数 f 的值域 J 是一个区间，所以反函数 f^{-1} 为区间 J 上的严格单调函数. 注意到 f^{-1} 的值域 $f^{-1}(J)=I$

为区间,因此由引理即知$f^{-1}\in C(J)$.

值得注意的是,在本定理的证明中,我们并未遵循"常规"思路去证明反函数f^{-1}在其定义域J上的任意一点处连续,而是借用了一个重要的命题:单调函数若将区间映成区间,则它必为区间上的连续函数,从而直接得出了结论.

2.3.4 初等函数的连续性

在2.2.5节的极限计算的实例中,我们曾对一部分基本初等函数的极限各自加以计算. 事实上,利用2.3.3节的有关结论,我们可通过如下步骤逐一推证.

首先,常值函数显然为连续函数.

其次,由于$\forall x_0\in\mathbf{R}:\lim\limits_{x\to x_0}a^x=a^{x_0}$(其中$a>0,a\neq1$),即指数函数$y=a^x$为$\mathbf{R}$上的连续函数,注意到指数函数在$\mathbf{R}$上严格单调,故由反函数的连续性定理,其反函数对数函数$y=\log_a x$在其定义域$(0,+\infty)$上严格单调且连续.

又因幂函数$y=x^\alpha=\mathrm{e}^{\alpha\ln x}$,故由复合函数的连续性定理知,幂函数$y=x^\alpha$在其定义域$(0,+\infty)$上严格单调且连续.

最后,由于$\forall x_0\in\mathbf{R}:\lim\limits_{x\to x_0}\sin x=\sin x_0$,即正弦函数$y=\sin x$在$\mathbf{R}$上连续,注意到$\cos x=\sin\left(\dfrac{\pi}{2}-x\right)$,由复合函数的连续性知余弦函数$y=\cos x$在$\mathbf{R}$上连续;又由连续函数的四则运算法则知,正切函数$y=\tan x$等其他三角函数在其各自的定义域上连续;再由反函数的连续性知反正弦函数$y=\arcsin x$等反三角函数在其各自的定义域上连续.

综上所述,基本初等函数在其定义域上连续. 而所谓的初等函数即是由基本初等函数经有限次复合与四则运算所得的函数,于是我们有以下重要结论.

定理9 初等函数在其定义域上连续.

需要说明的是,如果我们将函数在某点的连续性就定义为在该点的"函数极限值等于函数值",则定理9只能叙述为"初等函数在其定义区间上连续". 但此时,对于诸如

$$f(x)=\sqrt{\sin^2 x-1}$$

这样形式简单的函数,我们竟然得出函数f既不存在连续点也不存在间断点的结论!为了自圆其说,在逻辑上,我们只能说f的"间断点"不等价于f的"不连续点",也就是说在函数的定义域中有可能存在除了函数的"连续点"和"间断点"之外的第三类点. 在某些"微积分"的教材中,由于对"ε-δ语言"要求的限制,通常对上述这类定义域中存在孤立点的函数不讨论其连续性.

2.3.5 闭区间上的连续函数的性质

我们知道,函数 f 在区间 I 上连续的本意是指 f 在区间 I 的任意一点处连续,在 2.3.2 节中,我们给出了函数在连续点的某一邻域中的若干性质(诸如局部有界性、局部保号性、局部不等式性等),其后我们还证明了区间上的连续函数的介值性. 在本小节中,我们将继续考察闭区间上的连续函数所具有的一些特性. 它们与介值性一样,在几何直观上是显而易见的,但仍须加以严格论证. 目前只借助于确界存在原理对其中部分性质加以论证,当我们学习了下一章有关实数连续性理论后,我们将会有更多的方法来证明它们.

1. 有界性

定理 10(有界性定理) 若 $f\in C[a,b]$,则 f 为 $[a,b]$ 上的有界函数.

证明 令

$$E=\{x\mid f\text{ 在 }[a,x]\text{ 上有界},x\in(a,b]\}.$$

因为 f 在 a 点右连续,故由局部有界性知,

$$\exists\delta\in(0,b-a):f\text{ 在 }[a,a+\delta]\text{ 上有界},$$

即 $\exists a+\delta\in E\Rightarrow E\neq\varnothing$;又 b 为 E 的一个上界. 于是,由确界存在原理,

$$\exists\beta=\sup E\in(a,b].$$

下证(i)$\beta=b$;(ii)$\beta\in E$(即 f 在 $[a,b]$ 上有界).

(i) 若 $\beta<b$,即 $\beta\in(a,b)$,则由 f 在 β 点连续及局部有界性知,

$$\exists\delta_1\in(0,\min\{\beta-a,b-\beta\}),\exists M_1\in(0,+\infty),\forall x\in[\beta-\delta_1,\beta+\delta_1]:|f(x)|\leqslant M_1;$$

又由 $\beta=\sup E$ 知, $\exists x_1\in(\beta-\delta_1,\beta]\cap E$,即

$$\exists M_2\in(0,+\infty),\forall x\in[a,x_1]:|f(x)|\leqslant M_2.$$

由此可知

$$\forall x\in[a,\beta+\delta_1]:|f(x)|\leqslant M_1+M_2,$$

此即说明 $\beta+\delta_1\in E$,这与 $\beta=\sup E$ 为 E 的上确界矛盾. 故必有 $\beta=b$.

(ii) 与上述证明类似,由于 f 在 b 点左连续,故由局部有界性知,

$$\exists\delta_2\in(0,b-a),\exists M_3\in(0,+\infty),\forall x\in[b-\delta_2,b]:|f(x)|\leqslant M_3;$$

又由(i)中已证 $b=\sup E$ 知, $\exists x_2\in(b-\delta_2,b]\cap E$,即

$$\exists M_4\in(0,+\infty),\forall x\in[a,x_2]:|f(x)|\leqslant M_4.$$

由此可知

$$\forall x\in[a,b]:|f(x)|\leqslant M_3+M_4,$$

即证明了函数 f 在 $[a,b]$ 上有界.

2. 最值存在性

定义 5 设 $f:E\to\mathbf{R}$,若 $f(E)$ 中存在最大(最小)数,即若

$$\exists x_0\in E,\forall x\in E:f(x)\leqslant f(x_0)\ (f(x)\geqslant f(x_0)),$$

则称函数 f 在 E 上存在最大(最小)值,称 $f(x_0)$ 为 f 在 E 上的最大(最小)值,称 x_0 为 f 在 E 上的最大(最小)值点,且记

$$f(x_0)=\max f(E)\quad(\min f(E)).$$

显然,f 在 E 上存在最大(最小)值的充要条件是

$$\max f(E)=\sup f(E)\in f(E)\quad(\min f(E)=\inf f(E)\in f(E)),$$

因此,有时我们也说 f 在 E 上的上(下)确界可达.

定理 11(最值定理) 若 $f\in C[a,b]$,则 f 在 $[a,b]$ 上存在最大值与最小值.

证明 只需证明 f 在 $[a,b]$ 上存在最大值(事实上 f 存在最小值等价于 $-f$ 存在最大值). 因 $f\in C[a,b]$,故由有界性定理知,

$$\beta=\sup f([a,b])\in\mathbf{R}.$$

下面用反证法. 若 $\beta\notin f([a,b])$,即

$$\forall x\in[a,b]:f(x)<\beta,$$

则令

$$F(x)=\frac{1}{\beta-f(x)},x\in[a,b].$$

由连续函数的四则运算可知,$F\in C[a,b]$,再次由有界性定理知,

$$\exists M\in(0,+\infty),\forall x\in[a,b]:F(x)<M,$$

由此推得

$$\exists M\in(0,+\infty),\forall x\in[a,b]:f(x)<\beta-\frac{1}{M}<\beta,$$

上式与 β 为 $f([a,b])$ 的最小上界矛盾. 因此 f 在 $[a,b]$ 上的上确界可达,即 f 在 $[a,b]$ 上取得最大值.

3. 一致连续性

定义 6 设 $f:E\to\mathbf{R}$,若

$$\forall\varepsilon>0,\exists\delta>0,\forall x',x''\in E \text{ 且 } |x'-x''|<\delta:|f(x')-f(x'')|<\varepsilon,$$

则称函数 f 在 E 上一致连续,记作 $f\in U.C(E)$.

注 1 由定义即知,

$$f\in U.C(E)\quad\Rightarrow\quad f\in C(E);$$
$$f\in U.C(E)\quad\Rightarrow\quad\forall E_1\subset E:f\in U.C(E_1).$$

注 2 请读者用"肯定语气"叙述 f 在 E 上不一致连续,并说明进而可表述为:

$$\exists\varepsilon_0>0,\exists x'_n,x''_n\in E(n=1,2,\cdots):|x'_n-x''_n|\to 0 \text{ 且 } |f(x'_n)-f(x''_n)|\geqslant\varepsilon_0.$$

注 3 为了说明 f 在 E 上连续与在 E 上一致连续这两个概念之间的区别,现将它们的定义用相近的语句叙述如下:

$$f\in C(E)\quad\Leftrightarrow\quad\forall x\in E,\forall\varepsilon>0,\exists\delta>0,\forall y\in E \text{ 且 } |y-x|<\delta:|f(y)-f(x)|<\varepsilon.\tag{2}$$

$$f\in U.C(E)\Leftrightarrow \forall\varepsilon>0,\exists\delta>0,\forall x\in E,\forall y\in E\text{ 且 }|y-x|<\delta:|f(y)-f(x)|<\varepsilon. \tag{3}$$

从字面上看两者似乎差别不大，只是将其中“$\forall x\in E$”挪动了一下位置，但这却引起函数在 E 上的某些性质的根本性改变.

其实，通常(2)式中的 $\delta=\delta(\varepsilon,x)$，即 δ 与 ε 和 x 均有关；而(3)式中的 $\delta=\delta(\varepsilon)$，即此时的 δ 通常只与 ε 有关而与 x 恒无关. 这就是说，在取相同的 ε 的情形下，(3)中的 δ 对于(2)中的所有 x 都适用；反之，当 E 为无限集时，相应地(2)中就有无限个 $\delta(\varepsilon,x)>0$，此时不一定有 $\inf\limits_{x\in E}\delta(\varepsilon,x)>0$，即不一定存在对 E 中所有 x 都适用的公共的正数 δ.

在几何直观上，提请读者考虑如下情形：试想 $y=f(x)$ 为一平面曲线，对任一 $\varepsilon>0$，找一个内径为 ε、长为 $\delta>0$ 的空心圆管，如图 2.3 将此管子套入曲线并在所设的函数定义的范围内作平移，对应于上述两种定义，将分别产生什么后果呢？

函数的连续性是逐点定义的，即使当函数在区间 I 上连续时，其本意也是指函数在区间 I 的任意一点处连续，在这个意义下，函数的连续性是一个逐点的局部性态；而函数在区间 I 上的一致连续性刻画了与函数在区间 I 上的整体变化性态有关的某些性质.

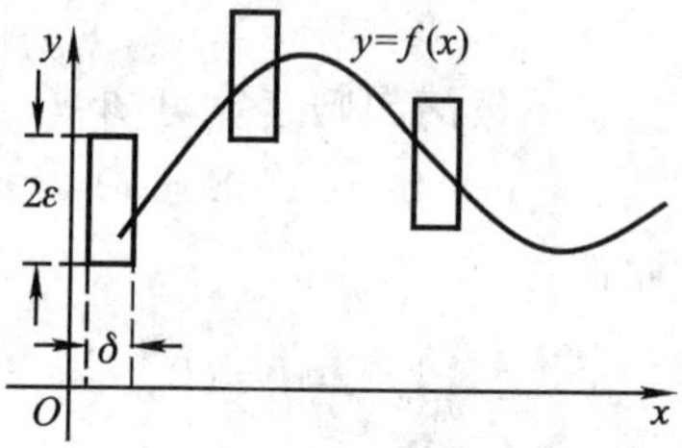

图 2.3

例 7 设 $f(x)=ax+b\,(a\neq 0)$，验证：

$$f\in U.C(\mathbf{R}).$$

证明 注意到，$\forall\varepsilon>0$，

$$\forall x',x''\in\mathbf{R}:|f(x')-f(x'')|=|a|\,|x'-x''|<\varepsilon\quad\Leftrightarrow\quad|x'-x''|<\frac{\varepsilon}{|a|}.$$

于是，

$$\forall\varepsilon>0,\exists\delta=\frac{\varepsilon}{|a|}>0,\forall x',x''\in\mathbf{R}\text{ 且 }|x'-x''|<\delta:|f(x')-f(x'')|<\varepsilon.$$

例 8 设 $f(x)=\sin\dfrac{1}{x}$，验证 f 在区间 $(0,1)$ 内不一致连续.

证明 利用一致连续定义后的注 2，取

$$x'_n=\frac{1}{2n\pi},\ x''_n=\frac{1}{2n\pi+\dfrac{\pi}{2}}\,(n=1,2,\cdots),$$

则有

$$|x'_n-x''_n|<\frac{1}{8n^2\pi}\to 0\,(n\to\infty),\ |f(x'_n)-f(x''_n)|=1\,(n=1,2,\cdots).$$

此即说明 f 在开区间 $(0,1)$ 内不一致连续(注意, f 在开区间 $(0,1)$ 内连续).

定理 12(Cantor 定理) 若 $f\in C[a,b]$, 则 $f\in U.C[a,b]$.

尽管利用确界存在原理可证明本定理, 但为了避免由此引起的证明上的难度, 我们将本定理的证明留到下一章用其他方法给出(见 3.1.3 节的例 4).

习题 2.3

1. 试判断下列命题的真伪(证明或举反例否定):

(1) 设 f 在 x_0 的某一邻域中有定义, 则

$$f \text{ 在 } x_0 \text{ 点连续} \Leftrightarrow \lim_{h\to 0}(f(x_0+h)-f(x_0-h))=0;$$

(2) f 在 $[a,b]$ 上连续 $\Leftrightarrow \forall (\alpha,\beta)\subset[a,b]$, f 在 (α,β) 内连续;

(3) f 在 (a,b) 内连续 $\Leftrightarrow \forall [\alpha,\beta]\subset(a,b)$, f 在 $[\alpha,\beta]$ 上连续;

(4) f 在区间 I 上连续 $\Leftrightarrow |f|$ 在区间 I 上连续;

(5) 若 $f,g\in C(I)$, 则 $\max\{f,g\}\in C(I)$;

(6) 若 $f,g\in C(I)$, 则 $\min\{f,g\}\in C(I)$.

2. 试作一个定义在 $\mathbf{R}$ 上的函数 f, 使其有且仅有一个连续点 x_0.

3. 试作一个在 $\mathbf{R}$ 上处处不连续但能取到最大值、最小值及其间一切值的函数.

4. 讨论下列函数的连续性. 若在某点间断, 则指出其所属类型, 如果是可去间断点, 则补充或改变定义使它连续:

(1) $f(x)=\dfrac{x^2-1}{x^2-3x+2}$;

(2) $f(x)=\dfrac{\sqrt[3]{1+4x}-1}{2\sin x}$;

(3) $f(x)=\dfrac{\dfrac{1}{x}-\dfrac{1}{x+1}}{\dfrac{1}{x-1}-\dfrac{1}{x}}$;

(4) $f(x)=\dfrac{1}{1+\mathrm{e}^{\frac{1}{1-x}}}$;

(5) $f(x)=[x]$;

(6) $f(x)=[x]+[-x]$;

(7) $f(x)=\dfrac{1}{\left[\dfrac{1}{x}\right]}, x\in(0,1]$;

(8) $f(x)=\left[\dfrac{1}{[x]+1}\right]$;

(9) $f(x)=\begin{cases}\mathrm{e}^{-\frac{1}{x^2}}, & x\neq 0,\\ 1, & x=0;\end{cases}$

(10) $f(x)=\begin{cases}\dfrac{\sin x}{x}, & x<0,\\ 1, & x=0,\\ \dfrac{\sqrt{1+x}-1}{x}, & x>0.\end{cases}$

5. 讨论下列函数的连续性:

(1) $y=\lim\limits_{n\to\infty}\dfrac{1}{1+x^n}$;

(2) $y=\lim\limits_{n\to\infty}\dfrac{n^x-n^{-x}}{n^x+n^{-x}}$;

(3) $y=\lim\limits_{n\to\infty}\sqrt[n]{1+x^{2n}}$;

(4) $y=\lim\limits_{n\to\infty}\cos^{2n}x$.

6. 试确定常数 a,b, 使得

$$f(x)=\lim_{n\to\infty}\frac{x^{2n-1}+ax^2+bx}{x^{2n}+1},\ x\in\mathbf{R}$$

为连续函数.

7. 设 $f(x)=\begin{cases} x^a\sin\dfrac{1}{x}, & x>0, \\ e^x+b, & x\leqslant 0. \end{cases}$ 根据不同的 a 和 b,讨论函数在 $x=0$ 点的连续性(连续、左连续、右连续或间断,在间断时指出其所属类型).

8. 设 $f:\mathbf{R}\to\mathbf{R}$ 满足

$$f(x+y)=f(x)+f(y),\quad x,y\in\mathbf{R},$$

且 f 在 $x=0$ 点连续. 证明:$f\in C(\mathbf{R})$.

9. 设 $f\in C(0,+\infty)$,且满足 $f(x^2)=f(x)$. 证明:f 为常值函数.

10. 设 $f\in C[a,b]$,且 $\forall x\in[a,b]$, $\exists y\in[a,b]$: $|f(y)|\leqslant\dfrac{1}{2}|f(x)|$. 试证:

$$\exists\xi\in[a,b]:f(\xi)=0.$$

11. 设 f 为 $\mathbf{R}$ 上的单调函数,定义 $F(x)=f(x+0)\ (x\in\mathbf{R})$. 证明:$F$ 为 $\mathbf{R}$ 上的右连续函数.

12. 设 f 在 x_0 点的某一邻域 $U(x_0)$ 中有界,令

$$m(\delta)=\inf f(U(x_0,\delta)),\quad M(\delta)=\sup f(U(x_0,\delta)).$$

证明:(1) $\lim\limits_{\delta\to 0^+}(M(\delta)-m(\delta))$ 存在(记为 $\omega(f,x_0)$,称之为 f 在 x_0 点的振幅);

(2) f 在 x_0 点连续 $\Leftrightarrow$ $\omega(f,x_0)=0$.

13. 设 f 在 (a,b) 中每一点处单侧极限存在,且满足

$$f\left(\frac{x+y}{2}\right)\leqslant\frac{f(x)+f(y)}{2},\ x,y\in(a,b).$$

证明:$f\in C(a,b)$.

14. 试证方程 $x^5-3x-1=0$ 在 $(1,2)$ 内至少有一个实根.

15. 设 $f\in C[0,1]$,且 $f([0,1])\subset(0,1)$. 证明:

$$\exists\xi\in(0,1):f(\xi)=\xi.$$

16. 设 $f,g\in C[a,b]$,且 $f(a)<g(a)$, $f(b)>g(b)$. 试证:

$$\exists\xi\in(a,b):f(\xi)=g(\xi).$$

17. 设 $f\in C(a,+\infty)$,且 $f(a+0)\cdot f(+\infty)<0$. 试证:

$$\exists\xi\in(a,+\infty):f(\xi)=0.$$

18. 设 $f\in C[a,b]$, $x_k\in[a,b]\ (k=1,2,\cdots,n)$. 证明:

$$\exists\xi\in\left[\min_{1\leqslant k\leqslant n}\{x_k\},\max_{1\leqslant k\leqslant n}\{x_k\}\right]:f(\xi)=\frac{1}{n}\sum_{k=1}^{n}f(x_k).$$

19. 设 $f\in C(a,b)$, $x_n,y_n\in(a,b)\ (n=1,2,\cdots)$,且 $\lim\limits_{n\to\infty}x_n=\lim\limits_{n\to\infty}y_n=b$ 使得

$$\lim_{n\to\infty}f(x_n)=A<B=\lim_{n\to\infty}f(y_n).$$

证明:$\forall\eta\in(A,B)$, $\exists z_n\in(a,b)\ (n=1,2,\cdots)$ 使得 $\lim\limits_{n\to\infty}z_n=b$ 且 $\lim\limits_{n\to\infty}f(z_n)=\eta$.

20. 设 $f\in C[0,2a]\ (a>0)$, $f(0)=f(2a)$. 证明:$\exists\xi\in[0,a]:f(\xi)=f(\xi+a)$.

21. 设 $f:[0,+\infty)\to\mathbf{R}$,满足 $f(2x)=f(x)\cos x\ (x\in[0,+\infty))$,且在 $x=0$ 点连续. 证明:

$$f(x)=f(0)\frac{\sin x}{x},\ x\in(0,+\infty).$$

22. 设$f\in C(\mathbf{R})$,且对任一开区间I,$f(I)$为开区间. 证明:f为单调函数.

23. 设$f\in C(\mathbf{R})$,且$f(-\infty)$,$f(+\infty)$存在. 证明:f为有界函数.

24. 设$f\in C(\mathbf{R})$,且$\lim\limits_{x\to\infty}f(x)=+\infty$. 证明:$f(x)$在$\mathbf{R}$上取到它的最小值.

25. 设$f\in C(\mathbf{R})$,$\lim\limits_{x\to\infty}f(f(x))=\infty$. 证明:$\lim\limits_{x\to\infty}f(x)=\infty$.

26. 设$f\in C(\mathbf{R})$,$\lim\limits_{x\to\infty}f(x)=+\infty$,且$f(x)$的最小值$f(a)<a$. 证明:$f(f(x))$至少在两点取到最小值.

27. 试判断下列命题的真伪(证明或举反例否定):

(1) 设$a<b$,若$\forall\delta\in\left(0,\dfrac{b-a}{2}\right)$:$f\in U.C[a+\delta,b-\delta]$,则$f\in U.C(a,b)$;

(2) 设$a<b$,若$\exists c\in(a,b)$:$f\in U.C(a,c]$且$f\in U.C[c,b)$,则$f\in U.C(a,b)$;

(3) 若$f\in U.C(I)$,则$|f|\in U.C(I)$;

(4) 若$f,g\in U.C(I)$,则$\alpha f+\beta g\in U.C(I)$($\alpha,\beta$为常数);

(5) 若$f,g\in U.C(I)$,则$f\cdot g\in U.C(I)$;

(6) 若$f,g\in U.C(I)$,则$\max\{f,g\}\in U.C(I)$;

(7) 若$f,g\in U.C(I)$,则$\min\{f,g\}\in U.C(I)$;

(8) 若$g\in U.C(I)$,$f\in U.C(J)$,且$g(I)\subset J$,则$f\circ g\in U.C(I)$.

28. 试证:

(1) $f(x)=\sqrt[3]{x}$在$[0,+\infty)$上一致连续;

(2) $f(x)=x\sin x$在$\mathbf{R}$上不一致连续.

29. 设周期函数$f\in C(\mathbf{R})$. 证明:$f\in U.C(\mathbf{R})$.

30. 设$f\in C(a,b)$. 证明:$f\in U.C(a,b)\Leftrightarrow f(a+0)$和$f(b-0)$存在.

31. 设$f\in C[a,+\infty)$,且$\lim\limits_{x\to+\infty}f(x)$存在. 证明:$f\in U.C[a,+\infty)$.

32. 设f在$[a,+\infty)$($a>0$)上满足 Lipschitz 条件

$$|f(x)-f(y)|\leqslant L|x-y|\ (L\text{为常数}),\ x,y\in[a,+\infty).$$

证明:$\dfrac{f(x)}{x}\in U.C[a,+\infty)$.

第三章　实数及连续性

在前面两章中我们已经介绍了实数系中的确界原理、单调有界定理与 Cauchy 收敛准则，这几个定理以不同方式反映了实数系的一个基本属性，即所谓实数系的连续性（或称完备性），这也是实数系有别于其他数系（比如有理数系）的一个重要特征.

本章我们还将介绍实数系中的闭区间套定理、有限覆盖定理和致密性定理，并进一步说明上述六大定理（统称为实数连续性定理）的等价性. 正是由于实数连续性定理的引入及其在分析中的重要应用，从而为极限理论与整个数学分析理论奠定了坚实的基础.

3.1　实数的基本定理

3.1.1　闭区间套定理

定理 1（闭区间套定理）　设闭区间列 $\{[a_n,b_n]\}$ 满足如下条件：

(1) $[a_{n+1},b_{n+1}]\subset[a_n,b_n]\ n=1,2,\cdots$，即 $a_n\leqslant a_{n+1}<b_{n+1}\leqslant b_n$；

(2) $\lim\limits_{n\to\infty}(b_n-a_n)=0$.

则存在唯一的 $\zeta\in[a_n,b_n]\ (n=1,2,\cdots)$，使得 $\lim\limits_{n\to\infty}a_n=\lim\limits_{n\to\infty}b_n=\zeta$.

证明　由条件(1)知，数列 $\{a_n\}$ 单调上升且以 b_1 为上界，数列 $\{b_n\}$ 单调下降且有下界 a_1. 因此由单调有界定理知它们有极限，设

$$\lim_{n\to\infty}a_n=\zeta,$$

则

$$\begin{aligned}\lim_{n\to\infty}b_n&=\lim_{n\to\infty}((b_n-a_n)+a_n)=\lim_{n\to\infty}(b_n-a_n)+\lim_{n\to\infty}a_n\\&=\lim_{n\to\infty}a_n=\zeta.\end{aligned}$$

因为 ζ 分别是数列 $\{a_n\}$ 和 $\{b_n\}$ 的上、下确界，所以 $\zeta\in[a_n,b_n],n=1,2,\cdots$.

下面证明唯一性. 如果还有 $\zeta^*\in[a_n,b_n]$，则

$$|\zeta-\zeta^*|\leqslant b_n-a_n\to 0(n\to\infty),$$

因此 $\zeta=\zeta^*$. 即满足定理结论的 ζ 是唯一的.

注　如果将定理中的闭区间套改成开区间套，$(a_{n+1},b_{n+1})\subset(a_n,b_n)$，$n=1,2,\cdots$，且 $\lim\limits_{n\to\infty}(b_n-a_n)=0$，则仍有 $\lim\limits_{n\to\infty}a_n=\lim\limits_{n\to\infty}b_n=\zeta$，但是 ζ 可能不属于任一

开区间(a_n,b_n). 例如,开区间列$\left\{\left(a,a+\frac{1}{n}\right)\right\}$满足定理的条件(1)和(2),且有$\lim\limits_{n\to\infty}a=\lim\limits_{n\to\infty}\left(a+\frac{1}{n}\right)=a$,但是$a\notin\left(a,a+\frac{1}{n}\right)$, $n=1,2,\cdots$. 然而下面的例子说明在开区间套的情况下,如果条件(1)中的不等式改成严格的不等式,结论仍成立.

例 1 设开区间列$\{(a_n,b_n)\}$满足:

(1) $a_n<a_{n+1}<b_{n+1}<b_n$, $n=1,2,\cdots$;

(2) $\lim\limits_{n\to\infty}(b_n-a_n)=0$.

则存在唯一的$\zeta\in(a_n,b_n)$ $(n=1,2,\cdots)$,使得$\lim\limits_{n\to\infty}a_n=\lim\limits_{n\to\infty}b_n=\zeta$.

证明 记$s_n=\dfrac{a_n+a_{n+1}}{2}$, $t_n=\dfrac{b_n+b_{n+1}}{2}$,则由条件(1)我们有

$$a_n<s_n<a_{n+1}<b_{n+1}<t_n<b_n,\ n=1,2,\cdots, \tag{1}$$

所以

$$[s_{n+1},t_{n+1}]\subset[s_n,t_n],$$

且

$$0\leqslant\lim_{n\to\infty}(t_n-s_n)\leqslant\lim_{n\to\infty}(b_n-a_n)=0,$$

即

$$\lim_{n\to\infty}(t_n-s_n)=0.$$

由闭区间套定理知,存在唯一的$\zeta\in[s_n,t_n]\subset(a_n,b_n)$, $n=1,2,\cdots$,并且$\lim\limits_{n\to\infty}s_n=\lim\limits_{n\to\infty}t_n=\zeta$. 由(1)式及夹逼性定理知$\lim\limits_{n\to\infty}a_n=\lim\limits_{n\to\infty}b_n=\zeta$.

例 2 设$f(x)$在$[a,b]$上有定义,若对$\forall x'\in[a,b]$,极限$\lim\limits_{x\to x'}f(x)$均存在,证明:$f(x)$在$[a,b]$有界.

证明 用反证法. 假设$f(x)$在$[a,b]$无界.

首先将区间$[a,b]$二等分为两个闭区间

$$\left[a,\frac{a+b}{2}\right],\ \left[\frac{a+b}{2},b\right],$$

那么$f(x)$至少在其中一个区间无界,记这个区间为$[a_1,b_1]$,并且有

$$b_1-a_1=\frac{b-a}{2},$$

(如果$f(x)$在两个区间都无界,则可任选其中之一为$[a_1,b_1]$). 再将$[a_1,b_1]$二等分为

$$\left[a_1,\frac{a_1+b_1}{2}\right],\ \left[\frac{a_1+b_1}{2},b_1\right],$$

则$f(x)$至少在其中一个区间无界,同前一样地选这样的一个区间为$[a_2,b_2]$,其中

$$b_2 - a_2 = \frac{b-a}{2^2}.$$

继续这个过程,我们得到闭区间列$\{[a_n, b_n]\}$,满足下列条件:

(1) $a_n \leqslant a_{n+1} < b_{n+1} \leqslant b_n, n=1,2,\cdots$;

(2) $b_n - a_n = \dfrac{b-a}{2^n} \to 0, n\to\infty$;

(3) $f(x)$在每个$[a_n, b_n]$上无界.

由闭区间套定理可知,存在唯一的 $c\in[a_n, b_n], (n=1,2,\cdots)$使得

$$\lim_{n\to\infty} a_n = \lim_{n\to\infty} b_n = c. \tag{2}$$

又由题设知$\lim\limits_{x\to c} f(x)$存在,则$\exists\delta>0$,使得$f(x)$在区间$(c-\delta, c+\delta)$内有界. 而由(2)式,当 n 充分大时有$[a_n, b_n]\subset(c-\delta, c+\delta)$,所以$f(x)$在$[a_n, b_n]$有界. 这与所选区间应该满足的条件(3)矛盾. 故$f(x)$在$[a,b]$上有界.

3.1.2 有限覆盖定理

定义 设 Γ 为一族区间 I 所组成的集合,

$$\Gamma = \{I \mid I \text{ 为区间}\},$$

设 E 是一个实数集,若$\forall x\in E$,都存在区间 $I\in\Gamma$,使得 $x\in I$,则称区间集 Γ 是 E 的一个*覆盖*或区间集 Γ 覆盖了 E. 如果 Γ 中的元素都是开区间,则称 Γ 为 E 的一个*开覆盖*.

定义的意思是说,如果集合 E 包含于所有区间 I 的并集内,即有 $E\subset \bigcup\limits_{I\in\Gamma} I$,则称 Γ 是 E 的一个覆盖.

例如,区间集 $\Gamma = \left\{\left(0,\dfrac{2}{3}\right), \left(\dfrac{1}{2},\dfrac{3}{4}\right), \cdots, \left(\dfrac{n-1}{n},\dfrac{n+1}{n+2}\right), \cdots\right\}$是区间 $E=(0,1)$ 的一个开覆盖,但它的任何有限子集都不能覆盖 E. 事实上,对$\forall x\in(0,1)$,存在自然数 N 使得

$$\frac{2x-1}{1-x} < N < \frac{1}{1-x}.$$

所以 $x\in\left(\dfrac{N-1}{N},\dfrac{N+1}{N+2}\right)$. 由于 x 是任意的,且$\left(\dfrac{N-1}{N},\dfrac{N+1}{N+2}\right)\in\Gamma$,因此开区间集 Γ 覆盖了$(0,1)$. 但是 Γ 中找不到有限个开区间覆盖$(0,1)$,假设存在有限个开区间覆盖了$(0,1)$,如果最右边的那个区间记为$\left(\dfrac{N-1}{N},\dfrac{N+1}{N+2}\right)$,则当$\dfrac{N+1}{N+2}\leqslant x<1$ 时,x 就没有被这个有限区间集覆盖,故推出矛盾.

当区间 E 是有限闭区间时,E 的开覆盖 Γ 中总存在有限个开区间将其覆盖. 下面的有限覆盖定理也称为 Borel 定理.

定理 2(有限覆盖定理) 设 $\Gamma=\{I|I$ 为开区间$\}$ 为闭区间 $[a,b]$ 的开覆盖,则在 Γ 中必存在有限个开区间组成的集合 $\Gamma^*=\{I_1,I_2,\cdots,I_n\}$ 覆盖 $[a,b]$.

证明 反证法. 假设 $[a,b]$ 不能被 Γ 中任意有限个开区间所覆盖.

将 $[a,b]$ 二等分得两个闭子区间,则其中至少有一个不能被 Γ 中的任意有限个开区间所覆盖,记这个闭区间为 $[a_1,b_1]$. 对 $[a_1,b_1]$ 重复上述对 $[a,b]$ 的讨论. 如此下去,便得到一个闭区间列 $\{[a_n,b_n]\}$ 满足:

(1) $[a_{n+1},b_{n+1}]\subset[a_n,b_n],\ n=1,2,\cdots$;

(2) $b_n-a_n=\dfrac{1}{2}(b_{n-1}-a_{n-1})=\cdots=\dfrac{1}{2^n}(b-a)\to 0,\ n\to\infty$;

(3) 每个 $[a_n,b_n]$ 都不能被 Γ 中的有限个开区间所覆盖.

由条件(1)、(2) 及闭区间套定理可知,必存在唯一的 ξ 满足:

$$a\leqslant a_n\leqslant\xi\leqslant b_n\leqslant b,\ \lim_{n\to\infty}a_n=\lim_{n\to\infty}b_n=\xi.$$

因为 $\xi\in[a,b]$ 以及 Γ 覆盖了 $[a,b]$,所以必存在开区间 $(\alpha,\beta)\in\Gamma$,使得 $\xi\in(\alpha,\beta)$. 由极限的性质,当 n 充分大时,$[a_n,b_n]\subset(\alpha,\beta)$,即 $[a_n,b_n]$ 被 Γ 中的一个区间所覆盖,这与条件(3)矛盾.

例 3 用有限覆盖定理证明:若 f 在 $[a,b]$ 连续,则 f 在 $[a,b]$ 有界.

这是闭区间上连续函数的一个重要性质,也是本节例 2 的自然推论. 现在我们用有限覆盖定理重新证明.

证明 对任意的 $x\in[a,b]$,因为 f 在 x 处连续,由连续函数的局部有界性,必存在 $\delta_x>0$ 和 $M_x>0$ 使得当 $t\in U(x,\delta_x)\cap[a,b]$ 时有 $|f(t)|\leqslant M_x$. 由于开区间族 $\{U(x,\delta_x)|x\in[a,b]\}$ 覆盖了 $[a,b]$,即 $\bigcup\limits_{x\in[a,b]}U(x,\delta_x)\supset[a,b]$,根据有限覆盖定理,在开区间族中存在有限个开区间覆盖 $[a,b]$,不妨设 $\bigcup\limits_{i=1}^{n}U(x_i,\delta_{x_i})\supset[a,b]$ 及 $x\in U(x_i,\delta_{x_i})$ 时,$|f(x)|\leqslant M_{x_i}$. 令

$$M=\max\{M_{x_1},M_{x_2},\cdots,M_{x_n}\},$$

则对 $\forall x\in[a,b]$ 都有 $|f(x)|\leqslant M$.

3.1.3 致密性定理

我们已经知道,任一单调有界数列一定收敛,而有界数列不一定收敛,但如果有界数列收敛,则它的任一子列都收敛,且极限都相等. 对于有界数列,我们有如下定理.

定理 3(Bolzano-Weierstrass 定理) 有界数列必有收敛的子数列.

证明 设数列 $\{x_n\}$ 有界,则存在实数 a,b 满足

$$a\leqslant x_n\leqslant b,\ n=1,2,\cdots.$$

用反证法. 假设$\{x_n\}$的任何子列都不收敛,那么$\forall x\in[a,b]$,x都不是$\{x_n\}$的任何子列的极限,所以必定$\exists\delta_x>0$使得区间$(x-\delta_x,x+\delta_x)$内最多只含有$\{x_n\}$的有限多项.

事实上,倘若上述结论不真,则对$\forall\delta>0$,在$(x-\delta,x+\delta)$内必含有$\{x_n\}$的无穷多项. 取$\delta_1=1$,则$\exists x_{n_1}\in\{x_n\}:x_{n_1}\in\mathring{U}(x,\delta_1)$;再取$\delta_2=\dfrac{1}{2}$,则$\exists n_2>n_1$:$x_{n_2}\in\{x_n\}$且$x_{n_2}\in\mathring{U}(x,\delta_2)$……如此继续,便得出$\{x_{n_k}\}\subset\{x_n\}$满足

$$|x_{n_k}-x|<\frac{1}{k},\ \forall k\in\mathbf{N},$$

从而

$$\lim_{k\to\infty}x_{n_k}=x.$$

说明$\{x_n\}$中有子列$\{x_{n_k}\}$收敛于x,这与反证假设矛盾.

现在回到原证明. 当x取遍$[a,b]$上所有的点时,对应的开区间的并集

$$\bigcup_{x\in[a,b]}(x-\delta_x,x+\delta_x)\supset[a,b],$$

即$\Gamma=\{(x-\delta_x,x+\delta_x)\mid x\in[a,b]\}$是$[a,b]$的一个开覆盖. 由有限覆盖定理,存在有限个区间

$$(x_1'-\delta_{x_1'},x_1'+\delta_{x_1'}),(x_2'-\delta_{x_2'},x_2'+\delta_{x_2'}),\cdots,(x_n'-\delta_{x_n'},x_n'+\delta_{x_n'})$$

覆盖了$[a,b]$,而由假设,每个开区间$(x_i'-\delta_{x_i'},x_i'+\delta_{x_i'})$ $(i=1,2,\cdots,n)$最多只含有$\{x_n\}$的有限多项,因此$[a,b]$内最多只含有$\{x_n\}$的有限多项,这与$x_n\in[a,b]$ $(n=1,2,\cdots)$矛盾. 故$\{x_n\}$必有收敛子列.

下面我们用致密性定理来证明闭区间上的一致连续定理.

例 4 设f在闭区间$[a,b]$上连续,则f在$[a,b]$上一致连续.

证明 用反证法. 假设$f(x)$在$[a,b]$上不一致连续,则

$$\exists\varepsilon_0>0,\ \forall\delta>0,\ \exists x',x''\in[a,b]:|x'-x''|<\delta\text{ 而 }|f(x')-f(x'')|>\varepsilon_0.$$

若取$\delta=\dfrac{1}{n}$,则

$$\exists x_n',x_n''\in[a,b]:|x_n'-x_n''|<\frac{1}{n}\text{ 而 }|f(x_n')-f(x_n'')|>\varepsilon_0.$$

因为$\{x_n'\}$是有界数列,由致密性定理,必存在收敛子列$\{x_{n_k}'\}$,记$\lim\limits_{k\to\infty}x_{n_k}'=\zeta$,则$\zeta\in[a,b]$. 因为$|x_{n_k}'-x_{n_k}''|<\dfrac{1}{n_k}$,因此

$$\lim_{k\to\infty}x_{n_k}''=\lim_{k\to\infty}x_{n_k}'+\lim_{k\to\infty}(x_{n_k}''-x_{n_k}')=\zeta.$$

由$f(x)$在ζ处连续,故

$$0=|f(\zeta)-f(\zeta)|=\lim_{k\to\infty}|f(x_{n_k}')-f(x_{n_k}'')|\geqslant\varepsilon_0,$$

这与 $\varepsilon_0>0$ 矛盾. 因此 $f(x)$ 在 $[a,b]$ 上一致连续.

例 5 证明:如果 $f\in C[a,b]$,则 f 在 $[a,b]$ 上有最大值和最小值.

证明 记 $\beta=\sup\limits_{a\leqslant x\leqslant b}f(x)$,由确界的性质可知,存在 $\{x_n\}\subset[a,b]$,使得

$$\lim_{n\to\infty}f(x_n)=\beta.$$

而 $\{x_n\}$ 是有界数列,由致密性定理知,$\{x_n\}$ 有收敛子列,记这个子列 $\{x_{n_k}\}$ 收敛于 x_0,即 $\lim\limits_{k\to\infty}x_{n_k}=x_0$. 由 f 的连续性可知,

$$\lim_{k\to\infty}f(x_{n_k})=f(x_0).$$

另一方面,

$$\lim_{k\to\infty}f(x_{n_k})=\lim_{n\to\infty}f(x_n)=\beta.$$

从而 $f(x_0)=\beta$. 这就说明了 $\beta\in\mathbf{R}$,并且是 $f(x)$ 的最大值.

若记 $\alpha=\inf\limits_{a\leqslant x\leqslant b}f(x)$,用类似的方法可证 α 是 $f(x)$ 的最小值.

习题 3.1

1. 设数列 $\{x_n\}$,$\{y_n\}$ 均有界,证明:存在完全相同的下标序号 $\{n_k\}$ $(k\in\mathbf{N})$,使得 $\{x_{n_k}\}$ 和 $\{y_{n_k}\}$ 同时收敛.

2. 设数列 $\{x_n\}$ 无界,但不是无穷大数列. 证明:$\{x_n\}$ 中必存在两个子列 $\{x_{n_k}^{(1)}\}$ 和 $\{x_{n_k}^{(2)}\}$,使 $\lim\limits_{k\to\infty}x_{n_k}^{(1)}=\infty$,而 $\{x_{n_k}^{(2)}\}$ 收敛.

3. 设有界数列 $\{x_n\}$ 发散. 证明:$\{x_n\}$ 中必存在两个子列 $\{x_{n_k}^{(1)}\}$ 和 $\{x_{n_k}^{(2)}\}$,使 $\{x_{n_k}^{(1)}\}$ 和 $\{x_{n_k}^{(2)}\}$ 分别收敛于两个不同的极限值.

4. 用有限覆盖定理证明:如果 f 在闭区间 $[a,b]$ 上连续,则 f 在 $[a,b]$ 上一致连续.

5. 设 $f(x)$ 在 $[a,b]$ 上有定义,且它至多只有第一类间断点,证明:$f(x)$ 在 $[a,b]$ 上有界.

6. 设 $f\in C[a,b]$,且存在唯一最小值点 x_0,又设 $x_n\in[a,b]$,满足 $\lim\limits_{n\to\infty}f(x_n)=f(x_0)$. 证明:$\lim\limits_{n\to\infty}x_n=x_0$.

7. 设 $f(x)$ 是 $[a,b]$ 上的连续函数,且不为常数. 证明:至少存在点 $c\in(a,b)$ 使 c 不是 $f(x)$ 的极值点. (对于 $x_0\in(a,b)$,若 $\exists\delta>0$:$f(x)\leqslant f(x_0)$ (或 $f(x)\geqslant f(x_0)$),$\forall x\in U(x_0,\delta)$,则称 x_0 为 $f(x)$ 的极大值点(或极小值点).)

8. 证明:闭区间 $[a,b]$ 上的全体实数不可列.

9. 证明:f 在有界区间 I 上一致连续的充要条件是,若 $\{x_n\}$ 是 I 上的 Cauchy 数列,则 $\{f(x_n)\}$ 也是 Cauchy 数列.

10. 设 $f\in U.C[0,+\infty)$,且 $\forall x\in[0,+\infty)$:$\lim\limits_{n\to\infty}f(x+n)=0$ (其中 $n\in\mathbf{N}$). 证明:$\lim\limits_{x\to+\infty}f(x)=0$.

3.2 实数系基本定理的等价性

我们已经证明了实数系中的六个基本定理:确界原理,单调有界定理,

Cauchy 收敛准则,闭区间套定理,有限覆盖定理和致密性定理. 从前面的证明中我们已经得到了如下的逻辑关系:

确界原理⇒单调有界定理⇒闭区间套定理⇒有限覆盖定理⇒致密性定理.

为了证明这六个基本定理是等价的,我们将证明:

致密性定理⇒Cauchy 收敛准则⇒闭区间套定理⇒确界原理.

首先,我们用致密性定理证明 Cauchy 收敛准则.

例 1(Cauchy 收敛原理) 数列$\{x_n\}$收敛的充分必要条件是$\{x_n\}$是基本数列.

证明 必要性是显然的,只证充分性. 设$\{x_n\}$是基本数列,先证$\{x_n\}$有界.

对于$\varepsilon=1$, $\exists N_0\in\mathbf{N}$, $\forall n,m>N_0$ 时,有$|x_m-x_n|<1$. 所以 $n>N_0$ 时, $|x_{N_0+1}-x_n|<1$ 或

$$|x_n|\leqslant|x_n-x_{N_0+1}|+|x_{N_0+1}|\leqslant 1+|x_{N_0+1}|,$$

取 $K=\max\{|x_1|,|x_2|,\cdots,|x_{N_0}|,1+|x_{N_0+1}|\}$,则$|x_n|\leqslant K$ $(n=1,2,\cdots)$.

下证$\{x_n\}$收敛. 因为$\{x_n\}$是基本数列,所以

$$\forall\varepsilon>0,\exists N\in\mathbf{N},\forall m,n>N:|x_m-x_n|<\frac{\varepsilon}{2}. \qquad (1)$$

由致密性定理知,$\{x_n\}$有收敛子列$\{x_{n_k}\}$. 设$\lim\limits_{k\to\infty}x_{n_k}=\zeta$. 因当 $k>N$ 时,$n_k\geqslant k>N$,由(1)式,$|x_{n_k}-x_n|<\varepsilon$,令 $k\to\infty$ 得$|\zeta-x_n|\leqslant\varepsilon$. 所以$\{x_n\}$收敛.

其次,我们用 Cauchy 收敛准则证明闭区间套定理.

例 2 用 Cauchy 收敛准则证明闭区间套定理.

证明 设闭区间列$\{[a_n,b_n]\}$满足:

(1) $[a_{n+1},b_{n+1}]\subset[a_n,b_n]$ $(n=1,2,\cdots)$;

(2) $\lim\limits_{n\to\infty}(b_n-a_n)=0$.

由条件(1)可知,数列$\{a_n\}$单调增加,$\{b_n\}$单调减少,以及 $a_n\leqslant b_m$ $(n,m=1,2,\cdots)$. 所以对$\forall n\in\mathbf{N}$, $\forall p\in\mathbf{N}$,有

$$|a_{n+p}-a_n|=a_{n+p}-a_n\leqslant b_n-a_n;$$

又由条件(2)可知,

$$\forall\varepsilon>0,\exists N\in\mathbf{N},\forall n>N:0\leqslant b_n-a_n<\varepsilon.$$

故对上述的 ε 与 N, $\forall n>N$, $\forall p\in\mathbf{N}$ 时有

$$|a_{n+p}-a_n|<\varepsilon,$$

因此$\{a_n\}$是基本数列,由 Cauchy 收敛准则知数列收敛,记$\lim\limits_{n\to\infty}a_n=\zeta$,则

$$\lim_{n\to\infty}b_n=\lim_{n\to\infty}(b_n-a_n)+\lim_{n\to\infty}a_n=\zeta.$$

由$\{a_n\}$单调增加,$\{b_n\}$单调减少知$\zeta\in[a_n,b_n]$. ζ 的唯一性同 3.1.1 节定理 1 的证明.

最后,我们用闭区间套定理证明确界存在定理.

例 3 任何非空有上(下)界实数集必有上(下)确界.

证明 不妨设 E 是非空有上界实数集,则存在 $a\in E$ 以及 E 的一个上界 b. 下面我们将证明 E 有最小上界,即 E 有上确界.

考虑闭区间$[a,b]$,将$[a,b]$二等分为两个闭区间$\left[a,\frac{a+b}{2}\right]$和$\left[\frac{a+b}{2},b\right]$. 如果$\left[\frac{a+b}{2},b\right]\cap E\neq\varnothing$,则记$\left[\frac{a+b}{2},b\right]=[a_1,b_1]$,否则记$\left[a,\frac{a+b}{2}\right]=[a_1,b_1]$,因此有$[a_1,b_1]\subset[a,b]$,$b_1-a_1=\frac{b-a}{2}$及$[a_1,b_1]\cap E\neq\varnothing$,且 b_1 为 E 的上界. 对$[a_1,b_1]$重复上述对$[a,b]$的讨论,如此以往便得到一个闭区间列$\{[a_n,b_n]\}$满足如下条件:

(1) $[a_{n+1},b_{n+1}]\subset[a_n,b_n]$ $(n=1,2,\cdots)$;

(2) $\lim\limits_{n\to\infty}(b_n-a_n)=\lim\limits_{n\to\infty}\frac{b-a}{2^n}=0$;

(3) $[a_n,b_n]\cap E\neq\varnothing$ $(n=1,2,\cdots)$,且 b_n 为 E 的上界.

由闭区间套定理知,存在唯一的 $\zeta\in[a_n,b_n]$ $(n=1,2,\cdots)$且

$$\lim_{n\to\infty}b_n=\lim_{n\to\infty}a_n=\zeta.$$

由条件(3)知,对 $\forall x\in E$,有 $x\leqslant b_n$,令 $n\to\infty$ 得 $x\leqslant\zeta$,所以 ζ 是 E 的一个上界. 我们断言 ζ 就是 E 的最小上界,事实上,假设 η 是 E 的一个上界使得 $\eta<\zeta$. 由条件(3)知存在 $x_n\in[a_n,b_n]\cap E$,则 $a_n\leqslant x_n\leqslant\eta<\zeta$,令 $n\to\infty$ 有 $\zeta\leqslant\eta<\zeta$,推出矛盾. 所有 ζ 是 E 的上确界.

例 4 若 $f\in C[a,b]$,且 $G=\{x\mid x\in[a,b],f(x)=0\}\neq\varnothing$,则 $\inf G,\sup G\in G$,即 f 在$[a,b]$上有最大零点和最小零点.

证明 只证明 $\inf G\in G$,因为 $\sup G\in G$ 的证明方法是类似的.

记 $\alpha=\inf G$. 用反证法. 假设 $\alpha\notin G$,若取 $\varepsilon_1=1$,则 $\exists\,\alpha_1\in G$,使得 $\alpha_1\in(\alpha,\alpha+1)$;取 $\varepsilon_2=\frac{1}{2}$,则 $\exists\,\alpha_2\in G$,使得 $\alpha_2\in\left(\alpha,\alpha+\frac{1}{2}\right)$,……,取 $\varepsilon_n=\frac{1}{n}$,存在 $\alpha_n\in G\cap\left(\alpha,\alpha+\frac{1}{n}\right)$,依此类推,便得到一个子列 $\{\alpha_n\}\subset G$,且 $|\alpha_n-\alpha|<\frac{1}{n}$. 故 $\lim\limits_{n\to\infty}\alpha_n=\alpha$. 又因为 $f\in C[a,b]$,则

$$0=\lim_{n\to\infty}f(\alpha_n)=f(\alpha).$$

这与 $\alpha\notin G$ 的假设矛盾. 所以只有 $\alpha\in G$.

习题 3.2

1. 试用闭区间套定理证明闭区间上连续函数的零点定理.

2. 用闭区间套定理证明单调有界定理.

3. 用单调有界定理证明确界原理.

4. 用确界原理证明致密性定理.

5. 设$f\in C[a,b]$,$f(a)<0$,$f(b)>0$. 证明:存在$\xi\in(a,b)$使得$f(\xi)=0$,且$f(x)>0$,其中$x\in(\xi,b)$.

6. 设函数$f(x)$在$[a,b]$单调增加,且$a<f(a)<f(b)<b$. 证明:$\exists\,\xi\in(a,b):f(\xi)=\xi$.

7. 设$f\in C[a,b]$,且$\min\limits_{x\in[a,b]}f(x)=m<M=\max\limits_{x\in[a,b]}f(x)$. 证明:$\exists\,[\alpha,\beta]\subset[a,b]$,满足:

(1) $f(\alpha)=m$, $f(\beta)=M$(或者$f(\alpha)=M$, $f(\beta)=m$);

(2) $\forall\,x\in(\alpha,\beta)$,有$m<f(x)<M$.

8. 设$f\in C[a,+\infty)$且有界,对于$\forall\,c\in\mathbf{R}$,$f(x)=c$在$[a,+\infty)$上至多只有有限个实根,证明:$\lim\limits_{x\to+\infty}f(x)$存在.

3.3* 实数系的连续性——Dedekind 分割原理

实数系六大基本定理是分析理论的基石和精髓,它们都是建立在实数系连续性基础之上的,故通常称为实数系连续性定理.

何为实数系的“连续性”? 粗糙地说,是指实数轴上的数密集而无“间隙”,它保证实数在极限运算下仍具有所谓“封闭性”. 一般的数集(比如有理数集)未必具有这一特性,因此实数系基本定理的结论在一般数集上不保证能够成立. 本节引进 Dedekind 分割原理,用以说明实数系的连续性,并进而证明第一章中述而未证的确界原理(见 1.3.3 节).

如所熟知,有理数集$\mathbf{Q}$可定义为

$$\mathbf{Q}=\left\{x=\frac{p}{q}\,\middle|\,p\in\mathbf{Z},q\in\mathbf{N}\text{ 且 }p,q\text{ 互质}\right\}.$$

它有以下一些重要特征:

(1) 封闭性:$\forall\,r_1,r_2\in\mathbf{Q}$,则

$$r_1\pm r_2,\ r_1r_2,\ \frac{r_1}{r_2}\ (r_2\neq0)$$

仍为有理数,或者说有理数集对四则运算是封闭的;

(2) 有序性:$\forall\,r_1,r_2\in\mathbf{Q}$,关系式

$$r_1<r_2,\ r_1=r_2,\ r_1>r_2$$

三者中有且仅有一个成立. 若还有$r_3\in\mathbf{Q}$,且$r_1<r_2$,$r_2<r_3$,则$r_1<r_3$;

(3) 稠密性:$\forall\,r_1,r_2\in\mathbf{Q}(r_1<r_2)$,则$r_1$,$r_2$之间必有无穷多个有理数.

有理数可以与数轴上的点相对应,每个有理数对应于数轴上的一个点(有理点). 有理数具有稠密性意味着任意两个有理数构成的区间内均有无穷多个

有理点.但是,有理点不能填满整个数轴,或者说在有理点之间还有“空隙”.例如,边长为 1 的正方形,其对角线长度记为 a,可以验证在数轴上对应于到原点距离为 a 的点就不是有理点,我们暂且把这样的点称为无理点,相应的数集为无理数集.稍后我们将证明当引入无理数后,有理数与无理数全体构成的实数系能够完全填满整个数轴,也就是说实数系具有连续性.

自然要问:无理数是如何严格定义的?为何实数系具有连续性?下面介绍的实数系连续性定理——Dedekind 分割原理将解答这一问题.

先说明什么叫数集的“分割”.

定义 1 设 A,B 均为非空有理数集,满足:

(1) $\mathbf{Q}=A\cup B$;

(2) 对 $\forall a\in A,\forall b\in B$,有 $a<b$.

则称 A,B 构成 $\mathbf{Q}$ 的一个分割,记为 A/B.

直观地看,所谓对有理数 $\mathbf{Q}$ 的某一分割,是指将数轴上的全体有理数“劈”成两半,属于左半部分的有理数全体记为集合 A,属于右半部分的有理数全体记为集合 B,这样定义的 A,B 便构成 $\mathbf{Q}$ 的一个分割.

Dedekind 分割正是以有理数集 $\mathbf{Q}$ 的分割为基础来定义无理数的,进而说明由有理数与无理数全体构成的实数系将完全填满数轴而不留任何“空隙”.

命题 1 对有理数集 $\mathbf{Q}$ 的任一分割 A/B,下列情况有且仅有一种出现:

(1) A 有最大数 a_0,B 无最小数,此时称 A/B 确定了有理数 a_0;

(2) A 无最大数,B 有最小数 b_0,此时称 A/B 确定了有理数 b_0;

(3) A 无最大数,B 无最小数.

从逻辑观点看,上述命题还应该添加第四种情形:A 有最大数 a_0,B 有最小数 b_0 才算完整和严密,但这一情况事实上不可能发生.因为按分割定义有 $a_0<b_0$,而 $\frac{a_0+b_0}{2}\in\mathbf{Q}$ 且有 $a_0<\frac{a_0+b_0}{2}<b_0$.现在 a_0 为 A 中的最大数,b_0 为 B 中的最小数,故 $\frac{a_0+b_0}{2}\notin A\cup B$.这与条件 $\mathbf{Q}=A\cup B$ 矛盾.

在命题 1 中,特别引起我们兴趣的是第三种情况,此时 A/B 并不能确定任何有理数,这表示数集 A 与 B 之间留有“空隙”,必须引入一类新的数(无理数)来填补数轴上的这一空缺位置,并将它作为在这一情况下分割 A/B 所确定的对象.

定义 2 对有理数集 $\mathbf{Q}$ 的某一分割 A/B,若 A 无最大数,B 无最小数,称 A/B 确定了一个无理数 c,且有

$$a<c<b,\ \forall a\in A,\ \forall b\in B.$$

有理数集 $\mathbf{Q}$ 和按上述分割所定义的无理数全体便构成了实数系 $\mathbf{R}$.实数系

是没有“空隙”的，也即实数系具有连续性. 换言之，对实数系 $\mathbf{R}$ 作任何分割，都不会出现上述命题 1 中的第三种情况.

定义 3 设 $\tilde{A}$，$\tilde{B}$ 均为非空实数集，满足：

(1) $\mathbf{R}=\tilde{A}\cup\tilde{B}$；

(2) $\forall a\in\tilde{A}$，$b\in\tilde{B}$，有 $a<b$.

则称 $\tilde{A}$，$\tilde{B}$ 构成 $\mathbf{R}$ 的一个分割，记为 $\tilde{A}/\tilde{B}$.

下面不加证明地引入 Dedekind 分割原理.

命题 2（Dedekind 分割原理） 设 $\tilde{A}/\tilde{B}$ 是实数系 $\mathbf{R}$ 的一个分割，则或者 $\tilde{A}$ 有最大数，或者 $\tilde{B}$ 有最小数.

Dedekind 分割原理证明了实数系的连续性，它保证了实数系在进行分析的基本运算——极限运算之下仍然具有封闭性，这正是极限理论的基础，从而也成为整个数学分析课程的基础. 前面第一章中所介绍的确界原理，也完全是建立在这一基础上的，现在我们可以回头来说明这一点了.

定理（确界原理） 非空上（下）有界数集必存在上（下）确界.

证明 只证前一个. 记非空上有界数集为 E，要证明 E 有最小上界.

令 E 的上界全体构成的集合为 $\tilde{B}$，即

$$\tilde{B}=\{y\mid y\geqslant t,\ \forall t\in E\},$$

再令 $\tilde{B}$ 的补集为 $\tilde{A}$，也即有

$$\tilde{A}=\{x\mid x\in\mathbf{R}\text{ 且 }x\notin\tilde{B}\},$$

则有(1) $\tilde{A}\cup\tilde{B}=\mathbf{R}$；

(2) $\forall x\in\tilde{A}$，$\forall y\in\tilde{B}$，有 $x<y$.

事实上，倘若 $\exists x\in\tilde{A}$，$y\in\tilde{B}$ 使得 $x\geqslant y$，则因为 $y\in\tilde{B}$，故对 $\forall t\in E$，都有

$$y\geqslant t\ \Rightarrow\ x\geqslant y\geqslant t\ \Rightarrow\ x\in\tilde{B},$$

导致矛盾.

由此可见，$\tilde{A}/\tilde{B}$ 是 $\mathbf{R}$ 的一个分割. 由 Dedekind 分割原理，或者 $\tilde{A}$ 有最大数，或者 $\tilde{B}$ 有最小数. 下面证明 $\tilde{A}$ 中无最大数.

对于 $\forall x\in\tilde{A}$，因为 x 不是 E 的上界，故 $\exists t\in E$ 使得 $x<t$. 记 $x^*=\dfrac{x+t}{2}$，则有

$x < x^* < t$. 因为 x^* 也不是 E 的上界,于是有 $x^* \in \tilde{A}$. 可见 x 不是 $\tilde{A}$ 中的最大数,也即 $\tilde{A}$ 中无最大数.

按 Dedekind 分割原理,E 的上界集合 $\tilde{B}$ 有最小数,从而得出 E 有最小上界.

第四章　导数与微分

导数与微分是数学分析最重要的概念之一，它的引入及其一整套计算方法，是微积分具有强大生命力并得以迅猛发展的源泉.

直观地看，导数概念来自一个连续变量随另一个连续变量变化的“瞬时”变化率. 它来源于实践，比如，变速直线运动质点的速度、非均匀棒的线密度、生物种群的繁殖率等. 从这些实际问题中抽象出数学概念，借助于极限工具加以精确的描述，便引出了导数的基本定义.

4.1　导数概念

4.1.1　导数概念的引入

例 1　非匀速直线运动质点的瞬时速度.

设质点做非匀速直线运动，它走过的路程与时间的关系为 $s=s(t)$，现在考虑质点在时刻 t 的瞬时速度 $v(t)$.

质点从 t 到 $t+\Delta t$ 这一时间段内（Δt 可以取正值，也可以取负值）走过的路程为

$$\Delta s=s(t+\Delta t)-s(t),$$

质点在这一段时间内的平均速度是

$$\bar{v}=\frac{\Delta s}{\Delta t}=\frac{s(t+\Delta t)-s(t)}{\Delta t}.$$

很明显，时间间隔 $|\Delta t|$ 越小，平均速度就越接近质点在时刻 t 的瞬时速度. 当我们令 $\Delta t\to 0$ 时，若上述比值的极限存在并且有限，即可定义为质点在时刻 t 的瞬时速度 $v(t)$，

$$v(t)=\lim_{\Delta t\to 0}\frac{\Delta s}{\Delta t}=\lim_{\Delta t\to 0}\frac{s(t+\Delta t)-s(t)}{\Delta t}.$$

例 2　非均匀棒的线密度.

在物理上，称形状接近直线段的细长物体为棒. 设以棒的左端为起始点（原点），从原点到点 x 之间的质量为 $m(x)$，现考虑棒上点 x 处的密度（即线密度）$\rho(x)$.

从 x 到 $x+\Delta x$ 这一小段上棒的质量为

$$\Delta m = m(x+\Delta x) - m(x),$$

可见在这一小段上棒的平均线密度是

$$\bar{\rho} = \frac{\Delta m}{\Delta x} = \frac{m(x+\Delta x) - m(x)}{\Delta x}.$$

当我们令 $\Delta x \to 0$ 时,若上述比值的极限存在并且有限,即可定义在点 x 处的线密度 $\rho(x)$,

$$\rho(x) = \lim_{\Delta x \to 0} \frac{m(x+\Delta x) - m(x)}{\Delta x}.$$

例 3 气体的压缩率与压缩系数.

当温度恒定时,气体的体积 V 是随压强 p 变化的,当压强由 p 增加到 $p+\Delta p$ 时,相应的气体体积的改变量为

$$\Delta V = V(p+\Delta p) - V(p),$$

体积的平均增长率是

$$\bar{V} = \frac{\Delta V}{\Delta p} = \frac{V(p+\Delta p) - V(p)}{\Delta p}.$$

当 $\Delta p \leqslant 0$ 时,应有 $\Delta V \geqslant 0$,可见上述比值恒非正,因此其绝对值反映了气体体积对压强的平均压缩率. 当我们令 $\Delta p \to 0$ 时,若上述比值的极限存在且有限,即称其极限值为压强 p 时,气体体积的压缩率

$$\lim_{\Delta p \to 0} \frac{\Delta V}{\Delta p} = \lim_{\Delta p \to 0} \frac{V(p+\Delta p) - V(p)}{\Delta p}.$$

在工程热力学中,还进一步定义 $\beta = -\frac{\bar{V}}{V}$ 为气体的等温压缩系数,它反映了压强为 p 时单位体积气体的体积压缩率.

上面几个问题尽管有不同的实际背景,但它们都可以表示成下列形式的极限

$$\lim_{\Delta x \to 0} \frac{\Delta y}{\Delta x} = \lim_{\Delta x \to 0} \frac{f(x+\Delta x) - f(x)}{\Delta x},$$

即利用函数 $y=f(x)$ 的改变量与自变量 x 的改变量之比,或者说是函数平均变化率的极限,来刻画函数在点 x 处的"瞬时"变化率. 我们把这个变化率称为函数 $y=f(x)$ 在点 x 处的导数.

4.1.2 导数定义

定义 1 设函数 $f(x)$ 在点 x_0 的某邻域 $U(x_0)$ 内有定义,若极限

$$\lim_{\Delta x \to 0} \frac{f(x_0+\Delta x) - f(x_0)}{\Delta x} \tag{1}$$

存在,则称 $f(x)$ 在点 x_0 处可导,并把(1)式中的极限称为 $f(x)$ 在点 x_0 处的导数,记为 $f'(x_0)$ 或者 $y'(x_0)$,也可以记为 $\left.\frac{\mathrm{d}f}{\mathrm{d}x}\right|_{x=x_0}$,$\left.\frac{\mathrm{d}y}{\mathrm{d}x}\right|_{x=x_0}$.

若令 $x=x_0+\Delta x$,则(1)式也可以改写为

$$f'(x_0)=\lim_{x\to x_0}\frac{f(x)-f(x_0)}{x-x_0}.$$

要注意,导数是个局部性概念,它描述了在点 x_0 处函数相对于自变量的变化率,它在数值上的大小反映了函数变化的快慢,而它的正值或负值则反映了函数变化量相对于 $f(x_0)$ 具有增大或减小的趋势.

利用函数的左极限和右极限,下面我们引入左导数和右导数的概念.

定义 2 设函数 $f(x)$ 在点 x_0 的某左邻域(或右邻域)内有定义,若左极限(或右极限)

$$\lim_{\Delta x\to 0^-}\frac{f(x_0+\Delta x)-f(x_0)}{\Delta x}\quad\left(\text{或}\lim_{\Delta x\to 0^+}\frac{f(x_0+\Delta x)-f(x_0)}{\Delta x}\right)\tag{2}$$

存在,则称 $f(x)$ 在点 x_0 处*左可导*(或*右可导*),并把(2)式中的极限值称为 $f(x)$ 在点 x_0 处的*左导数*(或*右导数*),记为 $f'_-(x_0)$(或 $f'_+(x_0)$).

函数的左导数和右导数统称为单侧导数.

由函数极限的存在定理很容易得出结论:函数 $f(x)$ 在点 x_0 处可导的充要条件是,$f(x)$ 在点 x_0 处既左可导又右可导,且左导数与右导数相等.

现在可以定义区间上的导函数了.

定义 3 若函数 $f(x)$ 在 (a,b) 内处处可导,则称 $f(x)$ 在 (a,b) 内可导,记为 $f(x)\in D(a,b)$;若函数 $f(x)$ 在 (a,b) 内可导,且在左端点 a 处右可导,在右端点 b 处左可导,则称 $f(x)$ 在 $[a,b]$ 上可导,记为 $f(x)\in D[a,b]$.

同样可以定义函数 $f(x)$ 在半开半闭区间 $(a,b]$,$[a,b)$ 上的可导性. 一般地,若函数 $f(x)$ 在区间或其并集 I 上可导,可记为 $f(x)\in D(I)$,并称 $f'(x)$ 为 I 上的*导函数*.

例 4 设函数 $f(x)=x^3$,求 $f'(x)$.

解 按定义有

$$\begin{aligned}f'(x)&=\lim_{\Delta x\to 0}\frac{f(x+\Delta x)-f(x)}{\Delta x}=\lim_{\Delta x\to 0}\frac{(x+\Delta x)^3-x^3}{\Delta x}\\&=\lim_{\Delta x\to 0}\frac{x^3+3x^2\Delta x+3x(\Delta x)^2+(\Delta x)^3-x^3}{\Delta x}\\&=\lim_{\Delta x\to 0}(3x^2+3x\Delta x+(\Delta x)^2)=3x^2.\end{aligned}$$

例 5 讨论函数 $f(x)=|x|$ 在点 $x=0$ 处的可导性.

解 考察 $f(x)$ 在点 $x=0$ 处的左导数和右导数,有

$$f'_-(0)=\lim_{\Delta x\to 0^-}\frac{f(\Delta x)-f(0)}{\Delta x}=\lim_{\Delta x\to 0^-}\frac{|\Delta x|}{\Delta x}=-1,$$

$$f'_+(0)=\lim_{\Delta x\to 0^+}\frac{f(\Delta x)-f(0)}{\Delta x}=\lim_{\Delta x\to 0^+}\frac{|\Delta x|}{\Delta x}=1,$$

可见 $f(x)$ 在点 $x=0$ 处左可导且右可导，但 $f'_+(0)\neq f'_-(0)$，故 $f(x)$ 在点 $x=0$ 处不可导.

例 6 设函数

$$f(x)=\begin{cases}|x|^{\alpha}\sin\dfrac{1}{x}, & x\neq 0,\\ 0, & x=0\end{cases}$$

在点 $x=0$ 处可导，求 α 的取值范围.

解 先考察 $x\to 0^+$ 的情况，

$$\lim_{x\to 0^+}\frac{f(x)-f(0)}{x}=\lim_{x\to 0^+}\frac{|x|^{\alpha}\sin\dfrac{1}{x}}{x}=\lim_{x\to 0^+}x^{\alpha-1}\sin\frac{1}{x}.$$

当 $\alpha-1<0$ 即 $\alpha<1$ 时，函数 $x^{\alpha-1}\sin\dfrac{1}{x}$ 在 $x=0$ 的任一空心邻域内均无界，自然没有极限；当 $\alpha-1=0$ 即 $\alpha=1$ 时，函数 $\sin\dfrac{1}{x}$ 在 $x\to 0^+$ 时也没有极限；当 $\alpha-1>0$ 即 $\alpha>1$ 时，$x^{\alpha-1}$ 在 $x\to 0^+$ 时为无穷小量，而 $\sin\dfrac{1}{x}$ 在 $x\to 0^+$ 时为有界量，故有

$$\lim_{x\to 0^+}x^{\alpha-1}\sin\frac{1}{x}=0.$$

$x\to 0^-$ 的情况也完全类似，从而可见 α 的取值范围应是 $(1,+\infty)$.

从前面的例子不难看出函数 $f(x)=|x|$ 在点 $x=0$ 处是连续的，但它在该点并不可导；但是反过来，倘若函数 $f(x)$ 在点 x_0 处可导，我们可以证明它必定在该点处连续，下面的定理正是说明了这一点.

定理 设函数 $f(x)$ 在点 x_0 处可导，则 $f(x)$ 在点 x_0 处必定连续.

证明 因为 $f(x)$ 在点 x_0 处可导，故有

$$\lim_{\Delta x\to 0}\frac{f(x_0+\Delta x)-f(x_0)}{\Delta x}=f'(x_0).$$

由有限增量公式，当 $\Delta x\to 0$ 时，有

$$\frac{f(x_0+\Delta x)-f(x_0)}{\Delta x}=f'(x_0)+o(1),$$

即

$$f(x_0+\Delta x)-f(x_0)=f'(x_0)\Delta x+o(\Delta x),$$

于是得出

$$\lim_{\Delta x\to 0}(f(x_0+\Delta x)-f(x_0))=\lim_{\Delta x\to 0}(f'(x_0)\Delta x+o(\Delta x))=0,$$

即有

$$\lim_{\Delta x\to 0}f(x_0+\Delta x)=f(x_0),$$

从而 $f(x)$ 在点 x_0 处连续.

顺便说明,定理的条件可以减弱. 事实上,只需要函数 $f(x)$ 在点 x_0 处左导数和右导数都存在(哪怕它们并不相等),$f(x)$ 在点 x_0 处必定也是连续的,请读者自己证明这一点.

例 7 设 $f(x)=\begin{cases}x\cos\dfrac{\pi}{2}x, & x>1,\\ ax^2+b, & x\leqslant 1,\end{cases}$ 若 $f(x)$ 在 $x=1$ 处可导,求 a,b 的值.

解 (i) 若 $f(x)$ 在 $x=1$ 处可导,首先要求 $f(x)$ 在 $x=1$ 处连续,所以应有

$$\lim_{x\to 1^-}f(x)=\lim_{x\to 1^+}f(x)=f(1)=a+b.$$

而因

$$\lim_{x\to 1^-}f(x)=\lim_{x\to 1^-}(ax^2+b)=a+b,$$

$$\lim_{x\to 1^+}f(x)=\lim_{x\to 1^+}x\cos\frac{\pi}{2}x=0,$$

于是有 $a+b=0$.

(ii) 由导数定义,$f(x)$ 在 $x=1$ 处的左导数、右导数应存在并且相等.

$$f'_-(1)=\lim_{x\to 1^-}\frac{f(x)-f(1)}{x-1}=\lim_{x\to 1^-}\frac{ax^2+b-(a+b)}{x-1}$$

$$=\lim_{x\to 1^-}\frac{a(x^2-1)}{x-1}=2a,$$

$$f'_+(1)=\lim_{x\to 1^+}\frac{f(x)-f(1)}{x-1}=\lim_{x\to 1^+}\frac{x\cos\frac{\pi}{2}x-(a+b)}{x-1}$$

$$=\lim_{x\to 1^+}\frac{x\cos\frac{\pi}{2}x}{x-1}=\lim_{x\to 1^+}\frac{x\sin\frac{\pi}{2}(1-x)}{x-1}$$

$$=\lim_{x\to 1^+}\frac{x\,\frac{\pi}{2}(1-x)}{x-1}=-\frac{\pi}{2},$$

于是有 $2a=-\dfrac{\pi}{2}$,即 $a=-\dfrac{\pi}{4}$. 故当 $a=-\dfrac{\pi}{4}$,$b=\dfrac{\pi}{4}$ 时,$f(x)$ 在 $x=1$ 处可导.

下面我们来说明导数的几何意义.

如图 4.1,设平面曲线 C 由 $y=f(x)$ 表示,$P(x_0,y_0)$ 为其上一点,在曲线 C 上

另取一点 $Q(x_0+\Delta x, y_0+\Delta y)$,则过 P,Q 两点的割线斜率为

$$\tan\varphi=\frac{\Delta y}{\Delta x}=\frac{f(x_0+\Delta x)-f(x_0)}{\Delta x}.$$

当点 Q 沿曲线 C 趋于点 P 时,若割线 PQ 存在极限位置 PT,则称直线 PT 为曲线 C 在点 $P(x_0,y_0)$ 处的切线.

在切线与 x 轴不垂直的前提下,我们将切线的斜率定义为割线斜率的极限. 按前面所介绍的导数定义,就有

$$\tan\alpha=f'(x_0)=\lim_{\Delta x\to 0}\frac{f(x_0+\Delta x)-f(x_0)}{\Delta x}.$$

由此便可得出曲线 $C:y=f(x)$ 在点 $P(x_0, y_0)$ 处的切线方程

$$y-y_0=f'(x_0)(x-x_0),$$

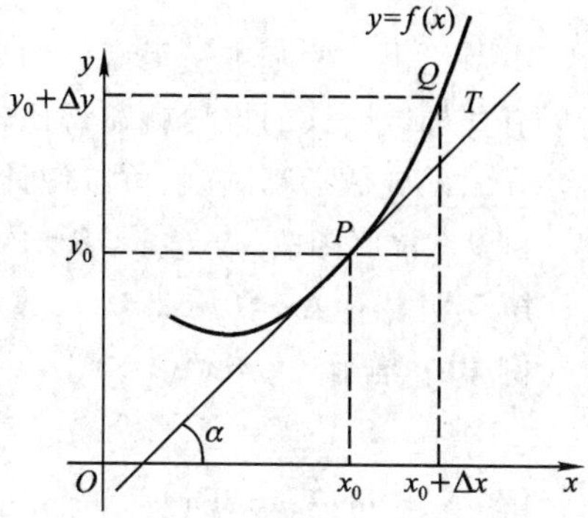

图 4.1

以及法线方程

$$y-y_0=-\frac{1}{f'(x_0)}(x-x_0).$$

例 8 过原点作曲线 $y=\ln x$ 的切线,求切线方程以及过切点的法线方程.

解 曲线 $y=\ln x$ 上任一点 $P(x_0,y_0)$ 处切线的斜率为

$$f'(x_0)=\lim_{\Delta x\to 0}\frac{f(x_0+\Delta x)-f(x_0)}{\Delta x}=\lim_{\Delta x\to 0}\frac{\ln(x_0+\Delta x)-\ln x_0}{\Delta x}$$

$$=\lim_{\Delta x\to 0}\frac{\ln\left(1+\dfrac{\Delta x}{x_0}\right)}{\Delta x}=\lim_{\Delta x\to 0}\frac{\dfrac{\Delta x}{x_0}}{\Delta x}=\frac{1}{x_0},$$

过 $P(x_0,y_0)$ 的切线方程是

$$y-y_0=\frac{1}{x_0}(x-x_0).$$

因切线过原点,将 $x=0,y=0$ 代入上式得出 $y_0=1$,于是切点为 $P(\mathrm{e},1)$. 故切线方程为

$$y-1=\frac{1}{\mathrm{e}}(x-\mathrm{e}),$$

即

$$y=\frac{1}{\mathrm{e}}x.$$

过切点的法线方程为

$$y-1=-\mathrm{e}(x-\mathrm{e}),$$

即

$$y=-ex+e^2+1.$$

4.1.3　基本初等函数的导数

本节给出一些基本初等函数的导数公式.因为我们是从定义出发进行计算，所以有些导数公式的推导就显得比较繁复(比如反三角函数)，事实上利用后面将要介绍的导数运算法则，可以使计算变得十分简洁方便.

例 9　常值函数 $y=C,x\in\mathbf{R}$，求 y'.

解　明显有 $\Delta y=0(\Delta x\neq 0)$，故 $(C)'=0$.

例 10　幂函数 $y=x^\alpha(x>0,\alpha\in\mathbf{R})$，求 y'.

解　$$y'=\lim_{\Delta x\to 0}\frac{\Delta y}{\Delta x}=\lim_{\Delta x\to 0}\frac{(x+\Delta x)^\alpha-x^\alpha}{\Delta x}=\lim_{\Delta x\to 0}x^{\alpha-1}\frac{\left(1+\frac{\Delta x}{x}\right)^\alpha-1}{\frac{\Delta x}{x}},$$

令 $h=\frac{\Delta x}{x}$，则当 $\Delta x\to 0$ 时 $h\to 0$，于是有

$$\lim_{\Delta x\to 0}\frac{\left(1+\frac{\Delta x}{x}\right)^\alpha-1}{\frac{\Delta x}{x}}=\lim_{h\to 0}\frac{(1+h)^\alpha-1}{h}=\alpha,$$

由此得出

$$y'=x^{\alpha-1}\lim_{\Delta x\to 0}\frac{\left(1+\frac{\Delta x}{x}\right)^\alpha-1}{\frac{\Delta x}{x}}=\alpha x^{\alpha-1}.$$

特别地，当 $y=x^n(n\in\mathbf{N})$ 时，有 $y'=nx^{n-1}$.

例 11　正弦函数 $y=\sin x(x\in\mathbf{R})$ 和余弦函数 $y=\cos x(x\in\mathbf{R})$，分别求 y'.

解　只说明前一个函数的导数计算.

$$\begin{aligned}y'&=\lim_{\Delta x\to 0}\frac{\Delta y}{\Delta x}=\lim_{\Delta x\to 0}\frac{\sin(x+\Delta x)-\sin x}{\Delta x}\\&=\lim_{\Delta x\to 0}\frac{2\sin\frac{\Delta x}{2}\cos\left(x+\frac{\Delta x}{2}\right)}{\Delta x}\\&=\lim_{\Delta x\to 0}\frac{\sin\frac{\Delta x}{2}}{\frac{\Delta x}{2}}\cos\left(x+\frac{\Delta x}{2}\right)=\cos x.\end{aligned}$$

类似地，对于 $y=\cos x$，有 $y'=-\sin x$.

例 12 指数函数 $y=a^x$ $(a>0,a\neq 1,x\in\mathbf{R})$,求 y'.

解 $y'=\lim\limits_{\Delta x\to 0}\dfrac{\Delta y}{\Delta x}=\lim\limits_{\Delta x\to 0}\dfrac{a^{x+\Delta x}-a^x}{\Delta x}=\lim\limits_{\Delta x\to 0}a^x\dfrac{a^{\Delta x}-1}{\Delta x}=a^x\ln a.$

特别地,当 $y=\mathrm{e}^x$ 时,有 $y'=\mathrm{e}^x$.

例 13 对数函数 $y=\ln x,x\in(0,+\infty)$,求 y'.

解 前面例 8 中已经计算得出 $y'=\dfrac{1}{x}$.

例 14 反三角函数 $y=\arcsin x$ 与 $y=\arccos x,x\in(-1,1)$,分别求 y'.

解 只说明前一个函数的导数计算,先求

$$\begin{aligned}\sin\Delta y&=\sin(\arcsin(x+\Delta x)-\arcsin x)\\&=(x+\Delta x)\cos(\arcsin x)-\cos(\arcsin(x+\Delta x))x\\&=(x+\Delta x)\sqrt{1-x^2}-x\sqrt{1-(x+\Delta x)^2},\end{aligned}$$

由反三角函数连续性,当 $\Delta x\to 0$ 时 $\Delta y\to 0$,且有 $\sin\Delta y\sim\Delta y$. 于是

$$\begin{aligned}y'&=\lim_{\Delta x\to 0}\frac{\Delta y}{\Delta x}=\lim_{\Delta x\to 0}\frac{\sin\Delta y}{\Delta x}\\&=\lim_{\Delta x\to 0}\frac{(x+\Delta x)\sqrt{1-x^2}-x\sqrt{1-(x+\Delta x)^2}}{\Delta x}\\&=\lim_{\Delta x\to 0}\frac{(x+\Delta x)^2(1-x^2)-x^2(1-(x+\Delta x)^2)}{\Delta x((x+\Delta x)\sqrt{1-x^2}+x\sqrt{1-(x+\Delta x)^2})}\\&=\lim_{\Delta x\to 0}\frac{2x+\Delta x}{(x+\Delta x)\sqrt{1-x^2}+x\sqrt{1-(x+\Delta x)^2}}=\frac{1}{\sqrt{1-x^2}}.\end{aligned}$$

类似地,对于 $y=\arccos x$,有 $y'=-\dfrac{1}{\sqrt{1-x^2}}$.

习题 4.1

1. 设函数 $f(x)$ 在点 x_0 处可导,求:

(1) $\lim\limits_{h\to 0}\dfrac{f(x_0+2h)-f(x_0-h)}{h}$; (2) $\lim\limits_{h\to 0}\dfrac{f^2(x_0+h)-f^2(x_0-h)}{h}$;

(3) $\lim\limits_{h\to 0}\left(\dfrac{f(x_0+h)}{f(x_0)}\right)^{\frac{1}{h}}$ $(f(x_0)\neq 0)$; (4) $\lim\limits_{x\to x_0}\dfrac{xf(x_0)-x_0f(x)}{x-x_0}$.

2. 设 $g(0)=g'(0)=0$.

(1) 若在 $x=0$ 的某邻域内有 $|f(x)|\leqslant|g(x)|$,证明:$f(x)$ 在 $x=0$ 处可导,并求 $f'(0)$;

(2) 若令

$$f(x)=\begin{cases}g(x)\sin\dfrac{1}{x}, & x\neq 0,\\ 0, & x=0,\end{cases}$$

证明：$f(x)$ 在 $x=0$ 处可导，并求 $f'(0)$.

3. 判断下列命题的真伪，正确的要证明，错误的要举反例并说明理由：

(1) 若函数 $f(x)$ 在点 x_0 处可导，则 $f(x)$ 在点 x_0 的某邻域 $U(x_0)$ 内必定连续；

(2) 若 $f(x)$ 为可导的奇（或偶）函数，则 $f'(x)$ 必定为偶（或奇）函数；

(3) 若 $f(x)$ 为可导的周期函数，则 $f'(x)$ 必定为周期函数；

(4) 若函数 $f(x)$ 在 (a,b) 内可导，且 $\lim\limits_{x\to a^+}f(x)=\infty$，则必定有 $\lim\limits_{x\to a^+}f'(x)=\infty$；

(5) 若函数 $f(x)$ 在 $(a,+\infty)$ 上可导，且 $\lim\limits_{x\to+\infty}f(x)$ 存在，则必定有 $\lim\limits_{x\to+\infty}f'(x)=0$.

4. 设函数 $f(x)$ 在 $[a,b]$ 上连续，$f(a)=f(b)=0$，且 $f'_+(a)f'_-(b)>0$. 证明：$\exists\xi\in(a,b)$，使 $f(\xi)=0$.

5. 设函数 $f(x)$ 在点 x_0 处可导且 $f(x_0)\neq 0$，证明：$|f(x)|$ 在点 x_0 处也可导. 若上述条件改为"$f(x_0)=0$"，其余不变，试问结论是否仍然成立？

6. 求下列函数在点 x_0 处的左导数与右导数：

(1) $f(x)=\begin{cases}x^2+1, & x\leqslant 1,\\ \sqrt{x}, & x>1\end{cases}$ 在 $x_0=1$ 处；

(2) $f(x)=\begin{cases}e^x, & x\leqslant 0,\\ x+1, & x>0\end{cases}$ 在 $x_0=0$ 处；

(3) $f(x)=\begin{cases}\dfrac{x}{1+e^{\frac{1}{x}}}, & x\neq 0,\\ 0, & x=0\end{cases}$ 在 $x_0=0$ 处；

(4) $f(x)=\begin{cases}\ln(1+x), & x\geqslant 0,\\ x, & x<0\end{cases}$ 在 $x_0=0$ 处.

7. 求 a,b 的值，使函数 $f(x)$ 在指定点处可导：

(1) $f(x)=\begin{cases}x^2+ax+1, & x\leqslant 0,\\ a\cos x+be^x, & x>0\end{cases}$ 在 $x=0$ 处；

(2) $f(x)=\begin{cases}e^x-1, & x\geqslant 0,\\ a\sqrt{1-x}+b, & x<0\end{cases}$ 在 $x=0$ 处.

8. 设函数 $f(x)$ 在 $x=0$ 处可导，$F(x)=(1+|\sin x|)f(x)$，证明：$F(x)$ 在 $x=0$ 处可导的充要条件是 $f(0)=0$.

9. 设函数

$$f(x)=\begin{cases}x^2e^{-x^2}, & 0<x\leqslant 1,\\ a\sin\dfrac{\pi x}{2}, & x>1.\end{cases}\quad a\in\mathbf{R}.$$

(1) 求常数 a，使 $f(x)$ 在点 $x=1$ 处连续；

(2) 对上述 a，考察 $f(x)$ 在点 $x=1$ 处是否可导？为什么？

10. 设函数

$$f(x)=\lim_{n\to\infty}\frac{x^2e^{n(x-1)}+ax+b}{e^{n(x-1)}+1},\quad a,b\in\mathbf{R}$$

在 $x=1$ 处可导，求 a,b 的值.

11. 设函数 $f:\mathbf{R}\to\mathbf{R}$ 满足关系

(1) $f(x+y)=f(x)f(y)$，且 $f'(0)=1$，证明：$f'(x)=f(x)$，$x\in\mathbf{R}$；

(2) $f(x+y)=f(x)+f(y)+2xy$，且 $f'(0)$ 存在，求 $f'(x)$，$x\in\mathbf{R}$.

12. 设函数 $f(x)$ 在点 $x=0$ 处连续，$f(0)=0$ 且

$$\lim_{x\to 0}\frac{f(2x)-f(x)}{x}=A.$$

证明：$f(x)$ 在点 $x=0$ 处可导，且 $f'(0)=A$.

13. 设函数 $f(x)$ 在点 x_0 处可导，$\alpha_n<x_0<\beta_n\,(n\in\mathbf{N})$，且 $\lim\limits_{n\to\infty}\alpha_n=\lim\limits_{n\to\infty}\beta_n=x_0$. 证明：

$$\lim_{n\to\infty}\frac{f(\beta_n)-f(\alpha_n)}{\beta_n-\alpha_n}=f'(x_0).$$

14. 设 $f(0)=0$，$f'(0)$ 存在，令

$$x_n=f\left(\frac{1}{n^2}\right)+f\left(\frac{2}{n^2}\right)+\cdots+f\left(\frac{n}{n^2}\right),\quad n\in\mathbf{N},$$

求 $\lim\limits_{n\to\infty}x_n$.

15. 求极限 $\lim\limits_{n\to\infty}\left(1+\frac{1}{n^2}\right)\left(1+\frac{2}{n^2}\right)\cdots\left(1+\frac{n}{n^2}\right)$.

4.2　导数的计算

前面我们按定义计算出若干基本初等函数的导数，但当函数形式较为复杂时，再按定义计算就显得十分麻烦，有时甚至相当困难. 本节将引入函数求导的基本法则，利用它们能方便快捷地求出初等函数的导数.

4.2.1　导数的四则运算

定理 1　设函数 $u(x)$，$v(x)$ 在点 x 处可导，则 $k_1u(x)\pm k_2v(x)\,(k_1,k_2\in\mathbf{R})$，$u(x)v(x)$，$\dfrac{u(x)}{v(x)}\,(v(x)\neq 0)$ 在点 x 处均可导，且有

(1) $(k_1u(x)\pm k_2v(x))'=k_1u'(x)\pm k_2v'(x)$；

(2) $(u(x)v(x))'=u'(x)v(x)+u(x)v'(x)$；

(3) $\left(\dfrac{u(x)}{v(x)}\right)'=\dfrac{u'(x)v(x)-u(x)v'(x)}{v^2(x)}$.

证明　我们只证明(2)、(3).

(2) 因 $v(x)$ 在点 x 处可导，必定连续，于是有

$$\begin{aligned}(u(x)v(x))'&=\lim_{\Delta x\to 0}\frac{u(x+\Delta x)v(x+\Delta x)-u(x)v(x)}{\Delta x}\\&=\lim_{\Delta x\to 0}\left(\frac{u(x+\Delta x)-u(x)}{\Delta x}v(x+\Delta x)+u(x)\frac{v(x+\Delta x)-v(x)}{\Delta x}\right)\end{aligned}$$

$$= \lim_{\Delta x \to 0} \frac{u(x+\Delta x)-u(x)}{\Delta x} \cdot \lim_{\Delta x \to 0} v(x+\Delta x) + u(x) \cdot \lim_{\Delta x \to 0} \frac{v(x+\Delta x)-v(x)}{\Delta x}$$

$$= u'(x)v(x) + u(x)v'(x).$$

(3) 由(2)的结论,只要证明$\left(\frac{1}{v(x)}\right)' = -\frac{v'(x)}{v^2(x)}$就行了.

$$\begin{aligned}\left(\frac{1}{v(x)}\right)' &= \lim_{\Delta x \to 0} \frac{\frac{1}{v(x+\Delta x)} - \frac{1}{v(x)}}{\Delta x} \\ &= -\lim_{\Delta x \to 0} \frac{v(x+\Delta x)-v(x)}{\Delta x} \cdot \frac{1}{v(x+\Delta x)v(x)} \\ &= -\lim_{\Delta x \to 0} \frac{v(x+\Delta x)-v(x)}{\Delta x} \cdot \lim_{\Delta x \to 0} \cdot \frac{1}{v(x+\Delta x)v(x)} \\ &= -\frac{v'(x)}{v^2(x)}.\end{aligned}$$

例 1 设函数 $y=\tan x$,求 y'.

解 当 $x \neq n\pi + \frac{\pi}{2}(n \in \mathbf{Z})$时,由商函数求导法则有

$$y' = \left(\frac{\sin x}{\cos x}\right)' = \frac{\cos x \cos x - \sin x(-\sin x)}{\cos^2 x} = \sec^2 x.$$

类似地,我们有$(\cot x)' = -\csc^2 x$.

例 2 求下列函数的导数:

(1) $y = e^x(\sin x + \tan x)$; (2) $y = \frac{x\sin x}{\sqrt{x}+1}$.

解 (1) 我们有

$$\begin{aligned} y' &= e^x(\sin x + \tan x) + e^x(\cos x + \sec^2 x) \\ &= e^x(\sin x + \tan x + \cos x + \sec^2 x).\end{aligned}$$

(2) 我们有

$$\begin{aligned} y' &= \frac{(x\sin x)'(\sqrt{x}+1) - (x\sin x)(\sqrt{x}+1)'}{(\sqrt{x}+1)^2} \\ &= \frac{(\sin x + x\cos x)(\sqrt{x}+1) - x\sin x \frac{1}{2\sqrt{x}}}{(\sqrt{x}+1)^2} \\ &= \frac{(\sqrt{x}+2)\sin x + 2x(\sqrt{x}+1)\cos x}{2(\sqrt{x}+1)^2}.\end{aligned}$$

4.2.2 复合函数求导

定理 2(复合函数求导法则) 设函数 $y=f(u)$在点 u_0 处可导,而函数

$u=g(x)$在点 x_0 处可导($u_0=g(x_0)$),则复合函数 $y=f(g(x))$在点 x_0 处可导,且有

$$(f(g(x)))'_{x=x_0}=f'(u_0)g'(x_0),$$

或记为

$$\left.\frac{\mathrm{d}y}{\mathrm{d}x}\right|_{x=x_0}=\left.\frac{\mathrm{d}y}{\mathrm{d}u}\right|_{u=u_0}\cdot\left.\frac{\mathrm{d}u}{\mathrm{d}x}\right|_{x=x_0}.$$

此即所谓复合函数求导的“链式法则”. 我们先来看一种“证明方法”:因为

$$\lim_{\Delta u\to 0}\frac{\Delta y}{\Delta u}=f'(u),\quad \lim_{\Delta x\to 0}\frac{\Delta u}{\Delta x}=g'(x),$$

而 $u=g(x)$在点 x_0 处可导必定连续,故当 $\Delta x\to 0$ 时 $\Delta u\to 0$,于是

$$\begin{aligned}\left.\frac{\mathrm{d}y}{\mathrm{d}x}\right|_{x=x_0}&=\lim_{\Delta x\to 0}\frac{\Delta y}{\Delta x}=\lim_{\Delta x\to 0}\frac{\Delta y}{\Delta u}\cdot\frac{\Delta u}{\Delta x}\\&=\lim_{\Delta u\to 0}\frac{\Delta y}{\Delta u}\cdot\lim_{\Delta x\to 0}\frac{\Delta u}{\Delta x}=\left.\frac{\mathrm{d}y}{\mathrm{d}u}\right|_{u=u_0}\cdot\left.\frac{\mathrm{d}u}{\mathrm{d}x}\right|_{x=x_0}.\end{aligned}$$

必须指出,上述证明中在取极限时按定义必须保证 $\Delta u\neq 0$! 但当 $\Delta x\to 0$ ($\Delta x\neq 0$)时,能否保证 $\Delta u\neq 0$? 我们有反例:

$$u=g(x)=\begin{cases}x^2\sin\dfrac{1}{x}, & x\neq 0,\\ 0, & x=0.\end{cases}$$

不难验证这一函数在 $x=0$ 处可导,并且在 $x=0$ 处有

$$\Delta u=g(\Delta x)-g(0)=(\Delta x)^2\sin\frac{1}{\Delta x},$$

但当 $\Delta x=\dfrac{1}{n\pi}(n=\pm 1,\pm 2,\cdots)$时,$\Delta u=0$,由此可见前面的“证明方法”有错误.

为了避免这一问题,我们改用下面的证明.

证明 令

$$A(u)=\begin{cases}\dfrac{f(u)-f(u_0)}{u-u_0}, & u\neq u_0,\\ f'(u_0), & u=u_0,\end{cases}$$

则有 $\lim\limits_{u\to u_0}A(u)=A(u_0)$,即 $A(u)$在点 u_0 处连续,考虑等式

$$f(u)-f(u_0)=A(u)(u-u_0), \tag{1}$$

事实上,上式为恒等式,无论 u 是否等于 u_0 都是成立的,以 $u=g(x)$代入(1)式,得

$$f(g(x))-f(g(x_0))=A(g(x))(g(x)-g(x_0)),$$

两边同除以 $x-x_0$($x\neq x_0$),有

$$\frac{f(g(x))-f(g(x_0))}{x-x_0}=A(g(x))\frac{g(x)-g(x_0)}{x-x_0}.$$

因为 $g(x)$ 在点 x_0 处可导必定连续，又 $A(u)$ 在点 $u_0(u_0=g(x_0))$ 处连续，由复合函数连续性有

$$\lim_{x\to x_0}A(g(x))=A(\lim_{x\to x_0}g(x))=A(u_0)=f'(u_0),$$

由此得出

$$\begin{aligned}(f(g(x)))'_{x=x_0}&=\lim_{x\to x_0}\frac{f(g(x))-f(g(x_0))}{x-x_0}\\&=\lim_{x\to x_0}A(g(x))\cdot\lim_{x\to x_0}\frac{g(x)-g(x_0)}{x-x_0}\\&=f'(u_0)g'(x_0).\end{aligned}$$

对于多重复合函数求导，也有类似的链式法则. 例如，设 $y=y(u)$ 对 u 可导，$u=u(v)$ 对 v 可导，$v=v(x)$ 对 x 可导，则复合函数 $(y\circ u\circ v)(x)$ 对 x 可导，且有

$$\frac{\mathrm{d}y}{\mathrm{d}x}=\frac{\mathrm{d}y}{\mathrm{d}u}\cdot\frac{\mathrm{d}u}{\mathrm{d}v}\cdot\frac{\mathrm{d}v}{\mathrm{d}x},$$

即

$$y'_x=y'_u u'_v v'_x.$$

例 3　求下列函数的导数：

(1) $y=\cos(\sin x^3)$；　(2) $y=(\sin x)^{\cos x}$；　(3) $y=\ln\left(x+\sqrt{1+x^2}\right)$.

解　(1) 按复合函数分解的方法，应有

$$y=\cos u,\quad u=\sin v,\quad v=x^3,$$

于是

$$\begin{aligned}y'&=\frac{\mathrm{d}y}{\mathrm{d}u}\cdot\frac{\mathrm{d}u}{\mathrm{d}v}\cdot\frac{\mathrm{d}v}{\mathrm{d}x}=-\sin u\cdot\cos v\cdot 3x^2\\&=-\sin(\sin x^3)\cdot\cos x^3\cdot 3x^2\\&=-3x^2\sin(\sin x^3)\cdot\cos x^3.\end{aligned}$$

在运算比较熟练后，一般不用具体写出中间变量 u,v 等，只要计算时自己"心中有数"就行了. 比如上面的计算过程就可以改为

$$\begin{aligned}y'&=-\sin(\sin x^3)(\sin x^3)'\\&=-\sin(\sin x^3)\cos x^3(x^3)'\\&=-3x^2\sin(\sin x^3)\cos x^3.\end{aligned}$$

(2) 改写为 $y=\mathrm{e}^{\cos x\ln(\sin x)}$，于是有

$$\begin{aligned}y'&=\mathrm{e}^{\cos x\ln(\sin x)}(\cos x\ln(\sin x))'\\&=\mathrm{e}^{\cos x\ln(\sin x)}\left(-\sin x\ln(\sin x)+\frac{\cos x}{\sin x}(\sin x)'\right)\\&=\mathrm{e}^{\cos x\ln(\sin x)}\left(-\sin x\ln(\sin x)+\frac{\cos^2 x}{\sin x}\right)\end{aligned}$$

$$=(\sin x)^{\cos x}\left(\frac{\cos^2 x}{\sin x}-\sin x\ln(\sin x)\right).$$

(3) 我们有

$$y'=\frac{1}{x+\sqrt{1+x^2}}(x+\sqrt{1+x^2})'=\frac{1}{x+\sqrt{1+x^2}}\left(1+\frac{(1+x^2)'}{2\sqrt{1+x^2}}\right)$$

$$=\frac{1}{x+\sqrt{1+x^2}}\left(1+\frac{2x}{2\sqrt{1+x^2}}\right)=\frac{1}{\sqrt{1+x^2}}.$$

例 4 设函数 $y=f(x)$ 在点 x 处可导且 $f(x)\neq 0$，证明：

$$(\ln|f(x)|)'=\frac{f'(x)}{f(x)} \quad 即 \quad (\ln|y|)'=\frac{y'}{y}.$$

证明 当 $f(x)>0$ 时，$\ln|f(x)|=\ln f(x)$，于是

$$(\ln|f(x)|)'=(\ln f(x))'=\frac{f'(x)}{f(x)};$$

当 $f(x)<0$ 时，$\ln|f(x)|=\ln(-f(x))$，于是又有

$$(\ln|f(x)|)'=(\ln(-f(x)))'=\frac{-f'(x)}{-f(x)}=\frac{f'(x)}{f(x)}.$$

可见当 $f(x)\neq 0$ 时，总有

$$(\ln|f(x)|)'=\frac{f'(x)}{f(x)}.$$

在可导条件下，$\ln|f(x)|$ 与 $\ln f(x)$ 既然有着形式完全相同的求导结果(但自变量 x 的取值范围有可能不尽相同)，这就为下面导数计算中的简化写法提供了依据.

例 5 求下列函数的导数：

(1) $y=(1+x^2)^{\tan x}$；　　(2) $y=\dfrac{(x+5)^2(x-4)^{\frac{1}{3}}}{(x+2)^5(x+4)^{\frac{1}{2}}}$.

解 (1) 两边同时取对数，有 $\ln y=\tan x\ln(1+x^2)$. 再对 x 求导，就有

$$\frac{y'}{y}=\sec^2 x\ln(1+x^2)+\tan x\frac{2x}{1+x^2},$$

于是得出

$$y'=(1+x^2)^{\tan x}\left(\sec^2 x\ln(1+x^2)+\frac{2x\tan x}{1+x^2}\right).$$

(2) 先取对数，有

$$\ln y=2\ln(x+5)+\frac{1}{3}\ln(x-4)-5\ln(x+2)-\frac{1}{2}\ln(x+4),$$

再对 x 求导，就有

$$\frac{y'}{y}=\frac{2}{x+5}+\frac{1}{3(x-4)}-\frac{5}{x+2}-\frac{1}{2(x+4)},$$

于是得出

$$y'=\frac{(x+5)^2(x-4)^{\frac{1}{3}}}{(x+2)^5(x+4)^{\frac{1}{2}}}\left(\frac{2}{x+5}+\frac{1}{3(x-4)}-\frac{5}{x+2}-\frac{1}{2(x+4)}\right).$$

此例中我们所应用的方法称为"对数求导法".一般地,当函数表示为$u(x)^{v(x)}$形式的幂指函数或函数表达式为若干个因子乘积(或商)时,使用对数求导法计算导数会比较方便.

4.2.3 反函数求导

定理3(反函数求导法则) 设函数$y=f(x)$在点x_0的某邻域$U(x_0)$内连续并严格单调,在点x_0处可导且$f'(x)\neq 0$,则$f(x)$的反函数$x=\varphi(y)$在点y_0($y_0=f(x_0)$)处可导,且有$\varphi'(y_0)=\dfrac{1}{f'(x_0)}$.

证明 由$y=f(x)$在$U(x_0)$内严格单调性以及反函数连续性定理,可知反函数$x=\varphi(y)$在点y_0的某邻域$U(y_0)$内存在且严格单调,故当$y\neq y_0$时有$x\neq x_0$,且当$x\to x_0$时有$y\to y_0$.于是有

$$\varphi'(y_0)=\lim_{y\to y_0}\frac{\varphi(y)-\varphi(y_0)}{y-y_0}=\lim_{x\to x_0}\frac{x-x_0}{f(x)-f(x_0)}$$
$$=\lim_{x\to x_0}\frac{1}{\dfrac{f(x)-f(x_0)}{x-x_0}}=\frac{1}{f'(x_0)}.$$

事实上,反函数求导的几何意义很明显,因为函数$y=f(x)$与其反函数$x=\varphi(y)$实际上代表同一条曲线,设曲线上点P的坐标为(x_0,y_0)即$(x_0,f(x_0))$,PT是曲线过点P的切线,该切线与x轴,y轴的正向夹角分别为α,β,则有

$$f'(x_0)=\tan\alpha,\qquad \varphi'(y_0)=\tan\beta.$$

因为$\alpha+\beta=\dfrac{\pi}{2}$,故$\tan\alpha\tan\beta=1$,即$\varphi'(y_0)=\dfrac{1}{f'(x_0)}$或$\varphi'(y_0)f'(x_0)=1$.

现在我们重新来验证4.1.3节例14中关于反三角函数的导数.

例6 设函数$y=\arcsin x$,求y'.

解 因$y=\arcsin x(-1<x<1)$有反函数$x=\sin y\left(-\dfrac{\pi}{2}<y<\dfrac{\pi}{2}\right)$,由反函数求导法则,有

$$y'_x=\frac{1}{x'_y}=\frac{1}{(\sin y)'}=\frac{1}{\cos y}=\frac{1}{\sqrt{1-\sin^2 y}}=\frac{1}{\sqrt{1-x^2}}.$$

上述推导明显要比4.1.3节例14中的计算简便得多.类似地,我们还可以

导法则

$$t'(x)=\frac{1}{x'(t)},$$

将反函数 $t=t(x)$ 代入(3)式的后一式中,就有曲线 C 的显函数表示式 $y=y(t(x))$,再由复合函数求导法则即可得出

$$\frac{\mathrm{d}y}{\mathrm{d}x}=\frac{\mathrm{d}y}{\mathrm{d}t}\cdot\frac{\mathrm{d}t}{\mathrm{d}x}=\frac{\frac{\mathrm{d}y}{\mathrm{d}t}}{\frac{\mathrm{d}x}{\mathrm{d}t}},$$

即

$$y'_x=\frac{y'_t}{x'_t}. \tag{4}$$

倘若在某点 $t_0(x(t_0)=x_0)$ 处有 $x'(t_0)=0$,此时必定有 $y'(t_0)\neq 0$. 于是在该点处就有

$$\frac{\mathrm{d}x}{\mathrm{d}y}=\frac{\frac{\mathrm{d}x}{\mathrm{d}t}}{\frac{\mathrm{d}y}{\mathrm{d}t}}=0.$$

它的几何意义是,曲线 C 在点 $(x(t_0),y(t_0))$ 的切线平行于 y 轴(垂直切线).

例 8 圆的渐开线方程为

$$\begin{cases}x=a(\cos t+t\sin t),\\ y=a(\sin t-t\cos t),\end{cases}\quad a>0,$$

求 $\frac{\mathrm{d}y}{\mathrm{d}x}$.

解 我们有

$$\frac{\mathrm{d}y}{\mathrm{d}x}=\frac{y'_t}{x'_t}=\frac{a(\cos t-(\cos t-t\sin t))}{a(-\sin t+(\sin t+t\cos t))}.$$

对于圆的渐开线我们顺便再做一点说明. 设想缠绕在半径为 a 的圆盘上的细线,现在握住线头,始终保持绷紧状态将线从圆盘上逐渐拉出,则线头的轨迹即为圆的渐开线. 这一曲线在工程技术上有很多重要应用,我们常见的各类工业齿轮,其齿廓曲线几乎都是圆的渐开线,故一般齿轮又可称为"渐开线齿轮".

当平面曲线 C 由极坐标方程

$$r=r(\theta),\quad \theta\in[\alpha,\beta] \tag{5}$$

给出时,为计算曲线 C 在点 (r,θ) 处的切线斜率,可将(5)式转化为参数方程,即有

$$\begin{cases}x=r(\theta)\cos\theta,\\ y=r(\theta)\sin\theta,\end{cases}\quad \theta\in[\alpha,\beta],$$

于是有

$$\frac{\mathrm{d}y}{\mathrm{d}x}=\frac{y'_\theta}{x'_\theta}=\frac{r'(\theta)\sin\theta+r(\theta)\cos\theta}{r'(\theta)\cos\theta-r(\theta)\sin\theta}$$
$$=\frac{r'(\theta)\tan\theta+r(\theta)}{r'(\theta)-r(\theta)\tan\theta}.$$

例 9 求四叶玫瑰线 $r=a\sin 2\theta(a>0)$ 在 $\theta=\frac{\pi}{4}$ 处的切线方程.

解 将极坐标方程 $r=a\sin 2\theta$ 改写成参数形式

$$\begin{cases}x=r\cos\theta=a\sin 2\theta\cos\theta,\\ y=r\sin\theta=a\sin 2\theta\sin\theta,\end{cases}\quad\theta\in(0,2\pi].$$

当 $\theta=\frac{\pi}{4}$ 时，$x=y=\frac{a}{\sqrt{2}}$，而

$$y'=\frac{y'_\theta}{x'_\theta}=\frac{2a\cos 2\theta\sin\theta+a\sin 2\theta\cos\theta}{2a\cos 2\theta\cos\theta-a\sin 2\theta\sin\theta},$$

于是有 $y'\Big|_{\theta=\frac{\pi}{4}}=-1$，故切线方程为

$$y-\frac{a}{\sqrt{2}}=-\left(x-\frac{a}{\sqrt{2}}\right),$$

即

$$y+x-\sqrt{2}a=0.$$

习题 4.2

1. 求下列函数 $y=y(x)$ 的导数：

(1) $y=2x^3+\sin x-2\cos x$；
(2) $y=\ln x-2\mathrm{e}^x+1$；
(3) $y=x\sin x+\frac{\sin x}{x}$；
(4) $y=(x+\tan x)\ln x$；
(5) $y=(\mathrm{e}^x+3x^2)\arcsin x$；
(6) $y=(x^2-1)(x^2-2)(x^2-3)$；
(7) $y=\frac{x\mathrm{e}^x-1}{\sin x}$；
(8) $y=\frac{x\ln x-2^x}{\sqrt{x}+1}$；
(9) $y=\frac{x^3+\cot x}{\ln x}$；
(10) $y=\frac{x\sin x+\cos x}{x\sin x-\cos x}$；
(11) $y=\frac{x+\sec x}{x-\csc x}$；
(12) $y=\frac{x+\mathrm{e}^x\sin x}{\arctan x}$.

2. 在曲线 $y=\sqrt{x-1}$ 上求点 $P(x_0,y_0)$，使曲线在该点处的切线通过原点.

3. 求曲线 $y=x^n$ 上过点(1,1)的切线与 x 轴交点的坐标 x_n，并计算极限 $\lim\limits_{n\to\infty}y(x_n)$.

4. 求下列函数 $y=y(x)$ 的导数：

(1) $y=(x^3+1)^4$；
(2) $y=\frac{1}{\sqrt{1+x^2}}$；
(3) $y=\left(1-\frac{1}{x}\right)^2$；
(4) $y=\mathrm{e}^{-x}(\sin ax+\cos bx)$；
(5) $y=\mathrm{e}^{\sqrt{1+\cos x}}$；
(6) $y=\ln\left(\tan\frac{x}{2}\right)$；

(7) $y=2^{\sin x^2}+2^{\tan\frac{1}{x^2}}$;　　(8) $y=\cos^2\dfrac{1-\sqrt{x}}{1+\sqrt{x}}$;

(9) $y=\sin(\sin(\sin 2x))$;　　(10) $y=\arcsin(\mathrm{e}^{-x^2})$;

(11) $y=\dfrac{1}{2}\arctan\dfrac{2x}{1-x^2}$;　　(12) $y=\ln\left(\sqrt{x}+\sqrt{x^2+1}\right)$;

(13) $y=\ln\sqrt{\dfrac{1+\cos x}{1-\cos x}}$;　　(14) $y=\sin^2\dfrac{1-\ln x}{x}$;

(15) $y=x\arcsin(\ln x)$;　　(16) $y=\dfrac{x}{2}\sqrt{a^2-x^2}+\dfrac{a^2}{2}\arcsin\dfrac{x}{a}(a>0)$;

(17) $y=\dfrac{x}{2}\sqrt{a^2+x^2}+\dfrac{a^2}{2}\ln(x+\sqrt{a^2+x^2})(a>0)$;　　(18) $y=x^{\frac{1}{x}}$;

(19) $y=\left(\dfrac{x}{1+x}\right)^{2x}$;　　(20) $y=x^{a^a}+a^{x^a}+a^{a^x}(a>0)$;

(21) $y=(\sin x)^{\cos x}+(\cos x)^{\sin x}$;　　(22) $y=(x-a_1)^{a_1}(x-a_2)^{a_2}\cdots(x-a_n)^{a_n}$.

5. 设 $f(x)$ 可导,求下列函数 $y=y(x)$ 的导数:

(1) $y=f(\mathrm{e}^x)\mathrm{e}^{f(x)}$;　　(2) $y=f(\sin^2x)+f(\cos^2x)$;

(3) $y=\sin(f(\sin x))$;　　(4) $y=f\left(\dfrac{1}{f(x)}\right)$;

(5) $y=\dfrac{1}{f(f(x))}$;　　(6) $y=f(f(f(x)))$.

6. 设 $u(x),v(x)$ 均可导,求下列函数 $y=y(x)$ 的导数:

(1) $y=\arctan\dfrac{u(x)}{v(x)}(v(x)\neq 0)$;　　(2) $y=\ln\sqrt{u^2(x)+v^2(x)}$;

(3) $y=v(x)^{\frac{1}{u(x)}}(v(x)>0,u(x)\neq 0)$;　　(4) $y=\left(\dfrac{\sin(u(x))}{x}\right)^{v(x)}$.

7. 设函数 $f(x)$ 可导,且当 $x=1$ 时有 $\dfrac{\mathrm{d}}{\mathrm{d}x}(f(x^2))=\dfrac{\mathrm{d}}{\mathrm{d}x}(f^2(x))$. 证明:$f(1)=1$ 或者 $f'(1)=0$.

8. 设隐函数 $y=y(x)$ 由下列方程确定,求 $\dfrac{\mathrm{d}y}{\mathrm{d}x}$:

(1) $x^3+y^3-3axy=0(a>0)$;　　(2) $\cos xy=xy$;

(3) $x^2y^2+y=1+x\mathrm{e}^y$;　　(4) $\sin xy+\ln(y-x)=x$;

(5) $\mathrm{e}^{xy}+\ln\dfrac{y}{x+1}=0$;　　(6) $(\cos y)^x=(\sin x)^y$.

9. 证明:曲线 $x^{\frac{2}{3}}+y^{\frac{2}{3}}=a^{\frac{2}{3}}$ 上任一点处的切线介于两坐标轴间的线段长度为常数.

10. 设隐函数 $y=y(x)$ 由方程 $xy+\ln y=1$ 确定,令

$$g(x)=y(\ln x)\mathrm{e}^{y(x)},$$

求 $g'(1)$.

11. 设函数 $y=y(x)$ 由下列参数方程确定,求 $\dfrac{\mathrm{d}y}{\mathrm{d}x}$:

(1) $\begin{cases} x=3t-t^2, \\ y=2t-t^3; \end{cases}$ (2) $\begin{cases} x=t^2\sin t, \\ y=t^2\cos t; \end{cases}$

(3) $\begin{cases} x=\ln(1+t^2), \\ y=t-\arctan t; \end{cases}$ (4) $\begin{cases} x=t^2-2t-3, \\ e^y\sin t-y+1=0. \end{cases}$

4.3 微分

4.3.1 微分概念

一般来说,当一个函数的自变量 x 有改变量 Δx 时,函数 y 也会有相应的改变量 Δy. 我们关心的问题是,当自变量的改变量 Δx 很微小时,如何方便、简洁同时又比较精确地估算函数的改变量 Δy?

这一问题在许多场合有它的实际背景,我们看下面的例子.

例 1 一个半径为 r 的金属球,因温度的改变半径从 r 变为 $r+\Delta r$,问金属球的体积 V 改变了多少?

解 金属球体积 $V=\dfrac{4}{3}\pi r^3$,当 $|\Delta r|$ 很小时,体积 V 的微小改变量为

$$\begin{aligned}\Delta V &= \frac{4}{3}\pi((r+\Delta r)^3-r^3) \\ &=4\pi r^2\Delta r+4\pi r(\Delta r)^2+\frac{4}{3}\pi(\Delta r)^3 \\ &=4\pi r^2\Delta r+o(\Delta r),\end{aligned} \tag{1}$$

其中我们将 $=4\pi r(\Delta r)^2+\dfrac{4}{3}\pi(\Delta r)^3$ 记为 $o(\Delta r)$.

(1) 式是由两部分组成的,其中 $4\pi r^2\Delta r$ 是 Δr 的线性函数,而 $o(\Delta r)$ 是当 $\Delta r\to0$ 时比 Δr 高阶的无穷小. 在工程技术上为了计算这一微小改变量 ΔV,往往采用略去高阶无穷小的方法,以 ΔV 的线性主要部分(即线性主部)近似作为 ΔV,在此例中就有 $\Delta V\approx 4\pi r^2\Delta r$,这一简单问题实际上就蕴涵着微分的基本思想.

一般来说,函数 $y=f(x)$ 在点 x_0 处是否可微,要看它在点 x_0 处的函数改变量 Δy 能否表示为 Δx 的线性函数与 Δx 的高阶无穷小这两部分之和,而前一部分即称为函数在点 x_0 处的微分.

定义 1 设函数 $y=f(x)$, $x\in U(x_0)$,若存在 $A\in\mathbf{R}$,使

$$\Delta y=f(x_0+\Delta x)-f(x_0)=A\Delta x+o(\Delta x),$$

则称 $f(x)$ 在点 x_0 处可微,$A\Delta x$ 为 $f(x)$ 在点 x_0 处的微分,记为 $\mathrm{d}y\Big|_{x=x_0}$.

应当注意,微分定义中的常数 A 仅仅与点 x_0 有关,而与 Δx 无关. 不难证明,若函数 $f(x)$ 在点 x_0 处可微,则常数 A 唯一.

我们知道,函数在某点可导是按极限定义的,而可微则是按函数的改变量能否表示为自变量改变量的线性函数及其高阶无穷小之和定义的,这是从完全不同的角度分别给出的两个独立概念,但事实上这两个概念只是从不同的侧面揭示了问题的同一本质特征,在一元函数中,可以证明函数可导与函数可微是等价的.

定理 1　设函数 $y=f(x), x\in U(x_0)$,则 $f(x)$ 在点 x_0 处可微的充要条件是 $f(x)$ 在点 x_0 处可导,且有

$$\mathrm{d}y\Big|_{x=x_0}=f'(x_0)\Delta x.$$

证明　必要性. 若 $f(x)$ 在点 x_0 处可微,按定义有

$$\Delta y=A\Delta x+o(\Delta x),$$

当 $\Delta x\neq 0$ 时,上式两端同除以 Δx 并令 $\Delta x\to 0$,就有

$$\lim_{\Delta x\to 0}\frac{\Delta y}{\Delta x}=\lim_{\Delta x\to 0}\left(A+\frac{o(\Delta x)}{\Delta x}\right)=A,$$

从而 $f(x)$ 在点 x_0 处可导,且有 $f'(x_0)=A$.

充分性. 若 $f(x)$ 在点 x_0 处可导,则有

$$f'(x_0)=\lim_{\Delta x\to 0}\frac{\Delta y}{\Delta x}\quad\Rightarrow\quad\frac{\Delta y}{\Delta x}=f'(x_0)+o(1)\ (\Delta x\to 0),$$

由此得出

$$\Delta y=f'(x_0)\Delta x+o(1)\Delta x=f'(x_0)\Delta x+o(\Delta x),$$

按微分定义可知 $f(x)$ 在点 x_0 处可微,且有 $\mathrm{d}y\Big|_{x=x_0}=f'(x_0)\Delta x$.

综上所述,一元函数的可微性与可导性等价,因此我们今后在表述函数性质时,对可导与可微将不再加以区分.

通常规定自变量 x 的微分为 $\mathrm{d}x=\Delta x$,故函数 $y=f(x)$ 在点 x 处的微分习惯上记为

$$\mathrm{d}y=f'(x)\,\mathrm{d}x,$$

这就使得我们能够将原先作为整体出现的导数记号 $\frac{\mathrm{d}y}{\mathrm{d}x}$ 看做是函数微分与自变量微分之商,所以导数又称为微商.

最后,我们说明微分的几何意义.

如图 4.2,考虑函数 $y=f(x)$ 在点 x_0 处的微分,由微分的本来记法,有

$$\mathrm{d}y=f'(x_0)\Delta x=(\tan\alpha)\Delta x,$$

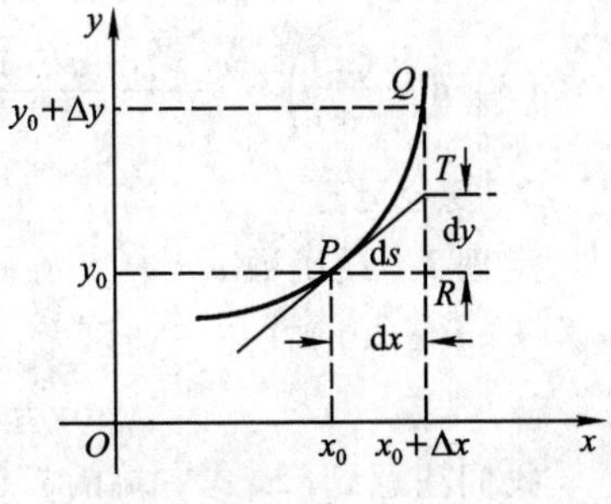

图 4.2

可见微分 $\mathrm{d}y$ 是曲线 $y=f(x)$ 在点 (x_0,y_0) 处切线对应的改变量 TR，当 $|\Delta x|$ 很小时，它可以近似地代替函数的改变量 QR. 此外，在点 x_0 附近，我们还可以用切线段 PT 近似地代替曲线 PQ，并将其记为 $\mathrm{d}s$，称之为“弧微分”.

4.3.2 微分的计算

函数的微分与导数尽管具体表示形式不同，但在具体计算中求函数的微分实际上就是求函数的导数（后面添加“$\mathrm{d}x$”）. 因此，4.2.3 节中基本初等函数的导数公式也就是基本初等函数的微分公式. 例如，有

$$\mathrm{d}(x^\alpha)=\alpha x^{\alpha-1}\mathrm{d}x,\quad \mathrm{d}(a^x)=a^x\ln a\mathrm{d}x,\quad \mathrm{d}(\ln x)=\frac{1}{x}\mathrm{d}x,$$

$$\mathrm{d}(\sin x)=\cos x\mathrm{d}x,\quad \mathrm{d}(\arcsin x)=\frac{1}{\sqrt{1-x^2}}\mathrm{d}x$$

等等，我们不再一一细列.

值得注意的是，这些微分公式不但适用于微分学，而且在后面的积分学中也有重要应用，读者应该予以足够的重视. 不过在积分学中常常是颠倒过来运用这些微分公式，也即所谓“凑微分”. 例如，有

$$\frac{1}{x^2}\mathrm{d}x=\mathrm{d}\left(-\frac{1}{x}\right),\quad \frac{1}{x}\mathrm{d}x=\mathrm{d}(\ln x),\quad \cos x\mathrm{d}x=\mathrm{d}(\sin x)$$

等等，这种“反向思维”的写法对不定积分的计算将起到重要作用.

导数的运算法则也可以相应“平移”到微分运算中来. 下面我们给出微分的四则运算与复合运算法则.

1. 四则运算

定理 2 设函数 $u(x)$，$v(x)$ 在点 x 处可微，则 $k_1u(x)\pm k_2v(x)\ (k_1,k_2\in\mathbf{R})$，$u(x)v(x)$，$\dfrac{u(x)}{v(x)}\ (v(x)\neq 0)$ 在点 x 处均可微，且有

(1) $\mathrm{d}(k_1u(x)\pm k_2v(x))=k_1\mathrm{d}(u(x))\pm k_2\mathrm{d}(v(x))$；

(2) $\mathrm{d}(u(x)v(x))=u(x)\mathrm{d}(v(x))+v(x)\mathrm{d}(u(x))$；

(3) $\mathrm{d}\left(\dfrac{u(x)}{v(x)}\right)=\dfrac{v(x)\mathrm{d}(u(x))-u(x)\mathrm{d}(v(x))}{v^2(x)}$.

2. 复合运算

定理 3 设函数 $u=g(x)$ 在点 x 处可微，$y=f(u)$ 在相应点 u 处可微，则复合函数 $y=f(g(x))$ 在点 x 处可微，且有

$$\mathrm{d}y=f'(g(x))g'(x)\mathrm{d}x. \tag{2}$$

我们注意到(2)式右端的 $f'(g(x))=f'(u)$，而 $g'(x)\mathrm{d}x=\mathrm{d}u$，因此(2)式又可以写成

$$dy=f'(u)du.$$

这说明无论 u 是中间变量还是自变量，函数 $y=f(u)$ 的一阶微分有着相同的形式，它们都可以表示为 $dy=f'(u)du$，这一性质称为一阶微分形式不变性.

必须说明，导数不具有这种形式不变性，后面将要介绍的高阶微分也不具有这种形式不变性，有关内容可参阅 4.4.2 节.

例 2 设函数 $y=\ln(\sin 2x^3)$，求 dy.

我们用两种方法计算 dy.

解法 1 用 4.3.1 节中的微分公式直接计算，有

$$\begin{aligned}dy&=(\ln(\sin 2x^3))'dx=\frac{1}{\sin 2x^3}(\sin 2x^3)'dx\\&=\frac{\cos 2x^3}{\sin 2x^3}(2x^3)'dx=6x^2\cot 2x^3\ dx.\end{aligned}$$

解法 2 用一阶微分形式不变性，有

$$\begin{aligned}dy&=d(\ln(\sin 2x^3))=\frac{1}{\sin 2x^3}d(\sin 2x^3)\\&=\frac{\cos 2x^3}{\sin 2x^3}d(2x^3)=6x^2\cot 2x^3dx.\end{aligned}$$

就此例而言，以上两种方法的计算量相差不大，但运用一阶微分形式不变性自有它的独到之处，特别是在后面求不定积分时，常常要用所谓“凑微分”法计算原函数，这就要求我们熟练地将一阶微分形式不变性颠倒过来运用. 例如，有

$$xe^{-x^2}dx=-\frac{1}{2}e^{-x^2}d(-x^2)=-\frac{1}{2}d(e^{-x^2}),$$

$$\frac{1}{x^2}\sin\frac{1}{x}dx=-\sin\frac{1}{x}d\left(\frac{1}{x}\right)=d\left(\cos\frac{1}{x}\right),$$

$$\begin{aligned}\frac{\ln(x+\sqrt{1+x^2})}{\sqrt{1+x^2}}dx&=\ln(x+\sqrt{1+x^2})d(\ln(x+\sqrt{1+x^2}))\\&=\frac{1}{2}d(\ln^2(x+\sqrt{1+x^2}))\end{aligned}$$

等等.

习题 4.3

1. 求下列函数 $y=y(x)$ 的微分：

(1) $y=\ln(\tan x^2)$； (2) $y=\dfrac{x^2+1}{x^3-1}$；

(3) $y=e^{-ax}\sin bx$； (4) $y=\arctan(\ln x)$；

(5) $y=\ln(\cos(u^2(x)+v^2(x)))$，其中 $u(x)$，$v(x)$ 可微；

（6）$y=\mathrm{e}^{\arctan\frac{u(x)}{v(x)}}$，其中 $u(x)$，$v(x)$ 可微且 $v(x)\neq 0$.

2. 求下列导数：

（1）$\dfrac{\mathrm{d}\left(\dfrac{\sin x}{x}\right)}{\mathrm{d}(x^2)}$；　　（2）$\dfrac{\mathrm{d}\left(\sqrt{x^2-\mathrm{e}^{-2x}}\right)}{\mathrm{d}(\mathrm{e}^{-2x})}$.

3. 证明：当 $|x|$ 充分小时，有近似公式

$$\sqrt[n]{a^n+x}\approx a+\frac{x}{na^{n-1}}\quad(a>0,n\in\mathbf{N}).$$

并用此公式计算下列各数的近似值：

（1）$\sqrt[3]{9}$；　　（2）$\sqrt[7]{100}$；　　（3）$\sqrt[10]{980}$.

4. 单摆振动的周期由公式

$$T=2\pi\sqrt{\frac{l}{g}}$$

确定，其中摆长 $l=0.2$ m，重力加速度 $g=9.81\ \mathrm{m/s^2}$. 为了使周期增大 0.05 s，对摆长应作何修正？

4.4 高阶导数与高阶微分

4.4.1 高阶导数

1. 高阶导数概念

我们已经知道，变速直线运动质点的瞬时速度 $v(t)$ 是其路程函数 $s(t)$ 关于时间 t 的变化率，即

$$v(t)=s'(t)=\frac{\mathrm{d}s}{\mathrm{d}t}=\lim_{\Delta t\to 0}\frac{s(t+\Delta t)-s(t)}{\Delta t}.\tag{1}$$

而质点的瞬时加速度 $a(t)$ 可以看做速度函数 $v(t)$ 关于时间 t 的变化率，即

$$a(t)=v'(t)=\frac{\mathrm{d}}{\mathrm{d}t}\left(\frac{\mathrm{d}s}{\mathrm{d}t}\right)=\lim_{\Delta t\to 0}\frac{s'(t+\Delta t)-s'(t)}{\Delta t}.\tag{2}$$

这里假定(1)、(2)两式右端的极限均存在. (2)式是导函数 $v(t)$ 的导数，由此引出高阶导数的概念.

定义　设函数 $y=f(x)$ 在点 x_0 的某邻域 $U(x_0)$ 内有导函数 $f'(x)$，若 $f'(x)$ 在点 x_0 处可导，则称 $f(x)$ 在点 x_0 处二阶可导，$f(x)$ 在点 x_0 处的二阶导数记作 $f''(x_0)$，即

$$f''(x_0)=\lim_{x\to x_0}\frac{f'(x)-f'(x_0)}{x-x_0}.$$

函数 $y=f(x)$ 在点 x_0 处的二阶导数也可记作

$$y''(x_0),\left.\frac{\mathrm{d}^2y}{\mathrm{d}x^2}\right|_{x=x_0} \quad 或 \quad \left.\frac{\mathrm{d}^2f}{\mathrm{d}x^2}\right|_{x=x_0}.$$

一般地,若函数 $y=f(x)$ 的 $n-1$ 阶导函数 $f^{(n-1)}(x)$ 在点 x_0 处可导,则称 $f(x)$ 在点 x_0 处 n 阶可导,其在点 x_0 处的 n 阶导数记作 $f^{(n)}(x_0)$,即

$$f^{(n)}(x_0)=\lim_{x\to x_0}\frac{f^{(n-1)}(x)-f^{(n-1)}(x_0)}{x-x_0}, \quad n=2,3,\cdots.$$

函数 $y=f(x)$ 在点 x_0 处的 n 阶导数也可记作

$$y^{(n)}(x_0),\left.\frac{\mathrm{d}^ny}{\mathrm{d}x^n}\right|_{x=x_0} \quad 或 \quad \left.\frac{\mathrm{d}^nf}{\mathrm{d}x^n}\right|_{x=x_0}.$$

如果函数 $f(x)$ 在点 x_0 处 n 阶可导,那么它能给我们提供哪些有用的信息呢?

我们知道,若函数 $f(x)$ 在点 x_0 处可导,则 $f(x)$ 在点 x_0 的某邻域内有定义,且在点 x_0 处连续. 因此,函数 $f(x)$ 在点 x_0 处二阶可导,则 $f'(x)$ 在点 x_0 的某邻域内有定义,$f'(x)$ 在点 x_0 处连续,进而 $f(x)$ 在该邻域内连续. 由此不难得到一般性的结论.

若函数 $f(x)$ 在点 x_0 处 n 阶可导,则 $f^{(n-1)}(x)$ 在点 x_0 处连续,而 $f^{(n-k)}(x)$ $(k=2,3,4,\cdots)$ 在点 x_0 的某邻域内连续. 这里,我们规定 $f(x)$ 的零阶导数即为函数 $f(x)$ 本身.

类似于在区间 I 上定义导函数 $f'(x)$,我们同样将在区间 I 上处处 n 阶可导所得的函数 $f^{(n)}(x)$,$x\in I$ 称为 $f(x)$ 在区间 I 上的 n 阶导函数.

例 1 求下列函数的 n 阶导数(其中 $a\neq0$):

(1) $y=(ax+b)^{\alpha}$; (2) $y=\sin ax$; (3) $y=\dfrac{\ln x}{x}$.

解 (1) 当 $\alpha\notin\mathbf{N}$ 时,先试算

$$y'=\alpha a(ax+b)^{\alpha-1};$$
$$y''=\alpha(\alpha-1)a^2(ax+b)^{\alpha-2};$$
$$y'''=\alpha(\alpha-1)(\alpha-2)a^3(ax+b)^{\alpha-3}.$$

再用归纳法证明(略),有

$$y^{(n)}=\alpha(\alpha-1)\cdots(\alpha-n+1)a^n(ax+b)^{\alpha-n},n\in\mathbf{N}.$$

特别地,当 $y=(ax+b)^n$,$n\in\mathbf{N}$ 时,有

$$y^{(n)}=a^n\cdot n!,\quad y^{(k)}=0(k>n).$$

(2) 先试算

$$y'=a\cos ax=a\sin\left(ax+\frac{\pi}{2}\right);$$

$$y''=-a^2\sin ax=a^2\sin\left(ax+\frac{2\pi}{2}\right);$$

$$y'''=-a^3\cos ax=a^3\sin\left(ax+\frac{3\pi}{2}\right);$$

$$y^{(4)}=a^4\sin ax=a^4\sin\left(ax+\frac{4\pi}{2}\right).$$

再用归纳法证明(略),有

$$y^{(n)}=a^n\sin\left(ax+\frac{n\pi}{2}\right),n\in\mathbf{N}.$$

类似地,对于函数 $y=\cos ax$,我们有

$$y^{(n)}=a^n\cos\left(ax+\frac{n\pi}{2}\right),n\in\mathbf{N}.$$

(3) 先试算

$$y'=-\frac{1}{x^2}\ln x+\frac{1}{x^2}=-\frac{1}{x^2}(\ln x-1);$$

$$y''=\frac{2}{x^3}(\ln x-1)-\frac{1}{x^3}=\frac{2}{x^3}\left(\ln x-\left(1+\frac{1}{2}\right)\right);$$

$$y'''=-\frac{2\cdot 3}{x^4}\left(\ln x-\left(1+\frac{1}{2}\right)\right)+\frac{2}{x^4}$$

$$=-\frac{2\cdot 3}{x^4}\left(\ln x-\left(1+\frac{1}{2}+\frac{1}{3}\right)\right).$$

再用归纳法证明(略),有

$$y^{(n)}=\frac{(-1)^n n!}{x^{n+1}}\left(\ln x-\left(1+\frac{1}{2}+\cdots+\frac{1}{n}\right)\right),n\in\mathbf{N}.$$

例 2 试求函数 $f(x)=|\sin x|^3$ 在 $x=0$ 处的最高阶导数.

解 在 $x=0$ 的邻域 $U(0)=\left(-\frac{\pi}{2},\frac{\pi}{2}\right)$ 中改写 $f(x)$ 为分段函数

$$f(x)=\begin{cases}\sin^3 x, & x\in\left[0,\frac{\pi}{2}\right),\\ -\sin^3 x, & x\in\left(-\frac{\pi}{2},0\right).\end{cases}$$

先考虑 $f'(x)$,当 $x\neq 0$ 时有

$$f'(x)=\begin{cases}3\sin^2 x\cos x, & x\in\left(0,\frac{\pi}{2}\right),\\ -3\sin^2 x\cos x, & x\in\left(-\frac{\pi}{2},0\right).\end{cases}$$

而

$$f'(0)=\lim_{x\to0}\frac{f(x)-f(0)}{x}=\lim_{x\to0}\frac{|\sin x|^3}{x}=0.$$

再考虑 $f''(x)$，当 $x\neq0$ 时有

$$f''(x)=\begin{cases}6\sin x\cos^2x-3\sin^3x, & x\in\left(0,\dfrac{\pi}{2}\right),\\ -6\sin x\cos^2x+3\sin^3x, & x\in\left(-\dfrac{\pi}{2},0\right).\end{cases}$$

而

$$f''_+(0)=\lim_{x\to0^+}\frac{f'(x)-f'(0)}{x}=\lim_{x\to0^+}\frac{3\sin^2x\cos x}{x}=0,$$

$$f''_-(0)=\lim_{x\to0^-}\frac{f'(x)-f'(0)}{x}=\lim_{x\to0^-}\frac{-3\sin^2x\cos x}{x}=0,$$

于是有 $f''(0)=0$.

最后说明 $f'''(0)$ 不存在. 因为

$$f'''_+(0)=\lim_{x\to0^+}\frac{f''(x)-f''(0)}{x}=\lim_{x\to0^+}\frac{6\sin x\cos^2x-3\sin^3x}{x}=6,$$

$$f'''_-(0)=\lim_{x\to0^-}\frac{f''(x)-f''(0)}{x}=\lim_{x\to0^-}\frac{-6\sin x\cos^2x+3\sin^3x}{x}=-6,$$

所以 $f'''(0)$ 不存在. 可见 $f(x)=|\sin x|^3$ 在 $x=0$ 处的最高阶导数是二阶导数.

不过应该注意，上述函数在 $\mathring{U}(0)$ 中是任意阶可导的.

2. 高阶导数的运算法则

定理 设函数 $u(x),v(x)$ 在区间 I 上 n 阶可导，则在 I 上有

(1) $(au(x)+bv(x))^{(n)}=au^{(n)}(x)+bv^{(n)}(x)\ (a,b\in\mathbf{R})$;

(2) $(u(x)v(x))^{(n)}=\sum\limits_{k=0}^{n}\mathrm{C}_n^ku^{(k)}(x)v^{(n-k)}(x)$，其中 $\mathrm{C}_n^k\ (k=0,1,2,\cdots,n)$ 为二项式的系数，此式称为乘积函数高阶导数的 Leibniz 公式.

证明 只证明 Leibniz 公式. 用数学归纳法. 为方便起见，我们将 $u(x)$, $v(x)$ 简记为 u,v.

当 $n=1$ 时明显有

$$(uv)'=uv'+u'v=\mathrm{C}_1^0u^{(0)}v^{(1)}+\mathrm{C}_1^1u^{(1)}v^{(0)}.$$

设 $n=m$ 时 Leibniz 公式成立，即有

$$(uv)^{(m)}=\sum_{k=0}^{m}\mathrm{C}_m^ku^{(k)}v^{(m-k)},$$

上式两端再对 x 求导，得到

$$(uv)^{(m+1)}=((uv)^{(m)})'=\Big(\sum_{k=0}^{m}\mathrm{C}_m^ku^{(k)}v^{(m-k)}\Big)'=\sum_{k=0}^{m}\mathrm{C}_m^k(u^{(k)}v^{(m-k)})'$$

$$= \sum_{k=0}^{m} C_m^k (u^{(k)} v^{(m-k+1)} + u^{(k+1)} v^{(m-k)})$$

$$= \sum_{k=0}^{m} C_m^k u^{(k)} v^{(m-k+1)} + \sum_{k=0}^{m} C_m^k u^{(k+1)} v^{(m-k)}$$

$$= u^{(0)} v^{(m+1)} + \sum_{k=1}^{m} C_m^k u^{(k)} v^{(m-k+1)} + \sum_{k=0}^{m-1} C_m^k u^{(k+1)} v^{(m-k)} + u^{(m+1)} v^{(0)}$$

$$= u^{(0)} v^{(m+1)} + \sum_{k=1}^{m} C_m^k u^{(k)} v^{(m-k+1)} + \sum_{k=1}^{m} C_m^{k-1} u^{(k)} v^{(m-k+1)} + u^{(m+1)} v^{(0)}$$

$$= u^{(0)} v^{(m+1)} + \sum_{k=1}^{m} (C_m^k + C_m^{k-1}) u^{(k)} v^{(m-k+1)} + u^{(m+1)} v^{(0)}$$

$$= C_{m+1}^0 u^{(0)} v^{(m+1)} + \sum_{k=1}^{m} C_{m+1}^k u^{(k)} v^{(m-k+1)} + C_{m+1}^{m+1} u^{(m+1)} v^{(0)}$$

$$= \sum_{k=0}^{m+1} C_{m+1}^k u^{(k)} v^{(m+1-k)}.$$

从而 Leibniz 公式对任一正整数 n 均成立.

例 3 求下列函数的 n 阶导数:

(1) $y = \dfrac{x^2 - 2}{x^2 - x - 2}$; (2) $y = \sin^4 x + \cos^4 x$.

解 (1) 因为

$$y = 1 + \frac{x}{x^2 - x - 2} = 1 + \frac{2}{3}\left(\frac{1}{x-2}\right) + \frac{1}{3}\left(\frac{1}{x+1}\right),$$

所以

$$y^{(n)} = \frac{2}{3}\left(\frac{1}{x-2}\right)^{(n)} + \frac{1}{3}\left(\frac{1}{x+1}\right)^{(n)}$$

$$= \frac{(-1)^n n!}{3}\left(\frac{2}{(x-2)^{n+1}} + \frac{1}{(x+1)^{n+1}}\right).$$

(2) 因为

$$y = (\sin^2 x + \cos^2 x)^2 - 2\sin^2 x \cos^2 x = 1 - \frac{1}{2}\sin^2 2x$$

$$= 1 - \frac{1}{4}(1 - \cos 4x) = \frac{3}{4} + \frac{1}{4}\cos 4x,$$

所以

$$y^{(n)} = \frac{1}{4}(\cos 4x)^{(n)} = \frac{4^n}{4}\cos\left(4x + \frac{n\pi}{2}\right) = 4^{n-1}\cos\left(4x + \frac{n\pi}{2}\right).$$

例 4 设函数 $y = x^2 \sin x$,求 $y^{(80)}$.

解 这是用 Leibniz 公式求导的典型例子. 令 $u(x) = x^2$,$v(x) = \sin x$,则

$$u^{(0)} = x^2, u^{(1)} = 2x, u^{(2)} = 2, u^{(k)} = 0 (k = 3, 4, \cdots, 80);$$

$$v^{(k)}=\sin\left(x+\frac{k\pi}{2}\right),\quad k=0,1,2,\cdots,80.$$

由 Leibniz 公式,有

$$y^{(80)}=x^2\sin\left(x+\frac{80\pi}{2}\right)+C_{80}^1 2x\sin\left(x+\frac{79\pi}{2}\right)+C_{80}^2 2\sin\left(x+\frac{78\pi}{2}\right)$$
$$=x^2\sin x-160x\cos x-6\ 320\sin x.$$

例 5 设函数 $y=\arcsin x$,求 $y^{(n)}(0)$.

解 因为

$$y'=\frac{1}{\sqrt{1-x^2}},\quad y''=\frac{x}{(1-x^2)\sqrt{1-x^2}},$$

由此得出

$$(1-x^2)y''=xy'. \tag{3}$$

对(3)式两边同时求 n 阶导数,由 Leibniz 公式即有

$$(1-x^2)y^{(n+2)}-2nxy^{(n+1)}-n(n-1)y^{(n)}=xy^{(n+1)}+ny^{(n)},$$

将 $x=0$ 代入上式,即得递推公式

$$y^{(n+2)}(0)=n^2y^{(n)}(0).$$

因为 $y(0)=0,y'(0)=1$,故当 $n=2k$ 时有 $y^{(2k)}(0)=0(k=0,1,\cdots)$;当 $n=2k-1$ 时有

$$y^{(2k+1)}(0)=(2k-1)^2y^{(2k-1)}(0)=(2k-1)^2(2k-3)^2y^{(2k-3)}(0)$$
$$=\cdots=(2k-1)^2(2k-3)^2\cdots3^2\cdot1^2y'(0)$$
$$=((2k-1)(2k-3)\cdots3\cdot1)^2$$
$$=((2k-1)!!)^2,\quad k=0,1,2,\cdots.$$

此处规定 $(-1)!!=1$.

3. 隐函数与参数方程的高阶导数

隐函数与参数方程的高阶导数计算通常都很复杂,也难以得出一般性公式.我们先通过例题来看隐函数的二阶导数计算.

例 6 设由方程 $e^{xy}+x^2y-1=0$ 确定的隐函数 $y=y(x)$ 二阶可导,求 y''.

解 沿用 4.2.4 节中的方法先求 y'.

$$e^{xy}(y+xy')+2xy+x^2y'=0, \tag{4}$$

由此得出

$$y'=-\frac{(e^{xy}+2x)y}{(e^{xy}+x)x}. \tag{5}$$

将(4)式两边再对 x 求导,便有

$$e^{xy}(y+xy')^2+e^{xy}(2y'+xy'')+2y+4xy'+x^2y''=0,$$

从而得出

$$y''=-\frac{e^{xy}(((y+xy')^2+2y')+2y+4xy'}{x(e^{xy}+x)},$$

其中 y' 由(5)式给出.

对于参数方程

$$\begin{cases}x=x(t),\\ y=y(t),\end{cases}\quad t\in[\alpha,\beta],$$

当 $x(t)$, $y(t)$ 均二阶可导且 $x'(t)\neq 0$ 时,我们有

$$y''=\frac{d^2y}{dx^2}=\frac{d}{dx}\left(\frac{dy}{dx}\right)=\frac{\frac{d}{dt}\left(\frac{y'(t)}{x'(t)}\right)}{\frac{dx}{dt}}$$

$$=\frac{y''(t)x'(t)-y'(t)x''(t)}{(x'(t))^3}.\tag{6}$$

这里有两点要说明:一、应该注意 $\frac{d^2y}{dx^2}\neq\frac{y''(t)}{x''(t)}$;二、直接用公式(6)计算参数方程的二阶导数其实并不见得方便,也没有必要去专门记忆这一公式. 在实际计算中我们一般都采用上面的推导过程逐阶求导. 有些问题在运算过程中可以将表达式化简,甚至不用去求 $x''(t)$ 和 $y''(t)$.

例 7　设函数 $y=y(x)$ 由下列参数方程确定,求 $\frac{d^2y}{dx^2}$.

(1) $\begin{cases}x=a\cos^3 t,\\ y=a\sin^3 t;\end{cases}$　　　　(2) $\begin{cases}e^{t-x}=t-x,\\ e^{2y}-2\ln t=y^2.\end{cases}$

解　(1) $\frac{dy}{dx}=\frac{y_t'}{x_t'}=\frac{3a\sin^2 t\cos t}{-3a\cos^2 t\sin t}$

$$=-\tan t\ \left(t\neq\frac{n\pi}{2},n\in\mathbf{Z}\right),$$

$$\frac{d^2y}{dx^2}=\frac{d}{dx}\left(\frac{dy}{dx}\right)=\frac{(-\tan t)_t'}{x_t'}$$

$$=\frac{-\sec^2 t}{-3a\cos^2 t\sin t}=\frac{1}{3a\cos^4 t\sin t}.$$

(2) 当确定 $x=x(t)$, $y=y(t)$ 后,这可以看做由两个隐函数组成的参数方程,宜先计算 x_t', y_t',再求 $\frac{dy}{dx}$, $\frac{d^2y}{dx^2}$.

由参数方程的前一式有

$$e^{t-x}(1-x_t')=1-x_t'\quad\Rightarrow\quad x_t'=1,$$

又由后一式有

$$2e^{2y}y'_t-\frac{2}{t}=2yy'_t \quad \Rightarrow \quad y'_t=\frac{1}{t(e^{2y}-y)}. \tag{7}$$

于是

$$\frac{dy}{dx}=\frac{y'_t}{x'_t}=\frac{1}{t(e^{2y}-y)},$$

$$\frac{d^2y}{dx^2}=\frac{d}{dx}\left(\frac{dy}{dx}\right)=\frac{(1/(t(e^{2y}-y)))'_t}{x'_t}$$

$$=-\frac{(e^{2y}-y)+t(2e^{2y}y'_t-y'_t)}{(t(e^{2y}-y))^2},$$

其中 y'_t由(7)式确定.

4.4.2 高阶微分

对可微(也即可导)函数 $y=f(x),x\in I$,其一阶微分为

$$dy=f'(x)dx, \quad x\in I,$$

其中 x 与 dx 是互相独立的两个变量. 对于固定的 dx,一阶微分 dy 可以看做 x 的函数. 若 dy 在区间 I 上仍然可微,则可得一阶微分 dy 的微分,即 y 的二阶微分

$$d(dy)=d(f'(x)dx)=d(f'(x))dx=(f''(x)dx)dx$$

$$=f''(x)(dx)^2=f''(x)dx^2,$$

y 的二阶微分记为 d^2y. 一般地,若函数 $y=f(x)$在区间 I 上 n 阶可导,则可定义 y 的 n 阶微分,记为

$$d^ny=d(d^{n-1}y)=f^{(n)}(x)dx^n, \quad x\in I.$$

要提醒读者注意的是高阶微分记号上的区别. 我们记$(dx)^2=dx^2$,这是自变量微分的平方,不能随手写成 $d(x^2)$或 d^2x. 事实上,$d(x^2)=2xdx$ 是函数 $y=x^2$ 的一阶微分,而 d^2x 则是 x 的二阶微分,当 x 为自变量时 $d^2x=0$.

前面 4.3.2 节中已经指出一阶微分具有形式不变性,即无论 u 是自变量或是中间变量,函数 $y=f(u)$的一阶微分总可以写成

$$dy=f'(u)du.$$

自然要问,对于函数的高阶微分是否仍然具有这种形式不变性?

以二阶微分为例,我们考虑函数 $y=\sin x$. 若 x 为自变量,则有

$$dy=\cos x dx, \quad d^2y=-\sin x dx^2.$$

若 x 为中间变量,例如 $x=t^2$,则 $dx=2tdt,d^2x=2dt^2$,于是有

$$dy=(\cos t^2)2tdt=\cos x dx,$$

而

$$d^2y=(-\sin t^2)(2tdt)^2+(\cos t^2)2(dt)^2$$

$$= -\sin x\mathrm{d}x^2 + \cos x\mathrm{d}^2x.$$

显然此时 d^2y 已不再具有形式不变性，它比 x 为自变量时多出了一项 $\cos x\mathrm{d}^2x$.

习题 4.4

1. 求下列函数 $y=y(x)$ 的二阶导数与二阶微分：

(1) $y=x\sin^2 x$；　　(2) $y=\mathrm{e}^{-x^2}$；

(3) $y=(1+x^2)\arctan x$；　　(4) $y=x^2\ln x+x\ln^2 x$.

2. 设函数 $u(x)=\ln x, v(x)=\mathrm{e}^{2x}$，求 $\mathrm{d}^2(uv)$ 与 $\mathrm{d}^2\left(\dfrac{u}{v}\right)$.

3. 设函数

$$f(x)=\begin{cases} ax^2+bx+c, & x<0, \\ \ln(1+x), & x\geqslant 0. \end{cases}$$

问 a,b,c 应如何取值，可使 $f'(x)$ 在 $\mathbf{R}$ 上连续，但 $f''(0)$ 不存在？

4. 设函数 $f(x)$ 仅在 $x\leqslant x_0$ 时有定义且二阶可导，问 a,b,c 应如何取值，可使

$$F(x)=\begin{cases} f(x), & x\leqslant x_0, \\ a(x-x_0)^2+b(x-x_0)+c, & x>x_0 \end{cases}$$

在 $\mathbf{R}$ 上二阶可导？

5. 设 $x=g(y)$ 是函数 $y=f(x)$ 的反函数，而 $f(x)$ 三阶可导，试用 $f'(x), f''(x), f'''(x)$ 表示 $g'(y), g''(y)$ 和 $g'''(y)$.

6. 求下列函数 $y=y(x)$ 的 n 阶导数：

(1) $y=\sin^2 x$；　　(2) $y=x\ln x$；

(3) $y=\dfrac{x^2+2}{x^2+x-2}$；　　(4) $y=(x^2+2x+2)\mathrm{e}^{-x}$；

(5) $y=\sin^6 x+\cos^6 x$；　　(6) $y=\mathrm{e}^{ax}\sin bx$；

(7) $y=\dfrac{x^n}{1-x}$；　　(8) $y=(x^2-x)\ln(1+2x)$.

7. 设函数 $y=\dfrac{ax+b}{cx+d}$，证明：$y^{(n)}=(-1)^n\dfrac{n!\,c^{n-1}}{(cx+d)^{n+1}}(bc-ad), n\in\mathbf{N}$.

8. 证明：$(x^{n-1}\ln x)^{(n)}=\dfrac{(n-1)!}{x}, n\in\mathbf{N}$.

9. 证明：$\left(x^{n-1}\mathrm{e}^{\frac{1}{x}}\right)^{(n)}=\dfrac{(-1)^n}{x^{n+1}}\mathrm{e}^{\frac{1}{x}}, n\in\mathbf{N}$.

10. 设函数 $y=\arctan x$.

(1) 证明：$(1+x^2)y^{(n+1)}+2nxy^{(n)}+n(n-1)y^{(n-1)}=0$；

(2) 求 $y^{(n)}(0), n\in\mathbf{N}$.

11. 设函数 $y=(\arcsin x)^2$.

(1) 证明：$(1-x^2)y^{(n+2)}-(2n+1)xy^{(n+1)}-n^2y^{(n)}=0$；

(2) 求 $y^{(n)}(0), n\in\mathbf{N}$.

12. 设函数 $y=y(x)$ 由下列参数方程确定，求 $\dfrac{\mathrm{d}^2y}{\mathrm{d}x^2}$：

(1) $\begin{cases} x = a(t - \sin t), \\ y = a(1 - \cos t); \end{cases}$ (2) $\begin{cases} x = t - \ln(1 + t^2), \\ y = \arctan t; \end{cases}$

(3) $\begin{cases} x = f'(t), \\ y = tf'(t) - f(t), \end{cases}$ 其中 f 二阶可微.

13. 设隐函数 $y = y(x)$ 由下列方程确定,求 $\dfrac{d^2 y}{dx^2}$:

(1) $\tan(x + y) - xy = 0$; (2) $\arctan \dfrac{x}{y} = \ln \sqrt{x^2 + y^2}$; (3) $x^3 + y^3 - 3axy = 0$.

14. 设函数 $y = y(x)$ 由参数方程

$$\begin{cases} x = a\cos t + b\sin t, \\ y = a\sin t - b\cos t \end{cases}$$

确定,求 $\dfrac{d^m x}{dt^m} \cdot \dfrac{d^n y}{dt^n} - \dfrac{d^n x}{dt^n} \cdot \dfrac{d^m y}{dt^m}$ $(n, m \in \mathbf{N})$.

15. 设函数

$$f(x) = \begin{cases} e^{-\frac{1}{x^2}}, & x \neq 0, \\ 0, & x = 0. \end{cases}$$

证明:$f(x)$ 在 $x = 0$ 处任意阶可导,且有 $f^{(n)}(0) = 0, n \in \mathbf{N}$.

16. 设函数 $\varphi(x)$ 在点 x_0 的某邻域 $U(x_0)$ 内有 $n-1$ 阶连续导数,令

$$f(x) = (x - x_0)^n \varphi(x),$$

证明:$f(x)$ 在点 x_0 处 n 阶可导,并求 $f^{(n)}(x_0)$.

17. 令 $x = \cos t$, t 为新自变量,试变换方程

$$\frac{d^2 y}{dx^2} - \frac{x}{1 - x^2} \cdot \frac{dy}{dx} + \frac{y}{1 - x^2} = 0.$$

18. 令 $y = \tan z$, z 为新函数,试变换方程

$$\frac{d^2 y}{dx^2} - \frac{2(1 + y)}{1 + y^2}\left(\frac{dy}{dx}\right)^2 = 2.$$

19. 令 $y = \dfrac{z}{\sqrt{x}}$, z 为新函数,试变换方程

$$\frac{d^2 y}{dx^2} + \frac{1}{x} \cdot \frac{dy}{dx} + \left(1 - \frac{1}{4x^2}\right)y = 0.$$

20. 证明:Legendre 多项式

$$P_n(x) = \frac{1}{2^n n!}((x^2 - 1)^n)^{(n)} \quad (n = 0, 1, 2, \cdots)$$

满足方程

$$(1 - x^2)P_n''(x) - 2xP_n'(x) + n(n+1)P_n(x) = 0.$$

第五章　微分中值定理及其应用

上一章引入了导数定义及其运算性质. 正如我们所知,导数是一个局部概念,它反映了函数在一点的局部特性. 如果要进一步研究函数在区间上的整体性质,仅仅只有导数定义就显得力不从心.

本章主要介绍 Rolle 中值定理、Lagrange 中值定理、Cauchy 中值定理与 Taylor 公式,它们统称为微分中值定理. 这一组定理揭示了区间上的函数与其导数之间的内在联系,它们利用导数所具有的性质(局部性质)进而推断函数本身所具有的性质(整体性质),从而架起了沟通函数与其导数的桥梁. 无论从理论分析还是实际应用来看,微分中值定理在一元微分学的基础理论中都具有举足轻重的地位.

5.1　微分中值定理

5.1.1　Fermat 引理和 Rolle 中值定理

先说明有关函数极值的概念.

定义　设函数 $f:I\to\mathbf{R}$,若对于点 $x_0\in I$, $\exists\,\delta>0$, 使 $U(x_0,\delta)\subset I$ 且有

$$f(x)\leqslant f(x_0)\,(\text{或}\,f(x)\geqslant f(x_0)),\quad \forall\,x\in U(x_0,\delta),\tag{1}$$

则称 $f(x_0)$ 为函数 $f(x)$ 在 I 上的*极大值*(或*极小值*),而 x_0 为*极大值点*(或*极小值点*).

函数的极大值与极小值统称为*极值*,而极大值点与极小值点统称为*极值点*.

当(1)式在 $x\neq x_0$ 时成立严格不等式时,称 $f(x_0)$ 为 $f(x)$ 的*严格极值*,x_0 为*严格极值点*.

必须强调,函数的极值点必定是区间的内点,同时要注意函数的极值也是一个局部性概念. 所谓函数 $f(x)$ 在点 x_0 处取得极值,只是将该点的函数值与点 x_0 附近的函数值作比较,因此出现函数在某一点处的极小值比其在另一点处的极大值更大也不足为奇. 这与作为函数在区间上的整体性质的最大值与最小值是不一样的.

当函数 $f(x)$ 在点 x_0 处可导时,下面的 Fermat 引理给出了函数在该点取得极值的必要条件.

定理 1(Fermat 引理) 若函数 $f(x)$ 在点 x_0 处可导,且 x_0 为 $f(x)$ 的极值点,则 $f'(x_0)=0$.(我们称 $f'(x)$ 的零点为 $f(x)$ 的驻点(或稳定点).)

证明 不妨设 x_0 为 $f(x)$ 的极大值点,则 $\exists\delta>0$,使

$$f(x)\leqslant f(x_0),\quad \forall x\in U(x_0,\delta).$$

因为 $f(x)$ 在点 x_0 处可导,有 $f'_+(x_0)=f'_-(x_0)=f'(x_0)$,而

$$f'_+(x_0)=\lim_{x\to x_0^+}\frac{f(x)-f(x_0)}{x-x_0}\leqslant 0,$$

$$f'_-(x_0)=\lim_{x\to x_0^-}\frac{f(x)-f(x_0)}{x-x_0}\geqslant 0,$$

可见必有 $f'_+(x_0)=f'_-(x_0)=0$,从而得出 $f'(x_0)=0$.

Fermat 引理给出了可导函数在某点取得极值的必要条件:可导函数的极值点必是其驻点. 但此条件并非充分,例如对于函数 $f(x)=x^3$,显然 $x=0$ 为 $f(x)$ 的驻点,但不是它的极值点.

Fermat 引理有非常明显的几何意义,它表明若点 x_0 为函数 $f(x)$ 的极值点,并且曲线 $y=f(x)$ 在点 $(x_0,f(x_0))$ 有切线,则切线必平行于 x 轴.

作为 Fermat 引理的应用,下面介绍导函数的 Darboux 定理.

例 1(Darboux 定理) 设函数 $f(x)$ 在 $[a,b]$ 上可导,且 $f'(a)<f'(b)$,则对于 $\forall\lambda\in(f'(a),f'(b))$,$\exists\xi\in(a,b)$,使得 $f'(\xi)=\lambda$.

分析 问题是要证明

$$f'(\xi)-\lambda=0,$$

即

$$(f(x)-\lambda x)'_{x=\xi}=0.$$

如果构造辅助函数 $F(x)=f(x)-\lambda x$,则 $F\in D[a,b]$,且有

$$F'(a)=f'(a)-\lambda<0,\quad F'(b)=f'(b)-\lambda>0.$$

自然会考虑 $F'(x)$ 在 (a,b) 内是否有零点?而由 Fermat 引理的结果,只要能够证明 $F(x)$ 在 (a,b) 内取得极值(或最值)就行了.

下面就来证明这一点.

证明 令 $F(x)=f(x)-\lambda x$,则 $F\in D[a,b]$,从而必有 $F\in C[a,b]$,因此 $F(x)$ 在 $[a,b]$ 上有最小值,记为

$$F(\xi)=\min_{x\in[a,b]}F(x).$$

若 $\xi\in(a,b)$,由 Fermat 引理即有

$$F'(\xi)=0\ \Rightarrow\ f'(\xi)=\lambda.$$

若 $\xi=a$,则有 $F(a)\leqslant F(x)$,$x\in[a,b]$,于是有

$$\frac{F(x)-F(a)}{x-a}\geqslant 0\ \Rightarrow\ F'(a)=\lim_{x\to a^+}\frac{F(x)-F(a)}{x-a}\geqslant 0,$$

也即有

$$F'(a)=f'(a)-\lambda\geqslant 0 \quad\Rightarrow\quad f'(a)\geqslant\lambda,$$

这与条件 $f'(a)<\lambda$ 矛盾,故 $\xi\neq a$.

同理可证 $\xi\neq b$.

导数的 Darboux 定理表明定义在区间上的导函数具有介值性,但我们不能运用闭区间上连续函数介值性定理的结论证明这一命题,因为 Darboux 定理中并没有给出导函数 $f'(x)$ 具有连续性的条件.

定理 2(Rolle 中值定理)　设函数 $f(x)$ 在 $[a,b]$ 上连续,在 (a,b) 内可导,且 $f(a)=f(b)$,则存在 $\xi\in(a,b)$,使得 $f'(\xi)=0$.

定理的几何意义见图 5.1. 它表明,对于处处有切线的连续曲线,若连接曲线两端点的线段与 x 轴平行,则在曲线上至少有一点处具有水平切线.

Rolle 中值定理与 Fermat 引理有相似的结论——导数在区间 (a,b) 内有零点,可见应设法证明函数 $f(x)$ 在 (a,b) 内取得极值(或最值).

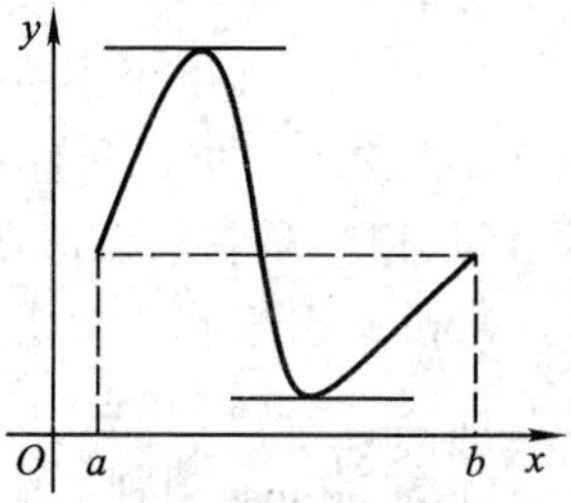

图 5.1

证明　因 $f\in C[a,b]$,故 $f(x)$ 在 $[a,b]$ 上有最大值 M 与最小值 m.

若 $m=M$,说明 $f(x)$ 为 $[a,b]$ 上的常值函数,此时恒有 $f'(x)=0,\ x\in(a,b)$.

若 $m<M$,因 $f(a)=f(b)$,故 M 与 m 中至少有一个不在区间端点处取得,记该点为 $\xi\in(a,b)$,因 $f(x)$ 在点 ξ 处可导,由 Fermat 引理可知必有 $f'(\xi)=0$.

Rolle 中值定理的条件是充分的,但并不必要. 我们不难构造出这样的函数,它不满足定理三个条件中的任何一个,但它照样可在区间内某点处导数取值为零. 但 Rolle 中值定理的三个条件又是重要的,只要其中任何一个条件不被满足,都可能导致定理的结论不真,请读者自己举例予以说明(见习题 5.1 的题 1).

作为 Rolle 中值定理的应用,我们来看下面的例子.

例 2　设函数 $f(x)$ 在 $[a,+\infty)$ 上可导,且有 n 个零点,若 $f(a)f'(a)>0$,则 $f'(x)$ 在 $(a,+\infty)$ 中至少有 n 个零点.

证明　设 $f(x)$ 在 $(a,+\infty)$ 上的 n 个零点依次为

$$a<x_1<x_2<\cdots<x_n<+\infty.$$

因为 $f\in D[x_k,x_{k+1}]$ 且有 $f(x_k)=f(x_{k+1})=0\ (k=1,2,\cdots,n-1)$,由 Rolle 中值定理可知 $\exists\,\xi_k\in(x_k,x_{k+1})$,使得

$$f'(\xi_k)=0,\ k=1,2,\cdots,n-1.$$

往证 $f'(x)$ 在 (a,x_1) 内至少还有一个零点. 不妨设 $f(a)>0,\ f'(a)>0$,即

$$f'(a)=\lim_{x\to a^+}\frac{f(x)-f(a)}{x-a}>0,$$

于是存在 $\delta>0(a+\delta<x_1)$，使得对于 $\forall x\in(a,a+\delta)$ 有

$$\frac{f(x)-f(a)}{x-a}>0 \quad \Rightarrow \quad f(x)>f(a)>0. \tag{2}$$

因为 $f\in C[a,x_1]$，故 $f(x)$ 在 $[a,x_1]$ 上某点 ξ_0 处可取得最大值，而由(2)式可知 $\xi_0\neq a$ 且 $\xi_0\neq x_1$，故 $\xi_0\in(a,x_1)$. 再由 Fermat 引理得出 $f'(\xi_0)=0$.

由此即证得 $f'(x)$ 在 $(a,+\infty)$ 上至少有 n 个零点.

例 3 设函数 $f(x)$ 在 $[0,+\infty)$ 上可导，$f(0)=\dfrac{\pi}{2}$，且 $0\leqslant f(x)\leqslant \arctan\dfrac{1}{x}$，证明：存在 $\xi\in(0,+\infty)$，使得

$$(1+\xi^2)f'(\xi)=-1.$$

证明 注意到 $\left(\arctan\dfrac{1}{x}\right)'=-\dfrac{1}{1+x^2}$，要证明

$$f'(\xi)+\frac{1}{1+\xi^2}=0,$$

即

$$\left(f(x)-\arctan\frac{1}{x}\right)'\bigg|_{x=\xi}=0.$$

令 $F(x)=f(x)-\arctan\dfrac{1}{x}$，则 $F\in D(0,+\infty)$，且在 $(0,+\infty)$ 上恒有 $F(x)\leqslant 0$. 由条件还有

$$\lim_{x\to 0^+}F(x)=\lim_{x\to 0^+}\left(f(x)-\arctan\frac{1}{x}\right)=\frac{\pi}{2}-\frac{\pi}{2}=0,$$

$$\lim_{x\to +\infty}F(x)=\lim_{x\to +\infty}\left(f(x)-\arctan\frac{1}{x}\right)=0.$$

若 $F(x)$ 在 $(0,+\infty)$ 上恒为零，则 $F'(x)=0, x\in(0,+\infty)$. 此时，$\forall\xi\in(0,+\infty)$ 均满足要求.

若 $F(x)$ 在 $(0,+\infty)$ 上不恒为零，则至少存在 $x_0>0$，使得 $F(x_0)<0$. 往证 $\exists\xi\in(0,+\infty)$，使得 $F'(\xi)=0$.

因为已经有

$$\lim_{x\to 0^+}F(x)=\lim_{x\to +\infty}F(x)=0, \tag{$*$}$$

由极限定义可证(略)在 $x=0$ 的某一邻域内存在 $x_1(x_1<x_0)$，以及存在充分大的 $x_2(x_2>x_0)$，使得

$$\frac{1}{2}F(x_0)<F(x_1)\leqslant 0, \quad \frac{1}{2}F(x_0)<F(x_2)\leqslant 0.$$

现在 $F(x)$ 在 $[x_1, x_0]$ 和 $[x_0, x_2]$ 上连续，由连续函数的介值性，可知分别存在 $\xi_1 \in (x_1, x_0)$，$\xi_2 \in (x_0, x_2)$，使得

$$F(\xi_1) = F(\xi_2) = \frac{1}{2}F(x_0). \tag{3}$$

最后，因为 $F(x) \in D[\xi_1, \xi_2]$ 以及(3)式，由 Rolle 中值定理可知，存在 $\xi \in (\xi_1, \xi_2)$，使得

$$F'(\xi) = 0 \quad \Rightarrow \quad f'(\xi) + \frac{1}{1+\xi^2} = 0 \quad \Rightarrow \quad (1+\xi^2)f'(\xi) = -1.$$

为避免涉及极限定义的繁复叙述，我们也可以改用另一种方法得出有关结论. 只要令 $x = \tan t$，并记

$$G(t) = \begin{cases} F(\tan t), & t \in (0, \pi/2), \\ 0, & t = 0, \pi/2. \end{cases}$$

则 $G \in D(0, \pi/2)$，且有

$$\lim_{t \to 0^+} G(t) = \lim_{x \to 0^+} F(x) = G(0) = 0,$$

$$\lim_{t \to \frac{\pi}{2}^-} G(t) = \lim_{x \to +\infty} F(x) = G(\pi/2) = 0.$$

可见 $G \in C[0, \pi/2]$. 于是可在 $[0, \pi/2]$ 上对 $G(t)$ 直接用 Rolle 中值定理的结论，得出存在 $\tau \in (0, \pi/2)$，使得

$$0 = G'(\tau) = (F(\tan t))'_{t=\tau} = F'(\tan \tau) \cdot \sec^2 \tau,$$

因为 $\sec^2 \tau \neq 0$，故有 $F'(\tan \tau) = 0$. 记 $\xi = \tan \tau$，则 $\xi \in (0, +\infty)$，且有 $F'(\xi) = 0$.

后一种方法很是巧妙，但不太容易想到. 就此题而言，其实完全可以不使用 Rolle 中值定理，只要用 Fermat 引理即可简单证明. 我们从前一证法的(*)这一步出发：由极限定义可证(略)在 $x = 0$ 的某一邻域内存在 $x_1\ (x_1 < x_0)$，以及存在充分大的 $x_2\ (x_2 > x_0)$，使得

$$F(x_0) < F(x),\ \forall x \in (0, x_1]; \quad F(x_0) < F(x),\ \forall x \in [x_2, +\infty).$$

而 $F(x) \in C[x_1, x_2]$，故 $F(x)$ 必在 $[x_1, x_2]$ 上取得最小值.

记 $F(\xi) = \min\limits_{x \in [x_1, x_2]} F(x) \leqslant F(x_0)$，按上述证法应有 $\xi \in (x_1, x_2)$. 又因为 $F(x)$ 可导，再由 Fermat 引理就得出 $F'(\xi) = 0$. 以下叙述不赘.

5.1.2 Lagrange 中值定理和 Cauchy 中值定理

定理 3（Lagrange 中值定理） 设函数 $f(x)$ 在 $[a, b]$ 上连续，在 (a, b) 内可导，则存在 $\xi \in (a, b)$，使得

$$\frac{f(b) - f(a)}{b - a} = f'(\xi).$$

如图 5.2 所示从几何上看，Lagrange 中值定理表明对于处处有切线的连续曲线，在曲线上至少有一点处的切线与连接曲线两端点的线段平行.

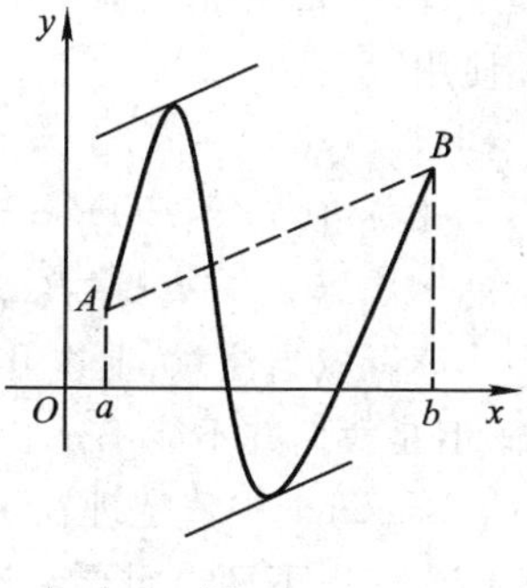

图 5.2

很明显，Lagrange 中值定理是 Rolle 中值定理的推广形式. 这启发我们借用 Rolle 中值定理的结论来证明这一命题. 关键是构造适当的辅助函数 $F(x)$，使得 $F(x)$ 满足 Rolle 中值定理的三个条件，特别是有 $F(a)=F(b)$.

基于这样的考虑，我们设想保持曲线一端不动，而拉住另一端将曲线作垂直"拖动"，使它两端点的连线与 x 轴平行. 在分析表达上，这可以用曲线方程 $y=f(x)$"减去"直线 AB 的方程实现，即可构造辅助函数

$$F(x)=f(x)-\left(f(a)+\frac{f(b)-f(a)}{b-a}(x-a)\right)$$

来达到这一目的.

证明 令 $F(x)=f(x)-\left(f(a)+\dfrac{f(b)-f(a)}{b-a}(x-a)\right)$，则 $F(x)$ 在 $[a,b]$ 上连续，在 (a,b) 内可导，且有

$$F(a)=F(b)=0,$$

故 $F(x)$ 满足 Rolle 中值定理条件. 于是存在 $\xi\in(a,b)$，使得

$$F'(\xi)=0,$$

即

$$f'(\xi)=\frac{f(b)-f(a)}{b-a}.$$

通过构造辅助函数来证明中值问题是一种常用的方法，但要说明的是辅助函数通常并不唯一. 就此例而言，上述辅助函数也并非是最佳选择，特别是当问题的几何意义不明确时，就很难通过对几何图形的分析来构造辅助函数. 下面考虑用逆推分析的方法来寻找适当的辅助函数. 要证明

$$f'(\xi)-\frac{f(b)-f(a)}{b-a}=0,$$

即

$$\left(f(x)-\frac{f(b)-f(a)}{b-a}x\right)'\Bigg|_{x=\xi}=0,$$

只要令 $F(x)=f(x)-\dfrac{f(b)-f(a)}{b-a}x$，并说明 $F(x)$ 在 $[a,b]$ 上满足 Rolle 中值定理的全部条件就行了. 读者不难自己验证这一点. 这种方法以后还会经常用到.

Lagrange 中值定理有以下几种不同的表示方式,可在不同的问题和场合选择使用.

$$f(b)-f(a)=f'(\xi)(b-a),\ \exists\xi\in(a,b);$$
$$f(b)-f(a)=f'(a+\theta(b-a))(b-a),\ \exists\theta\in(0,1);$$
$$f(x_0+h)-f(x_0)=f'(x_0+\theta h)h,\ \exists\theta\in(0,1).$$

读者应当注意,上述几个表达式中的 ξ(以及 θ)必定存在于所论区间的内部,但是我们并不能确定它的确切位置,而且这样的 ξ(以及 θ)也未必唯一.

Lagrange 中值定理在函数研究中有广泛而重要的应用,下面不妨牛刀小试.我们先将以下两个重要结论作为定理的推论给出.

推论 1 区间 I 上的函数 $f(x)$ 为常值函数的充要条件是 $f'(x)=0,\forall x\in I$.

推论 2 设 $f(x),g(x)$ 为区间 I 上的两个可导函数,则 $f'(x)=g'(x),\forall x\in I$ 的充要条件是存在常数 C 使得 $g(x)=f(x)+C,\forall x\in I$.

以上两个推论的证明留给读者完成.

例 4 设函数 $f(x)$ 在区间 I 上可导.

(1) 若 $f'(x)$ 在 I 上恒正(或恒负),则 $f(x)$ 在 I 上严格递增(或严格递减);

(2) 若 $f'(x)$ 在 I 上有界,则 $f(x)$ 在 I 上一致连续.

证明 对 $\forall x_1,x_2\in I(x_1<x_2)$,有 $f\in D[x_1,x_2]$. 在 $[x_1,x_2]$ 上对 $f(x)$ 用 Lagrange 中值定理.

(1) 当 $f'(x)>0,x\in I$ 时,有

$$f(x_2)-f(x_1)=f'(\xi)(x_2-x_1)>0,\ \xi\in(x_1,x_2),$$

故 $f(x)$ 在 I 上严格递增.

当 $f'(x)<0,x\in I$ 时,同样可证 $f(x)$ 在 I 上严格递减.

(2) 由条件可知,$\exists M>0$,使得 $|f'(x)|\leqslant M,\forall x\in I$. 于是有

$$|f(x_2)-f(x_1)|=|f'(\xi)|\cdot|x_2-x_1|\leqslant M|x_2-x_1|,$$

可见 $f(x)$ 在 I 上满足 Lipschitz 条件,必定一致连续.

例 5 设函数 $f(x)$ 在点 x_0 处右连续,在点 x_0 的某右邻域 $(x_0,x_0+\delta)$ 内可导,且 $\lim\limits_{x\to x_0^+}f'(x)$(记为 $f'(x_0+0)$)存在,则 $f(x)$ 在点 x_0 处右可导,且有

$$f'_+(x_0)=f'(x_0+0).$$

证明 对 $\forall x\in(x_0,x_0+\delta)$,因 f 在 $[x_0,x]$ 上连续,在 (x_0,x) 内可导,由 Lagrange 中值定理,有

$$\frac{f(x)-f(x_0)}{x-x_0}=f'(x_0+\theta(x-x_0)),\ \theta\in(0,1).$$

因为 $f'(x_0+0)$ 存在,而当 $x\to x_0^+$ 时,$x_0+\theta(x-x_0)\to x_0^+$. 于是有

$$\lim_{x\to x_0^+}\frac{f(x)-f(x_0)}{x-x_0}=\lim_{x\to x_0^+}f'(x_0+\theta(x-x_0))=f'(x_0+0),$$

从而$f(x)$在点x_0处右可导,且有$f'_+(x_0)=f'(x_0+0)$.

读者应当注意,函数$f(x)$在点x_0处的右导数$f'_+(x_0)$与其导函数在该点处的右极限$f'(x_0+0)$是两个完全不同的概念. 一般来说,它们之间没有必然的联系. 例如,设函数

$$f(x)=\begin{cases}x^2\sin\dfrac{1}{x}, & x\neq 0,\\ 0, & x=0.\end{cases}$$

则$f(x)$在点$x=0$处右可导,且有

$$f'_+(0)=\lim_{x\to 0^+}\frac{f(x)-f(0)}{x}=\lim_{x\to 0^+}x\sin\frac{1}{x}=0.$$

而当$x\neq 0$时,$f'(x)=2x\sin\dfrac{1}{x}-\cos\dfrac{1}{x}$,此时$f'(x)$在$x=0$处不存在右极限!

上例说明,只有在一定条件下才能沟通两者之间的联系. 而且这一例题的结果又为我们计算连续的分段函数在分段点处左导数、右导数提供了一种行之有效的简便方法.

由例 5 可直接推出下面的结果,也即所谓导数极限定理.

导数极限定理　设函数$f(x)$在点x_0处连续,在x_0的某一去心邻域中可导,且$\lim\limits_{x\to x_0}f'(x)$存在,则$f(x)$在点$x_0$处可导,且有

$$f'(x_0)=\lim_{x\to x_0}f'(x).$$

顺便还可以得到关于导数的一个重要性质——区间上的导函数不存在第一类间断点.

例 6　设函数$f(x)$在(a,b)内可导,则(a,b)内的点或者是$f'(x)$的连续点,或者是$f'(x)$的第二类间断点.

证明　因为$f\in D(a,b)$,故对于$\forall x_0\in(a,b)$,有

$$f'(x_0)=f'_+(x_0)=\lim_{x\to x_0^+}\frac{f(x)-f(x_0)}{x-x_0}=\lim_{x\to x_0^+}f'(\xi),$$

其中$\xi\in(x_0,x)$. 当$x\to x_0^+$时$\xi\to x_0^+$.

若$f'(x)$在点x_0处存在右极限,则有

$$f'(x_0)=\lim_{x\to x_0^+}f'(\xi)=f'(x_0+0).$$

同样地,若$f'(x)$在点x_0处存在左极限,则有$f'(x_0)=f'(x_0-0)$.

因此,如果$f'(x)$在点x_0的左极限、右极限中至少有一个不存在,则该点为$f'(x)$的第二类间断点,否则总有

$$f'(x_0-0)=f'(x_0+0)=f'(x_0),$$

此时该点必定是$f'(x)$的连续点.

现在我们不难进一步推出这样的结果：若函数 $f(x)$ 在 (a,b) 内可导，且 $f'(x)$ 单调，则 $f'(x)$ 在 (a,b) 内连续.

例 7 设函数 $f(x)$ 在 $[a,+\infty)$ 上二阶可导，$f(a)>0$，$f'(a)<0$ 且 $f''(x)<0$，$\forall x>a$. 证明：$f(x)$ 在 $(a,+\infty)$ 中有且仅有一个零点.

证明 先证明 $f(x)$ 在 $(a,+\infty)$ 中至多只有一个零点. 因为 $f''(x)<0$，所以 $f'(x)$ 在 $(a,+\infty)$ 中严格递减（见本节例 4），而 $f'(a)<0$，故有

$$f'(x)<f'(a)<0,\ \forall x>a,$$

于是 $f(x)$ 为严格递减函数，从而 $f(x)$ 在 $(a,+\infty)$ 中至多只有一个零点.

再证明 $f(x)$ 在 $(a,+\infty)$ 中必定存在零点. 因为已有 $f(a)>0$，只要证明存在 $b>a$，使得 $f(b)<0$ 就行了.

对于 $\forall x>a$，在 $[a,x]$ 上对 $f(x)$ 用 Lagrange 中值定理，有

$$f(x)-f(a)=f'(\xi)(x-a)<f'(a)(x-a),\ \xi\in(a,x).$$

于是有

$$f(x)<f'(a)(x-a)+f(a).$$

因为 $f'(a)<0$，故 $\lim\limits_{x\to+\infty}f(x)=-\infty$. 由此可知必存在充分大的 $b>a$ 使得 $f(b)<0$.

注意到 $f(x)$ 在 $[a,b]$ 上连续，且 $f(a)f(b)<0$，故由连续函数的零点存在定理得出 $f(x)$ 在 (a,b) 内必有零点.

定理 4（Cauchy 中值定理） 设函数 $f(x)$，$g(x)$ 在 $[a,b]$ 上均连续，在 (a,b) 内均可导，且 $g'(x)\neq 0$，$\forall x\in(a,b)$，则存在 $\xi\in(a,b)$ 使得

$$\frac{f(b)-f(a)}{g(b)-g(a)}=\frac{f'(\xi)}{g'(\xi)}. \tag{4}$$

证明 首先我们有 $g(a)\neq g(b)$，从而(4)式左端的分式有意义. 事实上，倘若 $g(a)=g(b)$，在 $[a,b]$ 上对 $g(x)$ 用 Rolle 中值定理得出存在 $\xi\in(a,b)$ 使得 $g'(\xi)=0$，与条件矛盾.

要证明

$$f'(\xi)-\frac{f(b)-f(a)}{g(b)-g(a)}g'(\xi)=0,$$

即

$$\left(f(x)-\frac{f(b)-f(a)}{g(b)-g(a)}g(x)\right)'_{x=\xi}=0,$$

可令 $F(x)=f(x)-\dfrac{f(b)-f(a)}{g(b)-g(a)}g(x)$，则 $F(x)$ 在 $[a,b]$ 上连续，在 (a,b) 内可导，且有

$$F(a)=\frac{f(a)g(b)-f(b)g(a)}{g(b)-g(a)}=F(b).$$

由 Rolle 中值定理可知，存在 $\xi\in(a,b)$ 使得

$$F'(\xi) = 0,$$

即

$$\frac{f(b) - f(a)}{g(b) - g(a)} = \frac{f'(\xi)}{g'(\xi)}. \tag{5}$$

在(5)式中若取 $g(x) = x$,则 Cauchy 中值定理就变为 Lagrange 中值定理,可见 Cauchy 中值定理是 Lagrange 中值定理的推广.

Cauchy 中值定理的几何意义似乎不十分明显,不过我们可以设想平面曲线 C 用参数方程表示为

$$C:\begin{cases} x = g(t), \\ y = f(t), \end{cases} \quad t \in [a,b],$$

则$\dfrac{f(b)-f(a)}{g(b)-g(a)}$是连接曲线两端点直线的斜率,而$\dfrac{f'(\xi)}{g'(\xi)}$恰好表示曲线上点 $P(g(\xi), f(\xi))$处切线的斜率. 因此实际上它与 Lagrange 中值定理的几何意义是完全相同的,只是它所对应的曲线不仅可以表示为 $y=f(x)$的显式,也可以表示为参数方程形式.

例 8 设 $ab>0$,证明:$\exists \xi \in (a,b)$:

$$a\mathrm{e}^b - b\mathrm{e}^a = (1-\xi)\mathrm{e}^\xi(a-b).$$

证明 要证

$$\frac{a\mathrm{e}^b - b\mathrm{e}^a}{a-b} = \frac{\dfrac{\mathrm{e}^b}{b} - \dfrac{\mathrm{e}^a}{a}}{\dfrac{1}{b} - \dfrac{1}{a}} = (1-\xi)\mathrm{e}^\xi,$$

可令 $f(x) = \dfrac{\mathrm{e}^x}{x}$,$g(x) = \dfrac{1}{x}$,则 $f(x)$,$g(x)$在区间$[a,b]$上满足 Cauchy 中值定理的条件,于是 $\exists \xi \in (a,b)$:

$$\frac{f(b) - f(a)}{g(b) - g(a)} = \frac{f'(\xi)}{g'(\xi)} = (1-\xi)\mathrm{e}^\xi,$$

即

$$\frac{a\mathrm{e}^b - b\mathrm{e}^a}{a-b} = (1-\xi)\mathrm{e}^\xi.$$

例 9 设 $f(x)$在(a,b)内二阶可导,证明:在(a,b)内任意两点 x, x_0 之间存在点 ξ,使得

$$f(x) = f(x_0) + f'(x_0)(x-x_0) + \frac{f''(\xi)}{2}(x-x_0)^2.$$

证明 不妨设 $x > x_0$,令

$$F(t) = f(t) - f(x_0) - f'(x_0)(t-x_0), \quad G(t) = (t-x_0)^2,$$

则 $F(t)$,$G(t)$在$[x_0,x]$上连续,在(x_0,x)内可导,$F(x_0) = G(x_0) = 0$ 以及

$$F'(t)=f'(t)-f'(x_0),$$

$$G'(t)=2(t-x_0)>0,\ t\in(x_0,x).$$

对 $F(t)$,$G(t)$ 在 $[x_0,x]$ 上用 Cauchy 中值定理,可知 $\exists\,\eta\in(x_0,x)$,使得

$$\frac{F(x)}{G(x)}=\frac{F(x)-F(x_0)}{G(x)-G(x_0)}=\frac{F'(\eta)}{G'(\eta)}$$

$$=\frac{F'(\eta)-F'(x_0)}{G'(\eta)-G'(x_0)}\quad\text{(再用一次 Cauchy 中值定理)}$$

$$=\frac{F''(\xi)}{G''(\xi)},\quad \xi\in(x_0,\eta)\subset(x_0,x),$$

即有

$$f(x)=f(x_0)+f'(x_0)(x-x_0)+\frac{f''(\xi)}{2}(x-x_0)^2.$$

此例又称为函数 $f(x)$ 在点 x_0 处的一阶 Taylor 公式,更一般性的结论我们将在 5.3 节中专门予以介绍.

习题 5.1

1. 举例说明 Rolle 中值定理的三个条件:(i) $f(x)$ 在 $[a,b]$ 上连续,(ii) $f(x)$ 在 (a,b) 内可导,(iii) $f(a)=f(b)$,若缺少其中之一,则定理结论未必成立.

2. (1) 证明:对任何常数 c,方程 $x^3-3x+c=0$ 在 $[0,1]$ 上都不可能有两个相异的实根;

(2) 证明:对任何常数 a,b,c,方程 $e^x=ax^2+bx+c$ 的实根不超过三个.

3. 设常数 $a_0,a_1,\cdots,a_n$ 满足

$$\frac{a_0}{n+1}+\frac{a_1}{n}+\cdots+a_n=0.$$

证明:方程 $a_0x^n+a_1x^{n-1}+\cdots+a_n=0$ 在 $(0,1)$ 内至少有一个实根.

4. 证明推广的 Rolle 中值定理:

(1) 若 $f(x)$ 在 (a,b) 内可导,且 $\lim\limits_{x\to a^+}f(x)=\lim\limits_{x\to b^-}f(x)$,则 $\exists\,\xi\in(a,b):f'(\xi)=0$.

(2) 若 $f(x)$ 在 $(a,+\infty)$ 内可导,且 $\lim\limits_{x\to a^+}f(x)=\lim\limits_{x\to+\infty}f(x)$,则 $\exists\,\xi\in(a,+\infty):f'(\xi)=0$.

5. 设函数 $f(x)$ 在 $[0,+\infty)$ 上可导,且 $0\leqslant f(x)\leqslant\dfrac{x}{1+x^2}$,证明:$\exists\,\xi\in(0,+\infty)$,使得

$$f'(\xi)=\frac{1-\xi^2}{(1+\xi^2)^2}.$$

6. 设 $f(x)$ 在 $[a,b]$ 上连续,在 (a,b) 内二阶可导,$f(a)=f(b)=0$,且 $f'(a)f'(b)>0$. 证明:$f''(x)$ 在 (a,b) 内至少有一个零点.

7. 利用 Lagrange 中值定理证明不等式:

(1) $na^{n-1}(b-a)<b^n-a^n<nb^{n-1}(b-a)\ (n\in\mathbf{N},0<a<b)$;

(2) $\dfrac{a-b}{a}<\ln\dfrac{a}{b}<\dfrac{a-b}{b}\ (0<a<b)$;

(3) $\dfrac{x}{1+x}<\ln(1+x)<x\ (x>0)$;

(4) $|\arctan x-\arctan y|\leqslant|x-y|$.

8. 设函数$f(x)$在$[a,b]$上连续,在(a,b)内二阶可导,$f(a)=f(b)=0$,又$f'(a)>0$. 证明:$\exists\xi\in(a,b)$,使得$f''(\xi)<0$.

9. 证明:函数$f(x)=\sqrt{x}\ln x$在$[1,+\infty)$上一致连续.

10. 设函数$f(x)$在$[a,b]$上连续,在(a,b)内可导$(a>0)$. 证明:

(1) $\exists\xi\in(a,b)$,使得

$$\frac{1}{a-b}\begin{vmatrix}a & b\\ f(a) & f(b)\end{vmatrix}=f(\xi)-\xi f'(\xi);$$

(2) $\exists\xi\in(a,b)$,使得

$$f(b)-f(a)=\xi f'(\xi)\ln\frac{b}{a}.$$

11. 设函数$f(x)$在$[a,b]$上连续,在(a,b)内可导,且$f(a)=f(b)=0$. 证明:

(1) 当$a>0$时,$\exists\xi\in(a,b)$,使得$f'(\xi)=\dfrac{f(\xi)}{\xi}$;

(2) 对于$\forall\lambda\in\mathbf{R}$,$\exists\xi\in(a,b)$,使得$f'(\xi)=\lambda f(\xi)$.

12. 设函数$f(x)$在$[0,1]$上二阶可导,且$f(0)=f(1)=0$. 证明:$\exists\xi\in(0,1)$,使得

$$f''(\xi)=\frac{2f'(\xi)}{1-\xi}.$$

13. 设函数$f(x)$在$[0,+\infty)$上可导,$f(0)=0$且

$$|f'(x)|\leqslant|f(x)|,\quad\forall x\in[0,+\infty).$$

证明:$f(x)=0$,$\forall x\in[0,+\infty)$.

14. 设函数$f(x)$在$[0,1]$上连续,在$(0,1)$内可导,且$|f'(x)|<1$,$f(0)=f(1)$. 证明:对于$\forall x_1,x_2\in(0,1)$有

$$|f(x_1)-f(x_2)|<\frac{1}{2}.$$

15. 设函数$f(x)$在$[a,b]$上连续,在(a,b)内可导$(a>0)$. 证明:$\exists\xi,\eta\in(a,b)$,使得

$$abf'(\xi)=\eta^2f'(\eta).$$

16. 设函数$f(x)$在$[0,1]$上连续,在$(0,1)$内可导,且$f(0)=0$,$f(1)=\dfrac{1}{2}$. 证明:$\exists\xi,\eta\in(0,1)\ (\xi\neq\eta)$,使得

$$f'(\xi)+f'(\eta)=\xi+\eta.$$

5.2 L'Hospital 法则

函数的极限计算方法是数学分析中最常用的基本方法,但是极限的计算本身具有很大的灵活性和技巧性,有些问题有相当的难度,而有些问题用我们前面已知的方法甚至无法将计算进行下去.

如所熟知，当 $f(x)\to 0$，$g(x)\to 0$ 或者 $f(x)\to\infty$，$g(x)\to\infty$ 时，两者比值 $\dfrac{f(x)}{g(x)}$ 的极限情况就非常复杂，一般也不能用以往的极限运算法则计算. 对于这两种常见的极限形式，我们称之为 $\dfrac{0}{0}$ 型和 $\dfrac{\infty}{\infty}$ 型不定式. 但读者应注意这里"$\dfrac{0}{0}$"只是一种极限类型的记法，并不表示可以将常数 0 作为除数. 除此之外，极限计算中还有

$$\infty-\infty,\quad 0\cdot\infty,\quad 1^{\infty},\quad 0^{0},\quad \infty^{0}$$

五种不定式，稍后我们将会说明这五种不定式经简单变形后都可以化为 $\dfrac{0}{0}$ 型或 $\dfrac{\infty}{\infty}$ 型不定式.

在这一节中，我们在微分中值定理的基础上介绍计算不定式极限最强有力的工具——L'Hospital 法则，从而使大部分函数极限的计算变得极为方便.

定理 1（L'Hospital 法则Ⅰ）　设函数 $f(x)$，$g(x)$ 在点 x_0 的某右邻域 $(x_0,x_0+\delta)$ 内可导，且对 $\forall x\in(x_0,x_0+\delta)$ 有 $g'(x)\neq 0$，又

$$\lim_{x\to x_0^+}\frac{f'(x)}{g'(x)}=A\ (A\text{ 为有限常数或 }\pm\infty).$$

（1）若有 $\lim\limits_{x\to x_0^+}f(x)=\lim\limits_{x\to x_0^+}g(x)=0$，则

$$\lim_{x\to x_0^+}\frac{f(x)}{g(x)}=A.\tag{1}$$

（2）若有 $\lim\limits_{x\to x_0^+}g(x)=\infty$，则(1)式也成立.

证明　(1) 补充定义 $f(x_0)=g(x_0)=0$. 首先可看出 $g(x)\neq 0$，$\forall x\in(x_0,x_0+\delta)$. 倘若不然，由 Rolle 中值定理可知 $g'(x)$ 在 (x_0,x) 内必有零点，与条件矛盾.

因为 $f(x)$，$g(x)$ 在 $[x_0,x]$ 上连续，在 (x_0,x) 内可导，由 Cauchy 中值定理有

$$\frac{f(x)}{g(x)}=\frac{f(x)-f(x_0)}{g(x)-g(x_0)}=\frac{f'(x_0+\theta(x-x_0))}{g'(x_0+\theta(x-x_0))},\ \exists\,\theta\in(0,1).$$

因为当 $x\to x_0^+$ 时，$x_0+\theta(x-x_0)\to x_0^+$，于是有

$$\lim_{x\to x_0^+}\frac{f(x)}{g(x)}=\lim_{x\to x_0^+}\frac{f'(x_0+\theta(x-x_0))}{g'(x_0+\theta(x-x_0))}=\lim_{x\to x_0^+}\frac{f'(x)}{g'(x)}=A.$$

(2) 利用函数的单侧极限与数列极限关系的结果，只要证明对于 $\forall\{x_n\}$ $(x_n>x_{n+1}$ 且 $x_n\to x_0^+)$，均有 $\lim\limits_{n\to\infty}\dfrac{f(x_n)}{g(x_n)}=A$.

因为 $g'(x)\neq 0$，不妨设 $g'(x)<0$，则 $g(x)$ 在 $(x_0,x_0+\delta)$ 内严格递减，从而 $\{g(x_n)\}$ 为严格递增数列. 再由条件 $\lim\limits_{x\to x_0^+}g(x)=\infty$ 可知必有 $\lim\limits_{x\to x_0^+}g(x)=+\infty$. 由

Stolz 定理以及 Cauchy 中值定理便有

$$\begin{aligned}\lim_{n\to\infty}\frac{f(x_n)}{g(x_n)} &= \lim_{n\to\infty}\frac{f(x_{n+1})-f(x_n)}{g(x_{n+1})-g(x_n)} \\ &= \lim_{n\to\infty}\frac{f'(\xi_n)}{g'(\xi_n)} = \lim_{x\to x_0^+}\frac{f'(x)}{g'(x)} = A,\end{aligned}$$

其中 $\xi_n\in(x_{n+1},x_n)$.

读者可能已注意到,在$\frac{\infty}{\infty}$型 L'Hospital 法则的条件中,并不要求分子部分有 $\lim\limits_{x\to x_0^+}f(x)=\infty$.

上述 L'Hospital 法则的证明虽然是对函数的右极限而言,但从证明中可以看出,当考虑函数的左极限或双侧极限时,命题仍然是成立的.

L'Hospital 法则给计算函数极限带来很大的方便,但是要注意在实际运用该法则时应先行验证条件,也即要看 $f(x)$, $g(x)$ 是否满足定理条件. 当 $\lim\limits_{x\to x_0^+}\frac{f'(x)}{g'(x)}$仍然是不定式时,只要 $f'(x)$, $g'(x)$ 仍然满足定理条件,我们可以继续使用 L'Hospital 法则,得出

$$\lim_{x\to x_0^+}\frac{f(x)}{g(x)} = \lim_{x\to x_0^+}\frac{f'(x)}{g'(x)} = \lim_{x\to x_0^+}\frac{f''(x)}{g''(x)}$$

等等. 对于其他极限过程的 L'Hospital 法则,也有同样的结论.

需要特别指出的是,倘若 $\lim\limits_{x\to x_0^+}\frac{f'(x)}{g'(x)}$不存在,决不能由此得出 $\lim\limits_{x\to x_0^+}\frac{f(x)}{g(x)}$也不存在的结论. 例如,考虑极限 $\lim\limits_{x\to 0}\frac{x^2\sin\frac{1}{x}}{\sin x}$,我们有

$$\lim_{x\to 0}\frac{x^2\sin\frac{1}{x}}{\sin x} = \lim_{x\to 0}\frac{x}{\sin x}\cdot\lim_{x\to 0}x\sin\frac{1}{x} = 1\cdot 0 = 0.$$

但若是对分子、分母分别求导后计算极限,便有

$$\frac{\left(x^2\sin\frac{1}{x}\right)'}{(\sin x)'} = \frac{2x\sin\frac{1}{x}-\cos\frac{1}{x}}{\cos x},$$

当 $x\to 0$ 时,上式右端前一项趋于零,而后一项极限不存在,从而上式左端的极限不存在!

例 1 求下列极限:

(1) $\lim\limits_{x\to 0}\frac{e^x-e^{-x}-2x}{x-\sin x}$; (2) $\lim\limits_{x\to 0}\left(\frac{\sin x}{x}\right)^{\frac{1}{x^2}}$; (3) $\lim\limits_{x\to 0}\left(\frac{2}{\sin^2 x}-\frac{1}{1-\cos x}\right)$.

解　(1) $\lim\limits_{x\to 0}\dfrac{e^x-e^{-x}-2x}{x-\sin x}\overset{\left(\frac{0}{0}\right)}{=}\lim\limits_{x\to 0}\dfrac{e^x+e^{-x}-2}{1-\cos x}\overset{\left(\frac{0}{0}\right)}{=}\lim\limits_{x\to 0}\dfrac{e^x-e^{-x}}{\sin x}$

$$\overset{\left(\frac{0}{0}\right)}{=}\lim_{x\to 0}\frac{e^x+e^{-x}}{\cos x}=2.$$

(2) 这是 1^∞ 型,取对数后可化为$\dfrac{0}{0}$型,先计算

$$\begin{aligned}\lim_{x\to 0}\ln\left(\frac{\sin x}{x}\right)^{\frac{1}{x^2}}&=\lim_{x\to 0}\frac{\ln(\sin x)-\ln x}{x^2}\overset{\left(\frac{0}{0}\right)}{=}\lim_{x\to 0}\frac{\frac{\cos x}{\sin x}-\frac{1}{x}}{2x}\\&=\frac{1}{2}\lim_{x\to 0}\frac{x\cos x-\sin x}{x^2\sin x}=\frac{1}{2}\lim_{x\to 0}\frac{x\cos x-\sin x}{x^3}\\&\overset{\left(\frac{0}{0}\right)}{=}\frac{1}{2}\lim_{x\to 0}\frac{\cos x-x\sin x-\cos x}{3x^2}\\&=-\frac{1}{6}\lim_{x\to 0}\frac{\sin x}{x}=-\frac{1}{6}.\end{aligned}$$

故$\lim\limits_{x\to 0}\left(\dfrac{\sin x}{x}\right)^{\frac{1}{x^2}}=e^{-\frac{1}{6}}$.

更好的方法是先使用无穷小的等价代换,从而使计算过程更为简化:

$$\begin{aligned}\lim_{x\to 0}\ln\left(\frac{\sin x}{x}\right)^{\frac{1}{x^2}}&=\lim_{x\to 0}\frac{1}{x^2}\ln\left(1+\left(\frac{\sin x}{x}-1\right)\right)=\lim_{x\to 0}\frac{\frac{\sin x}{x}-1}{x^2}\\&=\lim_{x\to 0}\frac{\sin x-x}{x^3}\overset{\left(\frac{0}{0}\right)}{=}\lim_{x\to 0}\frac{\cos x-1}{3x^2}=-\frac{1}{6}.\end{aligned}$$

(3) 这是$\infty-\infty$型,通分后可化为$\dfrac{0}{0}$型.

$$\begin{aligned}\lim_{x\to 0}\left(\frac{2}{\sin^2 x}-\frac{1}{1-\cos x}\right)&=\lim_{x\to 0}\frac{2-2\cos x-\sin^2 x}{(1-\cos x)\sin^2 x}\\&=\lim_{x\to 0}\frac{2-2\cos x-\sin^2 x}{\frac{1}{2}x^4}\\&\overset{\left(\frac{0}{0}\right)}{=}\lim_{x\to 0}\frac{2\sin x-2\sin x\cos x}{2x^3}\\&=\lim_{x\to 0}\frac{\sin x}{x}\cdot\lim_{x\to 0}\frac{1-\cos x}{x^2}\\&=1\cdot\frac{1}{2}=\frac{1}{2}.\end{aligned}$$

在此例后两题的计算中，我们综合运用了 L'Hospital 法则与无穷小的等价代换，以避免求导数时带来冗长而繁复的计算.

例 2 求极限$\lim\limits_{x\to 0}\dfrac{(1+x)^{\frac{1}{x}}-\mathrm{e}}{x}$.

解法 1 $$\lim_{x\to 0}\frac{(1+x)^{\frac{1}{x}}-\mathrm{e}}{x}\overset{\left(\frac{0}{0}\right)}{=}\lim_{x\to 0}(1+x)^{\frac{1}{x}}\cdot\frac{x-(1+x)\ln(1+x)}{x^2(1+x)}$$
$$=\mathrm{e}\cdot\lim_{x\to 0}\frac{x-(1+x)\ln(1+x)}{x^2}$$
$$\overset{\left(\frac{0}{0}\right)}{=}\mathrm{e}\cdot\lim_{x\to 0}\frac{-\ln(1+x)}{2x}=-\frac{\mathrm{e}}{2}.$$

解法 2 注意到$\lim\limits_{x\to 0}\dfrac{\ln(1+x)}{x}=1$ 及 $\mathrm{e}^{\varphi(x)}-1\sim\varphi(x)\,(\varphi(x)\to 0,\varphi(x)\neq 0)$，就有

$$\lim_{x\to 0}\frac{(1+x)^{\frac{1}{x}}-\mathrm{e}}{x}=\lim_{x\to 0}\frac{\mathrm{e}^{\frac{1}{x}\ln(1+x)}-\mathrm{e}}{x}=\mathrm{e}\cdot\lim_{x\to 0}\frac{\mathrm{e}^{\frac{1}{x}\ln(1+x)-1}-1}{x}$$
$$=\mathrm{e}\cdot\lim_{x\to 0}\frac{\ln(1+x)-x}{x^2}\overset{\left(\frac{0}{0}\right)}{=}\mathrm{e}\cdot\lim_{x\to 0}\frac{\dfrac{1}{1+x}-1}{2x}$$
$$=\mathrm{e}\cdot\lim_{x\to 0}\frac{-1}{2(1+x)}=-\frac{\mathrm{e}}{2}.$$

后一种解法只是在最后一步用了一次 L'Hospital 法则，计算量明显要比前一种解法减少许多.

定理 2（L'Hospital 法则 Ⅱ） 设函数 $f(x)$，$g(x)$ 在 $(a,+\infty)$ 内可导，且对于 $\forall x\in(a,+\infty)$，$g'(x)\neq 0$，又

$$\lim_{x\to+\infty}\frac{f'(x)}{g'(x)}=A\ (A\text{ 为有限常数或 }\pm\infty).$$

（1）若有 $\lim\limits_{x\to+\infty}f(x)=\lim\limits_{x\to+\infty}g(x)=0$，则

$$\lim_{x\to+\infty}\frac{f(x)}{g(x)}=A. \tag{2}$$

（2）若有 $\lim\limits_{x\to+\infty}g(x)=\infty$，则(2)式也成立.

证明 我们只证前一个结论，后一个留给读者补充完成.

由于所考虑的是 $x\to+\infty$ 的极限过程，故可假设 $a>0$. 此外，出于与定理 1 证明中同样的理由，可知必定有 $g(x)\neq 0$，$\forall x\in(a,+\infty)$.

令 $x=\dfrac{1}{t}$，则当 $x\to+\infty$ 时 $t\to 0^+$，反之也一样. 再记 $F(t)=f\left(\dfrac{1}{t}\right)$，$G(t)=$

$g\left(\frac{1}{t}\right)$,则$F(t)$,$G(t)$在$\left(0,\frac{1}{a}\right)$内可导,且有

$$G'(t)=g'\left(\frac{1}{t}\right)\cdot\left(-\frac{1}{t^2}\right)\neq 0,$$

以及

$$\lim_{t\to 0^+}F(t)=\lim_{x\to+\infty}f(x)=0,\quad \lim_{t\to 0^+}G(t)=\lim_{x\to+\infty}g(x)=0.$$

而

$$\lim_{t\to 0^+}\frac{F'(t)}{G'(t)}=\lim_{t\to 0^+}\frac{f'\left(\frac{1}{t}\right)\cdot\left(-\frac{1}{t^2}\right)}{g'\left(\frac{1}{t}\right)\cdot\left(-\frac{1}{t^2}\right)}=\lim_{x\to+\infty}\frac{f'(x)}{g'(x)}=A.$$

由定理 1 的结果即知定理 2 成立.

例 3 当$x\to+\infty$时,下列函数

$$\ln x,\ x^\lambda(\lambda>0),\ e^x,\ x^x$$

均为无穷大,证明:在上述顺序中,后一个函数是较前一个函数更高阶的无穷大.

证明 我们有

$$\lim_{x\to+\infty}\frac{\ln x}{x^\lambda}\overset{\left(\frac{\infty}{\infty}\right)}{=}\lim_{x\to+\infty}\frac{\frac{1}{x}}{\lambda x^{\lambda-1}}=\frac{1}{\lambda}\lim_{x\to+\infty}\frac{1}{x^\lambda}=0,\ \lambda>0.$$

设$n-1<\lambda\leqslant n(n\in\mathbf{N})$,相继$n$次使用 L'Hospital 法则,便有

$$\begin{aligned}\lim_{x\to+\infty}\frac{x^\lambda}{e^x}&\overset{\left(\frac{\infty}{\infty}\right)}{=}\lambda\lim_{x\to+\infty}\frac{x^{\lambda-1}}{e^x}\overset{\left(\frac{\infty}{\infty}\right)}{=}\lambda(\lambda-1)\lim_{x\to+\infty}\frac{x^{\lambda-2}}{e^x}\overset{\left(\frac{\infty}{\infty}\right)}{=}\cdots\\&\overset{\left(\frac{\infty}{\infty}\right)}{=}\lambda(\lambda-1)\cdots(\lambda-n+1)\lim_{x\to+\infty}\frac{x^{\lambda-n}}{e^x}=0.\end{aligned}$$

最后,由$\lim\limits_{x\to+\infty}x(1-\ln x)=-\infty$可知

$$\lim_{x\to+\infty}\frac{e^x}{x^x}=\lim_{x\to+\infty}e^{x(1-\ln x)}=0.$$

通过上面这些例子,我们已经看到 L'Hospital 法则在计算函数极限中的巨大作用,它使大部分函数极限的计算不再需要专门技巧,成为一种轻松愉快的简单劳动. 但是 L'Hospital 法则并不是包打天下的万能工具. 例如,计算极限$\lim\limits_{x\to+\infty}\frac{x}{\sqrt{1+x^2}}$,若运用 L'Hospital 法则,就有

$$\lim_{x\to+\infty}\frac{x}{\sqrt{1+x^2}}=\lim_{x\to+\infty}\frac{1}{\frac{x}{\sqrt{1+x^2}}}=\lim_{x\to+\infty}\frac{\sqrt{1+x^2}}{x}$$

$$= \lim_{x \to +\infty} \frac{\frac{x}{\sqrt{1+x^2}}}{1} = \lim_{x \to +\infty} \frac{x}{\sqrt{1+x^2}}.$$

此时分子分母无休止地上、下换位，陷入循环怪圈而得不出任何结果. 但事实上，读者几乎一眼就能看出原式极限为 1. 这说明 L'Hospital 法则在运用上有其局限性，我们必须对具体问题作具体分析，综合考虑各种行之有效的方法. 另外，我们再次强调在运用 L'Hospital 法则时必须注意定理条件，尽管在一般计算题中并不要求每一步都写出具体验证，但读者在计算时必须心中有数. 下面一个计算性证明正是说明了这一点.

例 4 设函数 $f(x)$ 在点 x_0 处二阶可导，证明：

$$\lim_{h \to 0} \frac{f(x_0+h)+f(x_0-h)-2f(x_0)}{h^2} = f''(x_0). \tag{3}$$

证明 由条件 $f''(x_0)$ 存在，故 $f'(x)$ 在点 x_0 的某邻域内有定义，对(3)式左端可使用一次（也只能用一次）L' Hospital 法则，就有

$$\lim_{h \to 0} \frac{f(x_0+h)+f(x_0-h)-2f(x_0)}{h^2}$$

$$\overset{\left(\frac{0}{0}\right)}{=} \lim_{h \to 0} \frac{f'(x_0+h)-f'(x_0-h)}{2h}$$

$$= \frac{1}{2} \lim_{h \to 0} \left(\frac{f'(x_0+h)-f'(x_0)}{h} + \frac{f'(x_0-h)-f'(x_0)}{-h} \right)$$

$$= \frac{1}{2}(f''(x_0)+f''(x_0)) = f''(x_0).$$

第三步用到了 $f(x)$ 在点 x_0 处二阶可导的定义.

习题 5.2

1. 求下列极限：

(1) $\lim\limits_{x \to 0} \dfrac{x-\ln(1+x)}{x^2}$;　　(2) $\lim\limits_{x \to 0} \dfrac{\tan x - x}{x - \sin x}$;

(3) $\lim\limits_{x \to \frac{\pi}{2}} \dfrac{\ln(\sin x)}{(\pi-2x)^2}$;　　(4) $\lim\limits_{x \to +\infty} \dfrac{\frac{\pi}{2} - \arctan x}{\sin \frac{1}{x}}$;

(5) $\lim\limits_{x \to 0} \dfrac{(1+x)^{\frac{1}{x}} - \mathrm{e}}{\sin x}$;　　(6) $\lim\limits_{x \to 1^-} \ln x \cdot \ln(1-x)$;

(7) $\lim\limits_{x \to \infty} x\left(a^{\frac{1}{x}} - b^{\frac{1}{x}}\right)(a,b>0)$;　　(8) $\lim\limits_{x \to 0} \dfrac{\cos(\sin x) - \cos x}{x^4}$;

(9) $\lim\limits_{x \to 0} \left(\dfrac{1}{x} - \dfrac{1}{\mathrm{e}^x - 1} \right)$;　　(10) $\lim\limits_{x \to 0} \left(\cot x - \dfrac{1}{x} \right)$;

(11) $\lim_{x\to0}\left(\frac{1}{x^2}-\frac{1}{\sin^2x}\right)$;

(12) $\lim_{x\to1}\left(\frac{1}{\ln x}+\frac{x}{1-x}\right)$;

(13) $\lim_{x\to0^+}(\cot x)^{\frac{1}{\ln x}}$;

(14) $\lim_{x\to0^+}\left(\ln\frac{1}{x}\right)^{\sin x}$;

(15) $\lim_{x\to+\infty}\left(\frac{2}{\pi}\arctan x\right)^x$;

(16) $\lim_{x\to0}\left(\frac{2}{\pi}\arccos x\right)^{\frac{1}{x}}$;

(17) $\lim_{x\to0}\left(\frac{\arcsin x}{x}\right)^{\frac{1}{x^2}}$;

(18) $\lim_{x\to0}\left(\frac{\ln(1+x)}{x}\right)^{\frac{1}{x}}$;

(19) $\lim_{x\to0}\left(\frac{(1+x)^{\frac{1}{x}}}{\mathrm{e}}\right)^{\frac{1}{x}}$;

(20) $\lim_{x\to+\infty}\left(1+\frac{1}{x}\right)^{x^2}\mathrm{e}^{-x}$.

2. 设函数

$$f(x)=\begin{cases}\dfrac{g(x)-\cos x}{x}, & x\neq0,\\ A, & x=0.\end{cases}$$

其中 $g(x)$ 具有二阶连续的导数,且 $g(0)=1$.

(1) 求常数 A,使 $f(x)$ 在 $x=0$ 处连续;

(2) 对上述 A,讨论 $f(x)$ 在 $x=0$ 处的可导性与导数连续性.

3. 设函数 $f(x)$ 可导,且 $f''(x_0)$ 存在,证明:

$$\lim_{h\to0}\frac{f(x_0+2h)-2f(x_0+h)+f(x_0)}{h^2}=f''(x_0).$$

4. 设函数 $f(x)$ 在点 x_0 处二阶可导,$f'(x_0)\neq0$,求

$$\lim_{x\to x_0}\left(\frac{1}{f(x)-f(x_0)}-\frac{1}{(x-x_0)f'(x_0)}\right).$$

5. 按微分中值定理,当 $x\geqslant0$ 时有

$$\sqrt{x+1}-\sqrt{x}=\frac{1}{2\sqrt{x+\theta}},\ 0<\theta<1.$$

求 $\lim_{x\to0^+}\theta$ 与 $\lim_{x\to+\infty}\theta$.

6. 按微分中值定理,当 $|x|<1$ 时有

$$\arcsin x=\frac{x}{\sqrt{1-\theta^2x^2}},\ 0<\theta<1.$$

求 $\lim_{x\to0}\theta$.

7. 设函数 $f(x)$ 在 $(a,+\infty)$ 上可导,且 $\lim_{x\to+\infty}(f(x)+f'(x))=0$. 证明: $\lim_{x\to+\infty}f(x)=0$.

8. 设 $x_1>0, x_{n+1}=\ln(1+x_n), n\in\mathbf{N}$. 证明: $\lim_{n\to\infty}nx_n=2$.

9. 设 $0<x_1<\frac{\pi}{2}, x_{n+1}=\sin x_n, n\in\mathbf{N}$. 证明: $\lim_{n\to\infty}nx_n^2=3$.

5.3 Taylor 公式

多项式函数被认为是形式简单、性质良好的函数,它所表示的图形曲线充分

光滑(无穷次可导),而且计算简便. 因此,如果一般的函数能够用一个多项式近似(又称为逼近),无论在理论研究或实际计算方面都会有重大的意义.

有没有这种可能性呢? 事实上,当函数 $f(x)$ 在点 x_0 处可导时,有

$$f(x)=f(x_0)+f'(x_0)(x-x_0)+o(x-x_0),x\to x_0, \tag{1}$$

(1)式表明 $f(x)$ 在点 x_0 附近确实可以用 $x-x_0$ 的一次多项式逼近,由此产生的误差在 $x\to x_0$ 时是比 $x-x_0$ 更高阶的无穷小.

但是在许多问题中,这样的逼近程度还不能满足要求. 为了提高逼近的精确度,进一步考虑能否用关于 $x-x_0$ 的 n 次多项式更精确地逼近 $f(x)$,而由此产生的误差当 $x\to x_0$ 时是比 $(x-x_0)^n$ 更高阶的无穷小? 换言之,即有

$$\begin{aligned}f(x)=&a_0+a_1(x-x_0)+a_2(x-x_0)^2+\cdots+\\&a_n(x-x_0)^n+o((x-x_0)^n),x\to x_0.\end{aligned} \tag{2}$$

自然要提出下面几个问题:

一、函数 $f(x)$ 应满足什么条件,(2)式才能成立?

二、(2)式中的系数 $a_0,a_1,\cdots,a_n$ 如何确定?

三、(2)式中的逼近多项式是否唯一?

下面介绍的带 Peano 余项的 Taylor 公式回答了前两个问题,最后一个问题的结论实际上也是肯定的,我们将它留作思考题.

5.3.1 带 Peano 余项的 Taylor 公式

定理 1 设函数 $f(x)$ 在点 x_0 处 n 阶可导,则有

$$\begin{aligned}f(x)=&f(x_0)+f'(x_0)(x-x_0)+\cdots+\\&\frac{f^{(n)}(x_0)}{n!}(x-x_0)^n+r_n(x-x_0),\end{aligned} \tag{3}$$

其中 $r_n(x-x_0)=o((x-x_0)^n)$ 称为 Peano 余项.

证明 要证

$$\lim_{x\to x_0}\frac{1}{(x-x_0)^n}\left(f(x)-\left(f(x_0)+f'(x_0)(x-x_0)+\cdots+\frac{f^{(n)}(x_0)}{n!}(x-x_0)^n\right)\right)=0. \tag{4}$$

因为 $f(x)$ 在点 x_0 处 n 阶可导,故 $f(x)$ 在点 x_0 的某邻域内具有直到 $n-1$ 阶导数,从而可以对(4)式相继使用 $n-1$ 次 L'Hospital 法则,得

$$\lim_{x\to x_0}\frac{1}{(x-x_0)^n}\left(f(x)-\left(f(x_0)+f'(x_0)(x-x_0)+\cdots+\frac{f^{(n)}(x_0)}{n!}(x-x_0)^n\right)\right)$$

$$\overset{\left(\frac{0}{0}\right)}{=}\lim_{x\to x_0}\frac{1}{n(x-x_0)^{n-1}}\left(f'(x)-\left(f'(x_0)+f''(x_0)(x-x_0)+\cdots+\right.\right.$$

$$\left.\left.\frac{f^{(n)}(x_0)}{(n-1)!}(x-x_0)^{n-1}\right)\right)$$

$$\overset{\left(\frac{0}{0}\right)}{=}\lim_{x\to x_0}\frac{1}{n(n-1)(x-x_0)^{n-2}}\left(f''(x)-\left(f''(x_0)+\cdots+\frac{f^{(n)}(x_0)}{(n-2)!}(x-x_0)^{n-2}\right)\right)$$

$$\overset{\left(\frac{0}{0}\right)}{=}\cdots\overset{\left(\frac{0}{0}\right)}{=}\lim_{x\to x_0}\frac{f^{(n-1)}(x)-(f^{(n-1)}(x_0)+f^{(n)}(x_0)(x-x_0))}{n!(x-x_0)}$$

$$=\frac{1}{n!}\lim_{x\to x_0}\left(\frac{f^{(n-1)}(x)-f^{(n-1)}(x_0)}{x-x_0}-f^{(n)}(x_0)\right)$$

$$=\frac{1}{n!}(f^{(n)}(x_0)-f^{(n)}(x_0))=0.$$

倒数第二步用到了$f(x)$在点 x_0 处 n 阶可导的条件.

我们把(3)式称为函数$f(x)$在点 x_0 处带 Peano 余项的 Taylor 公式,并将

$$a_k=\frac{f^{(k)}(x_0)}{k!}\quad(k=0,1,2,\cdots,n)$$

称为 Taylor 系数.

特别地,当 $x_0=0$ 时,有

$$f(x)=f(0)+f'(0)x+\cdots+\frac{f^{(n)}(0)}{n!}x^n+o(x^n),x\to 0.\tag{5}$$

(5)式又称为函数$f(x)$带 Peano 余项的 Maclaurin 公式.

带 Peano 余项的 Taylor 公式对函数$f(x)$的展开要求较低,它只要求$f(x)$在点 x_0 处 n 阶可导就行了,展开形式也比较简单. (3)式表明当 $x\to x_0$ 时用右端的 Taylor 多项式 $\sum\limits_{k=0}^{n}\frac{f^{(k)}(x_0)}{k!}(x-x_0)^k$ 代替函数$f(x)$所产生的误差是$(x-x_0)^n$ 的高阶无穷小,这反映了函数$f(x)$在点 x_0 附近的局部性态.

但是,Peano 余项 $o((x-x_0)^n)$难以说明误差范围,因此一般不能对余项作定量估算. 换言之,带 Peano 余项的 Taylor 公式只适合于对函数$f(x)$在 $x\to x_0$ 时作性态分析. 因此,在涉及 $x\to x_0$ 时的函数极限问题,考虑对函数 $f(x)$用带 Peano 余项的 Taylor 公式展开,有时要比用 L'Hospital 法则更为方便简洁.

例 1 求下列函数带 Peano 余项的 Maclaurin 公式:

(1) $f(x)=e^x$; (2) $f(x)=\sin x$; (3) $f(x)=\cos x$;

(4) $f(x)=\ln(1+x)$; (5) $f(x)=(1+x)^\alpha$.

解 (1) 因为$f^{(k)}(0)=1$,所以 $a_k=\frac{1}{k!}(k=0,1,2,\cdots,n)$,于是有

$$e^x=1+x+\frac{x^2}{2!}+\cdots+\frac{x^n}{n!}+o(x^n),x\to 0.$$

(2) 因为$f(0)=0$, $f^{(k)}(0)=\sin\frac{k\pi}{2}$, 所以 $a_{2k}=0$, $a_{2k-1}=\frac{(-1)^{k-1}}{(2k-1)!}$ $(k=1,$

$2,\cdots,n)$，于是有

$$\sin x = x - \frac{x^3}{3!} + \frac{x^5}{5!} - \cdots + \frac{(-1)^{n-1}}{(2n-1)!}x^{2n-1} + o(x^{2n}),x \to 0.$$

(3) 同(2)，可计算得出

$$\cos x = 1 - \frac{x^2}{2!} + \frac{x^4}{4!} - \cdots + \frac{(-1)^n}{(2n)!}x^{2n} + o(x^{2n+1}),x \to 0.$$

(4) 因为 $f(0)=0$，$f^{(k)}(0)=(-1)^{k-1}(k-1)!$，所以 $a_k=\dfrac{(-1)^{k-1}}{k}(k=1,2,\cdots,n)$，于是有

$$\ln(1+x) = x - \frac{x^2}{2} + \frac{x^3}{3} - \cdots + \frac{(-1)^{n-1}}{n}x^n + o(x^n),x \to 0.$$

(5) 因为 $f(0)=1$，$f^{(k)}(0)=\alpha(\alpha-1)\cdots(\alpha-k+1)$，所以 $a_k=\dfrac{\alpha(\alpha-1)\cdots(\alpha-k+1)}{k!}(k=1,2,\cdots,n)$，于是有

$$(1+x)^\alpha = 1 + \alpha x + \frac{\alpha(\alpha-1)}{2!}x^2 + \cdots + \frac{\alpha(\alpha-1)\cdots(\alpha-n+1)}{n!}x^n + o(x^n),x \to 0.$$

例 2 将函数 $f(x)=\dfrac{1}{2}\ln\dfrac{a+x}{a-x}(a>0)$ 展开为带 Peano 余项的 Maclaurin 公式.

解 利用例 1 中的基本展开式

$$\ln(1+x) = x - \frac{x^2}{2} + \frac{x^3}{3} - \cdots + \frac{(-1)^{n-1}}{n}x^n + o(x^n),x \to 0,$$

有

$$\begin{aligned}\ln(a+x) &= \ln a + \ln\left(1+\frac{x}{a}\right)\\ &= \ln a + \frac{x}{a} - \frac{x^2}{2a^2} + \cdots + (-1)^{n-1}\frac{x^n}{na^n} + o(x^n),\end{aligned}$$

$$\begin{aligned}\ln(a-x) &= \ln a + \ln(1-\frac{x}{a})\\ &= \ln a - \frac{x}{a} - \frac{x^2}{2a^2} - \cdots - \frac{x^n}{na^n} + o(x^n),\end{aligned}$$

因此得出

$$\begin{aligned}f(x) &= \frac{1}{2}(\ln(a+x)-\ln(a-x))\\ &= \frac{x}{a} + \frac{x^3}{3a^3} + \frac{x^5}{5a^5} + \cdots + \frac{x^{2n-1}}{(2n-1)a^{2n-1}} + o(x^{2n}),x \to 0.\end{aligned}$$

例 3　将函数 $f(x)=\mathrm{e}^{\sin x}$ 展开为带 Peano 余项的 Maclaurin 公式（到含 x^5 项）.

解　利用基本展开式

$$\mathrm{e}^x = 1+x+\frac{x^2}{2!}+\cdots+\frac{x^n}{n!}+o(x^n),x\to 0;$$

$$\sin x = x-\frac{x^3}{3!}+\frac{x^5}{5!}-\cdots+\frac{(-1)^{n-1}}{(2n-1)!}x^{2n-1}+o(x^{2n}),x\to 0.$$

注意到当 $x\to 0$ 时，$\sin x\sim x$，从而 $o(\sin^n x)=o(x^n)$，于是有

$$\begin{aligned}f(x) &= 1+\sin x+\frac{\sin^2 x}{2!}+\frac{\sin^3 x}{3!}+\frac{\sin^4 x}{4!}+\frac{\sin^5 x}{5!}+o(\sin^5 x)\\ &= 1+\left(x-\frac{x^3}{3!}+\frac{x^5}{5!}+o(x^6)\right)+\frac{1}{2!}\left(x-\frac{x^3}{3!}+o(x^4)\right)^2+\\ &\quad \frac{1}{3!}\left(x-\frac{x^3}{3!}+o(x^4)\right)^3+\frac{1}{4!}(x+o(x^2))^4+\frac{1}{5!}(x+o(x^2))^5+o(x^5).\end{aligned}$$

对上式展开后整理，并略去所有高于 x^5 的项（可以认为这些高次项已全部归并在 $o(x^5)$ 中），即得到

$$f(x) = 1+x+\frac{x^2}{2}-\frac{x^4}{8}-\frac{x^5}{15}+o(x^5),x\to 0.$$

在此例计算中 e^x 的展开式取到五阶，而 $\sin x$ 的展开式有的取五阶，有的取三阶，也有的甚至只取一阶. 读者应注意这一计算技巧，并分析如此选取的理由.

例 4　计算下列极限：

（1）$\lim\limits_{x\to 0}\dfrac{\mathrm{e}^x\sin x-x(1+x)}{x^3}$；　（2）$\lim\limits_{x\to+\infty}\left(\sqrt[3]{x^3+3x}-\sqrt{x^2-2x}\right)$.

解　（1）利用基本展开式，将分子部分展开到含 x^3 项

$$\mathrm{e}^x = 1+x+\frac{x^2}{2!}+o(x^2),\quad \sin x = x-\frac{x^3}{3!}+o(x^4),$$

则有

$$\begin{aligned}&\lim_{x\to 0}\frac{\mathrm{e}^x\sin x-x(1+x)}{x^3}\\ &= \lim_{x\to 0}\frac{\left(1+x+\frac{x^2}{2}+o(x^2)\right)\cdot\left(x-\frac{x^3}{6}+o(x^4)\right)-x(1+x)}{x^3}\\ &= \lim_{x\to 0}\frac{\left(x+x^2+\frac{x^3}{3}+o(x^3)\right)-(x+x^2)}{x^3}\\ &= \lim_{x\to 0}\frac{\frac{x^3}{3}+o(x^3)}{x^3} = \lim_{x\to 0}\left(\frac{1}{3}+o(1)\right)=\frac{1}{3}.\end{aligned}$$

(2) 利用基本展开式

$$(1+x)^{\alpha}=1+\alpha x+\frac{\alpha(\alpha-1)}{2!}x^{2}+\cdots+\frac{\alpha(\alpha-1)\cdots(\alpha-n+1)}{n!}x^{n}+o(x^{n}),x\to 0.$$

则有

$$\begin{aligned}&\lim_{x\to+\infty}(\sqrt[3]{x^{3}+3x}-\sqrt{x^{2}-2x})\\&=\lim_{x\to+\infty}\left(x\left(1+\frac{3}{x^{2}}\right)^{\frac{1}{3}}-x\left(1-\frac{2}{x}\right)^{\frac{1}{2}}\right)\\&=\lim_{x\to+\infty}x\left(\left(1+\frac{1}{3}\cdot\frac{3}{x^{2}}+o\left(\frac{1}{x^{2}}\right)\right)-\left(1+\frac{1}{2}\left(-\frac{2}{x}\right)+o\left(\frac{1}{x}\right)\right)\right)\\&=\lim_{x\to+\infty}x\left(\frac{1}{x}+o\left(\frac{1}{x}\right)\right)=\lim_{x\to+\infty}(1+o(1))=1.\end{aligned}$$

5.3.2 带 Lagrange 余项的 Taylor 公式

如前一节所述,函数 $f(x)$ 在某点 x_0 处展开成带 Peano 余项的 Taylor 公式在研究 $f(x)$ 在该点邻近性态时方便实用,但它的局限与欠缺也是明显的. 现在要进一步考虑的是:

一、如何在更大范围内将函数 $f(x)$ 展开成多项式,并保证一定的逼近精度?

二、如何使余项估计精确化,也即可以定量地估计误差的程度?

下面介绍的带 Lagrange 余项的 Taylor 公式将具体地解决上面两个问题.

定理 2 设 $f(x)$ 在 $[a,b]$ 上具有 n 阶连续导数,在 (a,b) 内 $n+1$ 阶可导,则对于 $\forall x,x_0\in[a,b]$,有

$$f(x)=f(x_0)+f'(x_0)(x-x_0)+\cdots+\frac{f^{(n)}(x_0)}{n!}(x-x_0)^{n}+R_n(x-x_0),\tag{6}$$

其中 $R_n(x-x_0)=\dfrac{f^{(n+1)}(\xi)}{(n+1)!}(x-x_0)^{n+1}$ 为 Lagrange 余项,而 ξ 位于 x 与 x_0 之间.

证明 作两个辅助函数

$$\begin{aligned}&F(t)=f(x)-\left(f(t)+f'(t)(x-t)+\cdots+\frac{f^{(n)}(t)}{n!}(x-t)^{n}\right),\\&G(t)=(x-t)^{n+1}.\end{aligned}\tag{7}$$

注意到 $F(x)=G(x)=0,R_n(x-x_0)=F(x_0)$,且

$$F'(t)=-\left(f'(t)+(-f'(t)+(x-t)f''(t))+\cdots+\left(-\frac{f^{(n)}(t)}{(n-1)!}(x-t)^{n-1}+\frac{f^{(n+1)}(t)}{n!}(x-t)^{n}\right)\right)$$

$$=-\frac{f^{(n+1)}(t)}{n!}(x-t)^{n},$$

$$G'(t)=-(n+1)(x-t)^{n}.$$

对 $F(t)$,$G(t)$ 在 x, x_0 之间用 Cauchy 中值定理,我们有

$$\frac{R_n(x-x_0)}{(x-x_0)^{n+1}}=\frac{F(x_0)}{G(x_0)}=\frac{F(x_0)-F(x)}{G(x_0)-G(x)}$$

$$=\frac{F'(\xi)}{G'(\xi)}=\frac{f^{(n+1)}(\xi)}{(n+1)!},$$

其中 ξ 介于 x 与 x_0 之间. 由此得到

$$R_n(x-x_0)=\frac{f^{(n+1)}(\xi)}{(n+1)!}(x-x_0)^{n+1},$$

即有(6)式成立.

我们把(6)式称为函数 $f(x)$ 在点 x_0 处带 Lagrange 余项的 Taylor 公式. 特别地,当 $n=0$ 时,有

$$f(x)=f(x_0)+f'(\xi)(x-x_0),\ \xi \text{ 介于 } x \text{ 与 } x_0 \text{ 之间}.$$

这正是 Lagrange 中值定理的结论. 可见带 Lagrange 余项的 Taylor 公式是 Lagrange 中值定理的推广. 另一种特别情形是当 $x_0=0$ 时,(6)式成为带 Lagrange 余项的 Maclaurin 公式

$$f(x)=f(0)+f'(0)x+\cdots+\frac{f^{(n)}(0)}{n!}x^{n}+\frac{f^{(n+1)}(\xi)}{(n+1)!}x^{n+1},\ \xi \text{ 介于 } x \text{ 与 } 0 \text{ 之间},$$

或者写成

$$f(x)=f(0)+f'(0)x+\cdots+\frac{f^{(n)}(0)}{n!}x^{n}+\frac{f^{(n+1)}(\theta x)}{(n+1)!}x^{n+1},\ \theta\in(0,1).$$

对于五个基本初等函数 e^x,$\sin x$,$\cos x$,$\ln(1+x)$ 与 $(1+x)^{\alpha}$ 也有类似于例 1 的 Maclaurin 公式,我们不再一一具体计算,只将结果给出,读者可以练习计算验证.

$$\mathrm{e}^{x}=1+x+\frac{x^{2}}{2!}+\cdots+\frac{x^{n}}{n!}+\frac{\mathrm{e}^{\theta x}}{(n+1)!}x^{n+1},\ \theta\in(0,1);$$

$$\sin x=x-\frac{x^{3}}{3!}+\frac{x^{5}}{5!}-\cdots+\frac{(-1)^{n-1}}{(2n-1)!}x^{2n-1}+\frac{(-1)^{n}\cos\theta x}{(2n+1)!}x^{2n+1},\ \theta\in(0,1);$$

$$\cos x=1-\frac{x^{2}}{2!}+\frac{x^{4}}{4!}-\cdots+\frac{(-1)^{n}}{(2n)!}x^{2n}+\frac{(-1)^{n+1}\cos\theta x}{(2n+2)!}x^{2n+2},\ \theta\in(0,1);$$

$$\ln(1+x)=x-\frac{x^{2}}{2}+\frac{x^{3}}{3}-\cdots+\frac{(-1)^{n-1}}{n}x^{n}+$$

$$\frac{(-1)^n}{(n+1)(1+\theta x)^{n+1}}x^{n+1},\ \theta\in(0,1);$$

$$(1+x)^\alpha = 1+\alpha x+\frac{\alpha(\alpha-1)}{2!}x^2+\cdots+\frac{\alpha(\alpha-1)\cdots(\alpha-n+1)}{n!}x^n+$$

$$\frac{\alpha(\alpha-1)\cdots(\alpha-n)(1+\theta x)^{\alpha-n-1}}{(n+1)!}x^{n+1},\ \theta\in(0,1).$$

从定理 2 可以看出，带 Lagrange 余项的 Taylor 公式对函数 $f(x)$ 的展开要求较高，形式也相对复杂. 但因为对于 $\forall x\in[a,b]$，(6) 式均能成立，而且对于 Lagrange 余项通常可以作定量估算，确定其大致的误差范围，因此这一公式适合于研究函数 $f(x)$ 在区间上的整体性质，例如证明中值问题的等式或者不等式等.

例 5 设函数 $f(x)$ 在点 x_0 的某邻域内三阶可导，且 $f'''(x_0)\neq 0$，由 Taylor 公式有

$$f(x_0+h) = f(x_0)+f'(x_0)h+\frac{f''(x_0+\theta h)}{2!}h^2,\ \theta\in(0,1), \tag{8}$$

证明：$\lim\limits_{h\to 0}\theta=\dfrac{1}{3}$.

证明 关键是要找出 θ 的表示式. 为此，可将 $f(x_0+h)$ 在 x_0 处展开成带 Peano 余项的三阶 Taylor 公式，再与(8)式比较.

$$f(x_0+h)=f(x_0)+f'(x_0)h+\frac{f''(x_0)}{2!}h^2+\frac{f'''(x_0)}{3!}h^3+o(h^3). \tag{9}$$

$$\begin{aligned} f(x_0+h) &= f(x_0)+f'(x_0)h+\frac{f''(x_0+\theta h)}{2!}h^2 \\ &= f(x_0)+f'(x_0)h+\frac{1}{2!}(f''(x_0)+f'''(x_0)\theta h+o(h))h^2 \\ &= f(x_0)+f'(x_0)h+\frac{f''(x_0)}{2!}h^2+\frac{f'''(x_0)}{2!}\theta h^3+o(h^3) \end{aligned} \tag{10}$$

由(9)、(10)两式，有

$$\frac{f'''(x_0)}{2}\theta h^3 = \frac{f'''(x_0)}{6}h^3+o(h^3),$$

得

$$\theta=\frac{1}{3}+o(1),$$

即有 $\lim\limits_{h\to 0}\theta=\dfrac{1}{3}$.

例 6 设函数 $f(x)$ 在 $[0,1]$ 上二阶可导，且在 $[0,1]$ 上满足

$$|f(x)|\leqslant a,\ |f''(x)|\leqslant b\quad (a,b\geqslant 0).$$

证明：对于 $\forall x\in(0,1)$，有

$$|f'(x)|\leqslant 2a+\frac{b}{2}.$$

证明 将$f(t)$在点x处展开成带 Lagrange 余项的一阶 Taylor 公式

$$f(t)=f(x)+f'(x)(t-x)+\frac{f''(\xi)}{2!}(t-x)^2,\xi\text{ 介于 } t \text{ 与 } x \text{ 之间}.$$

分别将$t=0,t=1$代入上式,就有

$$f(0)=f(x)+f'(x)(-x)+\frac{f''(\xi_1)}{2}x^2,\ \xi_1\in(0,x), \tag{11}$$

$$f(1)=f(x)+f'(x)(1-x)+\frac{f''(\xi_2)}{2}(1-x)^2,\ \xi_2\in(x,1). \tag{12}$$

将(11)、(12)两式相减并整理,即有

$$f'(x)=f(1)-f(0)-\frac{1}{2}(f''(\xi_2)(1-x)^2-f''(\xi_1)x^2).$$

于是得出

$$\begin{aligned}|f'(x)|&\leqslant|f(1)|+|f(0)|+\frac{1}{2}(|f''(\xi_2)|(1-x)^2+|f''(\xi_1)|x^2)\\&\leqslant 2a+\frac{b}{2}((1-x)^2+x^2)\leqslant 2a+\frac{b}{2}((1-x)+x)\\&=2a+\frac{b}{2}.\end{aligned}$$

习题 5.3

1. 将下列函数展开成带 Peano 余项的 Maclaurin 公式:

(1) e^{2x-x^2}(到含x^5项);

(2) $\ln(\cos x)$(到含x^6项);

(3) $\sin(\sin x)$(到含x^5项);

(4) $\dfrac{x^2}{\sqrt{1-x+x^2}}$(到含$x^4$项).

2. 利用 Taylor 公式求下列极限:

(1) $\lim\limits_{x\to0}\dfrac{e^{x^3}-1-x^3}{\sin^6 x}$; (2) $\lim\limits_{x\to0}\dfrac{\cos x-e^{-\frac{x^2}{2}}}{x^4}$;

(3) $\lim\limits_{x\to0}\dfrac{1-\cos(\sin x)}{\ln(1+x^2)}$; (4) $\lim\limits_{x\to0^+}\dfrac{1}{x}\left(\dfrac{1}{x}-\cot x\right)$;

(5) $\lim\limits_{x\to+\infty}\left(x-x^2\ln\left(1+\dfrac{1}{x}\right)\right)$; (6) $\lim\limits_{x\to+\infty}\left(\sqrt[6]{x^6+x^5}-\sqrt[6]{x^6-x^5}\right)$.

3. 设函数$f(x)$在$[a,b]$上二阶可导,证明:$\exists\xi\in(a,b)$使

$$f(b)-2f\left(\frac{a+b}{2}\right)+f(a)=\frac{(b-a)^2}{4}f''(\xi).$$

4. 设函数$f(x)$在$[-1,1]$上三阶可导,且$f(-1)=0$, $f(1)=1$, $f'(0)=0$. 证明:$\exists\xi\in(-1,1)$使$f'''(\xi)=3$.

5. 设函数$f(x)$在$\mathbf{R}$上三阶可导,且$\lim\limits_{x\to\infty}f(x)=A,\lim\limits_{x\to\infty}f'''(x)=0$. 证明:

$$\lim_{x\to\infty}f'(x)=\lim_{x\to\infty}f''(x)=0.$$

6. 设函数$f(x)$在$\mathbf{R}$上无穷次可导,$f\left(\frac{1}{n}\right)=0,n\in\mathbf{N},\exists M>0$使

$$|f^{(n)}(x)|\leqslant M,\ \forall n\in\mathbf{N},\ \forall x\in\mathbf{R}.$$

证明:$f(x)=0,\forall x\in\mathbf{R}$.

7. 确定常数a,b,使

$$f(x)=(a+b\cos x)\sin x-x$$

在$x\to0$时为x的五阶无穷小.

8. 设函数$f(x)$在$[a,b]$上二阶可导,且$f'(a)=f'(b)=0$. 证明:$\exists\xi\in(a,b)$使

$$|f''(\xi)|\geqslant\frac{4}{(b-a)^2}|f(b)-f(a)|.$$

9. 设函数$f(x)$在$[a,b]$上具有二阶连续导数,且$f(a)=f(b)=0$. 证明:

(1) $\max\limits_{x\in[a,b]}|f(x)|\leqslant\frac{1}{8}(b-a)^2\max\limits_{x\in[a,b]}|f''(x)|$;

(2) $\max\limits_{x\in[a,b]}|f'(x)|\leqslant\frac{1}{2}(b-a)\max\limits_{x\in[a,b]}|f''(x)|$.

10. 设函数$f(x)$在$\mathbf{R}$上二阶可导,且$\exists M_0,M_2>0$,对于$\forall x\in\mathbf{R}$有

$$|f(x)|\leqslant M_0,\quad |f''(x)|\leqslant M_2.$$

(1) 写出$f(x+h)$与$f(x-h)$在点x处的 Taylor 公式;

(2) 证明:对于$\forall h>0$,有

$$|f'(x)|\leqslant\frac{M_0}{h}+\frac{h}{2}M_2;$$

(3) 证明:对于$\forall x\in\mathbf{R}$有

$$|f'(x)|\leqslant\sqrt{2M_0M_2}.$$

5.4 函数的单调性与极值

5.4.1 函数的单调性

在 5.1.2 节中,作为 Lagrange 中值定理的一个重要应用,我们给出了函数$f(x)$在区间I上严格单调的充分条件. 事实上,对一般可导的单调函数,这一条件也是必要的,我们有以下定理:

定理 1 设函数$f(x)$在$[a,b]$上连续,在(a,b)内可导,则$f(x)$在$[a,b]$上递增(或递减)的充要条件是对于$\forall x\in(a,b)$,有$f'(x)\geqslant0$(或$\forall x\in(a,b)$,有$f'(x)\leqslant0$).

证明 用 5.1.2 节例 4 同样的方法可证充分性,现我们只说明必要性.

设$f(x)$在$[a,b]$上递增. 对于$\forall x\in(a,b)$,考虑$\Delta x>0$且$x+\Delta x\in(a,b)$. 由$f(x)$在点x处可导,就有

$$f'(x)=f'_+(x)=\lim_{\Delta x\to0^+}\frac{f(x+\Delta x)-f(x)}{\Delta x}\geqslant 0.$$

若$f(x)$在$[a,b]$上递减,同理可证必有$f'(x)\leqslant 0$, $\forall x\in(a,b)$.

读者应当注意,上述定理的必要性结论不能作简单的推广,比如说,将"单调"改为"严格单调"、将导数不等式改为严格不等式. 一个明显的反例是,函数$f(x)=x^3$在$\mathbf{R}$上严格递增,但在$x=0$处却有$f'(0)=0$.

下面的定理给出了严格单调函数的一个充要条件.

定理 2　设函数$f(x)$在$[a,b]$上连续,在(a,b)内可导,则$f(x)$在$[a,b]$上严格递增(或严格递减)的充要条件是

(i) 对于$\forall x\in(a,b)$,有$f'(x)\geqslant0$(或$\forall x\in(a,b)$,有$f'(x)\leqslant0$);

(ii) 在(a,b)内任一子区间上$f'(x)$不恒为零.

证明　我们只说明函数为严格递增的情况.

充分性. 由条件(i)及定理 1 可知$f(x)$在$[a,b]$上递增.

若$\exists a\leqslant x_1<x_2\leqslant b$使$f(x_1)=f(x_2)$,则由$f(x_1)\leqslant f(x)\leqslant f(x_2)$, $\forall x\in[x_1,x_2]$,可知$f(x)=C$, $\forall x\in[x_1,x_2]$,于是$f'(x)=0$, $\forall x\in(x_1,x_2)$,这与条件(ii)矛盾.

必要性. 由题设及定理 1 可知条件(i)成立.

若$\exists a\leqslant x_1<x_2\leqslant b$使$f'(x)=0$, $\forall x\in(x_1,x_2)$,则由 Lagrange 中值定理的推论 1 可知$f(x)=C$, $\forall x\in(x_1,x_2)$,这与$f(x)$在$[a,b]$上严格递增的假设矛盾.

例 1　设函数$f(x)=x^{\frac{2}{3}}(x-5)$,讨论$f(x)$的单调区间.

解　当$x\neq0$时$f(x)$可导,且有

$$\begin{aligned}f'(x)&=\frac{2}{3}x^{-\frac{1}{3}}(x-5)+x^{\frac{2}{3}}\\&=\frac{5}{3}x^{-\frac{1}{3}}(x-2)\begin{cases}>0, x\in(-\infty,0)\cup(2,+\infty),\\<0, x\in(0,2).\end{cases}\end{aligned}$$

由此可知$(-\infty,0)$及$(2,+\infty)$为$f(x)$的单调增区间,$(0,2)$为$f(x)$的单调减区间.

例 2　讨论函数$f(x)=\left(\arctan\dfrac{x}{1-x}\right)^{-\frac{1}{2}}$在$(0,1)$内的单调性.

解　$f(x)$在$(0,1)$内可导,我们仍用导数符号来判断$f(x)$的单调性. 但为了避免对复合函数求导引起繁复的计算,记$\varphi(x)=\dfrac{x}{1-x}$,则在$(0,1)$内$\varphi(x)>0$且有

$$\varphi'(x)=\left(\frac{1}{1-x}-1\right)'=\frac{1}{(1-x)^2}>0,$$

于是对于 $\forall x\in(0,1)$,有

$$(\arctan\varphi(x))'=\frac{\varphi'(x)}{1+\varphi^2(x)}>0,$$

进而有

$$f'(x)=-\frac{1}{2}(\arctan\varphi(x))^{-\frac{3}{2}}(\arctan\varphi(x))'<0,\quad\forall x\in(0,1),$$

从而 $f(x)$ 在 $(0,1)$ 内严格递减.

顺便说明,实际上此题的解法可以简化:由 $y=u^{-\frac{1}{2}}$ 严格递减,$u=\arctan v$ 严格递增,$v=\frac{x}{1-x}=\frac{1}{1-x}-1$ 在 $(0,1)$ 内严格递增,再利用复合函数的单调性,即可知 $f(x)$ 在 $(0,1)$ 内必定是严格递减的.

不等式是数学的重要内容之一,涉及的范围十分广泛,应用面也很广,但不等式的证明方法灵活多样,并没有什么现成的“套路”可循. 下面介绍的是利用函数的单调性证明不等式的几个例子.

例 3 证明:当 $x\in\left(0,\frac{\pi}{2}\right)$ 时,有

$$\frac{2}{\pi}<\frac{\sin x}{x}<1.$$

上式又称为 Jordan 不等式.

证明 令

$$f(x)=\begin{cases}\dfrac{\sin x}{x}, & 0<x\leqslant\dfrac{\pi}{2},\\ 1, & x=0.\end{cases}$$

则 $f\in C\left[0,\frac{\pi}{2}\right]$. 因为对于 $\forall x\in\left(0,\frac{\pi}{2}\right)$ 有 $x<\tan x$(请读者自行补证),故

$$f'(x)=\frac{x\cos x-\sin x}{x^2}=\frac{\cos x}{x^2}(x-\tan x)<0.$$

于是 $f(x)$ 在 $\left[0,\frac{\pi}{2}\right]$ 上严格递减,从而有

$$\frac{2}{\pi}=f\left(\frac{\pi}{2}\right)<f(x)<f(0)=1,\ \forall x\in\left(0,\frac{\pi}{2}\right),$$

即证得 Jordan 不等式.

Jordan 不等式有明显的几何意义:在 $\left(0,\frac{\pi}{2}\right)$ 内,曲线 $y=\sin x$ 位于直线

$y=\frac{2}{\pi}x$ 的上方、直线 $y=x$ 的下方.

例 4　证明:当 $x\geqslant 0$ 时,有

$$\frac{\arctan x}{1+x}\leqslant \ln(1+x).$$

证明　令 $f(x)=\arctan x-(1+x)\ln(1+x)$,则 $f(0)=0$. 由题意可知只要证明 $f(x)$ 在 $[0,+\infty)$ 上递减就行了. 因为

$$f'(x)=\frac{1}{1+x^2}-\ln(1+x)-1,$$

故有 $f'(0)=0$. 又因为

$$f''(x)=-\frac{2x}{(1+x^2)^2}-\frac{1}{1+x}<0,\ x\geqslant 0,$$

故 $f'(x)$ 在 $[0,+\infty)$ 上递减,于是

$$f'(x)\leqslant f'(0)=0,\ x\geqslant 0,$$

由此又得出 $f(x)$ 在 $[0,+\infty)$ 上递减,从而有

$$f(x)\leqslant f(0)=0,\ x\geqslant 0,$$

即当 $x\geqslant 0$ 时,有

$$\arctan x\leqslant (1+x)\ln(1+x),$$

即

$$\frac{\arctan x}{1+x}\leqslant \ln(1+x).$$

例 5　设 $\mathrm{e}\leqslant a<b\leqslant \mathrm{e}^2$,证明:

$$\ln^2 b-\ln^2 a>\frac{4}{\mathrm{e}^2}(b-a).$$

证法 1　将常数 b 改为变量 x,作辅助函数

$$f(x)=\ln^2 x-\ln^2 a-\frac{4}{\mathrm{e}^2}(x-a),$$

则 $f(a)=0$. 往证 $f(b)>f(a)=0$,只需证明 $f(x)$ 在 $[\mathrm{e},\mathrm{e}^2]$ 上严格递增就行了. 因为

$$f'(x)=\frac{2\ln x}{x}-\frac{4}{\mathrm{e}^2},$$

故有 $f'(\mathrm{e}^2)=0$. 又因为

$$f''(x)=\frac{2(1-\ln x)}{x^2}<0,\ x>\mathrm{e},$$

故 $f'(x)$ 在 $[\mathrm{e},\mathrm{e}^2]$ 上严格递减,从而有

$$f'(x)>f'(\mathrm{e}^2)=0,\ x\in(\mathrm{e},\mathrm{e}^2),$$

进而得出 $f(x)$ 在 $[e,e^2]$ 上严格递增. 由此即证得题中所述的不等式.

证法 2 对 $\ln^2 x$ 在 $[a,b]$ 上用 Lagrange 中值定理,有

$$\ln^2 b-\ln^2 a=\frac{2\ln\xi}{\xi}(b-a),\ \exists\xi\in(a,b)\subset(e,e^2).$$

只需证 $\dfrac{\ln\xi}{\xi}>\dfrac{2}{e^2}$. 令 $f(x)=\dfrac{\ln x}{x}$,则有

$$f'(x)=\frac{1-\ln x}{x^2}<0,\ x>e,$$

可知 $f(x)$ 在 $[e,e^2]$ 上严格递减,故有

$$\frac{\ln\xi}{\xi}=f(\xi)>f(e^2)=\frac{2}{e^2},$$

从而

$$\ln^2 b-\ln^2 a>\frac{4}{e^2}(b-a).$$

5.4.2 极值与最值

1. 函数的极值

在 5.1.1 节中我们已经引入了函数极值的概念,同时介绍了 Fermat 引理:若函数 $f(x)$ 在点 x_0 处可导,且 x_0 为 $f(x)$ 的极值点,则 $f'(x_0)=0$. 这也是函数在可导点处取得极值的必要条件. 进一步要问:在什么条件下才能保证函数在某点处取得极值?

从几何上看,如果函数曲线 $y=f(x)$ 在点 x_0 的左、右两侧从严格递增(或递减)变为严格递减(或递增),则临界点 x_0 必定是一个严格极大(或极小)值点. 当函数 $f(x)$ 在 x_0 的某去心邻域 $\mathring{U}(x_0)$ 内可导时,只需在点 x_0 的左、右两侧导函数 $f'(x)$ 的符号由正变为负(或由负变为正)就行了. 这就是下面的极值第一充分条件.

定理 3(极值第一充分条件) 设函数 $f(x)$ 在点 x_0 处连续,在 $\mathring{U}(x_0)$ 内可导.

(1) 若 $f'(x)$ 在点 x_0 的两侧异号,则 $f(x)$ 在点 x_0 处取得严格极值;

(2) 若 $f'(x)$ 在 $\mathring{U}(x_0)$ 内保号,则 $f(x)$ 在点 x_0 处不取得极值.

这是函数单调性定理的直接推论,我们不再证明.

必须指出,上述定理只是函数在某点取得严格极值的充分条件,这并不表明当函数在某点取得极值时,在该点的左、右两侧函数必定是单调的. 在本节习题中就给出了这样的反例:函数

$$f(x)=\begin{cases}2-x^2\left(2+\sin\dfrac{1}{x}\right), & x\neq 0,\\ 2, & x=0\end{cases}$$

在点 $x=0$ 处取得严格极大值,但在该点的任意左、右邻域内 $f(x)$ 均不单调.

例 6 求函数 $f(x)=(x-2)^2x^{\frac{2}{3}}$ 的极值点与极值.

解 $f(x)$ 在 $\mathbf{R}$ 上连续,当 $x\neq 0$ 时可导,且有

$$f'(x)=2(x-2)x^{\frac{2}{3}}+\frac{2}{3}(x-2)^2x^{-\frac{1}{3}}=\frac{4}{3}(x-2)(2x-1)x^{-\frac{1}{3}}.$$

令 $f'(x)=0$,得驻点 $x=\frac{1}{2}$,$x=2$;函数的不可导点为 $x=0$. 因为本题中涉及的可能极值点较多,故列表分析如下:

x	$(-\infty,0)$	0	$\left(0,\frac{1}{2}\right)$	$\frac{1}{2}$	$\left(\frac{1}{2},2\right)$	2	$(2,+\infty)$
$f'(x)$	$-$	不存在	$+$	0	$-$	0	$+$
$f(x)$	↘	极小值 0	↗	极大值 $\frac{9}{4}\left(\frac{1}{2}\right)^{\frac{2}{3}}$	↘	极小值 0	↗

于是得出 $f(0)=0$,$f(2)=0$ 为极小值;$f\left(\frac{1}{2}\right)=\frac{9}{4}\left(\frac{1}{2}\right)^{\frac{2}{3}}$ 为极大值.

定理 4(极值第二充分条件) 设函数 $f(x)$ 在 $U(x_0)$ 中有定义,在点 x_0 处二阶可导,且 $f'(x_0)=0$.

(1) 若 $f''(x_0)<0$,则 $f(x_0)$ 为 $f(x)$ 的严格极大值;

(2) 若 $f''(x_0)>0$,则 $f(x_0)$ 为 $f(x)$ 的严格极小值.

证明 我们只证明 $f(x_0)$ 为严格极大值的情况. 由条件有

$$f''(x_0)=\lim_{x\to x_0}\frac{f'(x)-f'(x_0)}{x-x_0}=\lim_{x\to x_0}\frac{f'(x)}{x-x_0}<0,$$

由函数极限的局部保号性可知 $\exists\,\mathring{U}(x_0,\delta)\subset U(x_0)$,$\forall\,x\in\mathring{U}(x_0,\delta)$,有

$$\frac{f'(x)}{x-x_0}<0,$$

由此得出

$$f'(x)\begin{cases}>0, & x\in(x_0-\delta,x_0),\\ <0, & x\in(x_0,x_0+\delta).\end{cases}$$

再由极值第一充分条件即知 $f(x_0)$ 为 $f(x)$ 的严格极大值.

关于函数极值的判定,我们还有更进一步的结果.

定理5 设函数$f(x)$在$U(x_0)$内有定义,在点x_0处n阶可导,且$f^{(k)}(x_0)=0$ $(k=1,\cdots,n-1)$,$f^{(n)}(x_0)\neq 0$.

(1) 当n为奇数时,$f(x_0)$不是$f(x)$的极值;

(2) 当n为偶数时:若$f^{(n)}(x_0)<0$,则$f(x_0)$是$f(x)$的严格极大值;若$f^{(n)}(x_0)>0$,则$f(x_0)$是$f(x)$的严格极小值.

证明 我们来考察$f(x)-f(x_0)$在点x_0的某邻域内的符号. 为此,将$f(x)$在点x_0处展开成带Peano余项的Taylor公式.

$$\begin{aligned}f(x)&=f(x_0)+f'(x_0)(x-x_0)+\cdots+\frac{f^{(n)}(x_0)}{n!}(x-x_0)^n+o((x-x_0)^n)\\&=f(x_0)+\frac{f^{(n)}(x_0)}{n!}(x-x_0)^n+o((x-x_0)^n),\end{aligned}$$

即有

$$\frac{f(x)-f(x_0)}{(x-x_0)^n}=\frac{f^{(n)}(x_0)}{n!}+o(1),$$

于是由函数极限的局部保号性知,$\exists \mathring{U}(x_0,\delta)\subset U(x_0)$,$\forall x\in\mathring{U}(x_0,\delta)$,$\dfrac{f(x)-f(x_0)}{(x-x_0)^n}$与$f^{(n)}(x_0)$同号.

(1) 当n为奇数时,注意到$(x-x_0)^n$在点x_0的左、右两侧变号,而$f^{(n)}(x_0)$不为零,故$f(x)-f(x_0)$在点x_0的左、右两侧也相应地变号,从而$f(x_0)$不是极值.

(2) 当n为偶数时,$\forall x\in\mathring{U}(x_0,\delta)$,$(x-x_0)^n>0$,此时$f(x)-f(x_0)$与$f^{(n)}(x_0)$同号. 于是,若$f^{(n)}(x_0)<0$,则$f(x)-f(x_0)<0$,即$f(x_0)$是$f(x)$的严格极大值;若$f^{(n)}(x_0)>0$,$f(x)-f(x_0)>0$,即$f(x_0)$是$f(x)$的严格极小值.

读者不难看出,在定理5中如果取$n=1$,即成为Fermat引理的逆否命题,即若$f'(x_0)\neq 0$,则$f(x_0)$必定不是$f(x)$的极值;如果取$n=2$,则又得出了定理4的结果.

例7 求函数$f(x)=\mathrm{e}^x+\mathrm{e}^{-x}+2\cos x$的极值点与极值.

解 由$f'(x)=\mathrm{e}^x-\mathrm{e}^{-x}-2\sin x$可见$x=0$为$f(x)$的驻点. 由于

$$f''(x)=\mathrm{e}^x+\mathrm{e}^{-x}-2\cos x\geqslant 2-2\cos x=2(1-\cos x)\geqslant 0,$$

且注意到,当且仅当$x=0$时,$\mathrm{e}^x+\mathrm{e}^{-x}=2$,可知当$x\neq 0$时,$f''(x)>0$,且有$f''(0)=0$. 于是$f'(x)$严格递增,由此得出$x=0$为$f(x)$的唯一驻点.

下面利用定理5来进一步判断$f(0)$是否为极值. 由

$$f'''(0)=(\mathrm{e}^x-\mathrm{e}^{-x}+2\sin x)_{x=0}=0,$$

$$f^{(4)}(0)=(\mathrm{e}^x+\mathrm{e}^{-x}+2\cos x)_{x=0}=4>0,$$

于是 $x=0$ 为 $f(x)$ 的唯一极小值点，极小值为 $f(0)=4$.

注　判断极值时也可以由

$$f'(x)\begin{cases}<0,x<0,\\>0,x>0\end{cases}\Rightarrow f(x)\begin{cases}\text{在}(-\infty,0)\text{严格递减},\\\text{在}(0,+\infty)\text{严格递增}\end{cases}\Rightarrow f(0)\text{为极小值}.$$

2. 最值问题

函数的最值是函数在区间上的最大值与最小值的统称. 函数的最值是一个整体性概念，它反映了函数在全区间上的某种性态. 函数在所论区间上的最大值与最小值（如果存在的话）必定是唯一的，但最值点未必唯一.

对于定义在闭区间 $[a,b]$ 上的函数 $f(x)$ 而言，如果 $f(x)$ 的最值在开区间 (a,b) 内取得，则此最值点同时也就是极值点. 当然，$f(x)$ 的最值也可能在区间的端点处取得. 因此，判断闭区间上连续函数的最值时，可先找出函数在区间内部的全部驻点以及不可导点，然后求得这些点处以及区间端点处的所有函数值的最大数与最小数，由此得出函数在该闭区间上的最大值与最小值.

不过，对于在区间上只有一个极值点的连续函数，最值的判定就简单多了，我们有以下命题.

命题　设函数 $f(x)$ 在区间 I（有限或无穷区间）上连续，且在 I 内 $f(x)$ 有唯一极值点 x_0，则当 x_0 为 $f(x)$ 的极大值（或极小值）点时，它必定同时为 $f(x)$ 在 I 上的最大值（或最小值）点.

证明留作习题.

例 8　求函数 $f(x)=\sqrt[3]{(x+1)^2}(x-5)^2$ 在 $[-2,2]$ 上的最值.

解　由 $f'(x)=\dfrac{2(x-5)(4x-2)}{3\sqrt[3]{x+1}}$ 求得 $f(x)$ 在 $(-2,2)$ 内的驻点 $x=\dfrac{1}{2}$ 以及不可导点 $x=-1$. 现有

$$f(-2)=49,\ f(-1)=0,\ f\left(\frac{1}{2}\right)=\frac{81}{4}\left(\frac{9}{4}\right)^{\frac{1}{3}},\ f(2)=9\cdot 9^{\frac{1}{3}}.$$

由此得出

$$\min_{x\in[-2,2]}f(x)=f(-1)=0,\quad \max_{x\in[-2,2]}f(x)=f(-2)=49.$$

注意本例中函数的两个最值一个是在不可导点处取得，另一个是在区间左端点处取得.

例 9　在椭圆 $\dfrac{x^2}{a^2}+\dfrac{y^2}{b^2}=1$ 位于第一象限的曲线上求一点 $P(x_0,y_0)$，使过 P 点切线的下方、椭圆周的上方及两坐标轴所围成的阴影部分面积最小（见图5.3）.

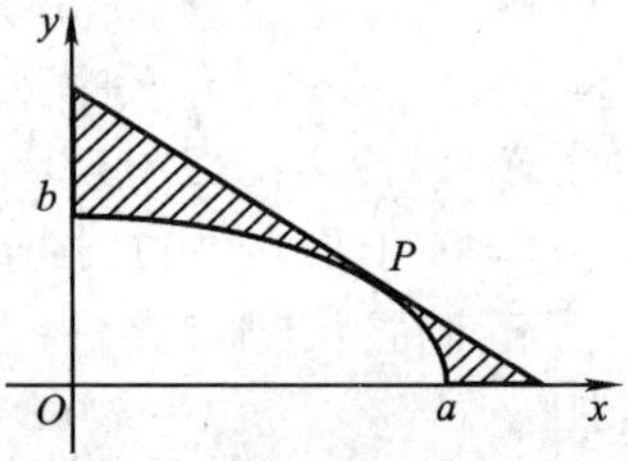

图 5.3

解　过椭圆上点 $P(x_0,y_0)$ 的切线方程为

$$\frac{x_0x}{a^2}+\frac{y_0y}{b^2}=1.$$

由此得出切线在 x 轴、y 轴上的截距分别为

$$X=\frac{a^2}{x_0},\quad Y=\frac{b^2}{y_0},$$

故阴影部分面积为

$$S=\frac{1}{2}\cdot\frac{a^2b^2}{x_0y_0}-\frac{1}{4}\pi ab=\frac{a^3b}{2x_0\sqrt{a^2-x_0^2}}-\frac{1}{4}\pi ab,\ x_0\in(0,a).$$

为方便计,我们将求 S 的最小值改为求

$$\bar{S}=x_0y_0=\frac{b}{a}x_0\sqrt{a^2-x_0^2},\ x_0\in(0,a)$$

的最大值. 令

$$\bar{S}'=\frac{b}{a}\cdot\frac{a^2-2x_0^2}{\sqrt{a^2-x_0^2}}=0,$$

得出$(0,a)$内的驻点 $x_0=\frac{a}{\sqrt{2}}$,且 $\bar{S}'$在点 $x_0=\frac{a}{\sqrt{2}}$的左侧为正、右侧为负,故 $x_0=\frac{a}{\sqrt{2}}$为 $\bar{S}$ 的唯一极值点,同时也是最大值点. 由此得出,当 $x_0=\frac{a}{\sqrt{2}}$,$y_0=\frac{b}{\sqrt{2}}$时阴影部分的面积最小.

事实上,这一问题完全可以简化处理. 如上所述,求 S 的最小值,也即求 $\bar{S}=x_0y_0$ 的最大值. 而 x_0y_0 取最大值等价于$\frac{x_0^2y_0^2}{a^2b^2}$取最大值. 利用算术—几何平均不等式,有

$$\frac{x_0^2y_0^2}{a^2b^2}\leqslant\left(\frac{1}{2}\left(\frac{x_0^2}{a^2}+\frac{y_0^2}{b^2}\right)\right)^2=\left(\frac{1}{2}\right)^2=\frac{1}{4},$$

当且仅当$\frac{x_0^2}{a^2}=\frac{y_0^2}{b^2}$时等号成立,此时$\frac{x_0^2y_0^2}{a^2b^2}$取最大值$\frac{1}{4}$,$x_0y_0$ 同时也取最大值,由此即可得出 $x_0=\frac{a}{\sqrt{2}}$,$y_0=\frac{b}{\sqrt{2}}$.

最值问题在自然科学、生产技术以及经济管理等众多领域中有着广泛的应用,有许多问题都涉及如何用最小代价获得最大收益. 下面我们介绍两个实际问题.

例 10 圆柱形罐的容积 V 给定,出于制造工艺和安全要求,罐的上盖和下底厚度分别为侧壁厚度的 2.5 倍和 1.5 倍. 问罐的底圆直径与高之比取何值时,可使用料最省?

解　设罐的底圆半径为 R、高为 H,侧壁厚度为 δ,则制罐所用材料为

$$M=(2.5\pi R^2+1.5\pi R^2+2\pi RH)\delta=2\pi R(2R+H)\delta.$$

现在 V 给定,而 $\pi R^2 H=V$ 即 $H=\frac{V}{\pi R^2}$,代入上式就有

$$M(R)=2\pi R\left(2R+\frac{V}{\pi R^2}\right)\delta=2\pi\delta\left(2R^2+\frac{V}{\pi R}\right).$$

令 $M'(R)=2\pi\delta\left(4R-\frac{V}{\pi R^2}\right)=0$,得唯一驻点 $R=\sqrt[3]{\frac{V}{4\pi}}$. 又因为

$$M''(R)=2\pi\delta\left(4+\frac{2V}{\pi R^3}\right)>0,$$

故 $R=\sqrt[3]{\frac{V}{4\pi}}$ 为唯一的极小值点,同时也是最小值点. 此时有

$$\frac{2R}{H}=\frac{2\pi R^3}{V}=\frac{1}{V}\cdot 2\pi\cdot\frac{V}{4\pi}=\frac{1}{2}.$$

可知当罐的底圆直径与高之比为1∶2时,用料最省.

例 11　商场销售某种品牌的皮鞋,每次进货需付订货费 $F=400$ 元,每双鞋的进价为 $c=94$ 元,而每双鞋在商场内的贮存费为每月 18 元. 假定这种鞋在商场的销售速度均衡,为 $m=144$ 双/月(每月按 30 天计算).

(1) 销售商应间隔多长时间进一次货,每次又应进多少双鞋,可使销售成本最低?

(2) 如果这种鞋的进货是以 18 双/箱为单位进行的,则上述问题的结论又将如何?

解　(1) 设每次进 x 双鞋. 由于销售速度均衡,可知订货周期应为 $Q=\frac{x}{m}$ 月. 记每双鞋的贮存费为 $K=18$ 元/月,则每批鞋的成本为

$$F+cx+\frac{1}{2}KxQ=F+cx+\frac{Kx^2}{2m}.$$

这里需要说明:在均衡销售状态下,总可以假定在一个进货周期内,开始时库存为满仓(有 x 双鞋),结束时为空仓无库存,且由于库存数量是均匀减少的,因此不妨认为在整个周期内总有一半皮鞋$\left(\frac{x}{2}\text{双}\right)$作为库存,故贮存费是 $\frac{Kx}{2}\cdot\frac{x}{m}=\frac{Kx^2}{2m}$ 元. 由此便可得出销售商的每月成本为

$$C(x)=\frac{F+cx+\dfrac{Kx^2}{2m}}{\dfrac{x}{m}}=\frac{Fm}{x}+cm+\frac{Kx}{2}.$$

令 $C'(x)=-\frac{Fm}{x^2}+\frac{K}{2}=0$,在 $x>0$ 时有唯一驻点

$$x=\sqrt{\frac{2Fm}{K}}=\sqrt{\frac{2\cdot 400\cdot 144}{18}}=80.$$

不难验证这是成本函数 $C(x)$ 的极小值点,同时也是最小值点. 而当 $x=80$ 双时,$Q=\frac{80}{144}\approx 0.56$ 月. 可见销售商应该大约每隔 16 天或 17 天进一次货,可使销售成本最低.

(2) 当进货以 18 双/箱为单位时,则应考虑当 $x=72$ 与 $x=90$ 时对应的月成本. 此时有

$$C(72)=14\ 984\text{ 元},\quad C(90)=14\ 986\text{ 元}.$$

可见每次进货 4 箱(72 双),进货周期为 $\frac{72}{144}=0.5$ 月时销售成本最低.

习题 5.4

1. 判断下列命题的真伪,正确的要证明,错误的要举反例并说明理由:

(1) 若函数 $f(x)$ 在点 x_0 处可导,且 $f'(x_0)=0$,则 $f(x)$ 在点 x_0 处必取极值.

(2) 若函数 $f(x)$ 在点 x_0 处取极值,则必有 $f'(x_0)=0$.

(3) 若函数 $f(x)$ 在点 x_0 的某邻域 $U(x_0)$ 内连续,在点 x_0 处可导且 $f'(x_0)>0$,则必存在 $\delta>0$,使 $f(x)$ 在 $U(x_0,\delta)$ 内严格递增.

提示:考虑函数

$$f(x)=\begin{cases}\frac{x}{2}+x^2\sin\frac{1}{x}, & x\neq 0,\\ 0, & x=0\end{cases}$$

在 $x=0$ 处的情况.

(4) 若函数 $f(x)$ 在点 x_0 处取极大(或极小)值,则必存在 $\delta>0$ 使 $f(x)$ 在 $(x_0-\delta,x_0)$ 内递增(或递减),而在 $(x_0,x_0+\delta)$ 内递减(或递增).

提示:考虑函数

$$f(x)=\begin{cases}2-x^2\left(2+\sin\frac{1}{x}\right), & x\neq 0,\\ 2, & x=0\end{cases}$$

在 $x=0$ 处的情况.

2. 设函数 $f(x)$ 在 I 上连续(I 为有限或无穷区间),且在 I 内只有一个极值点 x_0. 证明:x_0 必为 $f(x)$ 的最值点.

3. 求下列函数的单调区间:

(1) $f(x)=x^3-3x^2-9x+14$;

(2) $f(x)=\frac{1-x}{1+x^2}$;

(3) $f(x)=x^n e^{-x},\ n\in\mathbf{N},\ x\geqslant 0$;

(4) $f(x)=x-\ln(1+x)$;

(5) $f(x)=2^{\sqrt{x^2+1}-\sqrt{x^2-1}}$;

(6) $f(x)=(1+x)^{\frac{1}{x}},\ x>0$.

4. 求下列函数的极值点与极值：

(1) $f(x)=3x^2-x^3$;

(2) $f(x)=x^2\sqrt{a^2-x^2},\ x\in[0,a]$;

(3) $f(x)=\sqrt{x}\ln x$;

(4) $f(x)=\dfrac{\ln^2 x}{x}$;

(5) $f(x)=x^{\frac{2}{3}}e^{-x}$;

(6) $f(x)=\arctan\dfrac{2x}{1+x^2}$.

5. 求函数 $f(x)=\left(1+x+\dfrac{x^2}{2!}+\cdots+\dfrac{x^n}{n!}\right)e^{-x}$ 的极值.

6. 设 $\lambda>0$,记 $M(\lambda)=\max\limits_{x\in[0,1]}\{\lambda^2x^2(1-x)^\lambda\}$. 求 $\lim\limits_{\lambda\to+\infty}M(\lambda)$.

7. 证明下列不等式：

(1) $1+x<e^x,\ x\neq 0$;

(2) $\dfrac{1-x}{1+x}<e^{-2x},\ x\in(0,1)$;

(3) $2x<\sin x+\tan x,\ x\in\left(0,\dfrac{\pi}{2}\right)$.

8. 证明下列不等式：

(1) $\dfrac{x\ln x}{x^2-1}<\dfrac{1}{2},\ x>0$ 且 $x\neq 1$;

(2) $\dfrac{2(x-1)}{x+1}<\ln x,\ x\in(1,+\infty)$;

(3) $\sqrt{1+x}\ln(1+x)<x,\ x\in(0,+\infty)$;

(4) $\dfrac{1}{x}e^{-\frac{1}{x}}<xe^{-x},\ x\in(0,1)$.

9. 设 $0\leqslant x\leqslant 1$, 证明:对于 $\forall p>1$ 有

$$\frac{1}{2^{p-1}}\leqslant x^p+(1-x)^p\leqslant 1.$$

10. 求下列数列中的最大项：

(1) $\{\sqrt[n]{n}\}$;　　　　(2) $\left\{n^2\left(\dfrac{1}{2}\right)^{n+1}\right\}$.

11. 在椭圆 $\dfrac{x^2}{a^2}+\dfrac{y^2}{b^2}=1$ 中嵌入四边平行于坐标轴的矩形,求矩形的最大面积.

12. 设圆锥外切于半径为 R 的球,求圆锥的最小体积.

13. 从半径为 R 的圆纸板上剪去一个扇形,将余下部分围成一个圆锥. 问剪去扇形角度为多大时,圆锥有最大体积?

14. 对学生学习行为的研究表明,学生接受新概念的能力与教师讲授的时机有关. 开始时学生兴趣呈递增状态,但随着时间推移注意力会慢慢分散. 如果某一组受测试的学生接受能力由下式给出

$$G(t) = -0.1t^2 + 2.6t + 43,\ 0 \leqslant t \leqslant 45,$$

其中 $G(t)$ 是对接受能力高低的度量,t 是测试的时间. 问

(1) 该组学生在什么时间段接受能力呈上升状态?

(2) 最难的新概念应选择在何时介绍为宜?

(3) 若某一新概念判定其所需接受能力为 70,它是否适宜对该组学生介绍?

15. 设汽车在平地上速度为 v_1,在草地上速度为 v_2. 若要求汽车以最短时间从平地上 A 处到达草地上 B 处(见图 5.4),问应如何选择行驶路线?

16. 设有 T 形河道如图 5.5,为保证航行船只能顺利通过直角拐弯处,问容许船只的最大长度是多少(不计船宽)?

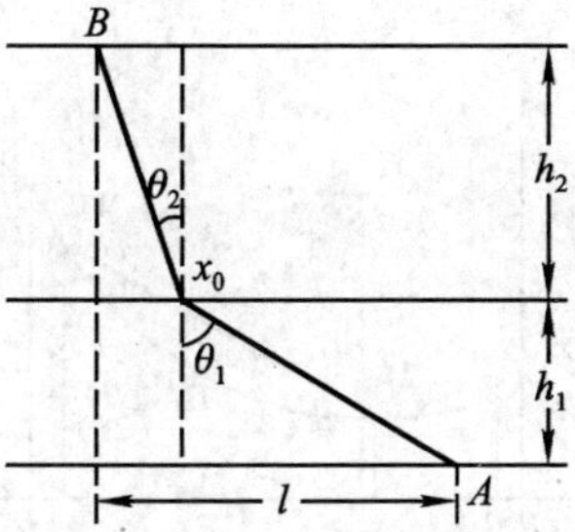

图 5.4

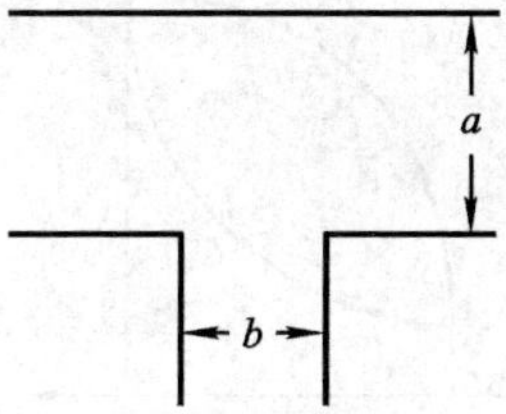

图 5.5

17. 设 $0 < x < 1$,证明:$x^n(1-x) < \dfrac{1}{ne}, n \in \mathbf{N}$.

18. 设函数 $f(x) = 1 + x + \dfrac{x^2}{2!} + \cdots + \dfrac{x^n}{n!}$. 证明:

(1) 当 n 为偶数时,$f(x)$ 在 $\mathbf{R}$ 上有正的最小值;

(2) 当 n 为奇数时,$f(x)$ 在 $\mathbf{R}$ 上有且仅有一个零点.

19. 设函数 $f(x)$,$g(x)$ 均在 $\mathbf{R}$ 上有定义,$f(x)$ 二阶可导且满足

$$f''(x) + f'(x)g(x) - f(x) = 0.$$

若 $f(a) = f(b) = 0\ (a < b)$,证明:$f(x) = 0, x \in [a, b]$.

20. 设函数 $f(x)$ 二阶可导,且对于 $\forall x \in \mathbf{R}$ 满足

$$xf''(x) + 3x(f'(x))^2 = 1 - e^{-x}.$$

(1) 若 $f(x)$ 在 $x = c\ (c \neq 0)$ 处取极值,证明:$f(c)$ 必为极小值;

(2) 若 $f(x)$ 在 $x = 0$ 处取极值,问 $f(0)$ 是极大值还是极小值?

5.5　凸函数

5.5.1　函数的凸性与拐点

由导数 $f'(x)$ 的符号可以判断函数 $f(x)$ 的单调性，但仅仅知道函数在区间 I 上的单调性还不足以反映出函数的性态. 反映函数性态的另一个重要特征是函数曲线的弯曲方向. 如图 5.6 中的两条曲线 C_1, C_2 在 $[a,b]$ 上均为递增，但却有着明显的差异：C_1 是向下弯曲的，C_2 是向上弯曲的. 描述函数这一特征的就是函数的凸性.

考虑函数曲线 $y=f(x), x\in[a,b]$. 在 $[a,b]$ 上任取两点 $x_1, x_2\ (x_1<x_2)$，作连接 $M_1(x_1,f(x_1))$ 与 $M_2(x_2,f(x_2))$ 的弦，若曲线弧 M_1M_2 总位于直线段 M_1M_2 的下方（如图 5.7），此时曲线 $y=f(x)$ 向下弯曲，我们称 $f(x)$ 为 $[a,b]$ 上的下凸函数. 类似地，还可以定义 $[a,b]$ 上的上凸函数.

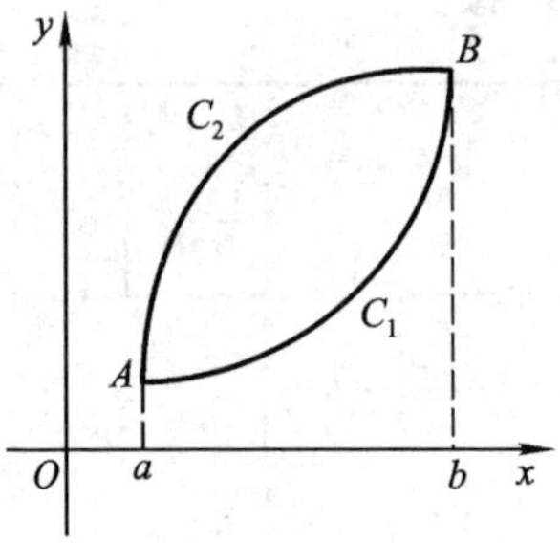

图 5.6

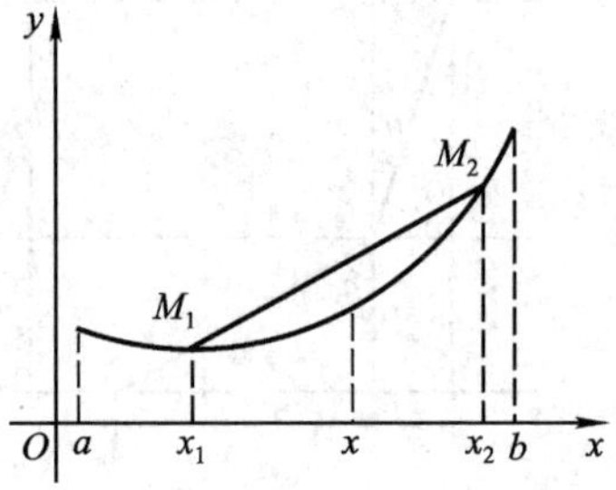

图 5.7

以上所述只是对凸函数的一种直观描绘. 进一步分析可知，当 $f(x)$ 为下凸函数时，对于 $\forall x\in(x_1,x_2)$ 总有

$$f(x)\leqslant f(x_1)+\frac{f(x_2)-f(x_1)}{x_2-x_1}(x-x_1). \tag{1}$$

对于 $\forall x\in(x_1,x_2)$，若记 $\lambda=\dfrac{x_2-x}{x_2-x_1}$，则 $0<\lambda<1$，而 $x=\lambda x_1+(1-\lambda)x_2$，代入 (1) 式整理后便有

$$f(\lambda x_1+(1-\lambda)x_2)\leqslant \lambda f(x_1)+(1-\lambda)f(x_2),$$

由此得出凸函数的分析定义.

定义 1　设函数 $f(x)$ 定义在区间 I 上，若对于 $\forall x_1, x_2\in I$ 和 $\forall \lambda\in(0,1)$，总有

$$f(\lambda x_1+(1-\lambda)x_2)\leqslant\lambda f(x_1)+(1-\lambda)f(x_2),\tag{2}$$

则称 $f(x)$ 为 I 上的下凸函数(习惯上将下凸函数就称为凸函数).

如果(2)式中严格不等式“$<$”成立,则称 $f(x)$ 为 I 上的严格凸函数.

当(2)式中不等式反向时,称 $f(x)$ 为 I 上的上凸函数,同样还可以定义 I 上的严格上凸函数.

下面我们给出凸函数定义的几个等价命题.

定理1 设函数 $f(x)$ 定义在区间 I 上,则以下命题等价:

Ⅰ. $f(x)$ 为 I 上的凸函数;

Ⅱ. 对于 $\forall x_1,x_2,x_3\in I(x_1<x_2<x_3)$,有

$$\frac{f(x_2)-f(x_1)}{x_2-x_1}\leqslant\frac{f(x_3)-f(x_2)}{x_3-x_2};$$

Ⅲ. 若 $f(x)$ 在 I 上可导,则对于 $\forall x_1,x_2\in I$,有

$$f(x_2)\geqslant f(x_1)+f'(x_1)(x_2-x_1).$$

证明 Ⅰ⇒Ⅱ. 记 $\lambda=\dfrac{x_3-x_2}{x_3-x_1}$,则 $0<\lambda<1$,且 $x_2=\lambda x_1+(1-\lambda)x_3$. 由于 $f(x)$ 为凸函数,故有

$$\begin{aligned}f(x_2)&=f(\lambda x_1+(1-\lambda)x_3)\leqslant\lambda f(x_1)+(1-\lambda)f(x_3)\\&=\frac{x_3-x_2}{x_3-x_1}f(x_1)+\frac{x_2-x_1}{x_3-x_1}f(x_3).\end{aligned}$$

于是有

$$(x_3-x_1)f(x_2)\leqslant(x_3-x_2)f(x_1)+(x_2-x_1)f(x_3),$$

上式左端加、减 $x_2f(x_2)$,可化为

$$(x_3-x_2)f(x_2)+(x_2-x_1)f(x_2)\leqslant(x_3-x_2)f(x_1)+(x_2-x_1)f(x_3),$$

整理后即有

$$\frac{f(x_2)-f(x_1)}{x_2-x_1}\leqslant\frac{f(x_3)-f(x_2)}{x_3-x_2}.$$

Ⅱ⇒Ⅲ. 若 $x_1<x_2$,则对于 $\forall h>0(x_1<x_1+h<x_2)$,由Ⅱ可知有

$$\frac{f(x_1+h)-f(x_1)}{h}\leqslant\frac{f(x_2)-f(x_1+h)}{x_2-(x_1+h)}.$$

因为 $f\in D(I)$,令 $h\to0^+$ 就有

$$f'(x_1)\leqslant\frac{f(x_2)-f(x_1)}{x_2-x_1},$$

即

$$f(x_2)\geqslant f(x_1)+f'(x_1)(x_2-x_1).$$

若 $x_1>x_2$,则对于 $\forall h>0(x_1>x_1-h>x_2)$,有

$$\frac{f(x_1-h)-f(x_2)}{(x_1-h)-x_2}\leqslant\frac{f(x_1)-f(x_1-h)}{x_1-(x_1-h)}=\frac{f(x_1-h)-f(x_1)}{-h},$$

令 $h\to0^+$ 后经整理也有

$$f(x_2)\geqslant f(x_1)+f'(x_1)(x_2-x_1).$$

Ⅲ⇒Ⅰ．对于 $\forall x_1,x_2\in I$，令 $x_0=\lambda x_1+(1-\lambda)x_2(0<\lambda<1)$，由Ⅲ有

$$f(x_1)\geqslant f(x_0)+f'(x_0)(x_1-x_0),$$
$$f(x_2)\geqslant f(x_0)+f'(x_0)(x_2-x_0).$$

分别用 λ 和 $1-\lambda$ 乘上面两式，相加即得

$$\lambda f(x_1)+(1-\lambda)f(x_2)\geqslant f(x_0)+f'(x_0)(\lambda x_1+(1-\lambda)x_2-x_0)=f(x_0),$$

即

$$f(\lambda x_1+(1-\lambda)x_2)\leqslant\lambda f(x_1)+(1-\lambda)f(x_2).$$

凸函数等价命题中的Ⅱ和Ⅲ都有明确的几何意义．

对于Ⅱ来说，这表明对曲线上任何三点 $M_1(x_1,f(x_1))$，$M_2(x_2,f(x_2))$，$M_3(x_3,f(x_3))$ $(x_1<x_2<x_3)$，弦 M_1M_2 的斜率总不大于弦 M_2M_3 的斜率（图 5.8）．

对于Ⅲ而言，由于点 x_1,x_2 可任取，这表明曲线上的任一点总在曲线的任一条切线上方（图 5.9）．

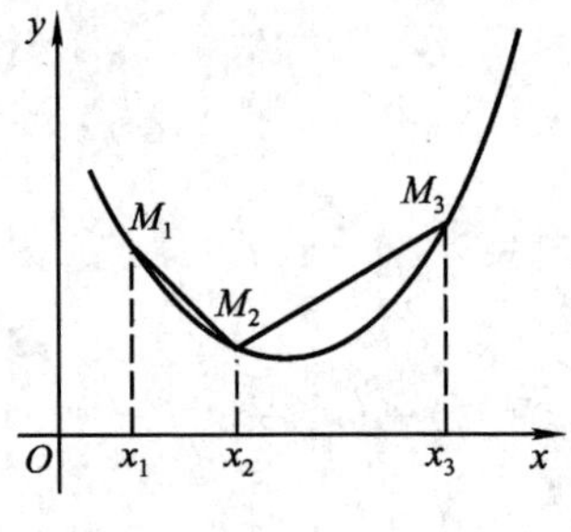

图 5.8

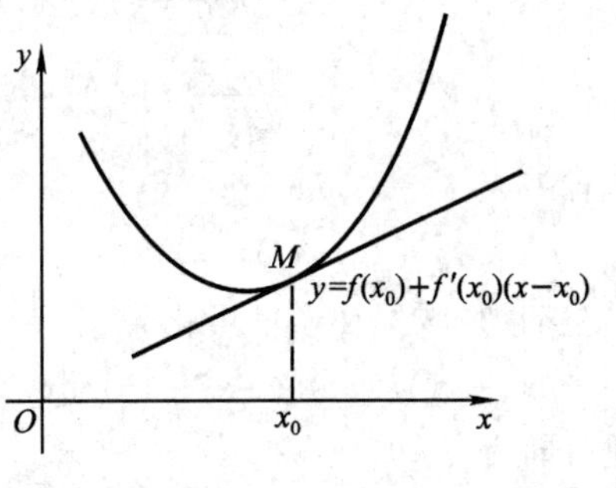

图 5.9

由凸函数的等价命题Ⅱ，可推出可导函数凸性的判断方法．

定理 2　设函数 $f(x)$ 在 $[a,b]$ 上连续，在 (a,b) 内可导，则 $f(x)$ 在 $[a,b]$ 上为凸函数的充要条件是 $f'(x)$ 在 (a,b) 内递增．

证明　必要性．由等价命题Ⅱ，对于 $\forall x,x_1,x_2\in(a,b)(x_1<x<x_2)$，有

$$\frac{f(x)-f(x_1)}{x-x_1}\leqslant\frac{f(x_2)-f(x)}{x_2-x}.\tag{3}$$

在(3)式两边取极限，由 $f(x)$ 的可导性，有

$$f'(x_1)=\lim_{x\to x_1^+}\frac{f(x)-f(x_1)}{x-x_1}\leqslant\frac{f(x_2)-f(x_1)}{x_2-x_1},$$

$$f'(x_2)=\lim_{x\to x_2^-}\frac{f(x)-f(x_2)}{x-x_2}\geqslant\frac{f(x_2)-f(x_1)}{x_2-x_1},$$

综合以上两式便有$f'(x_1)\leqslant f'(x_2)$，即$f'(x)$在(a,b)内递增.

充分性. 设$f'(x)$在(a,b)内递增. 对于$\forall x_1,x_2,x_3\in[a,b](x_1<x_2<x_3)$，由Lagrange中值定理有

$$\frac{f(x_2)-f(x_1)}{x_2-x_1}=f'(\xi_1),\ \exists\xi_1\in(x_1,x_2),$$

$$\frac{f(x_3)-f(x_2)}{x_3-x_2}=f'(\xi_2),\ \exists\xi_2\in(x_2,x_3).$$

因为$f'(\xi_1)\leqslant f'(\xi_2)$，故有

$$\frac{f(x_2)-f(x_1)}{x_2-x_1}\leqslant\frac{f(x_3)-f(x_2)}{x_3-x_2}.$$

由等价命题Ⅱ可知$f(x)$为$[a,b]$上的凸函数.

当函数$f(x)$二阶可导时，应用下面的定理来判断$f(x)$的凸性更为方便.

定理3 设函数$f(x)$在$[a,b]$上连续，在(a,b)内二阶可导，则$f(x)$在$[a,b]$上为凸函数的充要条件是，对于$\forall x\in(a,b)$有$f''(x)\geqslant 0$.

这是定理2的直接推论，证明留作练习.

仿照定理2和定理3，读者不难写出函数$f(x)$在$[a,b]$上为上凸函数的充要条件. 此外，当上述定理中的导数单调改为严格单调，或是二阶导数不等式改为严格不等式时，相应得出$f(x)$为严格凸函数(或者严格上凸函数)的充要条件，我们不再一一细述.

定义2 设函数$f(x)$在点x_0的某邻域$U(x_0)$内连续，而在点x_0的左、右两侧$f(x)$有不同的凸性，则称x_0为$f(x)$的*拐点*. 相应地，称$(x_0,f(x_0))$为曲线$y=f(x)$的*拐点*.

从几何角度来看，拐点正是函数曲线$y=f(x)$下凸与上凸的分界点；从分析意义上说，当函数$f(x)$在拐点处二阶可导时，x_0也就是一阶导数$f'(x)$的极值点，故必有$f''(x_0)=0$. 因此，函数的拐点应属于函数的二阶导数为零或二阶导数不存在的那些点的集合.

例1 讨论函数$f(x)=|x|e^{-x}$的凸性与拐点.

解 因为

$$f(x)=\begin{cases}xe^{-x}, & x\geqslant 0,\\ -xe^{-x}, & x<0.\end{cases}$$

而

$$f'_+(0)=\lim_{x\to 0^+}\frac{f(x)-f(0)}{x}=\lim_{x\to 0^+}\frac{xe^{-x}}{x}=1,$$

$$f'_-(0)=\lim_{x\to0^-}\frac{f(x)-f(0)}{x}=\lim_{x\to0^-}\frac{-xe^{-x}}{x}=-1.$$

故 $f(x)$ 在点 $x=0$ 处不可导. 计算

$$f'(x)=\begin{cases}(1-x)e^{-x}, & x>0,\\ (x-1)e^{-x}, & x<0.\end{cases}$$

$$f''(x)=\begin{cases}(x-2)e^{-x}, & x>0,\\ (2-x)e^{-x}, & x<0.\end{cases}$$

令 $f''(x)=0$,得 $x=2$. 此外,在 $x=0$ 处 $f''(x)$ 不存在. 可见 $x=0,x=2$ 为可能拐点. 为方便计,列表如下:

x	$(-\infty,0)$	0	$(0,2)$	2	$(2,+\infty)$
$f''(x)$	+	不存在	−	0	+
$f(x)$	下凸	拐点	上凸	拐点	下凸

从而得出曲线的拐点为 $(0,0),(2,2e^{-2})$.

5.5.2　凸函数的性质

性质 1　设 $f(x)$ 为区间 I 上的凸函数,则对于 $\forall x_0\in I$,函数

$$K(x)=\frac{f(x)-f(x_0)}{x-x_0}$$

在 $I\backslash\{x_0\}$ 上递增.

证明　对于 $\forall x_1,x_2\in I$,若 $x_1<x_2<x_0$,按凸函数定义有

$$f(x_2)\leqslant f(x_0)+\frac{f(x_0)-f(x_1)}{x_0-x_1}(x_2-x_0),$$

由此便得出

$$\frac{f(x_1)-f(x_0)}{x_1-x_0}\leqslant\frac{f(x_2)-f(x_0)}{x_2-x_0}.$$

若 $x_0<x_1<x_2$,则同样可证. 若 $x_1<x_0<x_2$,则由凸函数等价命题Ⅱ有

$$\frac{f(x_1)-f(x_0)}{x_1-x_0}=\frac{f(x_0)-f(x_1)}{x_0-x_1}\leqslant\frac{f(x_2)-f(x_0)}{x_2-x_0}.$$

可见 $K(x)$ 在 $I\backslash\{x_0\}$ 上总是递增的.

性质 2　设 $f(x)$ 为区间 I 上的凸函数,若 x_0 为 I 的内点,则 $f'_-(x_0)$ 与 $f'_+(x_0)$ 均存在,且有 $f'_-(x_0)\leqslant f'_+(x_0)$.

证明　因 x_0 为 I 的内点,故 $\exists x_1,x_2\in I$ 使 $x_1<x_0<x_2$,由凸函数等价命题Ⅱ

有

$$\frac{f(x_1)-f(x_0)}{x_1-x_0}\leqslant\frac{f(x_2)-f(x_0)}{x_2-x_0}.$$

利用性质 1 的结论，可知 $\frac{f(x_1)-f(x_0)}{x_1-x_0}$ 关于 x_1 递增. 由单调有界函数单侧极限的存在性可知 $f'_-(x_0)$ 存在，且有

$$f'_-(x_0)=\lim_{x_1\to x_0^-}\frac{f(x_1)-f(x_0)}{x_1-x_0}\leqslant\frac{f(x_2)-f(x_0)}{x_2-x_0}. \tag{4}$$

同理可得出 $f'_+(x_0)$ 存在，同时由(4)式知必有 $f'_-(x_0)\leqslant f'_+(x_0)$.

推论 若 $f(x)$ 为 $[a,b]$ 上的凸函数，则 $f(x)$ 在 (a,b) 内连续.

性质 3 设 $f(x)$ 为区间 I 上的凸函数，则对于 $\forall x_1,x_2\in I$（均为内点且 $x_1<x_2$），有 $f'_+(x_1)\leqslant f'_-(x_2)$.

证明 对于 $\forall s,t\in I(x_1<s<t<x_2)$，由凸函数等价命题 Ⅱ 可得出

$$\frac{f(s)-f(x_1)}{s-x_1}\leqslant\frac{f(t)-f(s)}{t-s}\leqslant\frac{f(x_2)-f(t)}{x_2-t}.$$

由性质 2 的结论可知，$f'_+(x_1)$ 与 $f'_-(x_2)$ 均存在，于是就有

$$f'_+(x_1)=\lim_{s\to x_1^+}\frac{f(s)-f(x_1)}{s-x_1}\leqslant\lim_{t\to x_2^-}\frac{f(t)-f(x_2)}{t-x_2}=f'_-(x_2).$$

推论 若 $f(x)$ 为 $[a,b]$ 上的凸函数，则 $f'_-(x)$，$f'_+(x)$ 在 (a,b) 内均递增.

5.5.3 Jensen 不等式

定理 4（Jensen 不等式） 设 $f(x)$ 为区间 I 上的凸函数，则对于 $\forall x_k\in I$，$\forall\lambda_k\in(0,1)$ $(k=1,2,\cdots,n)$ 且 $\sum\limits_{k=1}^{n}\lambda_k=1$，有

$$f\left(\sum_{k=1}^{n}\lambda_k x_k\right)\leqslant\sum_{k=1}^{n}\lambda_k f(x_k)\ (n\geqslant 2). \tag{5}$$

当 $f(x)$ 为区间 I 上的上凸函数时，(5)式中的不等号反向.

证明 我们只说明 $f(x)$ 为凸函数的情况. 用数学归纳法.

当 $n=2$ 时，(5)式即为凸函数的定义式，故 Jensen 不等式自然成立. 假设对 $n-1$ 的情况不等式成立，进一步考察 n 的情况.

记 $t=\sum\limits_{k=2}^{n}\lambda_k\in(0,1)$，则有 $\frac{1}{t}\sum\limits_{k=2}^{n}\lambda_k=1$ 以及 $\lambda_1+t=1$. 又因为

$$\min_{2\leqslant k\leqslant n}\{x_k\}\leqslant\sum_{k=2}^{n}\frac{\lambda_k}{t}x_k\leqslant\max_{2\leqslant k\leqslant n}\{x_k\},$$

所以

$$\sum_{k=2}^{n}\frac{\lambda_k}{t}x_k\in I.$$

于是有

$$f\left(\sum_{k=1}^{n}\lambda_kx_k\right)=f\left(\lambda_1x_1+t\sum_{k=2}^{n}\frac{\lambda_k}{t}x_k\right)\leqslant\lambda_1f(x_1)+tf\left(\sum_{k=2}^{n}\frac{\lambda_k}{t}x_k\right)$$
$$\leqslant\lambda_1f(x_1)+t\sum_{k=2}^{n}\frac{\lambda_k}{t}f(x_k)=\sum_{k=1}^{n}\lambda_kf(x_k).$$

故对 n 的情况 Jensen 不等式也成立.

Jensen 不等式有许多重要应用. 事实上,每个凸函数(下凸或上凸)都有一个相应的 Jensen 不等式. 除了可以用它们来证明某些已知的结果外,我们也可以通过适当选取凸函数而"制造"出新的不等式.

例 2 设 $0<a\leqslant b$,证明:

$$(a+b)e^{a+b}\leqslant ae^{2a}+be^{2b}.\tag{6}$$

证明 仿照前面 5.4 节例 5,可以先令

$$f(x)=(a+x)e^{a+x}-ae^{2a}-xe^{2x},$$

再利用函数的单调性证明(6)式成立. 现在我们改用凸函数方法来证明.

令 $f(x)=xe^{2x},x>0$,则

$$f'(x)=e^{2x}(2x+1),\quad f''(x)=4e^{2x}(x+1)>0.$$

可见 $f(x)$ 在 $(0,+\infty)$ 是下凸的,故应有

$$f\left(\frac{a+b}{2}\right)\leqslant\frac{f(a)+f(b)}{2}.$$

代回 $f(x)$ 的表示式,即有

$$\frac{a+b}{2}e^{a+b}\leqslant\frac{1}{2}(ae^{2a}+be^{2b}),$$

从而

$$(a+b)e^{a+b}\leqslant ae^{2a}+be^{2b}.$$

例 3(广义 A-G 不等式) 设 $x_k>0,\lambda_k\in(0,1)$ $(k=1,2,\cdots,n)$ 且 $\sum_{k=1}^{n}\lambda_k=1$,则有

$$\prod_{k=1}^{n}x_k^{\lambda_k}\leqslant\sum_{k=1}^{n}\lambda_kx_k.\tag{7}$$

证明 对(7)式取对数,即等价地应有不等式

$$\ln\left(\sum_{k=1}^{n}\lambda_kx_k\right)\geqslant\sum_{k=1}^{n}\lambda_k\ln x_k.$$

令 $f(x)=\ln x,x>0$. 容易验证 $f(x)$ 在 $(0,+\infty)$ 为上凸函数. 由 Jensen 不等式即得所证.

读者不难看出,在(7)式中,当 $\lambda_1=\lambda_2=\cdots=\lambda_n=\frac{1}{n}$时,就是熟知的算术—几何平均(A-G)不等式.

作为广义 A-G 不等式的另一个特例,我们还有下面的 Young 不等式.

例 4(Young 不等式) 设 $a,b>0$, $p,q>1$ 且$\frac{1}{p}+\frac{1}{q}=1$,则有

$$ab\leqslant\frac{a^p}{p}+\frac{b^q}{q}.$$

只要令 $a=x^{\frac{1}{p}}$, $b=y^{\frac{1}{q}}$,则 Young 不等式就是例 3 中取 $n=2$ 的情况,我们不再细述.

例 5 设函数 $f(x)>0$,且 $\ln f(x)$ 为区间 I 上的凸函数. 证明:$f(x)$ 也是 I 上的凸函数.

证法 1 我们借助于凸函数定义和上例中的 Young 不等式加以验证.

对于 $\forall x_1,x_2\in I$, $\forall\lambda_1,\lambda_2\in(0,1)$ 且 $\lambda_1+\lambda_2=1$. 由于 $\ln f(x)$ 为凸函数,按定义有

$$\begin{aligned}\ln f(\lambda_1x_1+\lambda_2x_2)&\leqslant\lambda_1\ln f(x_1)+\lambda_2\ln f(x_2)\\&=\ln\left((f(x_1))^{\lambda_1}(f(x_2))^{\lambda_2}\right).\end{aligned}$$

利用 $\ln x$ 的递增性和 Young 不等式,就有

$$\begin{aligned}f(\lambda_1x_1+\lambda_2x_2)&\leqslant(f(x_1))^{\lambda_1}(f(x_2))^{\lambda_2}\\&\leqslant\lambda_1f(x_1)+\lambda_2f(x_2),\end{aligned}$$

即 $f(x)$ 为 I 上的凸函数.

证法 2 也可以只利用凸函数定义验证. 注意到 $f(x)=\exp(\ln f(x))$ 且 $\exp(u)=\mathrm{e}^u$ 为递增的凸函数,于是对于 $\forall x_1,x_2\in I$, $\forall\lambda\in(0,1)$,我们有

$$\begin{aligned}f(\lambda x_1+(1-\lambda)x_2)&=\exp(\ln f(\lambda x_1+(1-\lambda)x_2))\\&\leqslant\exp(\lambda\ln f(x_1)+(1-\lambda)\ln f(x_2))\\&\leqslant\lambda\exp(\ln f(x_1))+(1-\lambda)\exp(\ln f(x_2))\\&=\lambda f(x_1)+(1-\lambda)f(x_2).\end{aligned}$$

在上述推导中,第一个不等式利用了 $\ln f(x)$ 的下凸性以及 e^u 的递增性,第二个不等式利用了 e^u 的下凸性.

由此我们还可以得出更一般的结论:若 $\varphi(x)$ 为区间 I 上的凸函数,$\psi(u)$ 为区间 J 上的递增的凸函数,且 $R_\varphi\subset J$,则 $\psi\circ\varphi$ 为 I 上的凸函数.

习题 5.5

1. 设 $f(x)$,$g(x)$ 均为区间 I 上的凸函数. 证明:$f(x)+g(x)$,$\max\{f(x),g(x)\}$ 也是 I 上的凸函数.

2. 设$f(x)$,$g(x)$均为$\mathbf{R}$上的凸函数. 试问$f(x)g(x)$,$f(g(x))$ (f,g可复合)是否必为$\mathbf{R}$上的凸函数?

3. 求下列函数的凸性区间与拐点:

(1) $f(x)=xe^{-x}$; (2) $f(x)=(x-1)x^{\frac{2}{3}}$;

(3) $f(x)=\ln(1+x^2)$; (4) $f(x)=\dfrac{1-x}{1+x^2}$;

(5) $f(x)=e^{-x}\sin x$; (6) $f(x)=x\sin(\ln x)$ $(x>0)$.

4. 证明:曲线$y=\dfrac{x+1}{x^2+1}$有三个拐点,且在同一直线上.

5. 利用凸函数不等式,证明下列各式:

(1) $e^{\frac{a+b}{2}}\leqslant\dfrac{e^a+e^b}{2}$;

(2) $(a+b)\ln\dfrac{a+b}{2}\leqslant a\ln a+b\ln b$ $(a,b>0)$;

(3) $\left(\dfrac{a}{p}\right)^p\left(\dfrac{b}{q}\right)^q\leqslant\left(\dfrac{a+b}{p+q}\right)^{p+q}$ $(p,q>0;a,b\geqslant0)$.

6. 设$f(x)$为区间I上二阶可导的正值函数. 证明:$\ln f(x)$为I上的凸函数的充要条件是,对于$\forall x\in I$有

$$\begin{vmatrix} f(x) & f'(x) \\ f'(x) & f''(x) \end{vmatrix}\geqslant 0.$$

7. 设$f(x)$为区间I上的严格凸函数. 证明:$f(x)$在I上的极小值若存在则必唯一.

8. 设$0<x_k<\pi(k=1,2,\cdots,n)$,记$x=\dfrac{x_1+x_2+\cdots+x_n}{n}$. 证明:

$$\frac{\sin x_1}{x_1}\cdot\frac{\sin x_2}{x_2}\cdot\cdots\cdot\frac{\sin x_n}{x_n}\leqslant\left(\frac{\sin x}{x}\right)^n.$$

9. 设$f(x)$是$[a,b]$上的凸函数. 证明:对于$\forall x\in[a,b]$有

$$f(x)\leqslant\max\{f(a),f(b)\}.$$

10. 设$f(x)$是区间I上的凸函数. 证明:对于任意区间$[\alpha,\beta]\subset I$,$f(x)$在$[\alpha,\beta]$上有界.

5.6 函数作图

用图形表示函数能够直观、形象地反映函数的某些属性,比如单调性、极值、最值、凸性等. 尽管我们并不能对函数图形作深入的理论分析,但至少函数图形可以大致地揭示函数的整体性态,这在对问题作初步分析时就显得方便实用,而且往往能起到事半功倍的效果.

利用函数的一阶导数和二阶导数,可以判断函数曲线的升降(单调性)和弯曲方向(凸性),但我们还应说明当曲线向无穷远延展时的变化趋势,才能完整、准确地把握函数的图形.

5.6.1 曲线的渐近线

设 C 为平面曲线 $y=f(x)$，若存在直线 L，当动点 P 沿曲线 C 无限远离原点时，点 P 与直线 L 的距离趋于零，则称直线 L 为曲线 C 的渐近线.

按照渐近线的上述定义，不难看出，若存在常数 c，使得

$$\lim_{x\to+\infty} f(x)=c\left(\text{或}\lim_{x\to-\infty} f(x)=c\right),$$

则直线 $y=c$ 为曲线 C 的水平渐近线；若有

$$\lim_{x\to x_0^+} f(x)=\pm\infty\left(\text{或}\lim_{x\to x_0^-} f(x)=\pm\infty\right),$$

则直线 $x=x_0$ 为曲线 C 的垂直渐近线.

下面考察曲线 C 具有斜渐近线 $y=ax+b$ 的条件，如图 5.10.

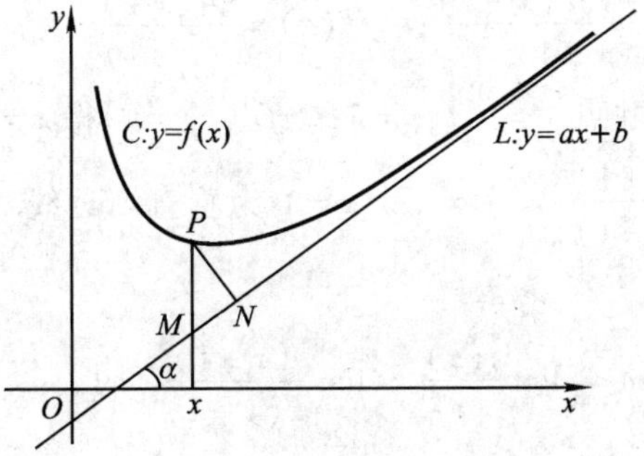

图 5.10

记直线 $y=ax+b$ 与 x 轴正向夹角为 $\alpha\left(\alpha\neq\dfrac{\pi}{2}\right)$，则有

$$PN=PM\cdot\cos\alpha=(f(x)-(ax+b))\cos\alpha.$$

按渐近线定义应有 $\lim\limits_{x\to+\infty} PN=0$，即有

$$\lim_{x\to+\infty}(f(x)-(ax+b))=0. \tag{1}$$

由此便可得出

$$a=\lim_{x\to+\infty}\frac{f(x)}{x},\quad b=\lim_{x\to+\infty}(f(x)-ax). \tag{2}$$

反之，若(2)式中两个极限都存在，则由后一式即可知必有(1)式成立，从而

$$\lim_{x\to+\infty} PN=\lim_{x\to+\infty}(f(x)-(ax+b))\cos\alpha=0.$$

因此 $y=ax+b$ 为曲线 C 的渐近线，其中常数 a,b 由(2)式确定.

5.6.2　函数作图

函数作图的一般步骤为：

(1) 确定函数的定义域，考察函数的奇偶性、周期性；

(2) 确定函数的单调区间与极值点，凸性区间与拐点；

(3) 确定渐近线；

(4) 列表反映函数的上述信息，并作出函数图形.

例 1　作函数 $f(x)=\dfrac{(x+1)^3}{(x-1)^2}$ 的图形.

解　(1) 函数定义域为 $(-\infty,1)\cup(1,+\infty)$，曲线与坐标轴交点为 $(-1,0)$，$(0,1)$.

(2) $f'(x)=\dfrac{(x+1)^2(x-5)}{(x-1)^3}$；　$f''(x)=\dfrac{24(x+1)}{(x-1)^4}$.

令 $f'(x)=0$，得驻点 $x=-1$，$x=5$；令 $f''(x)=0$，得 $x=-1$.

(3) 因为 $\lim\limits_{x\to1}\dfrac{(x+1)^3}{(x-1)^2}=+\infty$，故 $x=1$ 为垂直渐近线. $y=f(x)$ 无水平渐近线. 又因为

$$a=\lim_{x\to\pm\infty}\frac{f(x)}{x}=\lim_{x\to\pm\infty}\frac{(x+1)^3}{x(x-1)^2}=1,$$

$$b=\lim_{x\to\pm\infty}(f(x)-x)=\lim_{x\to\pm\infty}\frac{5x^2+2x+1}{(x-1)^2}=5,$$

故 $y=x+5$ 为斜渐近线.

(4) 列表作图，如图 5.11.

x	$(-\infty,-1)$	-1	$(-1,1)$	$(1,5)$	5	$(5,+\infty)$
$f'(x)$	+	0	+	−	0	+
$f''(x)$	−	0	+	+	+	+
$f(x)$	↗	拐点 0	↗	↘	极小值 $\frac{27}{2}$	↗

例 2　作函数 $f(x)=(x+2)e^{\frac{1}{x}}$ 的图形.

解　(1) 函数定义域为 $(-\infty,0)\cup(0,+\infty)$，曲线与坐标轴交点为 $(-2,0)$.

(2) $f'(x)=e^{\frac{1}{x}}\cdot\dfrac{(x+1)(x-2)}{x^2}$；　$f''(x)=e^{\frac{1}{x}}\cdot\dfrac{5x+2}{x^4}$.

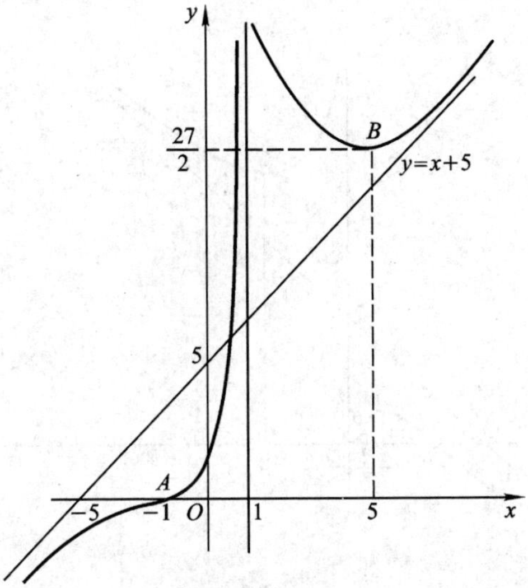

图 5.11

令 $f'(x)=0$,得驻点 $x=-1, x=2$;令 $f''(x)=0$,得 $x=-\dfrac{2}{5}$.

(3) 因为 $\lim\limits_{x\to 0^+}(x+2)e^{\frac{1}{x}}=+\infty$,故 $x=0$ 为垂直渐近线(注意 $\lim\limits_{x\to 0^-}(x+2)e^{\frac{1}{x}}=0$). $y=f(x)$ 无水平渐近线. 又因为

$$a=\lim_{x\to\pm\infty}\frac{f(x)}{x}=\lim_{x\to\pm\infty}\frac{x+2}{x}e^{\frac{1}{x}}=1,$$

$$b=\lim_{x\to\pm\infty}(f(x)-x)\overset{\text{令 } x=\frac{1}{t}}{=\!=\!=}\lim_{t\to 0^{\pm}}\frac{(1+2t)e^{t}-1}{t}$$

$$=\lim_{t\to 0^{\pm}}(3+2t)e^{t}=3,$$

故 $y=x+3$ 为斜渐近线.

(4) 列表作图,如图 5.12.

x	$(-\infty,-1)$	-1	$\left(-1,-\dfrac{2}{5}\right)$	$-\dfrac{2}{5}$	$\left(-\dfrac{2}{5},0\right)$	$(0,2)$	2	$(2,+\infty)$
$f'(x)$	+	0	−	−	−	−	0	+
$f''(x)$	−	−	−	0	+	+	+	+
$f(x)$	↗	极大值 $\dfrac{1}{e}$	↘	拐点 $\dfrac{8}{5}e^{-\frac{5}{2}}$	↘	↘	极小值 $4e^{\frac{1}{2}}$	↗

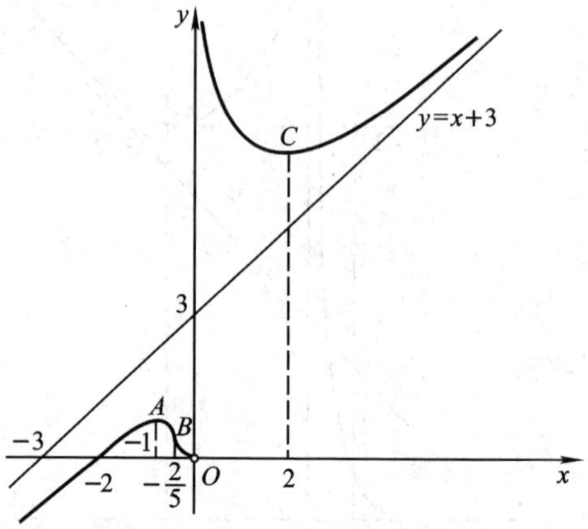

图 5.12

图中各点为：极大值点 $A(-1, e^{-1})$；拐点 $B\left(-\frac{2}{5}, \frac{8}{5}e^{-\frac{5}{2}}\right)$；极小值点 $C(2, 4\sqrt{e})$. 而 $\frac{1}{e} \approx 0.37$, $\frac{8}{5}e^{-\frac{5}{2}} \approx 0.13$.

例 3　作函数 $f(x)=|x|\cdot\frac{x}{1+x}$ 的图形.

解　(1) 函数定义域为 $(-\infty,-1)\cup(-1,+\infty)$，函数曲线与坐标轴交点为 $(0,0)$.

(2) 由 $f(x)=\begin{cases}-\frac{x^2}{1+x}, & x<0(x\neq-1),\\ \frac{x^2}{1+x}, & x\geqslant 0\end{cases}$ 得出

$$f'(x)=\begin{cases}-\frac{x(x+2)}{(1+x)^2}, & x<0(x\neq-1),\\ 0, & x=0,\\ \frac{x(x+2)}{(1+x)^2}, & x>0;\end{cases}\qquad f''(x)=\begin{cases}-\frac{2}{(1+x)^3}, & x<0,\\ \frac{2}{(1+x)^3}, & x>0.\end{cases}$$

因为 $f''_+(0)=2, f''_-(0)=-2$，故 $f''(0)$ 不存在.

令 $f'(x)=0$，得驻点 $x=0, x=-2$.

(3) 因为 $\lim\limits_{x\to-1^+}|x|\cdot\frac{x}{1+x}=-\infty$，$\lim\limits_{x\to-1^-}|x|\cdot\frac{x}{1+x}=+\infty$，故 $x=-1$ 为垂直

渐近线. $y=f(x)$ 无水平渐近线. 又因为

$$a_1=\lim_{x\to+\infty}\frac{f(x)}{x}=\lim_{x\to+\infty}\frac{x}{1+x}=1,$$

$$b_1=\lim_{x\to+\infty}(f(x)-x)=\lim_{x\to+\infty}\frac{-x}{1+x}=-1,$$

故 $y=x-1$ 为 $x\to+\infty$ 时的斜渐近线;

$$a_2=\lim_{x\to-\infty}\frac{f(x)}{x}=\lim_{x\to-\infty}\frac{-x}{1+x}=-1,$$

$$b_2=\lim_{x\to-\infty}(f(x)+x)=\lim_{x\to-\infty}\frac{x}{1+x}=1,$$

故 $y=-x+1$ 为 $x\to-\infty$ 时的斜渐近线.

(4) 列表作图,如图 5.13.

x	$(-\infty,-2)$	-2	$(-2,-1)$	$(-1,0)$	0	$(0,+\infty)$
$f'(x)$	$-$	0	$+$	$+$	0	$+$
$f''(x)$	$+$	$+$	$+$	$-$	不存在	$+$
$f(x)$	↘	极小值 4	↗	↗	拐点 0	↗

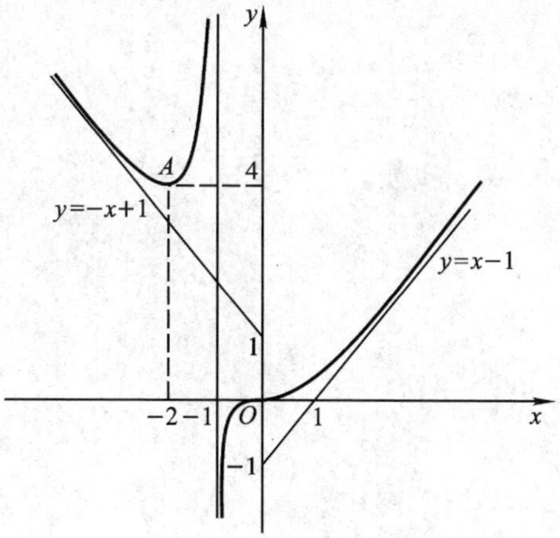

图 5.13

习题 5.6

1. 全面讨论下列函数的性态,并列表作图:

(1) $y=e^{-x^2}$;　　(2) $y=\frac{x}{2}+\arctan x$;

(3) $y=x+\frac{\ln x}{x}$; (4) $y=\frac{(x-1)^3}{(x+1)^2}$;

(5) $y=\frac{x^3}{x^2-1}$; (6) $y=|x|^{\frac{2}{3}}(x-2)^2$.

2. 设 $x>0$ 时,方程 $Kx+\frac{1}{x^2}=1$ 只有唯一解,求 K 的取值范围.

3. (1) 讨论方程 $\ln x-\frac{x}{\mathrm{e}}=K$ 在 $(0,+\infty)$ 上的实根个数;

(2) 讨论方程 $\sin^3 x\cdot\cos x=K(K>0)$ 在 $[0,\pi]$ 上的实根个数.

第六章 不定积分

6.1 不定积分的概念及性质

6.1.1 不定积分的概念

设 I 是一个区间，$f(x)$ 和 $F(x)$ 是定义在 I 上的函数.

定义 1 如果对于 $\forall x \in I$，都有 $F'(x) = f(x)$，则称 $F(x)$ 是 $f(x)$ 在区间 I 上的一个*原函数*.

在此，有必要提请读者注意，在今后的行文中，我们往往简单地说" $F(x)$ 是 $f(x)$ 的一个原函数"而隐去了"在区间 I 上"，这只是说我们默认了它们是对某一区间而言的. 例如，

$$(\tan x)' = \sec^2 x, \quad (\ln |x|)' = \frac{1}{x},$$

以上两式对函数定义域中的所有 x 都成立，但我们并不能说 $\tan x$ 是 $\sec^2 x$、$\ln |x|$ 是 $\frac{1}{x}$ 在其各自定义域上的一个原函数.

例 1 求 $f(x) = \cos x$ 的一个原函数.

解 因为 $(\sin x)' = \cos x$，所以 $F(x) = \sin x$ 是 $\cos x$ 的一个原函数. 又由

$$(\sin x + 8)' = \cos x,$$

所以 $G(x) = \sin x + 8$ 也是 $\cos x$ 的一个原函数. 事实上，对于任意的常数 C，都有

$$(\sin x + C)' = \cos x,$$

因此对于任意的常数 C，$H(x) = \sin x + C$ 都是 $\cos x$ 的原函数.

一般说来，如果 $F(x)$ 是 $f(x)$ 的任一原函数，C 是任意的常数，则

$$\frac{\mathrm{d}}{\mathrm{d}x}(F(x) + C) = F'(x) = f(x).$$

因此 $F(x) + C$ 也是 $f(x)$ 的原函数. 那么除了 $F(x) + C$ 之外，$f(x)$ 还有没有其他的原函数呢？下面的定理说明答案是否定的.

定理 1 设 $F(x)$ 和 $G(x)$ 都是 $f(x)$ 在区间 I 上的原函数. 则存在常数 C 使得

$$G(x) = F(x) + C.$$

注 本定理实际上是 Lagrange 中值定理推论 2 的重新表述.

定理 1 表明,如果 $F(x)$ 是 $f(x)$ 在区间 I 上的一个原函数,则 $f(x)$ 所有可能的原函数都具有形式 $F(x)+C$,其中 C 是某个常数.

定义 2 设 $F(x)$ 是 $f(x)$ 在区间 I 上的一个原函数,函数 $f(x)$ 在 I 上的所有原函数的全体称为 $f(x)$ 在 I 上的不定积分,记为

$$\int f(x)\,dx = F(x) + C,$$

其中 C 为任意常数.

上式中,$\int$ 称为积分号,$f(x)$ 称为被积函数,x 称为积分变量.

6.1.2 不定积分表与运算法则

上节我们已经知道求不定积分与求导数互为逆运算,因此有一个求导公式,就相应有一个不定积分公式. 我们把它们对应地列出来,这些公式是求解其他函数的不定积分的基础,务必牢记.

$d(x^\alpha) = \alpha x^{\alpha-1}dx$; $\int x^\alpha dx = \frac{1}{\alpha+1}x^{\alpha+1} + C\ (\alpha \neq -1)$;

$d(\ln|x|) = \frac{1}{x}dx$; $\int \frac{1}{x}dx = \ln|x| + C$;

$d(e^x) = e^x dx$; $\int e^x dx = e^x + C$;

$d(a^x) = a^x \ln a\,dx$; $\int a^x dx = \frac{1}{\ln a}a^x + C\ (a>0, a\neq 1)$;

$d(\sin x) = \cos x\,dx$; $\int \cos x\,dx = \sin x + C$;

$d(\cos x) = -\sin x\,dx$; $\int \sin x\,dx = -\cos x + C$;

$d(\tan x) = \sec^2 x\,dx$; $\int \sec^2 x\,dx = \tan x + C$;

$d(\cot x) = -\csc^2 x\,dx$; $\int \csc^2 x\,dx = -\cot x + C$;

$d(\sec x) = \sec x\tan x\,dx$; $\int \sec x\tan x\,dx = \sec x + C$;

$d(\csc x) = -\csc x\cot x\,dx$; $\int \csc x\cot x\,dx = -\csc x + C$;

$d(\arcsin x) = \frac{1}{\sqrt{1-x^2}}dx$; $\int \frac{1}{\sqrt{1-x^2}}dx = \arcsin x + C$;

$\mathrm{d}(\arctan x)=\dfrac{1}{1+x^2}\mathrm{d}x$; $\qquad \displaystyle\int\frac{1}{1+x^2}\mathrm{d}x=\arctan x+C$;

$\mathrm{d}\left(\dfrac{1}{2a}\ln\left|\dfrac{a+x}{a-x}\right|\right)=\dfrac{1}{a^2-x^2}\mathrm{d}x$; $\qquad \displaystyle\int\frac{\mathrm{d}x}{a^2-x^2}=\frac{1}{2a}\ln\left|\frac{a+x}{a-x}\right|+C\ (a\neq 0)$;

$\mathrm{d}\left(\ln\left|x+\sqrt{x^2\pm a^2}\right|\right)=\dfrac{1}{\sqrt{x^2\pm a^2}}\mathrm{d}x$; $\displaystyle\int\frac{\mathrm{d}x}{\sqrt{x^2\pm a^2}}=\ln\left|x+\sqrt{x^2\pm a^2}\right|+C.$

另外,由导数的运算法则,还可以得出相应的不定积分的运算法则.

定理 2 设 $f(x)$ 和 $g(x)$ 的不定积分存在,则 $f(x)\pm g(x)$,$kf(x)$(k 为非零常数)的不定积分也存在,且

(1) $\displaystyle\int(f(x)+g(x))\mathrm{d}x=\int f(x)\mathrm{d}x+\int g(x)\mathrm{d}x$;

(2) $\displaystyle\int kf(x)\mathrm{d}x=k\int f(x)\mathrm{d}x$.

证明 (1) 设 $f(x)$ 和 $g(x)$ 的一个原函数分别为 $F(x)$ 和 $G(x)$,即

$$F'(x)=f(x),\quad G'(x)=g(x),$$

所以

$$(F(x)+G(x))'=f(x)+g(x).$$

因此函数 $f(x)+g(x)$ 有不定积分,且

$$\int(f(x)+g(x))\mathrm{d}x=F(x)+G(x)+C.$$

而

$$\begin{aligned}\int f(x)\mathrm{d}x+\int g(x)\mathrm{d}x&=(F(x)+C_1)+(G(x)+C_2)\\&=F(x)+G(x)+(C_1+C_2),\end{aligned}$$

此处 C_1+C_2 也为任意常数. 所以(1)得证.

(2) 由条件

$$F'(x)=f(x)\quad 或 \quad \int f(x)\mathrm{d}x=F(x)+C,$$

可知

$$(kF(x))'=kf(x),$$

所以函数 $kf(x)$ 有不定积分,且

$$\begin{aligned}\int kf(x)\mathrm{d}x&=kF(x)+C=k\left(F(x)+\frac{C}{k}\right)\\&=k\int f(x)\mathrm{d}x.\end{aligned}$$

注意,当 $k\neq 0$ 时,$\dfrac{C}{k}$ 也是任意常数,仍可记为 C. 定理证毕.

从原函数和不定积分的定义，还可得到下面的性质：

(1) $\left(\int f(x)\,\mathrm{d}x\right)' = f(x)$；

(2) $\int f'(x)\,\mathrm{d}x = f(x) + C$，若用微分的记号表示，就是$\int \mathrm{d}(f(x)) = f(x) + C$.

有了这些不定积分的性质，我们可以计算更多不定积分.

例 2 假设一个航天飞机下降的加速度为 $y''(t) = -10\ \mathrm{m/s^2}$，初始速度为 $y'(0) = -30\ \mathrm{m/s}$，初始位置为 $y(0) = 30\ 000\ \mathrm{m}$，试求航天飞机降落的轨迹方程.

解 因为 $y(t)$ 是速度函数 $y'(t)$ 的原函数，而 $y''(t)$ 的原函数是 $y'(t)$，所以需要计算两次积分.

$$y'(t) = \int y''(t)\,\mathrm{d}t = \int(-10)\,\mathrm{d}t = -10t + C,$$

将初速度 $y'(0) = -30$ 代入上式得 $C = -30$. 所以速度函数是 $y'(t) = -10t - 30$. 其次，我们有

$$\begin{aligned} y(t) &= \int y'(t)\,\mathrm{d}t = \int(-10t - 30)\,\mathrm{d}t \\ &= -10\left(\frac{1}{2}t^2\right) - 30t + C_1 = -5t^2 - 30t + C_1, \end{aligned}$$

由初始高度 $y(0) = 30\ 000\ \mathrm{m}$，可知

$$30\ 000 = -5\cdot 0^2 - 30\cdot 0 + C_1 = C_1.$$

因此所求的航天飞机的轨迹方程为

$$y(t) = -5t^2 - 30t + 30\ 000.$$

这个航天飞机的降落轨迹模型假设作用在其上的力只有重力（不考虑空气阻力等），幸好不是真实的，要不然的话将会导致灾难性的后果，只要计算其落地时的速度便可知为什么.

例 3 求积分 $\int\left(\frac{2 - x^3}{x^2}\right)^2\mathrm{d}x$.

解
$$\begin{aligned} \text{原式} &= 4\int\frac{1}{x^4}\mathrm{d}x - 4\int\frac{1}{x}\mathrm{d}x + \int x^2\,\mathrm{d}x \\ &= -\frac{4}{3x^3} - 4\ln|x| + \frac{1}{3}x^3 + C. \end{aligned}$$

例 4 求积分 $\int\frac{1}{\sin^2 x\cos^2 x}\mathrm{d}x$.

解
$$\begin{aligned} \text{原式} &= \int\frac{\sin^2 x + \cos^2 x}{\sin^2 x\cos^2 x}\mathrm{d}x = \int\frac{1}{\cos^2 x}\mathrm{d}x + \int\frac{1}{\sin^2 x}\mathrm{d}x \\ &= \tan x - \cot x + C. \end{aligned}$$

习题 6.1

计算下列不定积分：

1. $\int\left(\sqrt{x}+\frac{1}{\sqrt{x}}+\frac{2}{x}+x^2\right)dx$；
2. $\int(1-2x)^2\sqrt{x}dx$；
3. $\int\frac{\cos 2x}{\sin x-\cos x}dx$；
4. $\int\frac{x^2dx}{1+x^2}$；
5. $\int\tan^2 x dx$；
6. $\int\frac{x^4dx}{1+x^2}$；
7. $\int(2^x+3^x)^2dx$；
8. $\int\frac{e^{3x}+1}{e^x+1}dx$；
9. $\int\frac{1}{x^4(1+x^2)}dx$；
10. $\int\frac{2+\sin^2 x}{\cos^2 x}dx$.

6.2　换元积分法和分部积分法

利用上节的简单性质，我们可以求出一些简单函数的不定积分. 但是仅有这些性质是不够用的，还必须学会更多的计算不定积分的方法和技巧. 本节我们将介绍两种主要的方法：换元积分法和分部积分法.

6.2.1　第一换元积分法

第一换元积分法也称凑微分法或直接代换法.

定理 1　设 u 是自变量时，有 $\int f(u)du=F(u)+C$，则当 $u=u(x)$ 可微时，也有

$$\int f(u(x))u'(x)dx=F(u(x))+C.$$

证明　由条件得

$$F'(u)=f(u),$$

根据复合函数的求导法则得

$$\frac{d}{dx}F(u(x))=F'(u(x))u'(x)=f(u(x))u'(x),$$

即 $F(u(x))$ 是 $f(u(x))u'(x)$ 的一个原函数，再由不定积分的定义便知定理结论成立.

在用第一换元法求积分时，我们常把条件和结论串起来，写成变换的形式：

$$\int f(u(x))u'(x)dx=\int f(u(x))d(u(x))$$

$$\xlongequal{令 u(x)=u} \int f(u)\,\mathrm{d}u = F(u) + C$$

$$\xlongequal{令 u=u(x)} F(u(x)) + C.$$

对简单的问题,变换这一步可以不必写出,而直接写成

$$\int f(u(x))u'(x)\,\mathrm{d}x = \int f(u(x))\,\mathrm{d}(u(x)) = F(u(x)) + C.$$

例 1　求积分 $\int \mathrm{e}^{3x^2} x\,\mathrm{d}x$.

解　对被积函数作变形

$$\mathrm{e}^{3x^2} x = \frac{1}{6}\mathrm{e}^{3x^2}(6x) = \frac{1}{6}\mathrm{e}^{3x^2}(3x^2)',$$

则

$$\int \mathrm{e}^{3x^2} x\,\mathrm{d}x = \frac{1}{6}\int \mathrm{e}^{3x^2}(3x^2)'\mathrm{d}x = \frac{1}{6}\int \mathrm{e}^{3x^2}\mathrm{d}(3x^2)$$

$$\xlongequal{3x^2=u} \frac{1}{6}\int \mathrm{e}^u\,\mathrm{d}u = \frac{1}{6}\mathrm{e}^u + C = \frac{1}{6}\mathrm{e}^{3x^2} + C.$$

例 2　求积分 $\int \frac{1}{ax+b}\mathrm{d}x$,其中 a,b 为常数且 $a\neq 0$.

解　$\int \frac{1}{ax+b}\mathrm{d}x = \frac{1}{a}\int \frac{1}{ax+b}\mathrm{d}(ax+b)$

$$\xlongequal{ax+b=u} \frac{1}{a}\int \frac{1}{u}\mathrm{d}u = \frac{1}{a}\ln|u| + C$$

$$= \frac{1}{a}\ln|ax+b| + C.$$

例 3　求积分 $\int \frac{1}{x\sqrt{x^2-1}}\mathrm{d}x$.

解　$\int \frac{1}{x\sqrt{x^2-1}}\mathrm{d}x = \int \frac{1}{x^2\sqrt{1-\frac{1}{x^2}}}\mathrm{d}x = -\int \frac{1}{\sqrt{1-\left(\frac{1}{x}\right)^2}}\mathrm{d}\left(\frac{1}{x}\right)$

$$= -\arcsin\frac{1}{x} + C.$$

例 4　求积分 $\int \cos^3 x\,\mathrm{d}x$.

解　$\int \cos^3 x\,\mathrm{d}x = \int (1-\sin^2 x)\cos x\,\mathrm{d}x = \int (1-\sin^2 x)\,\mathrm{d}(\sin x)$

$$= \int \mathrm{d}(\sin x) - \int \sin^2 x\,\mathrm{d}(\sin x) = \sin x - \frac{1}{3}\sin^3 x + C.$$

例 5　求积分 $\int \sin^2 x\,\mathrm{d}x$.

解 $\int \sin^2 x\mathrm{d}x = \int \frac{1}{2}(1-\cos 2x)\mathrm{d}x = \int \frac{1}{2}\mathrm{d}x - \frac{1}{4}\int \cos 2x\mathrm{d}(2x)$

$$= \frac{1}{2}x - \frac{1}{4}\sin 2x + C.$$

例 6 求积分 $\int \frac{1}{a^2+x^2}\mathrm{d}x \ (a \neq 0)$.

解 $\int \frac{1}{a^2+x^2}\mathrm{d}x = \int \frac{1}{a^2\left(1+\left(\frac{x}{a}\right)^2\right)}\mathrm{d}x = \frac{1}{a}\int \frac{1}{1+\left(\frac{x}{a}\right)^2}\mathrm{d}\left(\frac{x}{a}\right)$

$$= \frac{1}{a}\arctan \frac{x}{a} + C.$$

例 7 求积分 $\int \frac{1}{1+\cos^2 x}\mathrm{d}x$.

解 $\int \frac{1}{1+\cos^2 x}\mathrm{d}x = \int \frac{\sec^2 x}{\sec^2 x+1}\mathrm{d}x = \int \frac{1}{2+\tan^2 x}\mathrm{d}(\tan x)$

$$= \frac{1}{\sqrt{2}}\int \frac{1}{1+\left(\frac{\tan x}{\sqrt{2}}\right)^2}\mathrm{d}\left(\frac{\tan x}{\sqrt{2}}\right)$$

$$= \frac{1}{\sqrt{2}}\arctan\left(\frac{\tan x}{\sqrt{2}}\right) + C.$$

例 8 求积分 $\int \frac{1}{a^2-x^2}\mathrm{d}x \ (a \neq 0)$.

解 $\int \frac{1}{a^2-x^2}\mathrm{d}x = \int \frac{\mathrm{d}x}{(a+x)(a-x)} = \frac{1}{2a}\int\left(\frac{1}{a+x}+\frac{1}{a-x}\right)\mathrm{d}x$

$$= \frac{1}{2a}\int \frac{\mathrm{d}(a+x)}{a+x} - \frac{1}{2a}\int \frac{\mathrm{d}(a-x)}{a-x}$$

$$= \frac{1}{2a}\ln|a+x| - \frac{1}{2a}\ln|a-x| + C$$

$$= \frac{1}{2a}\ln\left|\frac{a+x}{a-x}\right| + C.$$

例 9 求积分 $\int \frac{\mathrm{d}x}{x^2+4x+6}$.

解 $\int \frac{\mathrm{d}x}{x^2+4x+6} = \int \frac{\mathrm{d}x}{(x+2)^2+2} = \int \frac{\mathrm{d}(x+2)}{(x+2)^2+(\sqrt{2})^2}$

$$= \frac{1}{\sqrt{2}}\arctan \frac{x+2}{\sqrt{2}} + C.$$

例 10 求积分 $\int \frac{x\mathrm{d}x}{x^2-4x+6}$.

解 $\int \frac{x\mathrm{d}x}{x^2-4x+6} = \frac{1}{2}\int \frac{(2x-4+4)\mathrm{d}x}{x^2-4x+6}$

$$= \frac{1}{2}\int \frac{(2x-4)\mathrm{d}x}{x^2-4x+6} + 2\int \frac{\mathrm{d}x}{x^2-4x+6}$$

$$= \frac{1}{2}\int \frac{\mathrm{d}(x^2-4x+6)}{x^2-4x+6} + 2\int \frac{\mathrm{d}(x-2)}{(x-2)^2+2}$$

$$= \frac{1}{2}\ln|x^2-4x+6| + \sqrt{2}\arctan\frac{x-2}{\sqrt{2}} + C.$$

例 11 求积分 $\int \frac{1}{\cos x}\mathrm{d}x$.

解法 1 $\int \frac{1}{\cos x}\mathrm{d}x = \int \frac{\cos x\mathrm{d}x}{\cos^2 x} = \int \frac{\mathrm{d}(\sin x)}{1-\sin^2 x}$

$$= \frac{1}{2}\ln\left|\frac{1+\sin x}{1-\sin x}\right| + C.$$

解法 2 $\int \frac{1}{\cos x}\mathrm{d}x = \int \frac{\mathrm{d}x}{\cos^2\frac{x}{2}-\sin^2\frac{x}{2}} = \int \frac{\sec^2\frac{x}{2}\mathrm{d}x}{1-\tan^2\frac{x}{2}}$

$$= 2\int \frac{\mathrm{d}\left(\tan\frac{x}{2}\right)}{1-\tan^2\frac{x}{2}} = \ln\left|\frac{1+\tan\frac{x}{2}}{1-\tan\frac{x}{2}}\right| + C.$$

解法 3 $\int \frac{1}{\cos x}\mathrm{d}x = \int \frac{\sec x(\sec x+\tan x)}{\sec x+\tan x}\mathrm{d}x = \int \frac{\mathrm{d}(\tan x+\sec x)}{\sec x+\tan x}$

$$= \ln|\sec x+\tan x| + C.$$

注 本题的三种解法得到了三种不同形式的答案,这并不矛盾.事实上,一个函数若有原函数,则它必有无穷多个原函数,并且它们任意两个之差必定是一个常数.

6.2.2 第二换元积分法

定理 2 设 $f(x)$ 连续,$x=\varphi(t)$ 及 $\varphi'(t)$ 都连续,$x=\varphi(t)$ 的反函数 $t=\varphi^{-1}(x)$ 存在且连续,并且

$$\int f(\varphi(t))\varphi'(t)\mathrm{d}t = G(t) + C, \tag{1}$$

则

$$\int f(x)\mathrm{d}x = G(\varphi^{-1}(x)) + C. \tag{2}$$

证明 对(2)式右端求导并利用(1)式得

$$\frac{\mathrm{d}}{\mathrm{d}x}(G(\varphi^{-1}(x))+C)=G'(t)(\varphi^{-1}(x))'=f(\varphi(t))\varphi'(t)\frac{1}{\varphi'(t)}=f(x).$$

因此(2)式成立.

定理也常写成换元的形式

$$\int f(x)\mathrm{d}x \xlongequal{x=\varphi(t)} \int f(\varphi(t))\varphi'(t)\mathrm{d}t = G(t)+C$$

$$\xlongequal{t=\varphi^{-1}(x)} G(\varphi^{-1}(x))+C.$$

第二换元积分法的重要用途之一是求无理函数的积分,即通过变换将被积函数的根式去掉,化成比较容易求的积分.

例 12 求积分 $\int \frac{1}{\sqrt{a^2+x^2}}\mathrm{d}x(a>0)$.

解 为去掉被积函数的根式,可作代换 $x=a\tan t$,于是

$$\sqrt{a^2+x^2}=\sqrt{a^2(1+\tan^2 t)}=a\sec t,\mathrm{d}x=a\sec^2 t\mathrm{d}t,$$

因此

$$\begin{aligned}\int \frac{1}{\sqrt{a^2+x^2}}\mathrm{d}x &= \int \frac{a\sec^2 t}{a\sec t}\mathrm{d}t = \int \sec t\mathrm{d}t\\ &= \ln|\sec t+\tan t|+C_1\\ &= \ln\left(\frac{\sqrt{a^2+x^2}}{a}+\frac{x}{a}\right)+C_1\\ &= \ln(x+\sqrt{a^2+x^2})-\ln a+C_1\\ &= \ln(x+\sqrt{a^2+x^2})+C.\end{aligned}$$

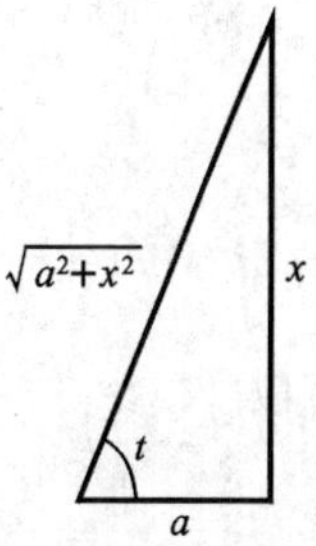

图 6.1

注 图 6.1 称为“辅助三角形”,我们在三角代换中经常使用它.

例 13 求积分 $\int \frac{1}{\sqrt{x^2-a^2}}\mathrm{d}x(a>0)$.

解 为把被积函数的根号去掉,可作换元 $x=a\sec t$,于是 $\sqrt{x^2-a^2}=a\tan t$, $\mathrm{d}x=a\sec t\tan t\mathrm{d}t$,则

$$\begin{aligned}\int \frac{1}{\sqrt{x^2-a^2}}\mathrm{d}x &= \int \sec t\mathrm{d}t = \ln|\sec t+\tan t|+C_1\\ &= \ln|x+\sqrt{x^2-a^2}|+C.\end{aligned}$$

例 14 求积分 $\int \sqrt{a^2-x^2}\mathrm{d}x(a>0)$.

解 为把被积函数的根号去掉,可作换元 $x=a\sin t$,于是 $\sqrt{a^2-x^2}=a\cos t$, $\mathrm{d}x=a\cos t$,则

$$\int \sqrt{a^2 - x^2}\mathrm{d}x = \int a^2\cos^2 t\mathrm{d}t = a^2\int \frac{1+\cos 2t}{2}\mathrm{d}t$$
$$= \frac{a^2}{2}(t + \cos t\sin t) + C$$
$$= \frac{1}{2}x\sqrt{a^2 - x^2} + \frac{a^2}{2}\arcsin\frac{x}{a} + C.$$

对于积分 $\int \sqrt{x^2 \pm a^2}\mathrm{d}x$ 也可作三角代换,求得

$$\int \sqrt{x^2 \pm a^2}\mathrm{d}x = \frac{1}{2}x\sqrt{x^2 \pm a^2} \pm \frac{a^2}{2}\ln |x + \sqrt{x^2 \pm a^2}| + C.$$

例 15 求积分 $\int \frac{1}{\sqrt{(x-a)(b-x)}}\mathrm{d}x\ (a < x < b)$.

解 设 $x = a + (b-a)\sin^2 t, t \in \left(0, \frac{\pi}{2}\right)$,于是

$$\sqrt{(x-a)(b-x)} = \sqrt{(b-a)^2\sin^2 t\cos^2 t}$$
$$= (b-a)\sin t\cos t,$$
$$\mathrm{d}x = (b-a)2\sin t\cos t\mathrm{d}t,$$

所以

$$\int \frac{1}{\sqrt{(x-a)(b-x)}}\mathrm{d}x = \int \frac{2(b-a)\sin t\cos t}{(b-a)\sin t\cos t}\mathrm{d}t$$
$$= 2\int \mathrm{d}t = 2t + C$$
$$= 2\arcsin\sqrt{\frac{x-a}{b-a}} + C.$$

例 16 求积分 $\int \frac{1}{a + \sqrt{x+b}}\mathrm{d}x$.

解 令 $t = a + \sqrt{x+b}$,于是 $x = (t-a)^2 - b, \mathrm{d}x = 2(t-a)\mathrm{d}t$,则

$$\int \frac{1}{a+\sqrt{x+b}}\mathrm{d}x = \int \frac{2(t-a)}{t}\mathrm{d}t = 2\int\left(1 - \frac{a}{t}\right)\mathrm{d}t$$
$$= 2(t - a\ln |t|) + C_1$$
$$= 2\sqrt{x+b} - 2a\ln |a + \sqrt{x+b}| + 2a + C_1.$$

因为 $2a$ 是常数,所以 $2a + C_1$ 仍然是任意常数,于是有

$$\int \frac{1}{a+\sqrt{x+b}}\mathrm{d}x = 2\sqrt{x+b} - 2a\ln |a + \sqrt{x+b}| + C.$$

6.2.3 分部积分法

设 $u(x)$ 和 $v(x)$ 是两个可导的函数,由求导法则知

$$(uv)'=u'v+uv',$$

对上式两端求不定积分得

$$\int (u(x)v(x))'\mathrm{d}x=\int u'(x)v(x)\mathrm{d}x+\int u(x)v'(x)\mathrm{d}x.$$

即

$$\int u(x)v'(x)\mathrm{d}x=u(x)v(x)-\int u'(x)v(x)\mathrm{d}x. \tag{3}$$

也可以写成

$$\int u\mathrm{d}v=uv-\int v\mathrm{d}u. \tag{4}$$

(3)式和(4)式都称为分部积分公式.

例 17 求积分 $\int x\mathrm{e}^{-x}\mathrm{d}x$.

解 $\int x\mathrm{e}^{-x}\mathrm{d}x=-\int x\mathrm{d}(\mathrm{e}^{-x})=-x\mathrm{e}^{-x}+\int \mathrm{e}^{-x}\mathrm{d}x$

$=-x\mathrm{e}^{-x}-\mathrm{e}^{-x}+C.$

例 18 求积分 $\int x^2\cos x\mathrm{d}x$.

解 $\int x^2\cos x\mathrm{d}x=\int x^2\mathrm{d}(\sin x)=x^2\sin x-\int \sin x\mathrm{d}(x^2)$

$=x^2\sin x-2\int x\sin x\mathrm{d}x=x^2\sin x+2\int x\mathrm{d}(\cos x)$

$=x^2\sin x+2x\cos x-2\int \cos x\mathrm{d}x$

$=x^2\sin x+2x\cos x-2\sin x+C.$

例 19 求积分 $\int \arcsin x\mathrm{d}x$.

解 此题相当于 $u=\arcsin x, v=x$,所以

$$\begin{aligned}\int \arcsin x\mathrm{d}x&=x\arcsin x-\int x\mathrm{d}(\arcsin x)\\&=x\arcsin x-\int \frac{x}{\sqrt{1-x^2}}\mathrm{d}x\\&=x\arcsin x+\frac{1}{2}\int \frac{1}{\sqrt{1-x^2}}\mathrm{d}(1-x^2)\\&=x\arcsin x+\sqrt{1-x^2}+C.\end{aligned}$$

例 20 求积分 $I=\int \csc^4 x\mathrm{d}x$.

解 $I=\int \csc^2 x\mathrm{d}(-\cot x)=-\csc^2 x\cot x+\int \cot x\mathrm{d}(\csc^2 x)$

$$= -\cot x\csc^2 x - 2\int(\csc^4 x - \csc^2 x)\,dx$$

$$= -\cot x\csc^2 x - 2I - 2\cot x + C_1,$$

因此得到 $I = -\frac{1}{3}(\cot x\csc^2 x + 2\cot x) + C.$

例 21 求积分 $I = \int e^{ax}\sin bx\,dx\,(a^2 + b^2 \neq 0)$.

解 $\int e^{ax}\sin bx\,dx = \frac{1}{a}\int \sin bx\,d(e^{ax})$

$$= \frac{1}{a}e^{ax}\sin bx - \frac{1}{a}\int e^{ax}\,d(\sin bx)$$

$$= \frac{1}{a}e^{ax}\sin bx - \frac{b}{a}\int e^{ax}\cos bx\,dx$$

$$= \frac{1}{a}e^{ax}\sin bx - \frac{b}{a^2}\int \cos bx\,d(e^{ax})$$

$$= \frac{1}{a}e^{ax}\sin bx - \frac{b}{a^2}e^{ax}\cos bx - \frac{b^2}{a^2}\int e^{ax}\sin bx\,dx,$$

所以

$$\frac{a^2 + b^2}{a^2}\int e^{ax}\sin bx\,dx = \frac{1}{a}e^{ax}\sin bx - \frac{b}{a^2}e^{ax}\cos bx + C_1,$$

即

$$I = \frac{e^{ax}}{a^2 + b^2}(a\sin bx - b\cos bx) + C.$$

例 22 求积分 $\int\sqrt{x^2 \pm a^2}\,dx\ (a > 0)$.

解 在例 14 后面的说明中,我们曾指出对此积分可作三角代换求解,现在我们用分部积分法计算.

$$\int\sqrt{x^2 \pm a^2}\,dx = x\sqrt{x^2 \pm a^2} - \int x\,d(\sqrt{x^2 \pm a^2})$$

$$= x\sqrt{x^2 \pm a^2} - \int\frac{(x^2 \pm a^2) \mp a^2}{\sqrt{x^2 \pm a^2}}dx$$

$$= x\sqrt{x^2 \pm a^2} \pm \int\frac{a^2}{\sqrt{x^2 \pm a^2}}dx - \int\sqrt{x^2 \pm a^2}\,dx$$

$$= x\sqrt{x^2 \pm a^2} \pm a^2\ln|x + \sqrt{x^2 \pm a^2}| - \int\sqrt{x^2 \pm a^2}\,dx + C_1,$$

所以

$$\int\sqrt{x^2 \pm a^2}\,dx = \frac{1}{2}x\sqrt{x^2 \pm a^2} \pm \frac{a^2}{2}\ln|x + \sqrt{x^2 \pm a^2}| + C.$$

在求不定积分时,我们有时需要将分部积分法和换元积分法结合起来,就很容易解决积分问题.

例 23 求积分 $\int \frac{x\arctan x}{(1+x^2)^2}dx$.

解 $$\int \frac{x\arctan x}{(1+x^2)^2}dx = -\frac{1}{2}\int \arctan x d\left(\frac{1}{1+x^2}\right)$$
$$= -\frac{\arctan x}{2(1+x^2)} + \frac{1}{2}\int \frac{1}{1+x^2}d(\arctan x),$$

对最后一个积分用代换 $\arctan x = t$,就有

$$\frac{1}{2}\int \frac{1}{1+x^2}d(\arctan x) = \frac{1}{2}\int \frac{1}{1+\tan^2 t}dt = \frac{1}{2}\int \cos^2 t dt$$
$$= \frac{1}{4}\int (1+\cos 2t)dt = \frac{1}{4}t + \frac{1}{8}\sin 2t + C$$
$$= \frac{1}{4}\arctan x + \frac{1}{4}\cdot\frac{x}{1+x^2} + C,$$

将上面的结果合并起来就得

$$\int \frac{x\arctan x}{(1+x^2)^2}dx = \frac{1}{4}\left(\frac{x^2-1}{x^2+1}\right)\arctan x + \frac{x}{4(1+x^2)} + C.$$

例 24 求积分 $I_n = \int \frac{1}{(1+x^2)^n}dx \ (n \in \mathbf{N})$.

解 $$I_n = \int \frac{1}{(1+x^2)^n}dx = \frac{x}{(1+x^2)^n} + 2n\int \frac{x^2}{(1+x^2)^{n+1}}dx$$
$$= \frac{x}{(1+x^2)^n} + 2n\int\left(\frac{1}{(1+x^2)^n} - \frac{1}{(1+x^2)^{n+1}}\right)dx$$
$$= \frac{x}{(1+x^2)^n} + 2nI_n - 2nI_{n+1},$$

因此得到递推公式

$$I_{n+1} = \frac{1}{2n}\cdot\frac{x}{(1+x^2)^n} + \left(1-\frac{1}{2n}\right)I_n,\ n \in \mathbf{N}.$$

因为 $I_1 = \arctan x + C$,所以

$$I_2 = \frac{x}{2(1+x^2)} + \frac{1}{2}\arctan x + C,$$

如此等等.

以上给出了一些求不定积分的方法,这些方法必须通过大量的练习才能熟悉. 不定积分和求导不一样,对于给定的初等函数,我们总能求它的导数,并且初等函数的导数仍为初等函数,而求不定积分就不是那么简单,有些初等函数的不定积分不一定是初等函数. 如积分

$$\int e^{-x^2}dx,\int \frac{\sin x}{x}dx,\int \sin x^2 dx,\int \frac{1}{\ln x}dx,\int \sqrt{1-k^2\sin^2 x}dx\ (k\neq 0,1)\text{ 等.}$$

这些被积函数都有原函数,但是原函数不是初等函数. 如果原函数是初等函数,我们通常就说积分可以积出来,否则就说积分积不出来.

习题 6.2

1. 求下列不定积分:

(1) $\int e^{5x}dx$;　　(2) $\int \cos 3x dx$

(3) $\int \frac{dx}{\cos^2 7x}$;　　(4) $\int x\sqrt{1+x^2}dx$;

(5) $\int \cos^3 x\sin x dx$;　　(6) $\int \frac{\sin 2x}{\sqrt{1+\sin^2 x}}dx$;

(7) $\int \frac{\sqrt{\tan x+1}}{\cos^2 x}dx$;　　(8) $\int \frac{e^x}{1+4e^x}dx$;

(9) $\int \tan^4 x dx$;　　(10) $\int e^{\sin x}\cos x dx$;

(11) $\int \frac{\sin\sqrt{x}}{\sqrt{x}}dx$;　　(12) $\int \sqrt{\frac{1-x}{1+x}}\cdot\frac{1}{x^2}dx$;

(13) $\int \frac{1+\sqrt{1-x^2}}{1-\sqrt{1-x^2}}dx$;　　(14) $\int \frac{1}{\sqrt{1+e^{2x}}}dx$;

(15) $\int \frac{\sin x+\cos x}{\sqrt[3]{\sin x-\cos x}}dx$;　　(16) $\int \frac{1}{\sqrt{1+x+x^2}}dx$;

(17) $\int \sqrt{\frac{\ln(x+\sqrt{1+x^2})}{1+x^2}}dx$;　　(18) $\int \frac{1}{a^2\sin^2 x+b^2\cos^2 x}dx$.

2. 求下列不定积分:

(1) $\int x\cos x dx$;　　(2) $\int x\ln x dx$;

(3) $\int e^x\cos x dx$;　　(4) $\int x^2\cos x dx$;

(5) $\int x^n\ln x dx$;　　(6) $\int \arctan x dx$;

(7) $\int x\arctan x dx$;　　(8) $\int \arcsin\sqrt{\frac{x}{1+x}}dx$;

(9) $\int \frac{e^{\arctan x}}{(1+x^2)^{\frac{3}{2}}}dx$;　　(10) $\int x\cos nx dx$.

3. 导出下列不定积分的递推公式:

(1) $I_n=\int \sin^n x dx$;　　(2) $I_n=\int x^n e^{-x}dx$;

(3) $I_n=\int \frac{x^n}{\sqrt{1-x^2}}dx$.

6.3 几类特殊的初等函数的积分

在本节中,我们将介绍几类可以积出来的特殊函数的积分. 首先讨论有理函数的积分;接着讨论的几类函数的不定积分有一个共同之处,即经过适当的变量替换可以化为有理函数的不定积分来处理.

6.3.1 有理函数的不定积分

有理函数是指两个实系数多项式的商, 也就是形如

$$R(x)=\frac{P(x)}{Q(x)}$$

的函数,其中 $P(x)$ 和 $Q(x)$ 都是多项式,并且它们没有公共的零点. 如果 $P(x)$ 的次数小于 $Q(x)$ 的次数,则称 $R(x)$ 为*真分式函数*;如果 $P(x)$ 的次数大于 $Q(x)$ 的次数,则称 $R(x)$ 为*假分式函数*. 我们知道,每一个假分式函数都可以通过除法表示成一个多项式和一个真分式函数的和. 由于多项式的不定积分是容易计算的,我们只需讨论真分式函数的不定积分即可. 为此,我们需要代数学中的一个定理.

定理 设 $R(x)=\dfrac{P(x)}{Q(x)}$ 是一个真分式函数,分母 $Q(x)$ 有唯一的分解

$$Q(x)=(x-a_1)^{m_1}\cdots(x-a_k)^{m_k}(x^2+p_1x+q_1)^{n_1}\cdots(x^2+p_lx+q_l)^{n_l},$$

其中 $a_1,\cdots,a_k,p_1,q_1,\cdots,p_l,q_l$ 是实数;且 $p_1^2-4q_1<0,\cdots,p_l^2-4q_l<0$;$m_1,\cdots,m_k$, $n_1,\cdots,n_l$ 是自然数. 则

$$\begin{aligned}R(x)=&\frac{A_{1,m_1}}{(x-a_1)^{m_1}}+\frac{A_{1,m_1-1}}{(x-a_1)^{m_1-1}}+\cdots+\frac{A_{1,1}}{x-a_1}+\cdots+\\&\frac{A_{k,m_k}}{(x-a_k)^{m_k}}+\frac{A_{k,m_k-1}}{(x-a_k)^{m_k-1}}+\cdots+\frac{A_{k,1}}{x-a_k}+\\&\frac{B_{1,n_1}x+C_{1,n_1}}{(x^2+p_1x+q_1)^{n_1}}+\frac{B_{1,n_1-1}x+C_{1,n_1-1}}{(x^2+p_1x+q_1)^{n_1-1}}+\cdots+\frac{B_{1,1}x+C_{1,1}}{x^2+p_1x+q_1}+\cdots+\\&\frac{B_{l,n_l}x+C_{l,n_l}}{(x^2+p_lx+q_l)^{n_l}}+\frac{B_{l,n_l-1}x+C_{l,n_l-1}}{(x^2+p_lx+q_l)^{n_l-1}}+\cdots+\frac{B_{l,1}x+C_{l,1}}{x^2+p_lx+q_l},\end{aligned}$$

其中 $A_{i,j},B_{i,j},C_{i,j}$ 是实数,并且这个分解式的所有系数是唯一确定的.

由此,求有理函数的积分可以归结为求下面两个真分式的不定积分

$$\int\frac{1}{(x-a)^n}\mathrm{d}x,\quad\int\frac{Bx+C}{(x^2+px+q)^n}\mathrm{d}x.$$

首先,我们有

$$\int \frac{1}{(x-a)^n}\mathrm{d}x = \begin{cases} \ln|x-a| + C, & n=1, \\ \dfrac{1}{(1-n)(x-a)^{n-1}} + C, & n \geqslant 2. \end{cases}$$

其次,对于第二个积分,我们有

$$\int \frac{Bx+C}{(x^2+px+q)^n}\mathrm{d}x = \int \frac{Bx+C}{\left(\left(x+\dfrac{p}{2}\right)^2 + q - \dfrac{p^2}{4}\right)^n}\mathrm{d}x,$$

令 $t = x + \dfrac{p}{2}, a = \sqrt{q - \dfrac{p^2}{4}}$,则上式化为

$$\begin{aligned} \int \frac{Bx+C}{(x^2+px+q)^n}\mathrm{d}x &= \int \frac{Bt + C - \dfrac{Bp}{2}}{(t^2+a^2)^n}\mathrm{d}t \\ &= B\int \frac{t}{(t^2+a^2)^n}\mathrm{d}t + \left(C - \frac{Bp}{2}\right)\int \frac{1}{(t^2+a^2)^n}\mathrm{d}t. \end{aligned}$$

上面第一个积分容易求得

$$\int \frac{t}{(t^2+a^2)^n}\mathrm{d}t = \begin{cases} \dfrac{1}{2}\ln(t^2+a^2) + C, & n=1, \\ \dfrac{1}{2(1-n)(t^2+a^2)^{n-1}} + C, & n \geqslant 2. \end{cases}$$

第二个积分可作分部积分而得其递推公式,即

$$\begin{aligned} I_n &= \int \frac{1}{(t^2+a^2)^n}\mathrm{d}t = \frac{t}{(t^2+a^2)^n} + 2n\int \frac{t^2}{(t^2+a^2)^{n+1}}\mathrm{d}t \\ &= \frac{t}{(t^2+a^2)^n} + 2n\int \frac{t^2+a^2-a^2}{(t^2+a^2)^{n+1}}\mathrm{d}t \\ &= \frac{t}{(t^2+a^2)^n} + 2nI_n - 2na^2 I_{n+1}, \end{aligned}$$

由此推出

$$I_n = \frac{1}{2(n-1)a^2}\cdot\frac{t}{(t^2+a^2)^{n-1}} + \frac{2n-3}{2n-2}\cdot\frac{1}{a^2}I_{n-1}, \quad n \geqslant 2.$$

总之,任一有理函数的不定积分理论上总可以积出来,并且可以表示为有理函数、对数函数和反正切函数的线性组合. 具体求不定积分时,若分母 $Q(x)$ 的次数比较高,计算量一般都比较大,对于这类问题首选途径是考虑是否还有其他的解法.

例 1 求积分 $\displaystyle\int \frac{x}{(x-1)^2(x^2+2x+2)}\mathrm{d}x$.

解 设

$$\frac{x}{(x-1)^2(x^2+2x+2)} = \frac{A}{x-1} + \frac{B}{(x-1)^2} + \frac{Cx+D}{x^2+2x+2},$$

通分后应有

$$\begin{aligned} x &= A(x-1)(x^2+2x+2)+B(x^2+2x+2)+(Cx+D)(x-1)^2 \\ &= (A+C)x^3+(A+B-2C+D)x^2+(2B+C-2D)x+(-2A+2B+D). \end{aligned}$$

比较等式两端 x 的同次幂系数,得

$$A+C=0,\ A+B-2C+D=0,\ 2B+C-2D=1,\ -2A+2B+D=0.$$

解这个方程组,得

$$A=\frac{1}{25},\ B=\frac{1}{5},\ C=-\frac{1}{25},\ D=-\frac{8}{25}.$$

于是,

$$\begin{aligned} &\int \frac{x}{(x-1)^2(x^2+2x+2)}\mathrm{d}x \\ =&\int\left(\frac{1}{25(x-1)}+\frac{1}{5(x-1)^2}-\frac{x+8}{25(x^2+2x+2)}\right)\mathrm{d}x \\ =&\frac{1}{25}\ln|x-1|-\frac{1}{5(x-1)}-\frac{1}{50}\int\frac{2x+2}{x^2+2x+2}\mathrm{d}x-\frac{7}{25}\int\frac{\mathrm{d}(x+1)}{(x+1)^2+1} \\ =&\frac{1}{25}\ln|x-1|-\frac{1}{5(x-1)}-\frac{1}{50}\ln(x^2+2x+2)-\frac{7}{25}\arctan(x+1)+C \\ =&\frac{1}{50}\ln\frac{(x-1)^2}{x^2+2x+2}-\frac{1}{5(x-1)}-\frac{7}{25}\arctan(x+1)+C. \end{aligned}$$

6.3.2　可有理化函数的不定积分

在这一节中,我们均以 $R(u,v)$ 表示两个变量 u,v 的有理函数,即

$$R(u,v)=\frac{P(u,v)}{Q(u,v)},$$

其中 $P(u,v),Q(u,v)$ 是关于变量 u,v 的多项式.

1. 三角函数有理式的积分

由于三角函数 $\sec x,\csc x,\tan x,\cot x$ 都可以化为 $\sin x$ 和 $\cos x$ 的函数,所以三角有理函数总可记为 $R(\sin x,\cos x)$.

对于这类函数的积分,只要作代换 $\tan\frac{x}{2}=t$ 或 $x=2\arctan t$,则三角有理函数的积分就化为关于 t 的有理函数积分. 事实上,作这样的代换后,就有 $\mathrm{d}x=\frac{2\mathrm{d}t}{1+t^2}$,同时还有

$$\sin x=2\sin\frac{x}{2}\cos\frac{x}{2}=\frac{2\tan\frac{x}{2}}{1+\tan^2\frac{x}{2}}=\frac{2t}{1+t^2},$$

$$\cos x=\cos^2\frac{x}{2}-\sin^2\frac{x}{2}=\frac{1-\tan^2\frac{x}{2}}{1+\tan^2\frac{x}{2}}=\frac{1-t^2}{1+t^2},$$

所以

$$\int R(\sin x,\cos x)\,\mathrm{d}x=\int R\left(\frac{2t}{1+t^2},\frac{1-t^2}{1+t^2}\right)\frac{2}{1+t^2}\mathrm{d}t.$$

因为有理函数的积分总是可以积出来的,所以三角有理函数的积分一定可以积出来.许多书上称换元公式 $\tan\frac{x}{2}=t$ 为“万能变换”.但是用“万能变换”并不总是最方便的,采用一些三角恒等式或其他变换有时反而能够比较方便地求出积分来.

我们不加证明地指出,当三角有理函数为下列三种情形时,可分别作相应的变换,最终都可化为关于 t 的有理函数的积分,其计算量通常比“万能变换”的计算量小.

(1) 若 $R(-\sin x,\cos x)=-R(\sin x,\cos x)$,则令 $t=\cos x$;

(2) 若 $R(\sin x,-\cos x)=-R(\sin x,\cos x)$,则令 $t=\sin x$;

(3) 若 $R(-\sin x,-\cos x)=R(\sin x,\cos x)$,则令 $t=\tan x$.

例 2 求积分 $\int\frac{1}{\sin x\cos^3 x}\mathrm{d}x$.

解法 1 令 $t=\tan\frac{x}{2}$,则

$$\int\frac{1}{\sin x\cos^3 x}\mathrm{d}x=\int\frac{1}{\frac{2t}{1+t^2}\left(\frac{1-t^2}{1+t^2}\right)^3}\cdot\frac{2}{1+t^2}\mathrm{d}t=\int\frac{(1+t^2)^3}{t(1-t^2)^3}\mathrm{d}t,$$

然后通过设

$$\frac{(1+t^2)^3}{t(1-t^2)^3}=\frac{A_1}{t}+\frac{A_2}{1-t}+\frac{A_3}{(1-t)^2}+\frac{A_4}{(1-t)^3}+\frac{A_5}{1+t}+\frac{A_6}{(1+t)^2}+\frac{A_7}{(1+t)^3},$$

分解部分分式,我们略去剩余的求解过程.显然这种解法计算量太大.

解法 2 在解法 1 的基础上,令 $u=t^2$,则

$$\int\frac{(1+t^2)^3}{t(1-t^2)^3}\mathrm{d}t=\frac{1}{2}\int\frac{(1+u)^3}{u(1-u)^3}\mathrm{d}u,$$

再通过设

$$\frac{(1+u)^3}{u(1-u)^3}=\frac{A_1}{u}+\frac{A_2}{1-u}+\frac{A_3}{(1-u)^2}+\frac{A_4}{(1-u)^3},$$

分解部分分式,我们略去剩余的求解过程.

解法 3 令 $t=\cos x$,则 $\mathrm{d}t=-\sin x\mathrm{d}x$,

$$\int \frac{1}{\sin x\cos^3 x}\mathrm{d}x = \int \frac{1}{(t^2-1)t^3}\mathrm{d}t,$$

以下可直接分解部分分式(需待定五个系数)再求解;也可先令 $u=t^2$,再分解部分分式,

$$\begin{aligned}\int \frac{1}{(t^2-1)t^3}\mathrm{d}t &= \frac{1}{2}\int \frac{1}{(u-1)u^2}\mathrm{d}u = \frac{1}{2}\int \frac{1-u+u}{(u-1)u^2}\mathrm{d}u \\ &= \frac{1}{2}\int\left(\frac{1-u+u}{(u-1)u} - \frac{1}{u^2}\right)\mathrm{d}u = \frac{1}{2}\int\left(\frac{1}{u-1} - \frac{1}{u} - \frac{1}{u^2}\right)\mathrm{d}u \\ &= \frac{1}{2}\left(\ln\left|\frac{u-1}{u}\right| + \frac{1}{u}\right) + C = \frac{1}{2}\ln\left|\frac{\cos^2 x-1}{\cos^2 x}\right| + \frac{1}{2}\sec^2 x + C \\ &= \ln|\tan x| + \frac{1}{2}\sec^2 x + C.\end{aligned}$$

解法 4 令 $t=\sin x$,则 $\mathrm{d}t=\cos x\mathrm{d}x$,

$$\int \frac{1}{\sin x\cos^3 x}\mathrm{d}x = \int \frac{1}{t(1-t^2)^2}\mathrm{d}t,$$

以下的说明与解法与解法 3 类似,故略.

解法 5 令 $t=\tan x$,则 $\mathrm{d}t=\sec^2 x\mathrm{d}x$,

$$\begin{aligned}\int \frac{1}{\sin x\cos^3 x}\mathrm{d}x &= \int \frac{1+t^2}{t}\mathrm{d}t = \ln|t| + \frac{1}{2}t^2 + C \\ &= \ln|\tan x| + \frac{1}{2}\tan^2 x + C.\end{aligned}$$

显然,上述五种解法(其实内含七种解法)中,解法 5 最佳,解法 1 最不可取.

例 3 求积分 $\int \frac{\sin x\cos x}{1+\sin^4 x}\mathrm{d}x$.

解

$$\begin{aligned}\int \frac{\sin x\cos x}{1+\sin^4 x}\mathrm{d}x &= \int \frac{\sin x}{1+\sin^4 x}\mathrm{d}(\sin x) \\ &= \frac{1}{2}\int \frac{1}{1+(\sin^2 x)^2}\mathrm{d}(\sin^2 x) \\ &= \frac{1}{2}\arctan(\sin^2 x) + C.\end{aligned}$$

注意,尽管本题可用例 2 中的任一解法求解,但都比上述解法复杂.

例 4 求积分 $\int \frac{1}{4+5\cos x}\mathrm{d}x$.

解 设 $\tan\frac{x}{2}=t$,那么 $\cos x=\frac{1-t^2}{1+t^2}$, $\mathrm{d}x=\frac{2}{1+t^2}\mathrm{d}t$,则

$$\int \frac{1}{4+5\cos x}\mathrm{d}x = \int \frac{1}{4+5\dfrac{1-t^2}{1+t^2}}\cdot\frac{2}{1+t^2}\mathrm{d}t = \int \frac{2}{9-t^2}\mathrm{d}t$$

$$= \frac{1}{3}\ln\left|\frac{3+t}{3-t}\right| + C = \frac{1}{3}\ln\left|\frac{3+\tan\frac{x}{2}}{3-\tan\frac{x}{2}}\right| + C.$$

2. 被积函数为 $R\left(x,\sqrt[n]{\frac{ax+b}{cx+d}}\right)$ 的不定积分

对于形如 $\int R\left(x,\sqrt[n]{\frac{ax+b}{cx+d}}\right)dx, n \in \mathbf{N}, n \geqslant 2, ad-bc \neq 0$ 的无理函数的积分,为了去掉根号,可作变换$\frac{ax+b}{cx+d} = t^n$,则 $x = \frac{dt^n - b}{-ct^n + a}$,于是

$$\int R\left(x,\sqrt[n]{\frac{ax+b}{cx+d}}\right)dx = \int R\left(\frac{dt^n - b}{-ct^n + a}, t\right)\frac{n(ad-bc)t^{n-1}}{(a-ct^n)^2}dt,$$

因此,这类无理函数的积分就化为有理函数的积分.

3. 被积函数为 $R\left(x,\sqrt{ax^2+bx+c}\right)$ 的不定积分

对于这种类型的无理函数的积分，可以选择如下三种变换:

(1) 如果 $a>0$,令

$$\sqrt{ax^2+bx+c} = \pm\sqrt{a}x + t,$$

就可将 x 和 $\sqrt{ax^2+bx+c}$同时表示为 t 的有理函数.

(2) 如果 $c>0$,令

$$\sqrt{ax^2+bx+c} = tx \pm\sqrt{c},$$

就可将 x 和 $\sqrt{ax^2+bx+c}$同时表示为 t 的有理函数.

(3) 如果 ax^2+bx+c 有两个不同实根 α 和 $\beta(\beta>\alpha)$,令

$$\sqrt{ax^2+bx+c} = t(x-\alpha)$$

或

$$\sqrt{ax^2+bx+c} = t(\beta-x)$$

即可.

虽然上述方法总能将这种类型的积分化为有理函数的积分,不过在解决具体题目时不一定是最简单的.因此在解题时,首先要考虑有没有更好的方法,若没有再采用这种方法.

例 5 $\int \frac{1}{1+\sqrt{1-2x-x^2}}dx$.

解 令 $\sqrt{1-2x-x^2} = tx+1$,则有 $1-2x-x^2 = t^2x^2+2tx+1$,

$$x = -\frac{2(1+t)}{1+t^2}, \quad dx = \frac{2(t^2+2t-1)}{(1+t^2)^2}dt.$$

从而

$$
\begin{aligned}
I &= \int \frac{t^2+2t-1}{(1+t^2)(1-t)}\mathrm{d}t = \int \frac{-2}{1+t^2}\mathrm{d}t + \int \frac{1}{1-t}\mathrm{d}t \\
&= -2\arctan t - \ln|1-t| + C \\
&= -2\arctan \frac{\sqrt{1-2x-x^2}-1}{x} - \ln\left|\frac{x-\sqrt{1-2x-x^2}+1}{x}\right| + C.
\end{aligned}
$$

还有很多类型的函数的积分可以化为有理函数的积分,这里就不再一一列举.其实,最重要的是要学会最基本的方法.

习题 6.3

1. 求下列不定积分:

(1) $\int \frac{1}{(x+1)^2(x-1)}\mathrm{d}x$;　　(2) $\int \frac{x+1}{x^3+2x^2-x-2}\mathrm{d}x$;

(3) $\int \frac{x-1}{(x^2+2x+3)^2}\mathrm{d}x$;　　(4) $\int \frac{1}{x(x+1)(x^2+x+1)}\mathrm{d}x$;

(5) $\int \frac{x^2}{1-x^4}\mathrm{d}x$;　　(6) $\int \frac{1+x^2}{1+x^4}\mathrm{d}x$;

(7) $\int \frac{x^3+1}{x^4-3x^3+3x^2-x}\mathrm{d}x$;　　(8) $\int \frac{x^4}{x^4+5x^2+4}\mathrm{d}x$.

(9) $\int \frac{x^{11}}{x^8+3x^4+2}\mathrm{d}x$;　　(10) $\int \frac{x^2}{(x+1)^{100}}\mathrm{d}x$.

2. 求下列不定积分:

(1) $\int \frac{1}{1+\cos x}\mathrm{d}x$;　　(2) $\int \frac{1}{2\sin x-\cos x}\mathrm{d}x$;

(3) $\int \frac{1}{\sin x+\tan x}\mathrm{d}x$;　　(4) $\int \tan^3 x\mathrm{d}x$;

(5) $\int \frac{1}{2\sin^2 x+3\cos^2 x}\mathrm{d}x$;　　(6) $\int \frac{\sin x\cos x}{\sin x+\cos x}\mathrm{d}x$;

(7) $\int \frac{1}{(2+\sin x)\cos x}\mathrm{d}x$;　　(8) $\int \frac{\sin^2 x}{1+\cos^2 x}\mathrm{d}x$;

(9) $\int \frac{\sin 2x}{\sin^4 x+\cos^4 x}\mathrm{d}x$;　　(10) $\int \frac{1}{1-2r\cos\theta+r^2}\mathrm{d}\theta,\ r\in(0,1)$.

3. 求下列不定积分:

(1) $\int \frac{\sqrt{x}}{\sqrt[4]{x^3}+1}\mathrm{d}x$;　　(2) $\int \frac{\sqrt{x^2-1}}{x^2+1}\mathrm{d}x$;

(3) $\int \frac{1}{1+\sqrt{x}+\sqrt{x+1}}\mathrm{d}x$;　　(4) $\int \frac{1}{x\sqrt{x^2+2x+2}}\mathrm{d}x$;

(5) $\int \sqrt{2+x-x^2}\mathrm{d}x$;　　(6) $\int \frac{1}{x+\sqrt{x^2+x+1}}\mathrm{d}x$.

4. 求下列不定积分：

(1) $\int \frac{1}{a+ke^{bx}}dx$, $ab\neq 0$;

(2) $\int \frac{\tan x}{a^2\sin^2 x+b^2\cos^2 x}dx$, $a^2+b^2\neq 0$;

(3) $\int \frac{xe^x}{(e^x-1)^2}dx$;

(4) $\int \frac{xe^x}{(1+x)^2}dx$;

(5) $\int \frac{1}{(1+e^x)^2}dx$;

(6) $\int \frac{1+x}{x(1+xe^x)}dx$;

(7) $\int x\ln\frac{1+x}{1-x}dx$;

(8) $\int \frac{1-\ln x}{(x-\ln x)^2}dx$;

(9) $\int \frac{\ln x}{(1+x^2)^{\frac{3}{2}}}dx$;

(10) $\int \frac{xe^x}{\sqrt{e^x-2}}dx$;

(11) $\int \frac{dx}{x\sqrt[4]{1+x^4}}$;

(12) $\int \frac{\arcsin e^x}{e^x}dx$, $x<0$;

(13) $\int \arctan(1+\sqrt{x})dx$;

(14) $\int \frac{\tan x}{1+\tan x+\tan^2 x}dx$;

(15) $\int \frac{\arctan x}{x^2(1+x^2)}dx$;

(16) $\int \frac{x^2}{1+x^2}\arctan x dx$;

(17) $\int \sqrt{1-x^2}\arcsin x dx$;

(18) $\int \frac{x^2\arcsin x}{\sqrt{1-x^2}}dx$;

(19) $\int \frac{x\sec^2 x}{(1+\tan x)^2}dx$;

(20) $\int \frac{x+\sin x}{1+\cos x}dx$;

(21) $\int \frac{1+\sin x}{1+\cos x}e^x dx$;

(22) $\int \frac{x\cos^4\frac{x}{2}}{\sin^3 x}dx$.

5. 已知函数 $f(x)$ 满足给定的函数关系，试求 $f(x)$：

(1) $f'(x^2)=\frac{1}{x}, x>0$;

(2) $f'(\cos^2 x)=\sin^2 x$;

(3) $f'(\ln x)=\begin{cases}1, & 0<x\leqslant 1,\\ x, & 1<x<+\infty\end{cases}$，其中 $f(0)=0$;

(4) $f'(e^x)=\sin x+2\cos x$.

6. (1) 设 $f(x)$ 有原函数 $\frac{\sin x}{x}$，求 $\int xf'(x)dx$;

(2) 设 $f(x^2-1)=\ln\frac{x^2}{x^2-2}$，且 $f(\varphi(x))=\ln x$，求 $\int\varphi(x)dx$.

7. 计算下列积分：

(1) $\int \max\{1,x^2\}dx$;

(2) $\int |x|e^x dx$.

8. (1) 设 $y=y(x)$ 是由方程 $y^2(x-y)=x^2$ 确定的隐函数，求 $\int\frac{1}{y^2}dx$;

(2) 设 $y=y(x)$ 是由方程 $y(x-y)^2=x$ 确定的隐函数，求 $\int\frac{1}{x-3y}dx$.

第七章　定　积　分

定积分是从计算曲边梯形的面积、变力作功以及已知密度函数求物体质量等实际问题引出的一个数学概念. 它与“不定积分”虽仅一字之差,但在概念的引入上似乎毫不相干,而且这两个概念在历史上也确是独立形成与发展起来的. 直到 17 世纪 Newton 与 Leibniz 发现了微积分基本定理之后,才将它们联系起来. 连续函数的定积分的计算可通过它们的不定积分的计算来解决,而连续函数的不定积分的存在性可通过定积分得以解决.

7.1　定积分概念

7.1.1　问题的引出

远在公元前 3 世纪,希腊人 Archimedes 就在《抛物线求和法》中“以直代曲”,用穷竭法求出了抛物线弓形的面积.

现以抛物线 $y=x^2$ 为例,求它与 $x=1$ 及 x 轴所围图形(被称为“曲边梯形”)的“面积”S.

首先将 x 轴上的区间$[0,1]$ n 等分,即在$[0,1]$中插入 $n-1$ 个分点

$$x_i=\frac{i}{n},\quad i=1,2,\cdots,n-1;$$

其次过这些分点作 y 轴的平行线,将整个图形划分成 n 个小曲边梯形(见图 7.1). 记第 i 个小曲边梯形的“面积”为 S_i,显然有

$$S=\sum_{i=1}^{n}S_i.$$

由于 $y=x^2$ 在$[0,1]$上单调增,因此 S_i 介于底为$\frac{1}{n}$,高分别为$\left(\frac{i-1}{n}\right)^2$ 及$\left(\frac{i}{n}\right)^2$ 的两个矩形面积之间(见图 7.2),即

$$\left(\frac{i-1}{n}\right)^2\frac{1}{n}\leqslant S_i\leqslant\left(\frac{i}{n}\right)^2\frac{1}{n},\quad i=1,2,\cdots,n.$$

由此得

$$\sum_{i=1}^{n}\frac{(i-1)^2}{n^3}\leqslant S\leqslant\sum_{i=1}^{n}\frac{i^2}{n^3}.$$

上式对任意自然数 n 均成立. 当 $n\to\infty$ 时,有

$$\lim_{n\to\infty}\sum_{i=1}^{n}\frac{(i-1)^2}{n^3}=\lim_{n\to\infty}\frac{(n-1)n(2n-1)}{6n^3}=\frac{1}{3},$$

$$\lim_{n\to\infty}\sum_{i=1}^{n}\frac{i^2}{n^3}=\lim_{n\to\infty}\frac{n(n+1)(2n+1)}{6n^3}=\frac{1}{3}.$$

于是由 $\frac{1}{3}\leqslant S\leqslant\frac{1}{3}$ 推得 $S=\frac{1}{3}$,同时以此值来定义所述曲边梯形的面积.

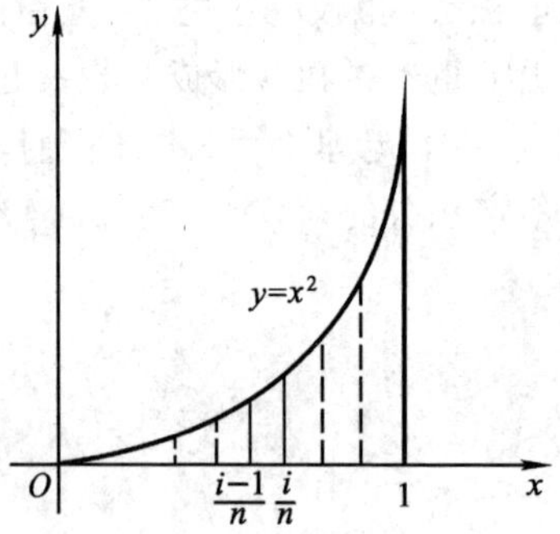

图 7.1

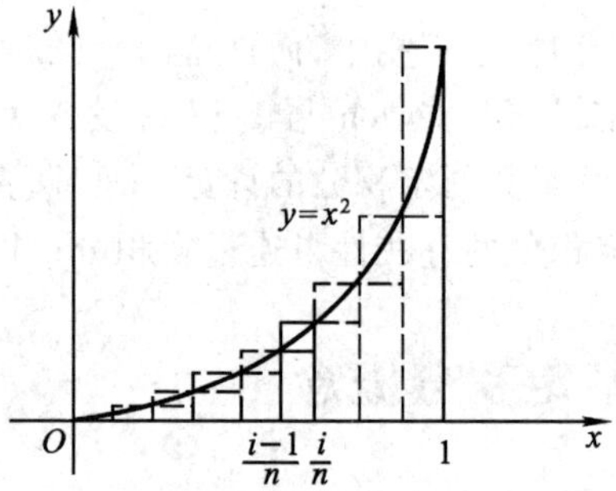

图 7.2

如果任取 $\xi_i\in[x_{i-1},x_i]$,则有

$$x_{i-1}^2\cdot\frac{1}{n}\leqslant\xi_i^2\cdot\frac{1}{n}\leqslant x_i^2\cdot\frac{1}{n},\quad i=1,2,\cdots,n,$$

$$\sum_{i=1}^{n}x_{i-1}^2\cdot\frac{1}{n}\leqslant\sum_{i=1}^{n}\xi_i^2\cdot\frac{1}{n}\leqslant\sum_{i=1}^{n}x_i^2\cdot\frac{1}{n},$$

且有

$$\lim_{n\to\infty}\sum_{i=1}^{n}\xi_i^2\cdot\frac{1}{n}=\frac{1}{3}.$$

此式表明若每个小曲边梯形的面积 S_i 用小矩形面积 $\xi_i^2\cdot\frac{1}{n}$ 来替代,即 $S_i\approx\xi_i^2\cdot\frac{1}{n}$,则所得的阶梯形图形面积的极限值便可作为所求曲边梯形的面积.

分析上述特例的推导过程,我们可给出一般曲边梯形面积的如下定义.

设 $y=f(x)$ 为闭区间 $[a,b]$ 上的非负连续函数,则由 $x=a,x=b,y=f(x)$ 及 $y=0$ 所围成的曲边梯形的面积 S 定义为:

在区间 $[a,b]$ 中任意插入 $n-1$ 个分点:

$$\pi: a=x_0<x_1<\cdots<x_{n-1}<x_n=b,$$

将 $[a,b]$ 分为 n 个小区间 $[x_{i-1},x_i]\ (i=1,2,\cdots,n)$,记

$$\Delta x_i = x_i - x_{i-1}, \quad i=1,2,\cdots,n.$$

任取 $\xi_i \in [x_{i-1},x_i](i=1,2,\cdots,n)$,用以 $f(\xi_i)$ 为高,Δx_i 为底边长的矩形面积近似代替第 i 个小曲边梯形的面积,作和

$$\sum_{i=1}^{n} f(\xi_i)\Delta x_i .$$

当 $\|\pi\| = \max\limits_{1\leqslant i\leqslant n}\{\Delta x_i\}\to 0$ 时将上述和式的极限(若存在)定义为 $[a,b]$ 上的非负连续函数 $y=f(x)$ 所对应的曲边梯形的面积 S,即

$$S = \lim_{\|\pi\|\to 0}\sum_{i=1}^{n} f(\xi_i)\Delta x_i .$$

下面再探讨几个物理问题.

我们知道一个方向、大小都不变的常力 F 使物体沿力的方向移动距离 d 所作的功为 Fd,那么继而考虑:若力的方向不变、大小随位置改变,如何定义其所作的功?

设质点 m 在变力 f 的作用下沿 x 轴由 a 点移动至 b 点,其中 f 为质点所在位置 x 的连续函数,且其方向与 x 轴的正向一致.

在区间 $[a,b]$ 中任意插入 $n-1$ 个分点,将 $[a,b]$ 分成 n 个小区间 $[x_{i-1},x_i]$,任取 $\xi_i\in[x_{i-1},x_i]$,在小区间 $[x_{i-1},x_i]$ 上,变力 $f(x)$ 近似地视为常力 $f(\xi_i)$,其所作的功为 $f(\xi_i)\Delta x_i$,相应地得到在区间 $[a,b]$ 上所作的功近似为 $\sum\limits_{i=1}^{n} f(\xi_i)\Delta x_i$,当 $\|\pi\| = \max\limits_{1\leqslant i\leqslant n}\{\Delta x_i\}\to 0$ 时,将此和式的极限定义为变力 f 在 $[a,b]$ 上所作的功.

类似地,我们可给出诸如非均匀分布的细棒的质量、作变速直线运动的物体的位移等的定义.

通过上述实例的讨论可见,无论是几何问题还是物理问题,其过程均归纳为对函数 f 的定义区间作任意划分、在相应的小区间上任意取点、作和、取极限等这些相同的步骤. 撇开这些问题的具体意义,抓住它们在数量关系上共有的本质加以概括,就可抽象出下述定积分的定义.

7.1.2 定积分定义

定义 设 $f:[a,b]\to\mathbf{R}$,在 $[a,b]$ 中任意插入 $n-1$ 个分点,得分划

$$\pi: a=x_0<x_1<\cdots<x_{n-1}<x_n=b,$$

记 $\Delta x_i = x_i - x_{i-1}(i=1,2,\cdots,n)$. 任取介点 $\xi_i\in[x_{i-1},x_i](i=1,2,\cdots,n)$(称 $\xi=\xi(\pi)=\{\xi_1,\xi_2,\cdots,\xi_n\}$ 为分划 π 下的一个介点集),作 Riemann 和

$$\sigma(f,\pi,\xi) = \sum_{i=1}^{n} f(\xi_i)\Delta x_i.$$

当分划 π 的模 $\|\pi\| = \max\limits_{1\leqslant i\leqslant n}\{\Delta x_i\}\to 0$ 时若上述和式的极限存在，且此极限的存在性与分划 π 及相应的介点集 ξ 的取法无关，则称函数 f 在 $[a,b]$ 上(Riemann)可积，记为 $f\in R[a,b]$，并将该极限值称为函数 f 在 $[a,b]$ 上的定积分，记为 $\int_a^b f(x)\,\mathrm{d}x$. 其中 b,a 分别称为积分的上限、下限，f 称为被积函数，x 称为积分变量.

有了上述定积分的定义，前面所讨论的曲边梯形面积与变力作功等问题均能以 $\int_a^b f(x)\,\mathrm{d}x$ 来表示：常数 $\int_a^b f(x)\,\mathrm{d}x$ 只与 f,a 和 b 有关，x 仅为形式符号而已，换作 t,s 均可.

下面用 ε-δ 语言表述函数 f 在 $[a,b]$ 上(Riemann)可积的定义.

设 $f:[a,b]\to\mathbf{R}$，若 $\exists I\in\mathbf{R}$，$\forall\varepsilon>0$，$\exists\delta>0$，对于任意分划 π 和任意介点集 $\xi(\pi)$，当 $\|\pi\|<\delta$ 时，有

$$|\sigma(f,\pi,\xi)-I|<\varepsilon,$$

则称 f 在 $[a,b]$ 上(Riemann)可积，记 $I=\int_a^b f(x)\,\mathrm{d}x$，并称之为 f 在 $[a,b]$ 上的定积分.

上述定义虽然以极限形式给出，但它与以前所学的数列极限、函数极限有所区别.

(1) 具有两个任意性，即分划 π 以及相应的介点集 $\xi(\pi)$ 取法的任意性.

(2) 极限变量 $\|\pi\|\to 0$ 必导致分点的个数趋于无穷，但反之不一定成立.

由定积分的定义易得定积分的几何意义：

若 f 为 $[a,b]$ 上的非负可积函数，则 $\int_a^b f(x)\,\mathrm{d}x$ 表示由 $x=a,x=b,y=f(x)$ 与 $y=0$ 所围的平面图形的面积(图 7.3).

若 f 为 $[a,b]$ 上的非正可积函数，则 $-\int_a^b f(x)\,\mathrm{d}x$ 表示由 $x=a,x=b,y=f(x)$ 与 $y=0$ 所围的平面图形的面积(图 7.4).

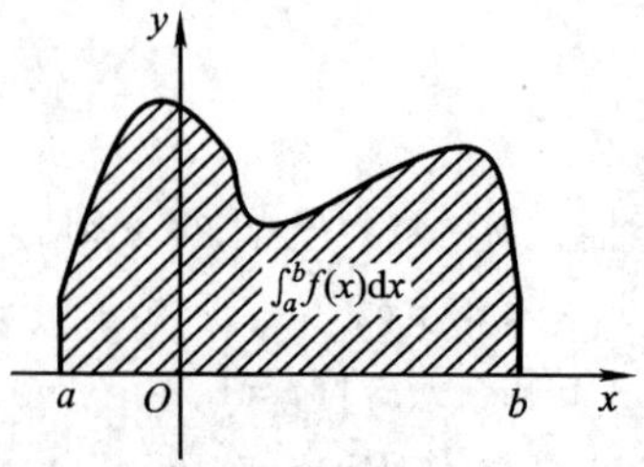

图 7.3

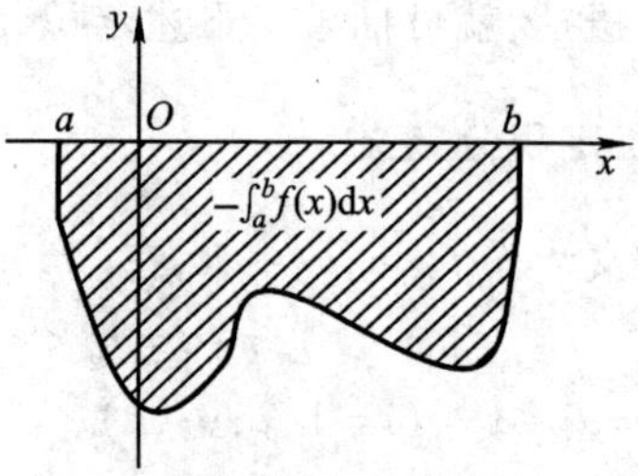

图 7.4

由此推广到一般情形：$\int_a^b |f(x)| dx$ 表示由 $x = a, x = b, y = f(x)$ 与 $y = 0$ 所围成的各部分平面图形的面积的和(图 7.5).

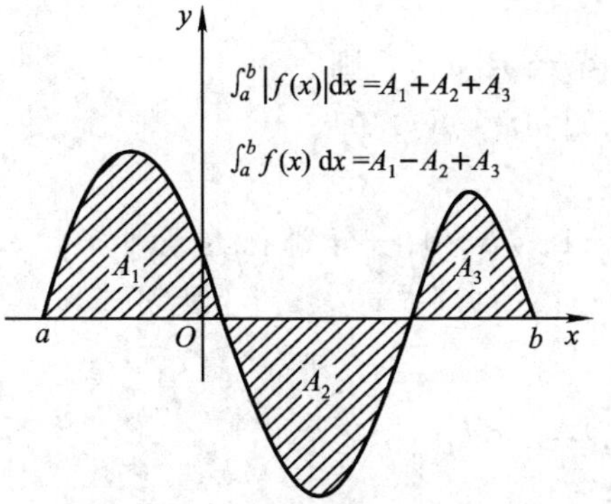

图 7.5

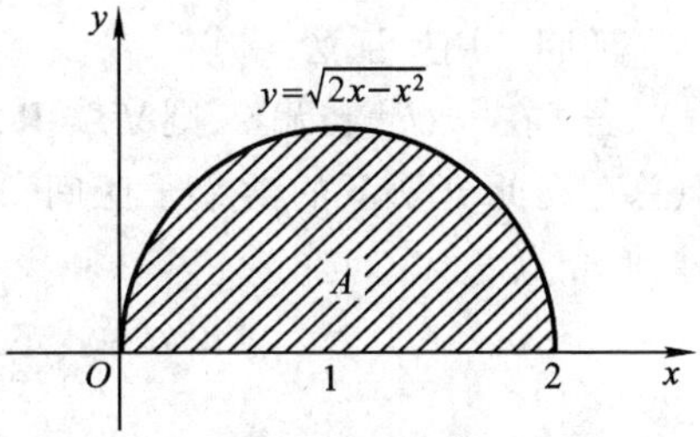

图 7.6

例 应用定积分的几何意义求 $\int_0^2 \sqrt{2x - x^2} dx$ 的值.

解 因为

$$f(x) = \sqrt{2x - x^2} = \sqrt{1 - (x-1)^2},$$

若以 A 表示 $f(x) = \sqrt{1 - (x-1)^2}$ 与 x 轴所围图形(见图 7.6)的面积，则有

$$A = \int_0^2 \sqrt{2x - x^2} dx = \frac{\pi}{2}.$$

习题 7.1

1. 设有一个高为 H m、宽为 L m 的矩形闸门铅直立于水中. 试写出当水面位于闸门高度的一半时，该闸门所受水压力的积分表达式.

2. 将一个带电量为 Q 的点电荷放置在坐标原点，其产生的静电场中，电场力将另一个带电量为 q 的点电荷沿 x 轴从 $x = a$ 移动到 $x = b$. 试用积分式表示该电场力所作的功.

3. 应用定积分定义求下列积分(假定下列积分存在)：

(1) $\int_0^1 (ax + b) dx$； (2) $\int_{-1}^2 x^2 dx$； (3) $\int_0^1 a^x dx$.

4. 应用定积分的几何意义求下列函数的积分：

(1) $\int_a^b x dx$； (2) $\int_a^b \sqrt{(x-a)(b-x)} dx$； (3) $\int_a^b \left| x - \frac{a+b}{2} \right| dx$.

7.2 函数可积的条件

7.2.1 可积的必要条件

定理 1 可积函数必为有界函数,即若 $f\in R[a,b]$,则

$$\exists M>0,\ \forall x\in[a,b]:|f(x)|\leqslant M.$$

证明 用反证法.

若 f 在 $[a,b]$ 上无界,则 $\forall I\in\mathbf{R}$, $\exists\varepsilon=1$, $\forall\delta>0$, $\exists$ 分划 π,尽管 $\|\pi\|<\delta$,但总存在此分划下的某个子区间 $[x_{k-1},x_k]$,使 f 在 $[x_{k-1},x_k]$ 上无界. 当 $i\neq k$ 时,取介点 $\xi_i=x_i$,记

$$G=\left|\sum_{i\neq k}f(x_i)\Delta x_i-I\right|.$$

因为 f 在 $[x_{k-1},x_k]$ 上无界,所以 $\exists\xi_k\in[x_{k-1},x_k]:|f(\xi_k)|>\dfrac{G+1}{\Delta x_k}$. 于是有

$$\begin{aligned}\left|\sum_{i=1}^{n}f(\xi_i)\Delta x_i-I\right|&\geqslant|f(\xi_k)\Delta x_k|-\left|\sum_{i\neq k}f(x_i)\Delta x_i-I\right|\\&>\frac{G+1}{\Delta x_k}\Delta x_k-G=1.\end{aligned}$$

与 f 在 $[a,b]$ 上可积的定义矛盾.

函数有界是函数可积的必要条件,并非充分条件. 例如,Dirichlet 函数 $D(x)$ 有界,但它在区间 $[a,b]$ 上不可积. 因为对 $[a,b]$ 上任意分划 π 来说,介点集 $\xi_k^{(1)}$ 取有理数,$\xi_k^{(2)}$ 取无理数,得

$$\lim_{\|\pi\|\to0}\sum_{k=1}^{n}D(\xi_k^{(1)})\Delta x_k=b-a>0,$$

$$\lim_{\|\pi\|\to0}\sum_{k=1}^{n}D(\xi_k^{(2)})\Delta x_k=0,$$

故 $D(x)$ 在 $[a,b]$ 上不可积.

既然 $[a,b]$ 上的有界函数不一定可积,那么需要加什么条件使其可积? 能否有函数可积的充要条件?

7.2.2 可积的充要条件

函数可积的定义中,我们曾强调两个"任意",现已知道可积函数必有界,而有界必有上确界、下确界. 若将和式中的 $f(\xi_k)$ 取作 $f(x)$ 在 $[x_{k-1},x_k]$ 上的上确界、下确界,则其相应的和就只与分划有关,如此就将两个"任意"减去一个.

定义 1 设 f 为 $[a,b]$ 上的有界函数,$\pi:a=x_0<x_1<\cdots<x_n=b$ 为 $[a,b]$ 上

的一个分划,记

$$M_k=\sup f([x_{k-1},x_k]),\quad m_k=\inf f([x_{k-1},x_k]),$$

$$\overline{S}(f,\pi)=\sum_{k=1}^{n}M_k\Delta x_k,\quad \underline{S}(f,\pi)=\sum_{k=1}^{n}m_k\Delta x_k.$$

$\overline{S}(f,\pi)$与 $\underline{S}(f,\pi)$分别称为 f 在分划 π 下的 Darboux 大(上)和与 Darboux 小(下)和.

为了得到有界函数可积的充要条件,我们先证两个引理.

引理 1 设 f 为$[a,b]$上的有界函数,$[a,b]$上的分划 π^* 是分划 π 的加细(即 π^* 为 π 添加分点所得),则有

$$\underline{S}(f,\pi)\leqslant\underline{S}(f,\pi^*)\leqslant\overline{S}(f,\pi^*)\leqslant\overline{S}(f,\pi).$$

引理 1 的结论俗称为"大和不增,小和不减".

证明 设 $\pi: a=x_0<x_1<\cdots<x_n=b$,且不妨设 π' 为 π 添加一个分点 $x'\in(x_{k-1},x_k)$后所得分划. 记

$$M_k'=\sup f([x_{k-1},x']),\quad M_k''=\sup f([x',x_k]).$$

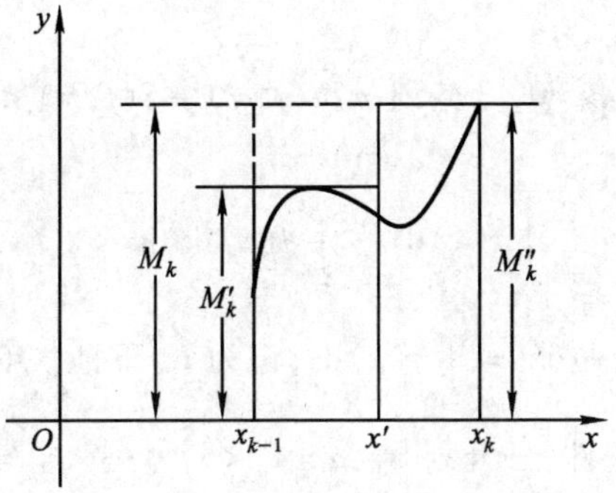

图 7.7

则显然(见图 7.7)

$$M_k'\leqslant M_k,\quad M_k''\leqslant M_k.$$

$$M_k'(x'-x_{k-1})+M_k''(x_k-x')\leqslant M_k(x_k-x_{k-1}).$$

于是

$$\overline{S}(f,\pi')=\sum_{i\neq k}M_i\Delta x_i+M_k'(x'-x_{k-1})+M_k''(x_k-x')$$

$$\leqslant\sum_{i=1}^{n}M_i\Delta x_i=\overline{S}(f,\pi).$$

同理可证,$\underline{S}(f,\pi)\leqslant\underline{S}(f,\pi')$.

引理 2 设 f 为$[a,b]$上的有界函数,π_1 与 π_2 是$[a,b]$的任意两个分划,

则有

$$\underline{S}(f,\pi_1)\leqslant\overline{S}(f,\pi_2).$$

证明 将 π_1 和 π_2 的分点合在一起构成$[a,b]$的一个新分划 π^*（π_1 和 π_2 的共同加细），则由引理 1 有

$$\underline{S}(f,\pi_1)\leqslant\underline{S}(f,\pi^*)\leqslant\overline{S}(f,\pi^*)\leqslant\overline{S}(f,\pi_2).$$

由引理 2 知

$$\{\underline{S}(f,\pi)\mid\pi\text{ 为}[a,b]\text{的分划}\},\quad\{\overline{S}(f,\pi)\mid\pi\text{ 为}[a,b]\text{的分划}\}$$

分别为非空上有界与非空下有界数集，因此其上确界与下确界分别存在.

定义 2 $\underline{\int_a^b} f(x)\,\mathrm{d}x=\sup\limits_{\pi}\underline{S}(f,\pi)$，$\overline{\int_a^b} f(x)\,\mathrm{d}x=\inf\limits_{\pi}\overline{S}(f,\pi)$.

显然有

$$\underline{S}(f,\pi)\leqslant\underline{\int_a^b} f(x)\,\mathrm{d}x\leqslant\overline{\int_a^b} f(x)\,\mathrm{d}x\leqslant\overline{S}(f,\pi).$$

定理 2 $[a,b]$上的有界函数 f 可积的充要条件是

$$\forall\varepsilon>0,\exists\text{ 分划 }\pi:\overline{S}(f,\pi)-\underline{S}(f,\pi)<\varepsilon.$$

证明 充分性. 因为

$$\forall\varepsilon>0,\exists\text{ 分划 }\pi:\overline{S}(f,\pi)-\underline{S}(f,\pi)<\varepsilon,$$

所以

$$\overline{\int_a^b} f(x)\,\mathrm{d}x-\underline{\int_a^b} f(x)\,\mathrm{d}x<\varepsilon.$$

由 ε 的任意性得，$\overline{\int_a^b} f(x)\,\mathrm{d}x=\underline{\int_a^b} f(x)\,\mathrm{d}x$，记为 I. 下证$\int_a^b f(x)\,\mathrm{d}x=I$.

$\forall\varepsilon>0$，由定理条件，$\exists$ 分划 $\pi_0:a=x_0^0<x_1^0<\cdots<x_p^0=b$，使得

$$\overline{S}(f,\pi_0)-\underline{S}(f,\pi_0)<\frac{\varepsilon}{2}.$$

记 $M=\sup f([a,b])$，$m=\inf f([a,b])$. 取

$$\delta=\min\left\{x_1^0-x_0^0,x_2^0-x_1^0,\cdots,x_p^0-x_{p-1}^0,\frac{\varepsilon}{2(p-1)(M-m+1)}\right\}>0.$$

对于$[a,b]$的任一分划 $\pi:a=x_0<x_1<\cdots<x_n=b$，当 $\|\pi\|<\delta$ 时，(x_{k-1},x_k)中至多含有 π_0 中的一个分点. 记

$$\Lambda_1=\{k\mid(x_{k-1},x_k)\text{不含有 }\pi_0\text{ 的任何分点},k=1,2,\cdots,n\},$$

$$\Lambda_2=\{1,2,\cdots,n\}\setminus\Lambda_1,$$

$$\omega_k=\sup f([x_{k-1},x_k])-\inf f([x_{k-1},x_k]),\quad k=1,2,\cdots,n,$$

于是

$$|\sigma(f,\pi,\xi)-I|\leqslant\overline{S}(f,\pi)-\underline{S}(f,\pi)=\sum_{k=1}^{n}\omega_k\Delta x_k$$

$$= \sum_{k \in \Lambda_1} \omega_k \Delta x_k + \sum_{k \in \Lambda_2} \omega_k \Delta x_k ,$$

$$\sum_{k \in \Lambda_1} \omega_k \Delta x_k \leqslant \sum_{k=1}^{p} \Big(\sup f([x_{k-1}^0, x_k^0]) - \inf f([x_{k-1}^0, x_k^0]) \Big) \Delta(x_k^0)$$

$$= \overline{S}(f, \pi_0) - \underline{S}(f, \pi_0) < \frac{\varepsilon}{2},$$

$$\sum_{k \in \Lambda_2} \omega_k \Delta x_k \leqslant (M - m)(p - 1)\delta < \frac{\varepsilon}{2}.$$

所以

$$| \sigma(f, \pi, \xi) - I | = \left| \sum_{k=1}^{n} f(\xi_k) \Delta x_k - I \right| < \varepsilon,$$

即

$$\int_a^b f(x) \mathrm{d}x = I.$$

必要性. 因为 f 在 $[a,b]$ 上可积,所以 $\exists I \in \mathbf{R}$, $\forall \varepsilon > 0$, $\exists$ 分划 π,对于任意介点集 $\xi(\pi)$ 有

$$I - \frac{\varepsilon}{2} < \sigma(f, \pi, \xi) < I + \frac{\varepsilon}{2}$$

于是

$$I - \frac{\varepsilon}{2} < \underline{S}(f, \pi) \leqslant \overline{S}(f, \pi) < I + \frac{\varepsilon}{2}$$

由此得出

$$\overline{S}(f, \pi) - \underline{S}(f, \pi) < \varepsilon.$$

定理 2 的另一种常用的表述为:

$$\forall \varepsilon > 0, \exists \text{分划 } \pi: \sum_{i=1}^{n} \omega_i \Delta x_i < \varepsilon.$$

其中 $\omega_i = M_i - m_i (i = 1, \cdots, n)$ 称为 f 在 $[x_{i-1}, x_i]$ 上的振幅.

其几何意义解释如下: $\forall \varepsilon > 0$, $\exists \pi$,使图 7.8 中的阴影部分面积之和 $A < \varepsilon$,可以理解为分点越来越密时,阴影部分面积趋于零. 要使和式

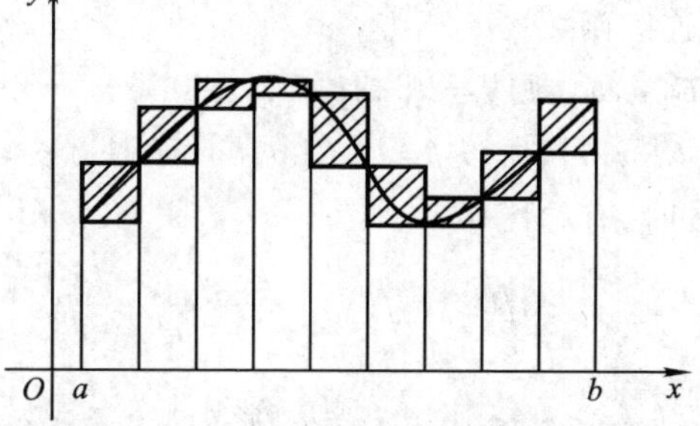

图 7.8

$$\sum_{i=1}^{n} \omega_i \Delta x_i$$

趋于零,或者 ω_i 都很小,或者 ω_i 不能很小,但与它对应的 $\sum_{i \in \Lambda} \Delta x_i$ 可以很小.

顺着这一思路,为了应用上的方便,我们再给出一个可积的充要条件.

定理 3 设 f 为 $[a,b]$ 上的有界函数,则

$f \in R[a,b] \Leftrightarrow \forall \varepsilon > 0, \forall \sigma > 0, \exists$ 分划 π: $\sum_{i \in \Lambda} \Delta x_i < \varepsilon$,其中 $\Lambda = \{i \mid \omega_i \geqslant \sigma\}$.

(此处的 ε,σ 为两个各自独立、互不相干的可任意小的量.)

证明 必要性. 因 $f \in R[a,b]$,故由定理 2,$\forall \varepsilon > 0, \forall \sigma > 0, \exists$ 分划 π:

$$\sum_{\pi} \omega_i \Delta x_i < \varepsilon\sigma,$$

于是

$$\sum_{i \in \Lambda} \Delta x_i \leqslant \frac{1}{\sigma} \sum_{i \in \Lambda} \omega_i \Delta x_i \leqslant \frac{1}{\sigma} \sum_{\pi} \omega_i \Delta x_i < \varepsilon .$$

(请注意 $\sum$ 下标的不同,各项均大于零,整体大于局部,故中间的不等号成立.)

充分性. 由条件,$\forall \varepsilon > 0$,取 $\sigma = \dfrac{\varepsilon}{2(b-a)} > 0$,$\exists$ 分划 π:

$$\sum_{i \in \Lambda} \Delta x_i < \frac{\varepsilon}{2(M-m+1)},$$

其中 M,m 分别为 f 在 $[a,b]$ 上的上界、下界. 记 $\Gamma = \{i \mid \omega_i < \sigma\}$,则

$$\begin{aligned} \sum_{\pi} \omega_i \Delta x_i &= \sum_{i \in \Gamma} \omega_i \Delta x_i + \sum_{i \in \Lambda} \omega_i \Delta x_i \\ &\leqslant \frac{\varepsilon}{2(b-a)} \sum_{i \in \Gamma} \Delta x_i + (M-m) \sum_{i \in \Lambda} \Delta x_i \\ &< \frac{\varepsilon}{2} + \frac{\varepsilon}{2} = \varepsilon. \end{aligned}$$

7.2.3 常见的可积函数类

1. 闭区间上的连续函数

定理 4 若 $f \in C[a,b]$,则 $f \in R[a,b]$.

证明 因为 $f \in C[a,b]$,所以 $f \in U.C[a,b]$,于是 $\forall \varepsilon > 0$,$\exists \delta > 0$,$\forall x,y \in [a,b]$,当 $|x-y| < \delta$ 时,有

$$|f(x) - f(y)| < \frac{\varepsilon}{b-a}.$$

取 $[a,b]$ 的分划 $\pi: a = x_0 < x_1 < \cdots < x_n = b$ 满足 $\|\pi\| < \delta$,则有 $\omega_i < \dfrac{\varepsilon}{b-a}(i = 1,\cdots,n)$,从而

$$\sum_{i=1}^{n}\omega_i\Delta x_i < \frac{\varepsilon}{b-a}(b-a)=\varepsilon.$$

即证得 $f\in R[a,b]$.

2. 仅有有限个间断点的有界函数

定理 5 若 f 为 $[a,b]$ 上只有有限个间断点的有界函数,则 $f\in R[a,b]$.

证明 设 f 在 $[a,b]$ 上有界,且有 k 个间断点 $\{x_1,x_2,\cdots,x_k\}$,不妨设 $a=x_1<x_2<\cdots<x_k<x_{k+1}=b$. 记

$$\eta=\min_{1\leqslant i\leqslant k}\{x_{i+1}-x_i\}>0.$$

$\forall\varepsilon>0,\forall\sigma>0$,取 $\delta=\min\left\{\frac{\varepsilon}{2k},\frac{\eta}{3}\right\}>0$,则 f 在

$$\left(\bigcup_{i=1}^{k-1}[x_i+\delta,x_{i+1}-\delta]\right)\bigcup[x_k+\delta,b]$$

上连续,故 f 在其中每个区间上一致连续,于是总可以在这些区间中添加适当的分点使得 f 在新构成的每个小区间上的振幅 $\omega<\sigma$.

现将 $a,a+\delta,x_2-\delta,x_2+\delta,\cdots,x_k-\delta,x_k+\delta,b$ 以及上述新添加的分点合在一起构成 $[a,b]$ 的分划 π,此时使得振幅 $\omega\geqslant\sigma$ 的子区间至多为

$$[a,a+\delta],\ [x_i-\delta,x_i+\delta]\ (i=2,\cdots,\ k),$$

从而满足振幅 $\omega\geqslant\sigma$ 的子区间的长度总和不超过 $(2k-1)\delta$,而 $(2k-1)\delta<\varepsilon$,即得所证.

推论 任一 $[a,b]$ 上的分段连续函数均为 $[a,b]$ 上的可积函数.(所谓区间上的分段连续函数是指在 $[a,b]$ 上除了有限个第一类间断点外均连续的函数.)

3. 闭区间上的单调函数

定理 6 若 f 为 $[a,b]$ 上的单调函数,则 $f\in R[a,b]$.

证明 注意到闭区间上的单调函数在该区间上的振幅为两端点的函数值之差的绝对值,于是,$\forall\varepsilon>0$,取 $[a,b]$ 的分划 $\pi:a=x_0<x_1<\cdots<x_n=b$ 满足

$$\|\pi\|<\frac{\varepsilon}{|f(b)-f(a)|+1},$$

则有

$$\begin{aligned}\sum_{i=1}^{n}\omega_i\Delta x_i &< \frac{\varepsilon}{|f(b)-f(a)|+1}\sum_{i=1}^{n}|f(x_i)-f(x_{i-1})|\\ &=\frac{\varepsilon}{|f(b)-f(a)|+1}\left|\sum_{i=1}^{n}(f(x_i)-f(x_{i-1}))\right|\\ &=\frac{\varepsilon}{|f(b)-f(a)|+1}|f(b)-f(a)|<\varepsilon.\end{aligned}$$

即证得 $f\in R[a,b]$.

例 设函数 f 在 $[-2,2]$ 上有界,它的间断点是 $\frac{1}{n}(n=1,2,\cdots)$,讨论函数 f

的可积性.

解 设 $m<f(x)<M(x\in[-2,2])$，$\forall\varepsilon>0$，令 $c=\min\left\{1,\dfrac{\varepsilon}{3(M-m)}\right\}$，则函数 f 在 $[-2,0]$ 上连续，在 $[c,2]$ 上只有有限个间断点，于是分别存在 $[-2,0]$ 上的分划 π_1、$[c,2]$ 上的分划 π_2 使得

$$\sum_{\pi_1}\omega_i\Delta x_i<\frac{\varepsilon}{3},\ \sum_{\pi_2}\omega_i\Delta x_i<\frac{\varepsilon}{3}.$$

取 $[-2,2]$ 上的分划 $\pi=\pi_1\cup\pi_2$，则

$$\sum_{\pi}\omega_i\Delta x_i=\sum_{\pi_1}\omega_i\Delta x_i+\omega_{[0,c]}(c-0)+\sum_{\pi_2}\omega_i\Delta x_i<\varepsilon.$$

于是 $f\in R[-2,2]$.

习题 7.2

1. 讨论下列函数在 $[0,1]$ 上的可积性：

(1) $f(x)=\begin{cases}\operatorname{sgn}\left(\sin\dfrac{\pi}{x}\right), & 0<x\leqslant 1,\\ 0, & x=0;\end{cases}$

(2) $f(x)=\begin{cases}\dfrac{1}{x}-\left[\dfrac{1}{x}\right], & x\neq 0,\\ 0, & x=0;\end{cases}$

(3) $f(x)=\begin{cases}\dfrac{1}{\left[\dfrac{1}{x}\right]}, & x\neq 0,\\ 0, & x=0;\end{cases}$

(4) Riemann 函数.

2. 讨论 $f,f^2,|f|$ 三者间可积性的关系.

3. 设 $f\in R[a,b]$，$f(x)\geqslant\alpha>0\ (x\in[a,b])$，证明：

(1) $\dfrac{1}{f}\in R[a,b]$； (2) $\ln f(x)\in R[a,b]$.

4. 试举出满足下列条件的函数：

(1) f 在 $[0,1]$ 上有无穷多个间断点，$f\in R[0,1]$；

(2) f 在 $[0,1]$ 上有无穷多个间断点，$f\notin R[0,1]$；

(3) f 在 $[0,1]$ 上只有一个间断点，$f\notin R[0,1]$；

(4) $f\in R[0,1]$，f 不存在原函数；

(5) f 存在原函数，$f\notin R[0,1]$.

5. 设 $f\in R[A,B]$，证明：

$$\lim_{h\to 0}\int_a^b|f(x+h)-f(x)|\,\mathrm{d}x=0,$$

其中 $A<a<b<B$.（这一性质称为积分的连续性.）

6. 若 $f\in C[a,b]$，$g\in R[\alpha,\beta]$，且 $g([\alpha,\beta])\subset[a,b]$，则 $f\circ g\in R[\alpha,\beta]$.

7. 设$f\in D[a,b]$,证明:若$|f'|\in R[a,b]$,则$f'\in R[a,b]$.

8. 设$f\in R[a,b]$,证明:存在折线函数列$\varphi_n(n=1,2,\cdots)$,使得

$$\int_a^b f(x)\,\mathrm{d}x=\lim_{n\to\infty}\int_a^b \varphi_n(x)\,\mathrm{d}x.$$

7.3 定积分的基本性质

7.3.1 运算的基本性质

定理 1(线性性质) 设$f,g\in R[a,b]$,$c\in\mathbf{R}$,则$cf,f+g\in R[a,b]$,且有

$$\int_a^b cf(x)\,\mathrm{d}x=c\int_a^b f(x)\,\mathrm{d}x,$$

$$\int_a^b (f+g)(x)\,\mathrm{d}x=\int_a^b f(x)\,\mathrm{d}x+\int_a^b g(x)\,\mathrm{d}x.$$

证明 只证$f+g$的情形. 记$I_1=\int_a^b f(x)\,\mathrm{d}x,I_2=\int_a^b g(x)\,\mathrm{d}x$. 由条件知,$\forall\varepsilon>0,\exists\delta>0$,任意分划$\pi$,任意介点集$\xi(\pi)$,当$\|\pi\|<\delta$时,有

$$\left|\sum_{i=1}^n f(\xi_i)\Delta x_i-I_1\right|<\frac{\varepsilon}{2},\quad\left|\sum_{i=1}^n g(\xi_i)\Delta x_i-I_2\right|<\frac{\varepsilon}{2},$$

于是有

$$\begin{aligned}&\left|\sum_{i=1}^n (f+g)(\xi_i)\Delta x_i-(I_1+I_2)\right|\\ \leqslant&\left|\sum_{i=1}^n f(\xi_i)\Delta x_i-I_1\right|+\left|\sum_{i=1}^n g(\xi_i)\Delta x_i-I_2\right|<\varepsilon.\end{aligned}$$

由定义即知$f+g\in R[a,b]$,且其积分值为I_1+I_2,写为定积分记号即得定理结论.

注 由定理知,尽管定积分定义中的 Riemann 和的极限既非数列极限也非函数极限,但它与这两种极限一样,也具有线性性质,即在定理所设条件下,成立

$$\lim_{\|\pi\|\to0}\sum_{i=1}^n cf(\xi_i)\Delta x_i=\lim_{\|\pi\|\to0}c\sum_{i=1}^n f(\xi_i)\Delta x_i=c\lim_{\|\pi\|\to0}\sum_{i=1}^n f(\xi_i)\Delta x_i,$$

$$\begin{aligned}\lim_{\|\pi\|\to0}\sum_{i=1}^n\big(f(\xi_i)+g(\xi_i)\big)\Delta x_i&=\lim_{\|\pi\|\to0}\Big(\sum_{i=1}^n f(\xi_i)\Delta x_i+\sum_{i=1}^n g(\xi_i)\Delta x_i\Big)\\&=\lim_{\|\pi\|\to0}\sum_{i=1}^n f(\xi_i)\Delta x_i+\lim_{\|\pi\|\to0}\sum_{i=1}^n g(\xi_i)\Delta x_i.\end{aligned}$$

定理 2(乘积的可积性) 设$f,g\in R[a,b]$,则$f\cdot g\in R[a,b]$.

证明 由于

$$f\cdot g=\frac{1}{4}\big((f+g)^2-(f-g)^2\big),$$

由定理 1 可知,只需证明:若 $f\in R[a,b]$,则 $f^2\in R[a,b]$.

因为 $f\in R[a,b]$,所以

$$\exists M>0,\ \forall x\in[a,b]:|f(x)|<M,$$

且

$$\forall \varepsilon>0, \exists \text{ 分划 } \pi: \sum_{\pi}\omega_i(f)\Delta x_i<\frac{\varepsilon}{2M}.$$

此外,注意到 $\forall x,\ y\in[a,b]$ 有

$$\begin{aligned}|f^2(x)-f^2(y)|&\leqslant(|f(x)|+|f(y)|)|f(x)-f(y)|\\&<2M|f(x)-f(y)|,\end{aligned}$$

由此可知,在上述分划 π 下

$$\sum_{\pi}\omega_i(f^2)\Delta x_i\leqslant 2M\sum_{\pi}\omega_i(f)\Delta x_i<\varepsilon.$$

(上述论证中的 $\omega_i(f)$ 与 $\omega_i(f^2)$ 分别表示 f 与 f^2 在区间 $[x_{i-1},x_i]$ 上的振幅.)

定理 3(Duhamel 定理) 若 $f,g\in R[a,b]$,则

$$\lim_{\|\pi\|\to 0}\sum_{i=1}^{n}f(\xi_i)g(\eta_i)\Delta x_i=\int_a^b f(x)g(x)\,\mathrm{d}x,$$

其中 $\xi=\{\xi_1,\cdots,\xi_n\}$, $\eta=\{\eta_1,\cdots,\eta_n\}$ 为分划 π 下的介点集.

Duhamel 定理的推广:若 $f,g\in R[a,b]$,则

$$\lim_{\|\pi\|\to 0}\sum_{i=1}^{n}\mu_i\nu_i\Delta x_i=\int_a^b f(x)g(x)\,\mathrm{d}x,$$

其中 $\mu_i\in[m_i(f),\ M_i(f)]$, $\nu_i\in[m_i(g),\ M_i(g)]$, $M_i(f)$, $m_i(f)$, $M_i(g)$, $m_i(g)$ 分别表示 f 与 g 在 $[x_{i-1},x_i]$ 上的上确界、下确界 $(i=1,\cdots,n)$.

证明 设 $\forall x\in[a,b]$,

$$|f(x)|\leqslant M_f,\quad |g(x)|\leqslant M_g,$$

则有

$$\begin{aligned}&\left|\sum_{i=1}^{n}\mu_i\nu_i\Delta x_i-\sum_{i=1}^{n}f(\xi_i)g(\xi_i)\Delta x_i\right|\\
\leqslant&\left|\sum_{i=1}^{n}\mu_i(\nu_i-g(\xi_i))\Delta x_i\right|+\left|\sum_{i=1}^{n}(\mu_i-f(\xi_i))g(\xi_i)\Delta x_i\right|\\
\leqslant&\sum_{i=1}^{n}|\mu_i|\cdot|\nu_i-g(\xi_i)|\Delta x_i+\sum_{i=1}^{n}|\mu_i-f(\xi_i)|\cdot|g(\xi_i)|\Delta x_i\\
\leqslant&M_f\sum_{i=1}^{n}\omega_i(g)\Delta x_i+M_g\sum_{i=1}^{n}\omega_i(f)\Delta x_i.\end{aligned}$$

我们知道,连续函数的复合函数是连续的,可导函数的复合函数是可导的,那么自然要问:可积函数的复合函数是否可积?结论是否定的. 请考虑 Riemann 函数与符号函数的复合.

如果条件加强呢？可以证明：若 $f\in C[a,b]$, $g\in R[\alpha,\beta]$，且 $g([\alpha,\beta])\subset[a,b]$，则 $f\circ g\in R[\alpha,\beta]$. 但需要指出的是，若 f 可积，g 连续，$f\circ g$ 则不一定可积，但是目前我们还不具备构造此反例的条件.

定理 4（积分区间的可加性）

（1）设 $f\in R[a,b]$，则 $\forall[\alpha,\beta]\subset[a,b]$: $f\in R[\alpha,\beta]$；

（2）设 $a<c<b$, $f\in R[a,c]$ 且 $f\in R[c,b]$，则 $f\in R[a,b]$，并且

$$\int_a^b f(x)\,\mathrm{d}x = \int_a^c f(x)\,\mathrm{d}x + \int_c^b f(x)\,\mathrm{d}x.$$

上述等式称为定积分关于积分区间的可加性.

证明 （1）因为 $f\in R[a,b]$，所以 $\forall\varepsilon>0$, $\exists[a,b]$ 的分划 π: $\sum\limits_{\pi}\omega_i(f)\Delta x_i<\varepsilon$. $\forall[\alpha,\beta]\subset[a,b]$，首先，将点 α,β 添加到 π 中构成 $[a,b]$ 的新的分划 π^*, π^* 是 π 的加细；其次，将 π^* 中位于 $[\alpha,\beta]$ 上的点构成 $[\alpha,\beta]$ 的分划 π_0^*. 注意到函数在区间上的振幅与区间长度的非负性，以及“大和不增，小和不减”的性质，于是有

$$\sum_{\pi_0^*}\omega_i(f)\Delta x_i \leqslant \sum_{\pi^*}\omega_i(f)\Delta x_i \leqslant \sum_{\pi}\omega_i(f)\Delta x_i < \varepsilon.$$

此即说明 $f\in R[\alpha,\beta]$.

（2）因为 $f\in R[a,c]$ 且 $f\in R[c,b]$，所以 $\forall\varepsilon>0$,

$$\exists[a,c]\text{ 上的分划 }\pi_1:\sum_{\pi_1}\omega_i(f)\Delta x_i<\frac{\varepsilon}{2};$$

$$\exists[c,b]\text{ 上的分划 }\pi_2:\sum_{\pi_2}\omega_i(f)\Delta x_i<\frac{\varepsilon}{2}.$$

将 π_1 与 π_2 合并，则构成 $[a,b]$ 的分划 π^*，于是有

$$\sum_{\pi^*}\omega_i(f)\Delta x_i = \sum_{\pi_1}\omega_i(f)\Delta x_i + \sum_{\pi_2}\omega_i(f)\Delta x_i < \varepsilon.$$

此即说明 $f\in R[a,b]$.

在上述结论的基础上，下证(2)中的等式成立. 对于 $[a,b]$ 上的任意分划 π，将点 c 添加到 π 中构成 π^*，则 π^* 中位于 $[a,c]$ 上的点构成 $[a,c]$ 的分划 π_1, π^* 中位于 $[c,b]$ 上的点构成 $[c,b]$ 的分划 π_2. 于是有

$$\begin{aligned}\underline{S}(f,\pi) &\leqslant \underline{S}(f,\pi^*) = \underline{S}(f,\pi_1)+\underline{S}(f,\pi_2)\\ &\leqslant \int_a^c f(x)\,\mathrm{d}x+\int_c^b f(x)\,\mathrm{d}x;\\ \overline{S}(f,\pi) &\geqslant \overline{S}(f,\pi^*) = \overline{S}(f,\pi_1)+\overline{S}(f,\pi_2)\\ &\geqslant \int_a^c f(x)\,\mathrm{d}x+\int_c^b f(x)\,\mathrm{d}x.\end{aligned}$$

上述两式成立的理由是：

(i) 两式中的第一个不等式由“大和不增、小和不减”的性质得到；

(ii) 中间的等式显然成立；

(iii) 因为$f\in R[a,c]$且$f\in R[c,b]$，而当函数可积时，它的下(上)积分就是积分，而且下(上)积分为小(大)和的上(下)确界，由此得最后的不等式.

由于两个不等式对$[a,b]$上的任意分划π成立，且$f\in R[a,b]$，再次利用上述理由(iii)，分别得

$$\int_a^b f(x)\,\mathrm{d}x \leqslant \int_a^c f(x)\,\mathrm{d}x + \int_c^b f(x)\,\mathrm{d}x,$$

$$\int_a^b f(x)\,\mathrm{d}x \geqslant \int_a^c f(x)\,\mathrm{d}x + \int_c^b f(x)\,\mathrm{d}x,$$

从而证得等式成立.

注　规定：

$$\int_b^a f(x)\,\mathrm{d}x = -\int_a^b f(x)\,\mathrm{d}x;\quad \int_a^a f(x)\,\mathrm{d}x = 0.$$

易证，不论$a,\ b,\ c$的大小次序如何，只要f在最大的区间上可积，定理中的等式仍成立.

定理 5(不等式性)　若$f\in R[a,b]$且$\forall x\in[a,b]:f(x)\geqslant 0$，则

$$\int_a^b f(x)\,\mathrm{d}x \geqslant 0.$$

证明　$\int_a^b f(x)\,\mathrm{d}x = \underline{\int_a^b} f(x)\,\mathrm{d}x \geqslant \underline{S}(f,\pi) \geqslant 0.$

推论　设$f,g\in R[a,b]$，且$f(x)\leqslant g(x)\ (x\in[a,b])$，则

$$\int_a^b f(x)\,\mathrm{d}x \leqslant \int_a^b g(x)\,\mathrm{d}x.$$

证明　由积分关于被积函数的线性性质以及定理 5 的结论即得.

注 1　定积分定义中的 Riemann 和的极限既非数列极限也非函数极限，但它与这两种极限一样，也具有不等式性，即若$f\in R[a,b]$且$\forall x\in[a,b]:f(x)\geqslant 0$，则

$$\lim_{\|\pi\|\to 0}\sum_{i=1}^{n} f(\xi_i)\Delta x_i \geqslant 0.$$

注 2　我们知道，在数列极限或函数极限中，存在取值恒大于零的收敛数列或函数，而其极限值等于零. 那么自然要问，对于 Riemann 和的极限是否也存在这种情况呢？结论是否定的. 即若$f\in R[a,b]$且$\forall x\in[a,b]:f(x)>0$，则$\int_a^b f(x)\,\mathrm{d}x>0$(见习题 7.3 题 12).

定理 6　设f为$[a,b]$上的非负连续函数，若$\int_a^b f(x)\,\mathrm{d}x=0$，则$f(x)\equiv 0$.

证明 用反证法. 如若不然,则 $\exists x_0 \in [a,b]$:

$$f(x_0) > 0.$$

由连续函数的局部保号性知,存在含有 x_0 的区间 $[\alpha,\beta] \subset [a,b]$, $\forall x \in [\alpha,\beta]$:

$$f(x) > \frac{f(x_0)}{2} > 0.$$

于是由积分关于区间的可加性以及定理 5,得

$$\begin{aligned}\int_a^b f(x)\,\mathrm{d}x &= \int_a^\alpha f(x)\,\mathrm{d}x + \int_\alpha^\beta f(x)\,\mathrm{d}x + \int_\beta^b f(x)\,\mathrm{d}x \\ &\geqslant \int_\alpha^\beta f(x)\,\mathrm{d}x \geqslant \int_\alpha^\beta \frac{f(x_0)}{2}\mathrm{d}x \\ &= \frac{f(x_0)}{2}(\beta-\alpha) > 0,\end{aligned}$$

上式与 $\int_a^b f(x)\,\mathrm{d}x = 0$ 矛盾.

注 从定理的证明知,定理的叙述可改进为:

设 f 为 $[a,b]$ 上的非负可积函数,若 $\int_a^b f(x)\,\mathrm{d}x = 0$,则 f 在任一连续点处取值为零.

例 1(Schwarz 不等式) 设 $f,g \in R[a,b]$,则

$$\left(\int_a^b f(x)g(x)\,\mathrm{d}x\right)^2 \leqslant \int_a^b f^2(x)\,\mathrm{d}x \cdot \int_a^b g^2(x)\,\mathrm{d}x.$$

证明 由于 $\forall \lambda \in \mathbf{R}$: $(\lambda f(x) - g(x))^2 \geqslant 0$, 由定理 5, 得 $\int_a^b (\lambda f(x) - g(x))^2\mathrm{d}x \geqslant 0$,即

$$\left(\int_a^b f^2(x)\,\mathrm{d}x\right)\lambda^2 - 2\left(\int_a^b f(x)g(x)\,\mathrm{d}x\right)\lambda + \int_a^b g^2(x)\,\mathrm{d}x \geqslant 0,$$

因此

$$\left(\int_a^b f(x)g(x)\,\mathrm{d}x\right)^2 - \int_a^b f^2(x)\,\mathrm{d}x \cdot \int_a^b g^2(x)\,\mathrm{d}x \leqslant 0,$$

移项即得所证.

7.3.2 可积必绝对可积

定义 设 $f:[a,b] \to \mathbf{R}$,若 $|f| \in R[a,b]$,则称 f 在 $[a,b]$ 上绝对可积.

定理 7 若 $f \in R[a,b]$,则 $|f| \in R[a,b]$,且

$$\left|\int_a^b f(x)\,\mathrm{d}x\right| \leqslant \int_a^b |f(x)|\,\mathrm{d}x.$$

证明 因为 $f \in R[a,b]$,所以 $\forall \varepsilon > 0$, $\exists$ 分划 π: $\sum\limits_{\pi} \omega_i(f)\Delta x_i < \varepsilon$. 注意到

$$\left| |f(x)| - |f(y)| \right| \leqslant |f(x) - f(y)|,$$

因此 $\omega_i(|f|) \leqslant \omega_i(f)$,从而有

$$\sum_{\pi} \omega_i(|f|)\Delta x_i \leqslant \sum_{\pi} \omega_i(f)\Delta x_i ,$$

即得 $|f| \in R[a,b]$. 由于

$$-|f(x)| \leqslant f(x) \leqslant |f(x)|, \quad x \in [a,b],$$

由定积分的不等式性即可证得定理中的不等式.

注 请读者举例说明:绝对可积不一定可积.

7.3.3 积分第一中值定理

定理 8(积分第一中值定理) 设 $f,g \in R[a,b]$,且 $g(x)$ 在 $[a,b]$ 上不变号,则 $\exists \mu \in [m, M]$:

$$\int_a^b f(x)g(x)\mathrm{d}x = \mu \int_a^b g(x)\mathrm{d}x,$$

其中 M, m 分别为 $f(x)$ 在 $[a,b]$ 上的上确界、下确界.

证明 不妨设 $g(x) \geqslant 0$ $(x \in [a,b])$,则

$$mg(x) \leqslant f(x)g(x) \leqslant Mg(x), \quad x \in [a,b],$$

于是

$$m\int_a^b g(x)\mathrm{d}x \leqslant \int_a^b f(x)g(x)\mathrm{d}x \leqslant M\int_a^b g(x)\mathrm{d}x.$$

若 $\int_a^b g(x)\mathrm{d}x = 0$,则由上式知 $\int_a^b f(x)g(x)\mathrm{d}x = 0$,从而 $\forall \mu \in [m, M]$,定理中的等式都成立.

若 $\int_a^b g(x)\mathrm{d}x > 0$,则有

$$m \leqslant \frac{\int_a^b f(x)g(x)\mathrm{d}x}{\int_a^b g(x)\mathrm{d}x} \leqslant M,$$

从而取

$$\mu = \frac{\int_a^b f(x)g(x)\mathrm{d}x}{\int_a^b g(x)\mathrm{d}x},$$

即得所证.

推论 设 $f \in C[a,b]$, $g \in R[a,b]$ 且 $g(x)$ 在 $[a,b]$ 上不变号,则 $\exists \xi \in [a,b]$:

$$\int_a^b f(x)g(x)\mathrm{d}x = f(\xi)\int_a^b g(x)\mathrm{d}x.$$

注 事实上,在推论的假设下,可以存在 $\xi\in(a,b)$ 使得上式仍成立.

7.3.4 变上(下)限积分函数

定理 9 设 $f\in R[a,b]$,令

$$F(x)=\int_a^x f(t)\,\mathrm{d}t,\quad x\in[a,b].$$

(F 称为 f 的变上限积分所确定的函数,简称为 f 的变上限积分函数.)则

(1) F 在 $[a,b]$ 上满足 Lipschitz 条件(从而在 $[a,b]$ 上连续);

(2) 若 f 在点 $x_0\in[a,b]$ 连续,则 F 在点 x_0 可导,且有 $F'(x_0)=f(x_0)$.

证明 (1) 因为 $f\in R[a,b]$,故 f 在 $[a,b]$ 上有界,即 $\exists L>0,\forall x\in[a,b]$:

$$|f(x)|\leqslant L.$$

于是 $\forall x,y\in[a,b]$:

$$\begin{aligned}|F(x)-F(y)|&=\left|\int_a^x f(t)\,\mathrm{d}t-\int_a^y f(t)\,\mathrm{d}t\right|\\&\leqslant\left|\int_y^x|f(x)|\,\mathrm{d}x\right|\leqslant L|x-y|.\end{aligned}$$

(2) 因为 f 在点 $x_0\in[a,b]$ 连续,故 $\forall\varepsilon>0,\exists U(x_0)\subset[a,b],\forall x\in U(x_0)$:

$$|f(x)-f(x_0)|<\varepsilon.$$

(若 x_0 为区间端点,则取 x_0 的单侧邻域.) 于是,$\forall x\in\mathring{U}(x_0)$:

$$\begin{aligned}\left|\frac{F(x)-F(x_0)}{x-x_0}-f(x_0)\right|&=\left|\frac{1}{x-x_0}\int_{x_0}^x(f(t)-f(x_0))\,\mathrm{d}t\right|\\&\leqslant\left|\frac{1}{x-x_0}\int_{x_0}^x|f(t)-f(x_0)|\,\mathrm{d}t\right|\\&\leqslant\frac{1}{|x-x_0|}\cdot\varepsilon|x-x_0|=\varepsilon,\end{aligned}$$

由导数定义即知 F 在 x_0 点可导,且 $F'(x_0)=f(x_0)$.

推论 若 $f\in C[a,b]$,则 f 的变上限积分函数 F 为 f 在 $[a,b]$ 上的一个原函数.

例 2 设 $f\in C[a,b]$,且 $f(x)>0$. 证明:存在 $\xi\in(a,b)$,使得

$$\int_a^\xi f(x)\,\mathrm{d}x=\int_\xi^b f(x)\,\mathrm{d}x=\frac{1}{2}\int_a^b f(x)\,\mathrm{d}x.$$

证明 令

$$F(x)=\int_a^x f(t)\,\mathrm{d}t-\int_x^b f(t)\,\mathrm{d}t,$$

则 $F\in C[a,b]$,且 $F(a)<0<F(b)$,于是由介值定理可知,存在 $\xi\in(a,b)$,使得 $F(\xi)=0$,由此即得所证.

习题 7.3

1. 比较下列积分值的大小：

(1) $\int_0^{\frac{\pi}{2}} \sin^3 x\mathrm{d}x$ 与 $\int_0^{\frac{\pi}{2}} \sin^6 x\mathrm{d}x$；

(2) $\int_0^1 x^2\mathrm{d}x$，$\int_0^1 \sqrt{x}\mathrm{d}x$ 与 $\int_1^0 \mathrm{e}^{-x}\mathrm{d}x$；

(3) $\int_a^b f(b)\mathrm{d}x$，$\int_a^b \frac{f(a)+f(b)}{2}\mathrm{d}x$ 与 $\int_a^b f(x)\mathrm{d}x$，其中 f 在 $[a,b]$ 上连续且 $f(x)<0$，在 (a,b) 内 $f'(x)>0$，$f''(x)<0$.

2. 举例说明：区间上绝对可积的函数在区间上不一定可积.

3. 估计下列积分值：

(1) $\int_{\frac{\pi}{4}}^{\frac{\pi}{2}} \frac{\sin x}{x}\mathrm{d}x$； (2) $\int_{\frac{\pi}{4}}^{\frac{\pi}{3}} \frac{1}{1+\sin^2 x}\mathrm{d}x$；

(3) $\int_0^1 \frac{1}{\sqrt{2+x-x^2}}\mathrm{d}x$.

4. 设 $f\in R[a,b]$，g 在 $[a,b]$ 上除了有限个点之外与 f 的取值相同，证明：$g\in R[a,b]$ 且

$$\int_a^b g(x)\mathrm{d}x = \int_a^b f(x)\mathrm{d}x.$$

5. 设 $f\in R[a,b]$，$f(x)\geqslant 0$，$\int_a^b f(x)\mathrm{d}x = 1$. 证明：

(1) $\left(\int_a^b xf(x)\mathrm{d}x\right)^2 \leqslant \int_a^b x^2 f(x)\mathrm{d}x$；

(2) $\left(\int_a^b f(x)\cos kx\mathrm{d}x\right)^2 + \left(\int_a^b f(x)\sin kx\mathrm{d}x\right)^2 \leqslant 1$，$k=1,2,\cdots$.

6. 设 $f\in C[0,1]$，$f\in D(0,1)$，$f(1) = 2\int_0^{\frac{1}{2}} xf(x)\mathrm{d}x$. 证明：存在 $\xi\in(0,1)$，使得

$$f(\xi)+\xi f'(\xi) = 0.$$

7. 求下列极限：

(1) $\lim\limits_{n\to\infty}\int_a^b \mathrm{e}^{-nx^2}\mathrm{d}x$，$0<a<b$； (2) $\lim\limits_{n\to\infty}\int_0^1 \frac{x^n}{1+x}\mathrm{d}x$；

(3) $\lim\limits_{n\to\infty}\int_0^{\frac{\pi}{2}} \sin^n x\mathrm{d}x$； (4) $\lim\limits_{n\to\infty}\int_{n^2}^{n^2+n} \frac{1}{\sqrt{x}}\mathrm{e}^{-\frac{1}{x}}\mathrm{d}x$.

8. 求下列极限：

(1) $\lim\limits_{x\to 0}\frac{\int_0^x \cos t^2\mathrm{d}t}{x}$； (2) $\lim\limits_{x\to+\infty}\frac{\int_0^x (\arctan t)^2\mathrm{d}t}{\sqrt{x^2+1}}$；

(3) $\lim\limits_{x\to+\infty}\frac{\mathrm{e}^{-x^2}}{x}\int_0^x t^2\mathrm{e}^{t^2}\mathrm{d}t$.

9. 设 $a,b>0$，$f\in R[-a,b]$ 且 $f(x)\geqslant 0$，又 $\int_{-a}^b xf(x)\mathrm{d}x = 0$. 证明：

$$\int_{-a}^{b} x^2 f(x)\,\mathrm{d}x \leqslant ab\int_{-a}^{b} f(x)\,\mathrm{d}x.$$

10. 设 $f \in C[a,b]$, $\int_a^b f(x)g(x)\,\mathrm{d}x = 0$ 对 $[a,b]$ 上一切满足 $g(a) = g(b) = 0$ 的连续函数 $g(x)$ 成立. 证明: $f(x) \equiv 0$.

11. 设 $f \in R[a,b]$,证明:

(1) f 在 $[a,b]$ 上至少存在一个连续点;

(2) 在 $[a,b]$ 的任一点的任一邻域内都有 f 的连续点;

(3) f 在 $[a,b]$ 上存在无穷多个连续点.

12. 设 $f \in R[a,b]$ 且 $\forall x \in [a,b]: f(x) > 0$,证明: $\int_a^b f(x)\,\mathrm{d}x > 0$.

7.4 微积分基本定理(Newton-Leibniz 公式)

定理(Newton-Leibniz 公式) 设 $f \in R[a,b]$, $F \in C[a,b]$,且 $\forall x \in (a,b)$: $F'(x) = f(x)$,则

$$\int_a^b f(x)\,\mathrm{d}x = F(b) - F(a).$$

习惯上,在计算过程中,我们以 $F(x)\big|_a^b$ 表示 $F(b) - F(a)$.

证明 对于 $[a,b]$ 的任一分划 $\pi: a = x_0 < x_1 < \cdots < x_n = b$, $\forall i (1 \leqslant i \leqslant n)$,由条件知 F 在 $[x_{i-1}, x_i]$ 上连续,在 (x_{i-1}, x_i) 中可导,于是由 Lagrange 中值定理, $\exists \xi_i \in (x_{i-1}, x_i)$:

$$F(x_i) - F(x_{i-1}) = F'(\xi_i)(x_i - x_{i-1}) = f(\xi_i)\Delta x_i,$$

对上式两边求和,得

$$F(b) - F(a) = \sum_{i=1}^{n} (F(x_i) - F(x_{i-1})) = \sum_{i=1}^{n} f(\xi_i)\Delta x_i.$$

由于 $f \in R[a,b]$,所以上式两端令 $\|\pi\| \to 0$,即得所证.

推论 1 设 $f \in R[a,b]$, $F \in C[a,b]$,且在 (a,b) 中除了有限个点之外有 $F'(x) = f(x)$,则

$$\int_a^b f(x)\,\mathrm{d}x = F(b) - F(a).$$

推论 2 设 $f \in R[a,b]$, F 为 $[a,b]$ 上的分段连续函数, $a = x_0 < x_1 < \cdots < x_n = b$ 为 F 的间断点,在 $[a,b]$ 上除了有限个点之外有 $F'(x) = f(x)$,则

$$\int_a^b f(x)\,\mathrm{d}x = \sum_{i=1}^{n} (F(x_i - 0) - F(x_{i-1} + 0)).$$

推论的证明留作习题.

注 Newton-Leibniz 公式提供了求连续函数定积分的一般方法,这就使得作为和式极限的定积分与作为微分运算的逆运算的不定积分有了紧密的联系,从

而使得微积分成为具有广泛的理论与实用价值的一门学科.

例 1 求定积分$\int_0^1 x^2\mathrm{d}x$.

解 $\int_0^1 x^2\mathrm{d}x = \left.\frac{x^3}{3}\right|_0^1 = \frac{1}{3}$.

本题曾经用定积分的定义计算出同样结果，但是要复杂得多.

例 2 求定积分$\int_0^3 |x-2|\mathrm{d}x$.

解
$$\int_0^3 |x-2|\mathrm{d}x = \int_0^2(2-x)\mathrm{d}x + \int_2^3(x-2)\mathrm{d}x$$
$$= -\left.\frac{(2-x)^2}{2}\right|_0^2 + \left.\frac{(x-2)^2}{2}\right|_2^3 = \frac{5}{2}.$$

例 3 设$f(x)=\begin{cases}-x, & 0\leqslant x\leqslant 1,\\ x-1, & 1<x\leqslant 2,\end{cases}$求定积分$\int_0^2 f(x)\mathrm{d}x$.

解
$$\int_0^2 f(x)\mathrm{d}x = \int_0^1 f(x)\mathrm{d}x + \int_1^2 f(x)\mathrm{d}x = \int_0^1(-x)\mathrm{d}x + \int_1^2(x-1)\mathrm{d}x$$
$$= -\frac{1}{2}+\frac{1}{2}=0.$$

例 4 求下列极限：

(1) $\lim\limits_{n\to\infty}\left(\frac{1}{n+1}+\frac{1}{n+2}+\cdots+\frac{1}{n+n}\right)$;

(2) $\lim\limits_{n\to\infty}\left(\frac{\sin\frac{\pi}{n}}{n+1}+\frac{\sin\frac{2\pi}{n}}{n+\frac{1}{2}}+\cdots+\frac{\sin\frac{n\pi}{n}}{n+\frac{1}{n}}\right)$.

解 (1)
$$\lim_{n\to\infty}\left(\frac{1}{n+1}+\frac{1}{n+2}+\cdots+\frac{1}{n+n}\right)$$
$$=\lim_{n\to\infty}\frac{1}{n}\left(\frac{1}{1+\frac{1}{n}}+\frac{1}{1+\frac{2}{n}}+\cdots+\frac{1}{1+\frac{n}{n}}\right)$$
$$=\lim_{n\to\infty}\frac{1}{n}\sum_{k=1}^{n}\frac{1}{1+\frac{k}{n}}$$
$$=\int_0^1\frac{1}{1+x}\mathrm{d}x = \ln 2.$$

(2) 因为

$$\frac{\sin\frac{\pi}{n}}{n+1}+\frac{\sin\frac{2\pi}{n}}{n+\frac{1}{2}}+\cdots+\frac{\sin\frac{n\pi}{n}}{n+\frac{1}{n}}$$

$$= \frac{1}{n}\left(\frac{\sin\frac{\pi}{n}}{1+\frac{1}{n}}+\frac{\sin\frac{2\pi}{n}}{1+\frac{1}{2n}}+\cdots+\frac{\sin\frac{n\pi}{n}}{1+\frac{1}{n^2}}\right)$$

$$= \frac{1}{n}\sum_{k=1}^{n}\frac{\sin\frac{k\pi}{n}}{1+\frac{1}{kn}},$$

又因为

$$\frac{n}{n+1}\cdot\frac{1}{n}\sum_{k=1}^{n}\sin\frac{k\pi}{n} < \frac{1}{n}\sum_{k=1}^{n}\frac{\sin\frac{k\pi}{n}}{1+\frac{1}{kn}} < \frac{1}{n}\sum_{k=1}^{n}\sin\frac{k\pi}{n},$$

所以,原式 $=\frac{1}{\pi}\lim\limits_{n\to\infty}\frac{\pi}{n}\sum\limits_{k=1}^{n}\sin\frac{k\pi}{n}=\frac{1}{\pi}\int_0^{\pi}\sin x\mathrm{d}x=\frac{2}{\pi}.$

例 5 试考虑以下运算过程的问题之所在:由 N-L 公式,有

(i) $\int_{-1}^{1}\frac{1}{1+x^2}\mathrm{d}x=\arctan x\Big|_{-1}^{1}=\frac{\pi}{4}-\left(-\frac{\pi}{4}\right)=\frac{\pi}{2}$;

(ii) $\int_{-1}^{1}\frac{1}{1+x^2}\mathrm{d}x=-\arctan\frac{1}{x}\Big|_{-1}^{1}=-\left(\frac{\pi}{4}-\left(-\frac{\pi}{4}\right)\right)=-\frac{\pi}{2}$,

由此推出$\frac{\pi}{2}=-\frac{\pi}{2}$,于是得到 $\pi=0$.

解 考察上述过程,唯一可能出错之处是积分的计算. 为了正确、熟练地使用N-L公式,首先需要了解和掌握公式中的条件,在

$$\int_a^b f(x)\mathrm{d}x = F(b)-F(a)$$

中要求 $F(x)$在$[a,b]$上连续,现在 $x=0$ 为 $-\arctan\frac{1}{x}$的跳跃间断点,故(ii)应该使用 N-L 公式的推论 2,而不能随意套用 N-L 公式. 重新计算如下:

$$\int_{-1}^{1}\frac{1}{1+x^2}\mathrm{d}x=-\arctan\frac{1}{x}\Big|_{-1}^{0^-}-\arctan\frac{1}{x}\Big|_{0^+}^{1}$$

$$=-\left(-\frac{\pi}{2}-\left(-\frac{\pi}{4}\right)\right)-\left(\frac{\pi}{4}-\frac{\pi}{2}\right)=\frac{\pi}{2}.$$

习题 7.4

1. 设$f\in R[a,b]$,F 为$[a,b]$上的分段连续函数,$a=x_0<x_1<\cdots<x_n=b$ 为 F 的间断点,在$[a,b]$上除了有限个点之外有$F'(x)=f(x)$,则

$$\int_a^b f(x)\mathrm{d}x=\sum_{i=1}^{n}\left(F(x_i-0)-F(x_{i-1}+0)\right).$$

2. 试问下列计算是否正确：

(1) $\int_{-1}^{1}\frac{\mathrm{d}}{\mathrm{d}x}\left(\arctan\frac{1}{x}\right)\mathrm{d}x=\arctan\frac{1}{x}\Big|_{-1}^{1}=\frac{\pi}{2}$；

(2) 因为$(\operatorname{sgn}(x))'=0(x\neq 0)$，所以$\int_{-1}^{1}0\mathrm{d}x=\operatorname{sgn}(x)\Big|_{-1}^{1}=2$；

(3) $\int_{0}^{\frac{3\pi}{4}}\frac{\sin x}{1+\cos^2 x}\mathrm{d}x=\arctan(\sec x)\Big|_{0}^{\frac{3\pi}{4}}=-\arctan\sqrt{2}-\frac{\pi}{4}$.

3. 求下列极限：

(1) $\lim\limits_{n\to\infty}\sum\limits_{k=1}^{n}\frac{n}{n^2+k^2}$；　　(2) $\lim\limits_{n\to\infty}\frac{1}{n}\sum\limits_{k=1}^{n-1}\sin\frac{k\pi}{n}$；

(3) $\lim\limits_{n\to\infty}\frac{\sqrt[n]{n!}}{n}$；　　(4) $\lim\limits_{n\to\infty}\sum\limits_{k=1}^{n}\sqrt{\frac{(n+k)(n+k+1)}{n^4}}$.

7.5 定积分的计算

7.5.1 换元积分法

定理 1 设$f\in C[a,b]$，φ 在$[\alpha,\beta]$上具有可积的导函数，且 $\varphi(\alpha)=a$，$\varphi(\beta)=b$，$\varphi([\alpha,\beta])=[a,b]$，则

$$\int_a^b f(x)\mathrm{d}x=\int_\alpha^\beta f(\varphi(t))\varphi'(t)\mathrm{d}t.$$

证明 因为$f\in C[a,b]$，所以f在$[a,b]$上存在原函数 F，由 Newton-Leibniz 公式

$$\int_a^b f(x)\mathrm{d}x=F(b)-F(a).$$

另一方面，由复合函数的求导公式，有

$$(F\circ\varphi)'(t)=F'(\varphi(t))\varphi'(t)=f(\varphi(t))\varphi'(t),\quad t\in[\alpha,\beta].$$

（由$\varphi([\alpha,\beta])=[a,b]$知，上式中的复合函数及其导数均有意义.）且注意到$f\circ\varphi\in C[\alpha,\beta]$，$\varphi'\in R[\alpha,\beta]$，因此$(f\circ\varphi)\varphi'\in R[\alpha,\beta]$. 再次利用 Newton-Leibniz 公式以及条件 $\varphi(\alpha)=a$，$\varphi(\beta)=b$，得

$$\int_\alpha^\beta f(\varphi(t))\varphi'(t)\mathrm{d}t=F(\varphi(\beta))-F(\varphi(\alpha))=F(b)-F(a).$$

注 1 定积分$\int_a^b f(x)\mathrm{d}x$ 本是一个整体记号，它就表示一个数，其中的 dx 并无独立的意义，但在实际运算时，将 dx 形式上看做微分，令 $x=\varphi(t)$，dx = $\varphi'(t)$dt，且改变相应的积分上限、下限，即得上述换元公式.

注 2 在不定积分的换元法中，需将换元后的原函数的自变量 t 用反函数

$t(x)$代回;而在定积分的换元法中,只需对换元后的原函数直接使用 Newton-Leibniz 公式即可. 试问为什么?

注 3 若定理中的条件"$\varphi([\alpha,\beta])=[a,b]$"改为"$\varphi([\alpha,\beta])\supset[a,b]$,且$f$在$\varphi([\alpha,\beta])$上连续",则可以证明定理的结论仍成立.

若上述定理中的$f\in R[a,b]$,我们不加证明地给出如下定理:

定理 2 设$f\in R[a,b]$,φ 在$[\alpha,\beta]$上单调,$\varphi(\alpha)=a$, $\varphi(\beta)=b$,且 φ 在$[\alpha,\beta]$上具有连续的导函数,则

$$\int_a^b f(x)\,\mathrm{d}x=\int_\alpha^\beta f(\varphi(t))\varphi'(t)\,\mathrm{d}t.$$

例 1 设$f\in R[-a,a]$.

(1) 若$f(-x)=f(x)$,则$\int_{-a}^a f(x)\,\mathrm{d}x=2\int_0^a f(x)\,\mathrm{d}x$;

(2) 若$f(-x)=-f(x)$,则$\int_{-a}^a f(x)\,\mathrm{d}x=0$.

证明 由积分关于区间的可加性知

$$\int_{-a}^a f(x)\,\mathrm{d}x=\int_{-a}^0 f(x)\,\mathrm{d}x+\int_0^a f(x)\,\mathrm{d}x,$$

且

$$\int_{-a}^0 f(x)\,\mathrm{d}x\xlongequal{x=-t}\int_a^0 f(-t)\,\mathrm{d}(-t)=\int_0^a f(-x)\,\mathrm{d}x$$

$$=\begin{cases}\int_0^a f(x)\,\mathrm{d}x, & \text{当} f(-x)=f(x)\text{ 时},\\ -\int_0^a f(x)\,\mathrm{d}x, & \text{当} f(-x)=-f(x)\text{ 时}.\end{cases}$$

代入第一式,即证得(1)、(2).

例 2 求$\int_{-1}^1(x+\sqrt{1-x^2})^2\,\mathrm{d}x$.

解 $\int_{-1}^1(x+\sqrt{1-x^2})^2\,\mathrm{d}x=\int_{-1}^1(1+2x\sqrt{1-x^2})\,\mathrm{d}x$

$=2+0=2$.

例 3 设$f,g\in C[-a,a]$,g 为偶函数,f 满足$f(x)+f(-x)=A$.

(1) 证明:$\int_{-a}^a f(x)g(x)\,\mathrm{d}x=A\int_0^a g(x)\,\mathrm{d}x$;

(2) 利用(1)的结论计算定积分$\int_{-\frac{\pi}{2}}^{\frac{\pi}{2}}|\sin x|\arctan \mathrm{e}^x\,\mathrm{d}x$.

解 (1) $\int_{-a}^a f(x)g(x)\,\mathrm{d}x=\int_{-a}^0 f(x)g(x)\,\mathrm{d}x+\int_0^a f(x)g(x)\,\mathrm{d}x$

$$\xlongequal{x=-t}\int_0^a f(-x)g(-x)\,\mathrm{d}x+\int_0^a f(x)g(x)\,\mathrm{d}x$$

$$= \int_0^a (f(x) + f(-x)) g(x) \mathrm{d}x = A\int_0^a g(x) \mathrm{d}x .$$

(2) $\int_{-\frac{\pi}{2}}^{\frac{\pi}{2}} |\sin x| \arctan \mathrm{e}^x \mathrm{d}x = \dfrac{\pi}{2}\int_0^{\frac{\pi}{2}} \sin x \mathrm{d}x = \dfrac{\pi}{2}$.

$\left(\text{其中用到 } \arctan \mathrm{e}^x + \arctan \mathrm{e}^{-x} = \dfrac{\pi}{2}.\right)$

例 4 求 $\int_{-\pi}^{\pi} \dfrac{x \sin x}{1+\cos^2 x} \mathrm{d}x$.

解 因为 $\int_{-\pi}^{\pi} \dfrac{x \sin x}{1+\cos^2 x}\mathrm{d}x = 2\int_0^{\pi} \dfrac{x\sin x}{1+\cos^2 x}\mathrm{d}x$，而

$$I = \int_0^{\pi} \frac{x\sin x}{1+\cos^2 x}\mathrm{d}x \xlongequal{x=\pi-t} \int_{\pi}^{0} \frac{(\pi-t)\sin(\pi-t)}{1+\cos^2(\pi-t)}\mathrm{d}(\pi-t)$$

$$= \int_0^{\pi} \frac{\pi \sin x}{1+\cos^2 x}\mathrm{d}x - I,$$

于是有

$$I = \frac{\pi}{2}\int_0^{\pi} \frac{\sin x}{1+\cos^2 x}\mathrm{d}x = \frac{\pi}{2}(-\arctan(\cos x))\Big|_0^{\pi}$$

$$= \frac{\pi}{2}\cdot\frac{\pi}{2} = \frac{\pi^2}{4}.$$

故得到

$$\int_{-\pi}^{\pi} \frac{x\sin x}{1+\cos^2 x}\mathrm{d}x = \frac{\pi^2}{2}.$$

7.5.2 分部积分法

定理 3 若 $u', v' \in R[a,b]$，则

$$\int_a^b u(x)v'(x)\mathrm{d}x = u(x)v(x)\Big|_a^b - \int_a^b u'(x)v(x)\mathrm{d}x.$$

证明 由条件知，$u'v,\ uv',u'v+uv' \in R[a,b]$，利用 Newton-Leibniz 公式，得

$$\int_a^b u'(x)v(x)\mathrm{d}x + \int_a^b u(x)v'(x)\mathrm{d}x$$

$$= \int_a^b (u'(x)v(x) + u(x)v'(x))\mathrm{d}x$$

$$= u(x)v(x)\Big|_a^b,$$

移项即得所证.

例 5 求 $I_n = \int_0^{\frac{\pi}{2}} \sin^n x \mathrm{d}x,\quad J_n = \int_0^{\frac{\pi}{2}} \cos^n x \mathrm{d}x.$

解 因为

$$J_n = \int_0^{\frac{\pi}{2}} \cos^n x \mathrm{d}x \xlongequal{x=\frac{\pi}{2}-t} -\int_{\frac{\pi}{2}}^0 \sin^n t \mathrm{d}t$$

$$= \int_0^{\frac{\pi}{2}} \sin^n x \mathrm{d}x = I_n,$$

所以只需求 I_n.

$$I_n = \int_0^{\frac{\pi}{2}} \sin^{n-1} x \mathrm{d}(-\cos x)$$

$$= -\sin^{n-1} x \cos x \Big|_0^{\frac{\pi}{2}} + \int_0^{\frac{\pi}{2}} (n-1)\sin^{n-2} x \cos^2 x \mathrm{d}x$$

$$= \int_0^{\frac{\pi}{2}} (n-1)\sin^{n-2} x \cos^2 x \mathrm{d}x$$

$$= (n-1)I_{n-2} - (n-1)I_n,$$

由此得

$$I_n = \frac{n-1}{n} I_{n-2}, \quad n = 2, 3, \cdots,$$

又因为 $I_0 = \dfrac{\pi}{2}, I_1 = 1$,故

$$I_n = \begin{cases} \dfrac{(2k-1)!!}{(2k)!!} \cdot \dfrac{\pi}{2}, & n = 2k, \\ \dfrac{(2k-2)!!}{(2k-1)!!}, & n = 2k-1, \end{cases} \quad k \in \mathbf{N}.$$

例 6(Taylor 公式的积分余项) 设 f 在 $U(x_0)$ 中具有直至 $n+1$ 阶连续导数,则 $\forall x \in U(x_0)$ 有

$$f(x) = \sum_{k=0}^{n} \frac{f^{(k)}(x_0)}{k!}(x - x_0)^k + R_n(x),$$

其中

$$R_n(x) = \frac{1}{n!}\int_{x_0}^{x} f^{(n+1)}(t)(x-t)^n \mathrm{d}t.$$

证明 对上述 $R_n(x)$ 的积分表达式反复施行分部积分法,有

$$\frac{1}{n!}\int_{x_0}^{x} f^{(n+1)}(t)(x-t)^n \mathrm{d}t$$

$$= \frac{1}{n!} f^{(n)}(t)(x-t)^n \Big|_{x_0}^{x} + \frac{1}{(n-1)!}\int_{x_0}^{x} f^{(n)}(t)(x-t)^{n-1} \mathrm{d}t$$

$$= -\frac{f^{(n)}(x_0)}{n!}(x-x_0)^n + \frac{1}{(n-1)!} f^{(n-1)}(t)(x-t)^{n-1} \Big|_{x_0}^{x} +$$

$$\frac{1}{(n-2)!}\int_{x_0}^{x} f^{(n-1)}(t)(x-t)^{n-2} \mathrm{d}t$$

$$= -\frac{f^{(n)}(x_0)}{n!}(x-x_0)^n - \frac{f^{(n-1)}(x_0)}{(n-1)!}(x-x_0)^{n-1} + \frac{1}{(n-2)!}f^{(n-2)}(t)(x-t)^{n-2}\Big|_{x_0}^{x} +$$

$$\frac{1}{(n-3)!}\int_{x_0}^{x} f^{(n-2)}(t)(x-t)^{n-3}\mathrm{d}t$$

$$= \cdots = -\sum_{k=1}^{n}\frac{f^{(k)}(x_0)}{k!}(x-x_0)^k + \int_{x_0}^{x} f'(t)\mathrm{d}t$$

$$= -\sum_{k=0}^{n}\frac{f^{(k)}(x_0)}{k!}(x-x_0)^k + f(x).$$

移项即得所证.

注 1 若对积分余项使用积分第一中值定理(且注意该定理的推论后的注),则

$$R_n(x) = \frac{f^{(n+1)}(\xi)}{n!}\int_{x_0}^{x}(x-t)^n\mathrm{d}t = \frac{f^{(n+1)}(\xi)}{(n+1)!}(x-x_0)^{n+1}, \quad \xi \text{ 在 } x_0, x \text{ 之间}.$$

即得到 Lagrange 余项. 或

$$R_n(x) = \frac{f^{(n+1)}(\xi)}{n!}(x-\xi)^n\int_{x_0}^{x}\mathrm{d}t = \frac{f^{(n+1)}(\xi)}{n!}(x-\xi)^n(x-x_0)$$

$$= \frac{f^{(n+1)}(x_0+\theta(x-x_0))}{n!}(1-\theta)^n(x-x_0)^{n+1}, \quad \theta \in (0,1).$$

上式称为 Cauchy 余项.

注 2 建议读者从

$$f(x) = f(x_0) + \int_{x_0}^{x} f'(t)\mathrm{d}t$$

出发,将上式右端积分中的“$\mathrm{d}t$”看作“$-v'(t)\mathrm{d}t$”,此处的 $v(t)=x-t$,然后施行 n 次分部积分,最后推得函数 $f(x)$ 在 x_0 点的带积分余项的 Taylor 公式. 这是一种构造性的证明,而我们给出的上述证明只是一种验证.

习题 7.5

1. 计算下列积分:

(1) $\int_{-1}^{1}\frac{2x^2}{1+x^2}\mathrm{d}x$;　　(2) $\int_{0}^{1}|1-2x|\,\mathrm{d}x$;

(3) $\int_{0}^{1}\frac{1}{1+\mathrm{e}^x}\mathrm{d}x$;　　(4) $\int_{-\frac{\pi}{2}}^{\frac{\pi}{2}}\sqrt{\cos x-\cos^3 x}\,\mathrm{d}x$;

(5) $\int_{-1}^{0}\frac{1}{x^2+2x+2}\mathrm{d}x$;　　(6) $\int_{0}^{a}\sqrt{a^2+x^2}\,\mathrm{d}x\,(a>0)$;

(7) $\int_{0}^{2}\frac{x^2}{\sqrt{2x-x^2}}\mathrm{d}x$;　　(8) $\int_{\frac{1}{\mathrm{e}}}^{\mathrm{e}}|\ln x|\,\mathrm{d}x$;

(9) $\int_{0}^{5}[x]\sin\frac{\pi x}{5}\mathrm{d}x$;　　(10) $\int_{0}^{\pi}\mathrm{e}^x\cos^2 x\,\mathrm{d}x$;

(11) $\int_0^1 x\arcsin x\mathrm{d}x$;　(12) $\int_1^{\mathrm{e}}(x\ln x)^2\mathrm{d}x$;

(13) $\int_0^{\frac{\pi}{4}}\frac{x}{1+\cos 2x}\mathrm{d}x$;　(14) $\int_0^1(1-x^2)^n\mathrm{d}x$;

(15) $\int_0^1 x(1-x^4)^{\frac{3}{2}}\mathrm{d}x$;　(16) $\int_0^{\frac{\pi}{4}}\cos^7 2x\mathrm{d}x$;

(17) $\int_0^{\pi}\sin^6\frac{x}{2}\mathrm{d}x$;　(18) $\int_0^{\frac{\pi}{4}}\ln(1+\tan x)\mathrm{d}x$;

(19) $\int_0^{\frac{\pi}{2}}\frac{\sin x}{1+\sin x+\cos x}\mathrm{d}x$;　(20) $\int_0^{\frac{\pi}{2}}\frac{1}{1+\tan^{\alpha}x}\mathrm{d}x(\alpha>0)$.

2. (1) 已知$f(2)=2,f'(2)=0$以及$\int_0^2 f(x)\mathrm{d}x=1$,求$\int_0^1 x^2f''(2x)\mathrm{d}x$;

(2) 设$f(x)=\int_0^x\frac{\sin t}{\pi-t}\mathrm{d}t$,求$\int_0^{\pi}f(x)\mathrm{d}x$.

3. 设$f\in C(\mathbf{R})$,且$f(x)=x+2\int_0^1 f(t)\mathrm{d}t$,试求$f(x)$.

4. 设$f(x)=f(x-\pi)+\sin x$,且$f(x)=x,x\in[0,\pi)$. 试求$\int_{\pi}^{3\pi}f(x)\mathrm{d}x$.

5. 设$f\in C[0,1]$. 证明:

(1) $\int_0^{\frac{\pi}{2}}f(\sin x)\mathrm{d}x=\int_0^{\frac{\pi}{2}}f(\cos x)\mathrm{d}x$;

(2) $\int_0^{\pi}xf(\sin x)\mathrm{d}x=\frac{\pi}{2}\int_0^{\pi}f(\sin x)\mathrm{d}x$,且由此计算$\int_0^{\pi}\frac{x\sin x}{1+\cos^2 x}\mathrm{d}x$.

6. 设f是以$T(T>0)$为周期的周期函数,且$f\in R[0,T]$. 证明:

(1) $\forall[a,b]\subset\mathbf{R}:f\in R[a,b]$;

(2) $\forall a\in\mathbf{R},\forall n\in\mathbf{N}:\int_a^{a+nT}f(x)\mathrm{d}x=n\int_0^T f(x)\mathrm{d}x$.

7. 设$f\in C[A,B],a,b\in(A,B)$. 证明:

$$\lim_{h\to 0}\frac{1}{h}\int_a^b(f(x+h)-f(x))\mathrm{d}x=f(b)-f(a).$$

8. 设f连续,试求$\frac{\mathrm{d}}{\mathrm{d}x}\int_0^x tf(x^2-t^2)\mathrm{d}t$.

9. 设$f(x)$在$[0,1]$上有二阶连续导数,证明:

$$\int_0^1 f(x)\mathrm{d}x=\frac{1}{2}(f(0)+f(1))-\frac{1}{2}\int_0^1 x(1-x)f''(x)\mathrm{d}x.$$

10. 设f为$[0,+\infty)$上连续的严格递增函数,$f(0)=0$. 证明:

$$ab\leqslant\int_0^a f(x)\mathrm{d}x+\int_0^b f^{-1}(y)\mathrm{d}y,\quad a,b\geqslant 0,$$

当且仅当$b=f(a)$时等号成立.

11. 设f在$[a,b]$上具有连续导数. 试证:

$$\max_{x\in[a,b]}|f(x)|\leqslant\left|\frac{1}{b-a}\int_a^b f(x)\mathrm{d}x\right|+\int_a^b|f'(x)|\mathrm{d}x.$$

12. 设$f\in D[0,1]$,$f(0)=0$,$0\leqslant f'(x)\leqslant 1$. 试证:

$$\left(\int_0^1 f(x)\,\mathrm{d}x\right)^2 \geqslant \int_0^1 f^3(x)\,\mathrm{d}x.$$

13. 设$f\in R[a,b]$,φ为$[A,B]$上的凸函数,$f([a,b])\subset[A,B]$,证明:Jensen 不等式

$$\varphi\left(\frac{1}{b-a}\int_a^b f(x)\,\mathrm{d}x\right)\leqslant\frac{1}{b-a}\int_a^b\varphi(f(x))\,\mathrm{d}x.$$

14. 设f为$[a,b]$上的非负连续函数,$M=\max\limits_{x\in[a,b]}f(x)$. 证明:

$$\lim_{n\to\infty}\sqrt[n]{\int_a^b f^n(x)\,\mathrm{d}x}=M.$$

15. 设$f\in C[-1,1]$. 证明:

$$\lim_{h\to0^+}\int_{-1}^1\frac{h}{h^2+x^2}f(x)\,\mathrm{d}x=\pi f(0).$$

7.6 积分第二中值定理和 Riemann 引理

7.6.1 积分第二中值定理

首先介绍一个重要的恒等式,通常称之为 Abel 变换,它是离散和形式的分部求和公式,以后在判别级数收敛时,将起到关键作用.

Abel 变换 设$a_i,b_i(1\leqslant i\leqslant n)$为两组数,令

$$B_0=0,\quad B_i=\sum_{k=1}^{i}b_k(i=1,\cdots,n),$$

则

$$\sum_{i=1}^{n}a_ib_i=a_nB_n-\sum_{i=1}^{n-1}B_i(a_{i+1}-a_i).$$

从几何上来看,Abel 变换表示图 7.9 中带框图形的面积和,既可看成竖条面积的和,又可看成横条面积的和.

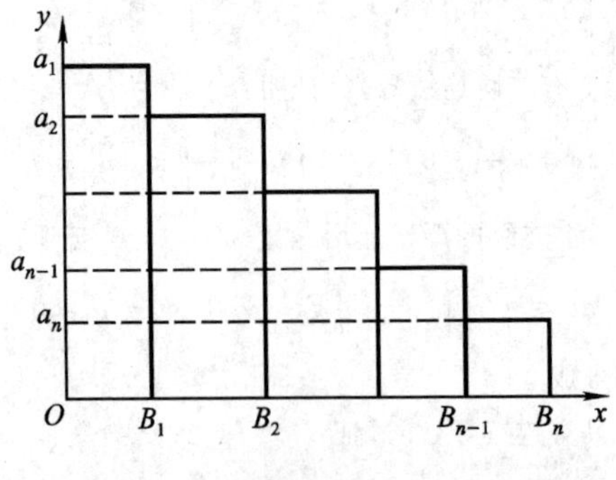

图 7.9

证明 $\sum_{i=1}^{n} a_i b_i = \sum_{i=1}^{n} a_i (B_i - B_{i-1}) = \sum_{i=1}^{n} a_i B_i - \sum_{i=1}^{n} a_i B_{i-1}$

$$= a_n B_n + \sum_{i=1}^{n-1} a_i B_i - \sum_{i=1}^{n-1} a_{i+1} B_i$$

$$= a_n B_n - \sum_{i=1}^{n-1} B_i (a_{i+1} - a_i).$$

定理1(积分第二中值定理) 设f在$[a,b]$上可积,g在$[a,b]$上单调,则存在$\xi \in [a,b]$,使得

$$\int_a^b f(x) g(x) \mathrm{d}x = g(a) \int_a^{\xi} f(x) \mathrm{d}x + g(b) \int_{\xi}^{b} f(x) \mathrm{d}x.$$

证明 令 $F(x) = \int_a^x f(t) \mathrm{d}t, x \in [a,b]$. 不妨设 g 在$[a,b]$上单调增,且$g(a) < g(b)$.

由 Duhamel 定理的推广形式

$$\lim_{\|\pi\| \to 0} \sum_{i=1}^{n} \mu_i \nu_i \Delta x_i = \int_a^b f(x) g(x) \mathrm{d}x,$$

特别地,取

$$\mu_i: \mu_i \Delta x_i = \int_{x_{i-1}}^{x_i} f(x) \mathrm{d}x = F(x_i) - F(x_{i-1}),$$

$$\nu_i: \nu_i = g(x_i),$$

作相应的和式与变换

$$\sum_{i=1}^{n} \mu_i \nu_i \Delta x_i = \sum_{i=1}^{n} g(x_i)(F(x_i) - F(x_{i-1}))$$

$$= g(b) F(b) - \sum_{i=1}^{n} F(x_{i-1})(g(x_i) - g(x_{i-1})),$$

注意到g在$[a,b]$上单调增,所以对于$i = 1,2,\cdots,n$, $g(x_i) - g(x_{i-1}) \geqslant 0$,从而

$$m(g(b) - g(a)) \leqslant \sum_{i=1}^{n} F(x_{i-1})(g(x_i) - g(x_{i-1}))$$

$$\leqslant M(g(b) - g(a)),$$

其中M,m分别为F在$[a,b]$上的最大值、最小值. 于是

$$g(b) F(b) - M(g(b) - g(a)) \leqslant \sum_{i=1}^{n} \mu_i \nu_i \Delta x_i$$

$$\leqslant g(b) F(b) - m(g(b) - g(a)).$$

令 $\|\pi\| \to 0$,有

$$g(b) F(b) - M(g(b) - g(a)) \leqslant \int_a^b f(x) g(x) \mathrm{d}x$$

$$\leqslant g(b) F(b) - m(g(b) - g(a)),$$

从而

$$m \leqslant \frac{g(b)F(b) - \int_a^b f(x)g(x)\,\mathrm{d}x}{g(b)-g(a)} \leqslant M.$$

因为 $F \in C[a,b]$，故由连续函数的介值定理，$\exists \xi \in [a,b]$：

$$\frac{g(b)F(b) - \int_a^b f(x)g(x)\,\mathrm{d}x}{g(b)-g(a)} = F(\xi),$$

然后将 F 还原为积分的形式，经整理即得

$$\int_a^b f(x)g(x)\,\mathrm{d}x = g(a)\int_a^\xi f(x)\,\mathrm{d}x + g(b)\int_\xi^b f(x)\,\mathrm{d}x.$$

推论 设 $f \in R[a,b]$.

(1) 若 g 在 $[a,b]$ 上单调增，且 $g(x) \geqslant 0$，则 $\exists \xi \in [a,b]$：

$$\int_a^b f(x)g(x)\,\mathrm{d}x = g(b)\int_\xi^b f(x)\,\mathrm{d}x;$$

(2) 若 g 在 $[a,b]$ 上单调增，且 $g(x) \leqslant 0$，则 $\exists \xi \in [a,b]$：

$$\int_a^b f(x)g(x)\,\mathrm{d}x = g(a)\int_a^\xi f(x)\,\mathrm{d}x;$$

(3) 若 g 在 $[a,b]$ 上单调减，且 $g(x) \geqslant 0$，则 $\exists \xi \in [a,b]$：

$$\int_a^b f(x)g(x)\,\mathrm{d}x = g(a)\int_a^\xi f(x)\,\mathrm{d}x;$$

(4) 若 g 在 $[a,b]$ 上单调减，且 $g(x) \leqslant 0$，则 $\exists \xi \in [a,b]$：

$$\int_a^b f(x)g(x)\,\mathrm{d}x = g(b)\int_\xi^b f(x)\,\mathrm{d}x.$$

7.6.2 Riemann 引理

定理 2（推广的 Riemann 引理） 设 $f \in R[a,b]$，g 是以 $T(T>0)$ 为周期的周期函数，且 $g \in R[0,T]$，则

$$\lim_{p\to+\infty}\int_a^b f(x)g(px)\,\mathrm{d}x = \frac{1}{T}\int_0^T g(x)\,\mathrm{d}x \cdot \int_a^b f(x)\,\mathrm{d}x.$$

证明 下面我们分三步证明.

(1) 设 $f(x) \equiv 1$. 因为考虑 $p \to +\infty$ 时的极限，所以不妨设 $p>0$ 且使得 $n = \left[\frac{p(b-a)}{T}\right] \in \mathbf{N}$，于是

$$\begin{aligned}\int_a^b g(px)\,\mathrm{d}x &= \int_a^{a+n\frac{T}{p}} g(px)\,\mathrm{d}x + \int_{a+n\frac{T}{p}}^b g(px)\,\mathrm{d}x \\ &= n\int_0^{\frac{T}{p}} g(px)\,\mathrm{d}x + \int_{a+n\frac{T}{p}}^b g(px)\,\mathrm{d}x\end{aligned}$$

$$= \left[\frac{p(b-a)}{T}\right]\frac{T}{p}\cdot\frac{1}{T}\int_0^T g(x)\,dx + \int_{a+n\frac{T}{p}}^b g(px)\,dx.$$

注意到$\left[\frac{p(b-a)}{T}\right]\frac{T}{p}\to(b-a)$, $p\to+\infty$,以及$\left|\int_{a+n\frac{T}{p}}^b g(px)\,dx\right|\leqslant M(g)\frac{T}{p}\to 0$, $p\to+\infty$,其中$M(g)=\sup\limits_{x\in[0,T]}g(x)$. 从而

$$\begin{aligned}\lim_{p\to+\infty}\int_a^b f(x)g(px)\,dx &= \lim_{p\to+\infty}\int_a^b g(px)\,dx\\ &= \frac{1}{T}\int_0^T g(x)\,dx\cdot(b-a)\\ &= \frac{1}{T}\int_0^T g(x)\,dx\cdot\int_a^b f(x)\,dx.\end{aligned}$$

(2) 设f为阶梯函数,即存在$a=x_0<x_1<\cdots<x_m=b$,

$$f(x)=\begin{cases}c_k, x\in[x_{k-1},x_k) & k=1,\cdots,m-1,\\ c_m, x\in[x_{m-1},x_m],\end{cases}$$

则

$$\begin{aligned}&\lim_{p\to+\infty}\int_a^b f(x)g(px)\,dx\\ &= \lim_{p\to+\infty}\sum_{k=1}^m\int_{x_{k-1}}^{x_k}c_k g(px)\,dx = \sum_{k=1}^m c_k\lim_{p\to+\infty}\int_{x_{k-1}}^{x_k}g(px)\,dx\\ &= \sum_{k=1}^m c_k(x_k-x_{k-1})\frac{1}{T}\int_0^T g(x)\,dx = \frac{1}{T}\int_0^T g(x)\,dx\cdot\int_a^b f(x)\,dx.\end{aligned}$$

(3) 设$f\in R[a,b]$. 则$\forall\varepsilon>0$, $\exists$ 分划π: $a=x_0<x_1<\cdots<x_m=b$,使得

$$\left|\int_a^b f(x)\,dx-\underline{S}(f,\pi)\right|<\frac{\varepsilon}{3M(g)+1}.$$

取(2)中的$c_k=\inf f([x_{k-1},x_k))$,记(2)中相应的阶梯函数为$B(x)$,则$\underline{S}(f,\pi)=\int_a^b B(x)\,dx$,且

$$\begin{aligned}\left|\int_a^b f(x)\,dx-\underline{S}(f,\pi)\right| &= \left|\int_a^b (f(x)-B(x))\,dx\right|\\ &= \int_a^b |f(x)-B(x)|\,dx.\end{aligned}$$

又由(2),对于上述的ε及$B(x)$,存在$P>0$, $\forall p>P$:

$$\left|\int_a^b B(x)g(px)\,dx-\frac{1}{T}\int_0^T g(x)\,dx\cdot\int_a^b B(x)\,dx\right|<\frac{\varepsilon}{3}.$$

于是

$$\left|\int_a^b f(x)g(px)\,dx-\frac{1}{T}\int_0^T g(x)\,dx\cdot\int_a^b f(x)\,dx\right|$$

$$\leqslant \left|\int_a^b (f(x)-B(x))g(px)\mathrm{d}x\right| + \left|\int_a^b B(x)g(px)\mathrm{d}x - \frac{1}{T}\int_0^T g(x)\mathrm{d}x\cdot\int_a^b B(x)\mathrm{d}x\right| + \left|\frac{1}{T}\int_0^T g(x)\mathrm{d}x\cdot\int_a^b (B(x)-f(x))\mathrm{d}x\right|$$

$$< \frac{\varepsilon}{3}+\frac{\varepsilon}{3}+\frac{\varepsilon}{3}=\varepsilon.$$

推论(Riemann 引理)　设$f\in R[a,b]$,则

$$\lim_{p\to+\infty}\int_a^b f(x)\sin px\mathrm{d}x = 0,$$

$$\lim_{p\to+\infty}\int_a^b f(x)\cos px\mathrm{d}x = 0.$$

注　定理的证明是分析数学中的一种标准论证"程序",如果读者仔细分析一下(2)、(3)的证明过程,就会发现,整个定理证明的关键是第一步,其余只是定积分固有的性质.由此可知,把握问题的本质是解决问题的首要任务,这往往能起到事半功倍的效果.

例　求下列极限:

(1) $\lim\limits_{n\to\infty}\int_{-\pi}^{\pi}\sin^2 nx\mathrm{d}x$;　　(2) $\lim\limits_{n\to\infty}\int_a^b f(x)\sin^2 nx\mathrm{d}x$.

解　(1) $\lim\limits_{n\to\infty}\int_{-\pi}^{\pi}\sin^2 nx\mathrm{d}x = \frac{1}{\pi}\int_0^{\pi}\sin^2 x\mathrm{d}x\cdot 2\pi = 4\int_0^{\frac{\pi}{2}}\sin^2 x\mathrm{d}x = 4\cdot\frac{1}{2}\cdot\frac{\pi}{2}=\pi.$

(2) $\lim\limits_{n\to\infty}\int_a^b f(x)\sin^2 nx\mathrm{d}x = \frac{1}{\pi}\int_0^{\pi}\sin^2 x\mathrm{d}x\cdot\int_a^b f(x)\mathrm{d}x = \frac{1}{2}\int_a^b f(x)\mathrm{d}x.$

习题 7.6

1. 用积分第二中值定理求下列极限:

(1) $\lim\limits_{n\to\infty}\int_0^1\frac{x^n}{1+x}\mathrm{d}x$;　　(2) $\lim\limits_{n\to\infty}\int_{n^2}^{n^2+n}\frac{1}{\sqrt{x}}\mathrm{e}^{-\frac{1}{x}}\mathrm{d}x$.

2. 设f在$[0,2\pi]$上单调有界,证明:

(1) $\lim\limits_{\lambda\to+\infty}\int_0^{2\pi}f(x)\sin\lambda x\mathrm{d}x = 0$;　　(2) $\lim\limits_{\lambda\to+\infty}\int_0^{2\pi}f(x)\cos\lambda x\mathrm{d}x = 0$.

3. 利用 Riemann 引理求下列极限:

(1) $\lim\limits_{n\to\infty}\int_0^{\pi}\sqrt{x}\sin^2 nx\mathrm{d}x$;　(2) $\lim\limits_{n\to\infty}\int_0^1\frac{\sin^2 nx}{1+x^2}\mathrm{d}x$;　(3) $\lim\limits_{n\to\infty}\int_a^b f(x)|\sin nx|\mathrm{d}x$.

7.7　定积分的应用

定积分理论建立在求曲边梯形面积、变力作功等实际问题上,它用来解决连

续变量的求和问题,在几何、物理、近似计算等诸多方面都有所应用.

7.7.1 平面图形的面积

1. 直角坐标系下的平面图形面积

根据曲边梯形面积的定义,不难得到下述的面积计算公式.

(1) 由连续曲线 $y=f_1(x)$, $y=f_2(x)$,直线 $x=a$, $x=b$ 围成的平面图形面积(参见图 7.10)

$$S=\int_a^b |f_2(x)-f_1(x)|\,\mathrm{d}x;$$

(2) 由连续曲线 $x=\varphi_1(y)$, $x=\varphi_2(y)$,直线 $y=c$, $y=d$ 围成的平面图形面积(参见图 7.11)

$$S=\int_c^d |\varphi_2(y)-\varphi_1(y)|\,\mathrm{d}y.$$

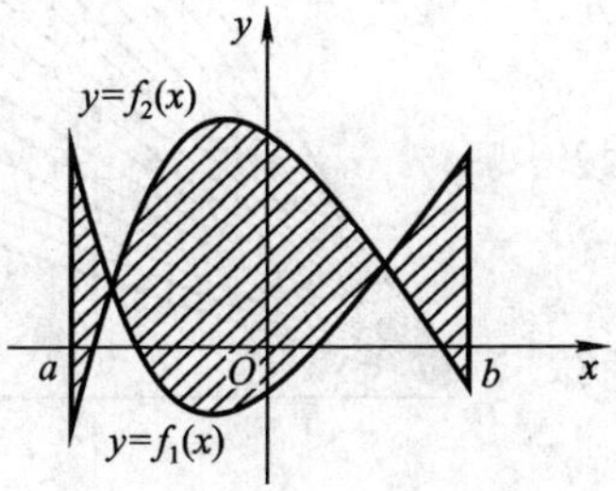

图 7.10

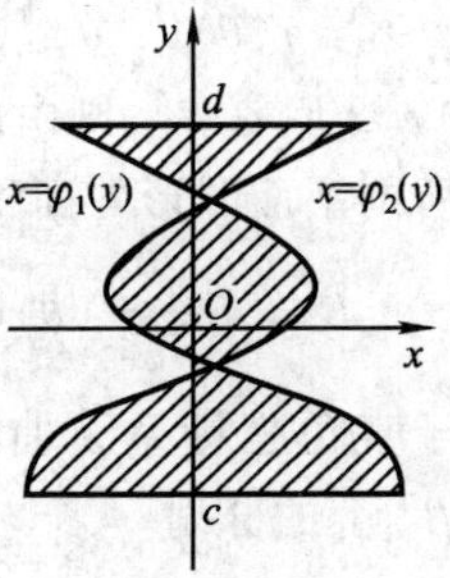

图 7.11

例 1 求由曲线 $y=2$, $y=x$, $xy=1$ 所围平面图形面积 S(见图 7.12).

解法 1 曲线 $y=2$ 与 $xy=1$ 的交点为 $\left(\frac{1}{2},2\right)$,曲线 $y=x$ 与 $xy=1$ 的交点为 $(1,1)$,曲线 $y=2$ 与 $y=x$ 的交点为 $(2,2)$,于是

$$S=\int_{\frac{1}{2}}^1\left(2-\frac{1}{x}\right)\mathrm{d}x+\int_1^2(2-x)\,\mathrm{d}x=\frac{3}{2}-\ln 2.$$

解法 2 曲线 $y=x$ 与 $xy=1$ 的交点为 $(1,1)$,于是

$$S=\int_1^2\left(y-\frac{1}{y}\right)\mathrm{d}y=\frac{3}{2}-\ln 2.$$

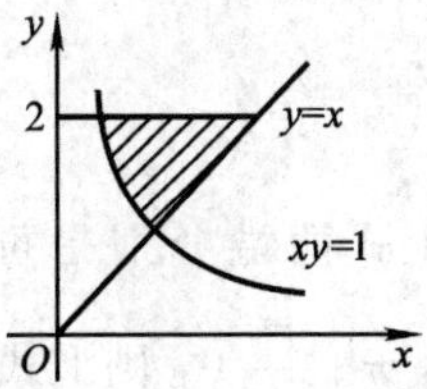

图 7.12

(3) 若平面曲线 l 由参数方程

$$\begin{cases} x = x(t), \\ y = y(t), \end{cases} \quad t \in [\alpha, \beta]$$

给出，且 x, y 在 $[\alpha,\beta]$ 上具有连续导数，$x'(t) \neq 0$（对于 $y'(t) \neq 0$ 的情形可作类似讨论）. 记 $a = x(\alpha)$，$b = x(\beta)$，则由曲线 l，x 轴，直线 $x = a$ 及 $x = b$ 所围平面图形的面积

$$S = \int_{\alpha}^{\beta} | y(t)x'(t) | \mathrm{d}t.$$

例 2 求椭圆 $\begin{cases} x = a\cos t, \\ y = b\sin t, \end{cases} t \in [0, 2\pi]\ (a, b > 0)$ 内部的面积.

解 由图形的对称性，有

$$S = 4\int_0^{\frac{\pi}{2}} | b\sin t \cdot a(-\sin t) | \mathrm{d}t = 4ab \cdot \frac{\pi}{4} = \pi ab.$$

2. 极坐标下的平面图形的面积

若曲线 l 由极坐标方程

$$r = r(\theta), \quad \theta \in [\alpha, \beta]$$

给出，其中 $r \in R[\alpha,\beta]$，则由曲线 l、向径 $\theta = \alpha$ 与 $\theta = \beta$ 所围平面图形的面积（参见图 7.13）

$$S = \frac{1}{2}\int_{\alpha}^{\beta} r^2(\theta)\mathrm{d}\theta.$$

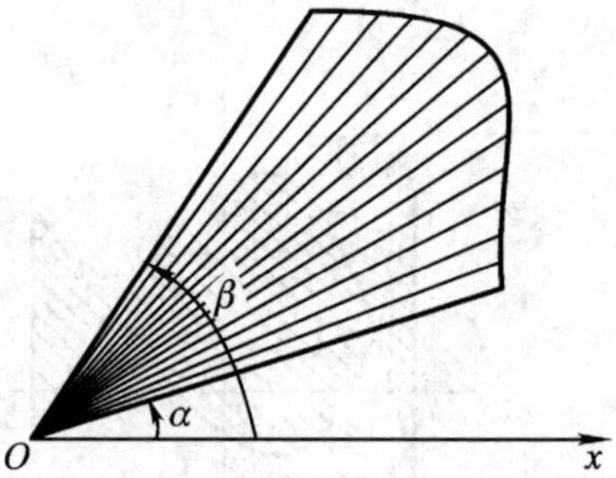

图 7.13

类似于直角坐标系下曲边梯形面积的定义，作 $[\alpha,\beta]$ 上的分划

$$\pi: \alpha = \theta_0 < \theta_1 < \cdots < \theta_n = \beta,$$

作出相应的向径 $\theta = \theta_i\ (i = 1, 2, \cdots, n)$，记

$$\Delta\theta_i = \theta_i - \theta_{i-1}, \quad M_i = \sup_{\theta_{i-1} \leqslant \theta \leqslant \theta_i} r(\theta), \quad m_i = \inf_{\theta_{i-1} \leqslant \theta \leqslant \theta_i} r(\theta), \quad i = 1, 2, \cdots, n.$$

由 $\theta = \theta_{i-1}$，$\theta = \theta_i$ 及 $r = r(\theta)\ (\theta \in [\theta_{i-1}, \theta_i])$ 所围的第 i 个小“曲边扇形”的面积记为 S_i，则

$$\frac{1}{2}m_i^2\Delta\theta_i \leqslant S_i \leqslant \frac{1}{2}M_i^2\Delta\theta_i, \quad i = 1, 2, \cdots, n.$$

作和

$$\sum_{i=1}^{n} \frac{1}{2}m_i^2\Delta\theta_i \leqslant S \leqslant \sum_{i=1}^{n} \frac{1}{2}M_i^2\Delta\theta_i.$$

上式两端分别是可积函数 $\frac{1}{2}r^2(\theta)$ 在分划 π 下的 Darboux 大和与小和. 令 $\|\pi\| \to 0$，则上式两端的极限均为

$$\frac{1}{2}\int_{\alpha}^{\beta} r^2(\theta)\mathrm{d}\theta,$$

从而将上述定积分定义为所述平面图形的面积 S.

例 3 求双纽线 $r^2(\theta) = a^2\cos 2\theta(a > 0)$ 所围平面图形的面积.

解 由图形的对称性,得

$$S = 4 \cdot \frac{1}{2}\int_0^{\frac{\pi}{4}} a^2\cos 2\theta \mathrm{d}\theta = a^2.$$

注 请读者注意本题中 θ 的取值范围,或从其图形出发,或从解析式中 $\cos 2\theta \geqslant 0$ 得出.

7.7.2 由平行截面面积求立体体积

设一个空间立体位于垂直于 x 轴的两平面 $x = a$ 与 $x = b(a < b)$ 之间, $\forall x \in [a,b]$, 作垂直于 x 轴的平面,设它截立体所得截面面积 $A(x)$ 为$[a,b]$ 上的可积函数(如图 7.14 所示),则此空间立体体积

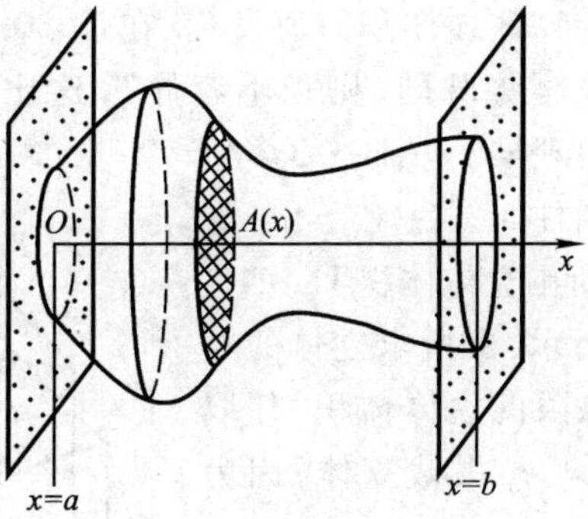

图 7.14

$$V = \int_a^b A(x)\mathrm{d}x.$$

在阅读以下这段叙述之前,建议读者仿照平面曲边梯形面积的定义给出上述立体体积的定义,这无疑是对已学的定积分概念理解程度的一个很好检验.

作$[a,b]$ 上的分划

$$\pi: a = x_0 < x_1 < \cdots < x_n = b,$$

作出相应的垂直于 x 轴的平面 $x = x_i(i = 0,1,2,\cdots,n)$,记

$$\Delta x_i = x_i - x_{i-1}, \quad M_i = \sup_{x_{i-1}\leqslant x\leqslant x_i} A(x), \quad m_i = \inf_{x_{i-1}\leqslant x\leqslant x_i} A(x), \quad i = 1,2,\cdots,n.$$

位于 $x = x_{i-1}$ 与 $x = x_i$ 之间第 i 个薄片体积记为 V_i,则

$$m_i\Delta x_i \leqslant V_i \leqslant M_i\Delta x_i, \quad i = 1,2,\cdots,n.$$

作和

$$\sum_{i=1}^{n} m_i \Delta x_i \leqslant V \leqslant \sum_{i=1}^{n} M_i \Delta x_i.$$

上式两端分别为函数 $A(x)$ 在分划 π 下的 Darboux 小和与大和. 因为 $A \in R[a,b]$，所以当 $\|\pi\| \to 0$ 时，它们均趋于 $\int_a^b A(x)\,dx$，我们自然将此定积分定义为上述空间立体体积 V.

作为特殊情况，易得下述旋转体体积的公式：设 $f \in R[a,b]$，则平面图形

$$\left\{(x,y) \,\middle|\, |y| \leqslant |f(x)|, a \leqslant x \leqslant b\right\}$$

绕 x 轴旋转所得的旋转体体积为

$$V = \pi\int_a^b f^2(x)\,dx.$$

注 由上述结论可知，若有两个空间立体，它们在 $[a,b]$ 上的平行截面面积函数相同（且可积），则这两个空间立体的体积相等. 这一原理，早在 5 世纪为我国古代数学家祖暅在计算球体体积时所发现. 在《九章算术》中描述了祖暅原理："夫叠基成立积，缘幂势既同，则积不容异"，这比 17 世纪意大利数学家 Cavalieri 提出的类似原理早了一千一百多年.

例 4 求由两个圆柱面 $x^2 + y^2 = a^2$ 与 $x^2 + z^2 = a^2 (a > 0)$ 所围立体体积 V.

解 如图 7.15 所示，由所求立体的对称性，我们先求第一卦限的立体体积. 任取 $x_0 \in [0,a]$，以平面 $x = x_0$ 去截立体，因为 $y_0 = \sqrt{a^2 - x_0^2}, z_0 = \sqrt{a^2 - x_0^2}$，故截面为正方形，面积

$$A(x_0) = a^2 - x_0^2,$$

$$V = 8\int_0^a (a^2 - x^2)\,dx = \frac{16}{3}a^3.$$

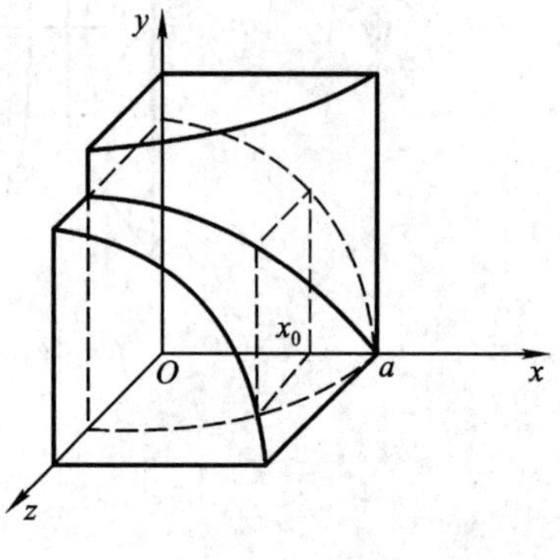

图 7.15

例 5 求由曲线 $\begin{cases} x = a(t - \sin t), \\ y = a(1 - \cos t), \end{cases}$ $t \in [0,2\pi]$ 绕 x 轴旋转一周所围旋转体体积 V.

解

$$\begin{aligned} V &= \pi\int_0^{2\pi a} y^2\,dx \\ &= \pi\int_0^{2\pi} a^2(1 - \cos t)^2 a(1 - \cos t)\,dt \\ &= \pi a^3\int_0^{2\pi} (1 - 3\cos t + 3\cos^2 t - \cos^3 t)\,dt \\ &= 5\pi^2 a^3. \end{aligned}$$

7.7.3 平面曲线的弧长与曲率

1. 平面曲线的弧长

设有平面曲线 l,其参数方程为

$$\begin{cases} x = x(t), \\ y = y(t), \end{cases} \quad t \in [\alpha,\beta],$$

其中 $x,y \in C[\alpha,\beta]$. 我们仍采用"以直代曲"的方法用弦逼近弧来定义 l 的"长度".

作$[\alpha,\beta]$的分划

$$\pi: \alpha = t_0 < t_1 < \cdots < t_n = \beta,$$

相应地得到 l 上的点 $P_i(x(t_i),y(t_i))(i = 0,1,\cdots,n)$,作$\overline{P_{i-1}P_i}(i = 1,2,\cdots,n)$,得到一条折线,它的长度为

$$s(l,\pi) = \sum_{i=1}^{n} \sqrt{(x(t_i) - x(t_{i-1}))^2 + (y(t_i) - y(t_{i-1}))^2}.$$

令

$$s(l) = \sup_{\pi}\{s(l,\pi)\},$$

若 $s(l) < +\infty$,则称曲线 l 为可求长的,它的长度定义为 $s(l)$.

现在我们就来推导平面光滑曲线弧长的计算公式.

定理 1 若 $x = x(t)$, $y = y(t)$ 在$[\alpha,\beta]$上具有连续导函数,曲线 l 无重点,则 l 可求长,且有

$$s(l) = \int_{\alpha}^{\beta} \sqrt{(x'(t))^2 + (y'(t))^2}\,dt.$$

证明 对$[\alpha,\beta]$的任一分划

$$\pi: \alpha = t_0 < t_1 < \cdots < t_n = \beta,$$

$$\begin{aligned} s(l,\pi) &= \sum_{i=1}^{n} \sqrt{(x(t_i) - x(t_{i-1}))^2 + (y(t_i) - y(t_{i-1}))^2} \\ &= \sum_{i=1}^{n} \sqrt{\left(\int_{t_{i-1}}^{t_i} x'(t)\,dt\right)^2 + \left(\int_{t_{i-1}}^{t_i} y'(t)\,dt\right)^2} \\ &\leqslant \sum_{i=1}^{n} \int_{t_{i-1}}^{t_i} \sqrt{(x'(t))^2 + (y'(t))^2}\,dt \\ &= \int_{\alpha}^{\beta} \sqrt{(x'(t))^2 + (y'(t))^2}\,dt, \end{aligned}$$

于是

$$s(l) \leqslant \int_{\alpha}^{\beta} \sqrt{(x'(t))^2 + (y'(t))^2}\,dt < +\infty,$$

上式同时说明了 l 可求长. 另一方面,有

$$\begin{aligned}s(l) &\geqslant \sum_{i=1}^{n} \sqrt{(x(t_i)-x(t_{i-1}))^2+(y(t_i)-y(t_{i-1}))^2} \\ &= \sum_{i=1}^{n} \sqrt{(x'(\tau_i))^2+(y'(\tau_i^*))^2}\Delta t_i \\ &= \sum_{i=1}^{n} \sqrt{(x'(\tau_i))^2+(y'(\tau_i))^2}\Delta t_i+\eta(\pi),\end{aligned}$$

其中 $\tau_i,\tau_i^* \in (t_{i-1},t_i)(i=1,2,\cdots,n)$,

$$\eta(\pi)=\sum_{i=1}^{n}\left(\sqrt{(x'(\tau_i))^2+(y'(\tau_i^*))^2}-\sqrt{(x'(\tau_i))^2+(y'(\tau_i))^2}\right)\Delta t_i.$$

因为 $y' \in C[\alpha,\beta]$,所以 $\forall \varepsilon>0, \exists \delta>0, \forall \tau,\tau^* \in [\alpha,\beta]$ 且 $|\tau-\tau^*|<\delta$:

$$|(y'(\tau))^2-(y'(\tau^*))^2|<\left(\frac{\varepsilon}{\beta-\alpha}\right)^2.$$

设 $\|\pi\|<\delta$,于是利用不等式 $|\sqrt{A}-\sqrt{B}| \leqslant \sqrt{|A-B|}$ 即知

$$|\eta(\pi)| \leqslant \sum_{i=1}^{n} \sqrt{|(y'(\tau_i^*))^2-(y'(\tau_i))^2|}\Delta t_i<\varepsilon.$$

从而当 $\|\pi\|<\delta$ 时,有

$$s(l) \geqslant \sum_{i=1}^{n} \sqrt{(x'(\tau_i))^2+(y'(\tau_i))^2}\Delta t_i-\varepsilon.$$

令 $\|\pi\| \to 0$,再由 $\varepsilon>0$ 的任意性,即得

$$s(l) \geqslant \int_{\alpha}^{\beta} \sqrt{(x'(t))^2+(y'(t))^2}\mathrm{d}t.$$

综上所述,即知上式等号成立.

推论 1 若曲线 $l: y=y(x), x \in [a,b]$, y 在 $[a,b]$ 上具有连续导数,则 l 可求长,且

$$s(l)=\int_{a}^{b} \sqrt{1+(y'(x))^2}\mathrm{d}x.$$

推论 2 若曲线 $l: r=r(\theta), \theta \in [\alpha,\beta]$, r 在 $[\alpha,\beta]$ 上具有连续导数,则 l 可求长,且

$$s(l)=\int_{\alpha}^{\beta} \sqrt{r^2(\theta)+(r'(\theta))^2}\mathrm{d}\theta.$$

注 若将定理中的求弧长的积分上限 β 改为 t,即将定积分改为变上限积分,则得到参数曲线从起点到点 $P(x(t),y(t))$ 的一段弧长,记为 $s(t)$,于是

$$s(t)=\int_{\alpha}^{t} \sqrt{(x'(\tau))^2+(y'(\tau))^2}\mathrm{d}\tau.$$

由定理条件及变上限积分函数的性质得

$$s'(t)=\sqrt{(x'(t))^2+(y'(t))^2},$$

将上式写成微分公式，即得所谓的"弧微分"公式：

$$ds = \sqrt{dx^2 + dy^2}.$$

由此可见，真正作为"小弧长"Δs 的近似物的应是 l 上一点处的"小切线段"ds 而非连接 l 上两点的"小直线段"（如图 7.16 所示）$\sqrt{(\Delta x)^2 + (\Delta y)^2}$.

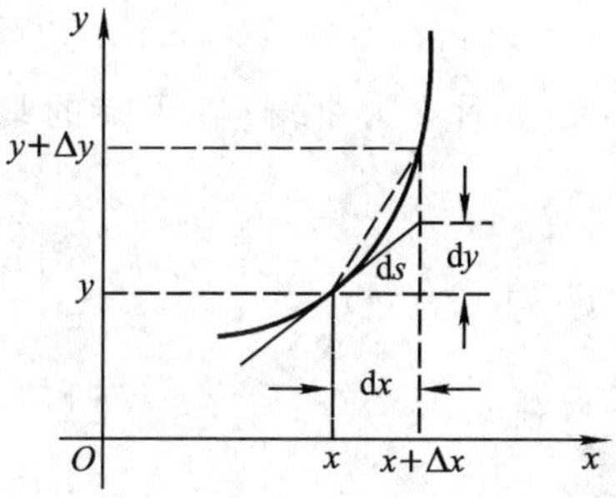

图 7.16

例 6 求星形线 $x = a\cos^3 t, y = a\sin^3 t$, $t\in[0,2\pi]$ $(a > 0)$ 的周长.

解 $s = \int_0^{2\pi} \sqrt{(-3a\cos^2 t\sin t)^2 + (3a\sin^2 t\cos t)^2}\,dt$

$$= 4\cdot 3a\int_0^{\frac{\pi}{2}} \sin t\cos t\,dt = 6a.$$

例 7 求椭圆 $\frac{x^2}{a^2} + \frac{y^2}{b^2} = 1$ $(a > b > 0)$ 的周长.

解 令 $x = a\sin t, y = b\cos t, t\in[0,2\pi]$，于是

$$\sqrt{(x'(t))^2 + (y'(t))^2} = \sqrt{a^2\cos^2 t + b^2\sin^2 t} = a\sqrt{1 - \varepsilon^2\sin^2 t},$$

其中 $\varepsilon = \frac{\sqrt{a^2 - b^2}}{a}$ 为椭圆离心率. 于是椭圆周长为

$$s = 4a\int_0^{\frac{\pi}{2}} \sqrt{1 - \varepsilon^2\sin^2 t}\,dt.$$

上述积分中的被积函数的原函数为非初等函数，此定积分属于第二类椭圆积分. 类似地

$$F(\varepsilon, x) = \int_0^x \frac{1}{\sqrt{1 - \varepsilon^2\sin^2 t}}\,dt,$$

$$F(\varepsilon, h, x) = \int_0^x \frac{1}{(1 + h\sin^2 t)\sqrt{1 - \varepsilon^2\sin^2 t}}\,dt$$

分别被称为第一类椭圆积分和第三类椭圆积分，有积分表可查.

2. 平面曲线的曲率

设 l 为平面上的光滑曲线，P, P_1 为 l 上任意两点，在 P, P_1 处 l 的两条切线与 x 轴正向的夹角分别为 α, α_1. 令 P 到 P_1 之间的弧长为 Δs, $\Delta\alpha = \alpha_1 - \alpha$. 比值 $\frac{\Delta\alpha}{\Delta s}$ 刻画了曲线在 P 点附近弯曲的程度. 若极限

$$k = \left|\lim_{\Delta s \to 0} \frac{\Delta \alpha}{\Delta s}\right|$$

存在,则称 k 为曲线 l 在 P 点的曲率. 于是,由曲线的参数方程得

$$k = \left|\lim_{\Delta s \to 0} \frac{\frac{\Delta \alpha}{\Delta t}}{\frac{\Delta s}{\Delta t}}\right| = \left|\frac{\alpha'(t)}{s'(t)}\right|.$$

注意到

$$\tan \alpha = \frac{y'(t)}{x'(t)} \quad \Rightarrow \quad \alpha = \arctan \frac{y'(t)}{x'(t)}$$

$$\Rightarrow \quad \alpha'(t) = \frac{x'(t)y''(t) - x''(t)y'(t)}{(x'(t))^2 + (y'(t))^2},$$

$$s'(t) = \sqrt{(x'(t))^2 + (y'(t))^2},$$

从而

$$k = \frac{|x'(t)y''(t) - x''(t)y'(t)|}{((x'(t))^2 + (y'(t))^2)^{\frac{3}{2}}}.$$

若曲线 l 由方程 $y = y(x)$ 表示,则曲率公式为

$$k = \frac{|y''(x)|}{(1 + (y'(x))^2)^{\frac{3}{2}}}.$$

若曲线 l 由极坐标方程 $r = r(\theta)$ 表示,则曲率公式为

$$k = \frac{|r(\theta) + 2(r'(\theta))^2 - r(\theta)r''(\theta)|}{(r^2(\theta) + (r'(\theta))^2)^{\frac{3}{2}}}.$$

以上两个公式都可由曲线的参数曲率公式导出.

若光滑曲线 l 在 P 点的曲率 $k > 0$,则称

$$R = \frac{1}{k}$$

为 l 在 P 点的曲率半径.

过 P 点作一个半径为 R 的圆,使其在 P 点与曲线有相同的切线,且与曲线位于切线的同侧,则称该圆为曲线在 P 点的曲率圆或密切圆(如图 7.17 所示). 此曲率圆与曲线在 P 点具有相等的一阶与二阶导数. 这说明,若我们研究的对象只与曲线在某一点的切线或二阶导数有关,则只需讨论曲线在该点的曲率圆上相应的问题即可.

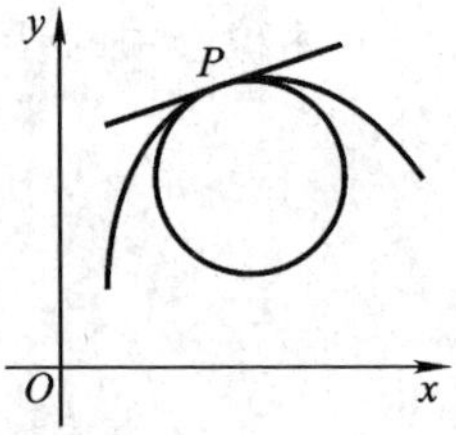

图 7.17

7.7.4 旋转曲面的面积

定积分的应用大多经过划分、作和、取极限,套用定积分的定义导出积分表

达式.虽很严谨,但极繁琐.下面介绍“微元法”来推导公式,虽难于严格,但由于略去了极限以及在推导过程中对可能出现的高阶无穷小量的处理过程(参见上一小节对弧长公式的推导),因此使用非常简便,在解决实际问题中有着广泛的应用.

1. 微元法

如果所求量 $F(x)$ $(x\in[a,b])$ 在任意小的区间 $[x,x+\Delta x]\subset[a,b]$ 上的增量

$$\Delta F = F(x+\Delta x) - F(x)$$

可近似地表达为 Δx 的线性形式

$$\Delta F \approx f(x)\Delta x,$$

且当 $\Delta x\to 0$ 时,$\Delta F - f(x)\Delta x = o(\Delta x)$,即

$$\mathrm{d}F = f(x)\,\mathrm{d}x.$$

设 $f\in R[a,b]$,对上式两端积分得

$$F(b) - F(a) = \int_a^b f(x)\,\mathrm{d}x.$$

上述任取小区间求得 $\mathrm{d}F = f(x)\,\mathrm{d}x$ 的方法称为*微元法*.

注 从理论上讲,必须检验 $\Delta F - f(x)\Delta x = o(\Delta x)$.但之所以要使用定积分来计算某些具体问题,一般而言,就是因为 F 或 ΔF 事先无从知晓,因此,往往只能借助于所考虑对象的具体的几何或物理等特性来判断所作的替代是否为合乎要求的“近似”.

在运用微元法的过程中,我们一般采用下述简化的形式:一开始就取小区间 $[x,x+\mathrm{d}x]$,再由 $\mathrm{d}x$ 直接得到微分形式 $\mathrm{d}F = f(x)\,\mathrm{d}x$,最后在 $[a,b]$ 上积分.

2. 旋转曲面的面积

计算旋转曲面的面积可以用定积分的定义导出积分表达式,现在试用微元法来推导.为了使大家对微元法的思想方法有更具体的了解,在此实例中我们仍采取从“增量”逐步过渡到“微分”的过程.

设平面光滑曲线 l 的方程为

$$y = y(x),\quad x\in[a,b]\ (y(x)\geqslant 0).$$

记 $A(a,y(a))$,$B(b,y(b))$,求曲线段 AB 绕 x 轴旋转所得旋转曲面的面积 S.

过 x 轴上的点 x 与 $x+\Delta x$ 分别作垂直于 x 轴的平面,它们在旋转面上截下一条狭带.当 Δx 很小时,此狭带的面积近似于一圆台的侧面积,即

$$\Delta S \approx 2\pi\,\frac{y(x)+y(x+\Delta x)}{2}\sqrt{(\Delta x)^2+(\Delta y)^2},$$

其中 $\Delta y = y(x+\Delta x) - y(x)$.由于 $f'(x)$ 连续,当 Δx 充分小时,有

$$\frac{y(x)+y(x+\Delta x)}{2} \approx y(x),$$

$$\sqrt{(\Delta x)^2+(\Delta y)^2}=\sqrt{1+\left(\frac{\Delta y}{\Delta x}\right)^2}\Delta x$$
$$\approx\sqrt{1+(y'(x))^2}\Delta x.$$

从而

$$\Delta S\approx 2\pi y(x)\sqrt{1+(y'(x))^2}\Delta x,$$
$$\mathrm{d}S=2\pi y(x)\sqrt{1+(y'(x))^2}\mathrm{d}x,$$
$$S=2\pi\int_a^b y(x)\sqrt{1+(y'(x))^2}\mathrm{d}x.$$

注 若将上式简记为

$$\mathrm{d}S=2\pi y\mathrm{d}s,$$
$$S=2\pi\int_a^b y\mathrm{d}s,$$

其中 $\mathrm{d}s$ 为平面光滑曲线 l 的弧微分,则此计算公式是不难理解的.

可以想象,若 l 为平面上光滑的曲线,其参数方程为

$$\begin{cases}x=x(t),\\ y=y(t),\end{cases}\quad t\in[\alpha,\beta],$$

其中 $y(t)\geqslant 0$, $x'(t)$ 不变号,则 l 绕 x 轴旋转所得的旋转曲面的侧面积公式为

$$S=2\pi\int_\alpha^\beta y\mathrm{d}s=2\pi\int_\alpha^\beta y(t)\sqrt{(x'(t))^2+(y'(t))^2}\mathrm{d}t.$$

请读者对用极坐标方程表示的光滑曲线 l,试添加适当的条件后,导出 l 绕极轴旋转所得旋转曲面的侧面积公式.

7.7.5 定积分在物理上的若干应用

我们通过进一步举例说明如何采用微元法求解若干实际问题.

1. 压力

设有一个底圆半径为 R m 的桶状物体横卧于江底,其底面圆心距水面 H m ($H>R$),试求该物体的底圆一侧所受的水压力.

由物理定律,位于液体中的物体在深度为 h 处所受的压强为

$$p=h\cdot\rho g,$$

其中 ρ 为液体的密度, g 是重力加速度.

以桶底圆心为原点、重力方向为 x 轴的正向建立坐标系,则桶底在 x 处($x\in[-R,R]$)所受压强为

$$p=(H+x)g.$$

现在取桶底面上与水面平行、宽为 $\mathrm{d}x$ 的一长条为微元,则微元面积为

$$\mathrm{d}S=2\sqrt{R^2-x^2}\mathrm{d}x,$$

因此微元上所受压力为

$$dF = 2g(H+x)\sqrt{R^2-x^2}\,dx,$$

于是桶底一侧所受的水压力为

$$F = 2g\int_{-R}^{R}(H+x)\sqrt{R^2-x^2}\,dx = \pi R^2Hg.$$

注意,从所得结果看,这恰好是圆心处的压强与圆盘面积的乘积.由这一点我们能受到什么启迪?

2. 功与平均功率

设有一个内径为 R、长为 L 的圆柱形汽缸,点火后于时刻 t_1 至 t_2 间将活塞从 $x=a$ 处推至 $x=b$ 处(如图 7.18 所示),设活塞在原始处(即图中原点处)时汽缸内气体的压强为 p_0,且假定间缸内温度恒定,求在这段时间中活塞所作的功及它在该时段中的平均功率.

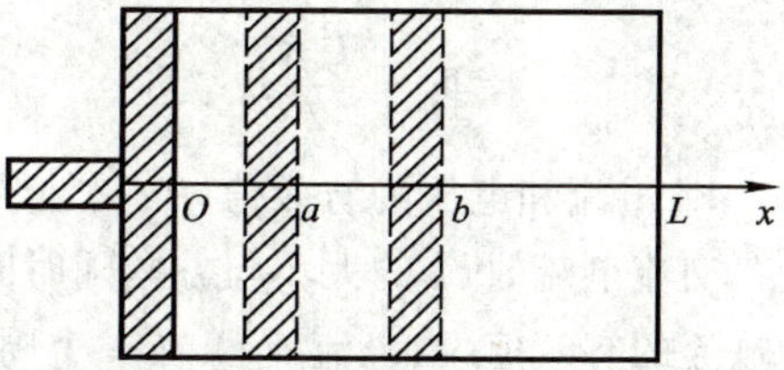

图 7.18

由物理定律,当温度恒定时,缸内气体的压强 p 与体积 V 成反比,即

$$p = \frac{C}{V},$$

其中 $C = p_0V_0 = \pi R^2Lp_0$. 因此当活塞在 x 处时,活塞所受的压力为

$$F = \pi R^2p = \pi R^2\cdot\frac{C}{\pi R^2(L-x)} = \frac{C}{L-x},$$

可知活塞移动 dx 距离所作的功为

$$dW = F\,dx = \frac{C}{L-x}dx.$$

于是活塞在该时段中所作的功 W 以及平均功率 $\bar{P}$ 分别为

$$W = \int_a^b\frac{C}{L-x}dx = C\ln\frac{L-a}{L-b} = \pi R^2Lp_0\ln\frac{L-a}{L-b},$$

$$\bar{P} = \frac{W}{T} = \frac{\pi R^2Lp_0}{t_2-t_1}\ln\frac{L-a}{L-b}.$$

注 我们知道,有限个常量 $y_i(i=1,2,\cdots,n)$ 的算术平均值是

$$\bar{y} = \frac{1}{n}\sum_{i=1}^{n}y_i,$$

由此推广,我们就称

$$\bar{y} = \frac{1}{b-a}\int_a^b y(x)\,dx$$

为连续量 $y(x)$ 在区间 $[a,b]$ 上的平均值.

3. 交流电的平均功率

当随时间变化的交流电流 $i(t)$ 流过电阻 R 时，消耗的功率 $P = i^2R$ 也随时间变化，计算一个周期 T 内消耗的功，我们用平均功率 $\bar{P}$ 与时间 T 的乘积来表示，即 $W = \bar{P} \cdot T$.

设交流电流 $i(t) = I_m \sin \omega t$，I_m 为电流的峰值（最大值），$T = \dfrac{2\pi}{\omega}$，则

$$\bar{P} = \frac{1}{T}\int_0^T i^2(t)R\mathrm{d}t = \frac{I_m^2 R\omega}{2\pi}\int_0^{\frac{2\pi}{\omega}} \sin^2 \omega t\mathrm{d}t = \frac{I_m^2 R}{2},$$

$$W = \frac{I_m^2 R}{2}T.$$

4. 电流和电压的有效值

交流电流 $i(t)$ 的大小与方向随时间变化，一般电器上标有确定的电流值是指电流的有效值. 当电流 $i(t)$ 在一个周期内消耗在电阻 R 上的平均功率等于某电流 I 消耗在同一电阻 R 上的功率时，这个数值 I 就称为电流 $i(t)$ 的有效值，即

$$I_{\text{有效}}^2 \cdot R = \frac{1}{T}\int_0^T i^2(t)R\mathrm{d}t,$$

于是

$$I_{\text{有效}} = \sqrt{\frac{1}{T}\int_0^T i^2(t)\,\mathrm{d}t} = \frac{I_m}{\sqrt{2}} \approx 0.707 I_m.$$

对于交流电压 $u(t) = i(t) \cdot R$，其有效值也有类似公式

$$U_{\text{有效}} = \sqrt{\frac{1}{T}\int_0^T u^2(t)\,\mathrm{d}t} = \frac{U_m}{\sqrt{2}} \approx 0.707 U_m.$$

对于平常供照明用的交流电压 $u(t) = 311\sin 100\pi t$ 来说，电压有效值为

$$U_{\text{有效}} = \frac{311}{\sqrt{2}} \approx 220\ \text{V}.$$

平常灯泡上标明的 40W、60W 即表示平均功率.

例 8　交流电压 $u(t) = U_m \sin \omega t$ 经全波整流后，电压为 $u(t) = U_m \cdot |\sin \omega t|$，求整流后电压的平均值 $\bar{U}$ 和 $U_{\text{有效}}$ 的关系.

解
$$\bar{U} = \frac{1}{T}\int_0^T u(t)\,\mathrm{d}t = \frac{\omega}{2\pi}\int_0^{\frac{2\pi}{\omega}} U_m |\sin \omega t|\,\mathrm{d}t$$
$$= \frac{U_m\omega}{\pi}\int_0^{\frac{\pi}{\omega}} \sin \omega t\mathrm{d}t = \frac{2}{\pi}U_m.$$

由

$$U_{\text{有效}} = \frac{U_m}{\sqrt{2}},$$

得出

$$\bar{U}=\frac{2\sqrt{2}}{\pi}U_{有效}\approx 0.9U_{有效}.$$

5. 平面曲线的质心

设平面上光滑曲线 Γ 的参数方程为

$$\begin{cases}x=x(t),\\ y=y(t),\end{cases}\quad t\in[\alpha,\beta],$$

曲线 Γ 的总长为 l，Γ 的密度函数为 $\rho(t)$. 以弧长 s 为自变量，考虑 $[s,s+\mathrm{d}s]$ 上曲线的质量微元

$$\mathrm{d}m=\rho\mathrm{d}s=\rho(t)\sqrt{(x'(t))^2+(y'(t))^2}\mathrm{d}t,$$

所以 Γ 的质量为

$$M=\int_0^l\rho(s)\mathrm{d}s=\int_\alpha^\beta\rho(t)\sqrt{(x'(t))^2+(y'(t))^2}\mathrm{d}t.$$

以下确定曲线 Γ 的质心.

设平面上有 n 个质点 $A_i(x_i,y_i)$，它们的质量为 $m_i(i=1,2,\cdots,n)$，称

$$M_y=\sum_{i=1}^n m_ix_i,\quad M_x=\sum_{i=1}^n m_iy_i$$

分别为该质点组对 y 轴和 x 轴的静力矩，记 $M=\sum\limits_{i=1}^n m_i$. 若点 $A(\bar{x},\bar{y})$ 具有性质

$$M\bar{x}=\sum_{i=1}^n m_ix_i,\quad M\bar{y}=\sum_{i=1}^n m_iy_i,$$

则称点 $A(\bar{x},\bar{y})$ 为此质点组的质心，其中

$$\bar{x}=\frac{1}{M}\sum_{i=1}^n m_ix_i,\quad \bar{y}=\frac{1}{M}\sum_{i=1}^n m_iy_i.$$

仍考虑 Γ 在 $[s,s+\mathrm{d}s]$ 上曲线段的静力矩微元，

$$\mathrm{d}M_y=x\mathrm{d}m=x\rho\mathrm{d}s=\rho x\sqrt{\mathrm{d}x^2+\mathrm{d}y^2};$$

$$\mathrm{d}M_x=y\mathrm{d}m=y\rho\mathrm{d}s=\rho y\sqrt{\mathrm{d}x^2+\mathrm{d}y^2}.$$

于是 Γ 对 y 轴及 x 轴的静力矩分别为

$$M_y=\int_0^l\rho(s)x(s)\mathrm{d}s=\int_\alpha^\beta\rho(t)x(t)\sqrt{(x'(t))^2+(y'(t))^2}\mathrm{d}t;$$

$$M_x=\int_0^l\rho(s)y(s)\mathrm{d}s=\int_\alpha^\beta\rho(t)y(t)\sqrt{(x'(t))^2+(y'(t))^2}\mathrm{d}t.$$

从而，Γ 的质心坐标为

$$\bar{x}=\frac{M_y}{M}=\frac{1}{M}\int_0^l\rho(s)x(s)\mathrm{d}s=\frac{1}{M}\int_\alpha^\beta\rho(t)x(t)\sqrt{(x'(t))^2+(y'(t))^2}\mathrm{d}t;$$

$$\bar{y}=\frac{M_x}{M}=\frac{1}{M}\int_0^l \rho(s)y(s)\mathrm{d}s=\frac{1}{M}\int_\alpha^\beta \rho(t)y(t)\sqrt{(x'(t))^2+(y'(t))^2}\mathrm{d}t.$$

其中

$$M=\int_0^l \rho(s)\mathrm{d}s=\int_\alpha^\beta \rho(t)\sqrt{(x'(t))^2+(y'(t))^2}\mathrm{d}t.$$

特别地,当曲线的质量均匀分布时,不妨设密度 $\rho(t)\equiv 1$,则

$$\bar{x}=\frac{1}{l}\int_0^l x\mathrm{d}s,\quad \bar{y}=\frac{1}{l}\int_0^l y\mathrm{d}s,$$

由此得

$$2\pi\bar{y}l=2\pi\int_0^l y\mathrm{d}s.$$

注 上式右端是曲线 Γ 绕 x 轴旋转而得旋转曲面的面积 S,而左端表示曲线 Γ 的质心绕 x 轴旋转所得的圆周长与曲线 Γ 的弧长 l 的乘积. 这就是下述定理.

Guldin 第一定理 平面曲线绕此平面上不与其相交的轴旋转而得的旋转曲面面积等于该曲线的质心绕同一轴旋转所得的圆周长乘以曲线的弧长.

例 9 求圆 $x^2+(y-a)^2=R^2(a>R)$ 绕 x 轴旋转所得的圆环的面积 S.

解 圆心的纵坐标 $\bar{y}=a$,圆周长 $l=2\pi R$,于是由 Guldin 第一定理,有

$$S=4\pi^2 aR.$$

6. 平面图形的质心

设 $f,g\in C[a,b]$,$f(x)\geqslant g(x)\geqslant 0\ (x\in[a,b])$,由曲线 $y=f(x)$,$y=g(x)$,$x=a$ 及 $x=b$ 围成的平面图形 Ω,它的质量分布均匀(不妨设其面密度 $\rho\equiv 1$),现在来确定它的质心(形心).

任取 $[x,x+\mathrm{d}x]$,过点 x 和 $x+\mathrm{d}x$ 作 x 轴的垂线截得一狭条平面图形,其质量微元 $\mathrm{d}m=(f(x)-g(x))\mathrm{d}x$,质心坐标为 $(x,y)=\left(x,\dfrac{f(x)+g(x)}{2}\right)$,相应的静力矩微元分别为

$$\mathrm{d}M_y=x\mathrm{d}m=x(f(x)-g(x))\mathrm{d}x,$$

$$\mathrm{d}M_x=y\mathrm{d}m=\frac{1}{2}(f^2(x)-g^2(x))\mathrm{d}x.$$

于是 Ω 的静力矩分别为

$$M_y=\int_a^b x(f(x)-g(x))\mathrm{d}x,\quad M_x=\frac{1}{2}\int_a^b (f^2(x)-g^2(x))\mathrm{d}x,$$

Ω 的总质量(面积)

$$M = \int_a^b (f(x) - g(x))\,\mathrm{d}x.$$

由此得 Ω 的质心(形心)坐标为

$$\bar{x} = \frac{M_y}{M} = \frac{\int_a^b x(f(x) - g(x))\,\mathrm{d}x}{\int_a^b (f(x) - g(x))\,\mathrm{d}x},$$

$$\bar{y} = \frac{M_x}{M} = \frac{\frac{1}{2}\int_a^b (f^2(x) - g^2(x))\,\mathrm{d}x}{\int_a^b (f(x) - g(x))\,\mathrm{d}x}.$$

注 若将上式改写为

$$2\pi\bar{y}\int_a^b (f(x) - g(x))\,\mathrm{d}x = \pi\int_a^b (f^2(x) - g^2(x))\,\mathrm{d}x,$$

即

$$2\pi\bar{y} \cdot S = V,$$

其中 S 为平面图形的面积,V 为该平面图形绕 x 轴旋转所得立体的体积. 由此我们又有另一个 Guldin 定理.

Guldin 第二定理 平面图形绕此平面上不与其相交(可以是其边界)的轴旋转而得的立体体积等于该平面图形的质心绕同一轴旋转所得的圆周长乘以平面图形的面积.

习题 7.7

1. 求下列曲线所围平面图形的面积:

(1) $y = 2x, y = 3 - x^2$;

(2) $x^2 - y^2 = 1, x - y = 1, x + y = 2$;

(3) $y = |\ln x|, y = 0, x = \frac{1}{\mathrm{e}}, x = \mathrm{e}$.

2. 求下列极坐标表示的曲线所围平面图形的面积:

(1) $r(\theta) = 2a(1 - \cos\theta)\,(a > 0)$;

(2) $r(\theta) = 3\cos\theta$ 内部与 $r(\theta) = 1 + \cos\theta$ 内部的公共部分;

(3) $r^2(\theta) = 2\cos 2\theta$ 外部、$r(\theta) = 2\cos\theta$ 内部与 $r(\theta) = 1$ 内部的公共部分.

3. 求下列参数方程表示的曲线所围图形的面积:

(1) $x = a(t - \sin t), y = a(1 - \cos t)\ (0 \leqslant t \leqslant 2\pi)$ 以及 x 轴;

(2) $x = a\cos^3 t, y = a\sin^3 t$.

4. 求抛物线 $y^2 = 2px$ 及其在点 $\left(\frac{p}{2}, p\right)(p > 0)$ 处的法线所围平面图形的面积.

5. 求由曲线 $y=e^x$、y 轴及该曲线过原点的切线所围平面图形的面积.

6. 求抛物线 $y=-x^2+1$ 在$(0,1)$内的一条切线,使它与两坐标轴和该抛物线所围平面图形的面积最小.

7. 设 f 在$[0,a]$上二阶可导,且满足:$f(x)>0,f'(x)<0,f''(x)<0,f(0)=1$,曲线 $y=f(x)$与 y 轴以及平行于 x 轴的直线所围成的图形的面积 $S(x)=\dfrac{2}{3}x^3$,求 $f(x)$.

8. 一平面经过底面半径为 R 的圆柱体的底圆中心,且与底面相交的角度为 α,计算此平面截圆柱体所得立体的体积.

9. 过点 $P(1,0)$作抛物线 $y=\sqrt{x-2}$的切线,求该切线与抛物线及 x 轴所围平面图形绕 x 轴旋转而成的旋转体体积.

10. 求抛物线 $y=\sqrt{8x}$及在点$(2,4)$处的法线和 x 轴所围图形绕 x 轴旋转而成的旋转体体积.

11. 设曲线 $y=ax^2(a>0,x\geqslant 0)$与 $y=1-x^2$ 交于点 A,过坐标原点 O 和点 A 的直线与曲线 $y=ax^2$ 围成一平面图形. 问 a 为何值时,该图形绕 x 轴旋转所得的旋转体体积最大? 最大体积是多少?

12. 设抛物线 $y=ax^2+bx+c$ 过原点,当 $0\leqslant x\leqslant 1$ 时 $y\geqslant 0$,又已知该抛物线与 x 轴及直线 $x=1$ 所围图形的面积为$\dfrac{1}{3}$. 试确定 a,b,c,使此图形绕 x 轴旋转而成的旋转体体积最小.

13. 设曲线方程为 $y=e^{-x}(x\geqslant 0)$.

(1) 把 $y=e^{-x}$、x 轴、y 轴和直线 $x=\xi(\xi>0)$所围平面图形绕 x 轴旋转得一旋转体,求此旋转体体积 $V(\xi)$和满足 $V(a)=\dfrac{1}{2}\lim\limits_{\xi\to+\infty}V(\xi)$的 a;

(2) 在此曲线上找一点,使过该点的切线与两个坐标轴所夹平面图形的面积最大,并求出该面积.

14. 求摆线第一拱 $x=a(t-\sin t),y=a(1-\cos t)$ $(0\leqslant t\leqslant 2\pi,\ y=0)$ 绕下列直线旋转所得旋转体的体积:

(1) 绕 x 轴;(2) 绕 y 轴;(3) 绕直线 $y=2a$.

15. 证明:将图形 $0\leqslant y\leqslant y(x),a\leqslant x\leqslant b$ 绕 y 轴旋转所得的旋转体体积等于

$$V=2\pi\int_a^b xy(x)\,dx.$$

并由此计算:

(1) 由 $y=x(x-1)^2,y=0$ 所围图形绕 y 轴旋转所得旋转体体积;

(2) 由 $y=\sin x(0\leqslant x\leqslant\pi),y=0$ 所围图形绕 y 轴旋转所得旋转体体积;

(3) 由 $y=2x-x^2,y=0,y=x$ 所围图形绕 y 轴旋转所得旋转体体积.

16. 证明:将平面图形 $0\leqslant\alpha\leqslant\theta\leqslant\beta\leqslant\pi,0\leqslant r\leqslant r(\theta)$绕极轴旋转所成的立体体积为

$$V=\frac{2\pi}{3}\int_\alpha^\beta r^3(\theta)\sin\theta\,d\theta,$$

并求出 $r(\theta)=a(1+\cos\theta)$绕极轴旋转所成的立体体积.

17. 求下列各曲线段的弧长:

(1) $\begin{cases} x = e^t\sin t, \\ y = e^t\cos t, \end{cases} \quad 0\leqslant t\leqslant \dfrac{\pi}{2}$;

(2) $\begin{cases} x = \arctan t, \\ y = \dfrac{1}{2}\ln(1+t^2), \end{cases} \quad 0\leqslant t\leqslant 1$;

(3) $r(\theta)=a(1+\cos\theta)\ (a>0)$的全长.

18. (1) 求曲线$\int_{-\frac{\pi}{2}}^{x}\sqrt{\cos t}\,dt$的全长;

(2) 求曲线$\int_{-\sqrt{3}}^{x}\sqrt{3-t^2}\,dt$的全长.

19. 求从原点到曲线 $y=x^{\frac{3}{2}}$上点 M_0 的弧长,已知 M_0 处曲线的切线与 x 轴正向的夹角为$\dfrac{\pi}{3}$.

20. 求曲线 $\theta(r)=\dfrac{1}{2}\left(r+\dfrac{1}{r}\right)$ $(1\leqslant r\leqslant 3)$的一段弧长.

21. 求下列曲线的曲率与曲率半径:

(1) $y^2=2px, p>0$;

(2) $\begin{cases} x = a(\cos t + t\sin t), \\ y = a(\sin t - t\cos t). \end{cases}$

22. 求 $r(\theta)=a(1+\cos\theta)$ $(0\leqslant\theta\leqslant 2\pi)$绕极轴旋转所得旋转体的侧面积.

23. 求矩形脉冲电流 $i(t)=\begin{cases} a, & 0\leqslant t\leqslant c, \\ 0, & c<t\leqslant T \end{cases}$的平均值及有效值.

24. 求周期为 T 的三角形波 $u(t)=\begin{cases} h-\dfrac{2h}{T}t, & 0\leqslant t<\dfrac{T}{2}, \\ \dfrac{2h}{T}t-h, & \dfrac{T}{2}\leqslant t\leqslant T \end{cases}$的平均值及有效值.

25. 交流电压 $u(t)=U_m\sin\omega t$ 经半波整流后的电压在一个周期内的表达式为

$$u(t)=\begin{cases} U_m\sin\omega t, & 0\leqslant t\leqslant\dfrac{\pi}{\omega}, \\ 0, & \dfrac{\pi}{\omega}<t\leqslant\dfrac{2\pi}{\omega}, \end{cases}$$

求半波整流电压的平均值.

26. 电阻电容串联电路接到电压为 $u(t)=\sqrt{2}U_m\sin\omega t$ 的交流电源上,电路中电流为 $i(t)=\sqrt{2}I_m\sin(\omega t+\varphi)$,求此电路消耗的平均功率.

27. 求曲线 $x=a(t-\sin t), y=a(1-\cos t)$ $(0\leqslant t\leqslant 2\pi, a>0)$的质量(设线密度为 1)与质心坐标.

28. 求下列曲线的质心,并求曲线绕 x 轴旋转所得旋转体体积与侧面积:

(1) 半圆 $0\leqslant y\leqslant\sqrt{R^2-x^2}$;　　(2) 半圆 $0<h\leqslant y\leqslant h+\sqrt{R^2-x^2}$.

第八章　广义积分

在前面我们讨论定积分问题时,总假定积分区间$[a,b]$是有限的,而且函数$f(x)$在$[a,b]$上可积的必要条件是$f(x)$在$[a,b]$上有界. 但是,无论从数学理论本身的发展需要看,还是从工程技术的实际应用上看,这两个限制条件都显得苛刻,就连电学中最普通的点电位定义,都会涉及将单位正电荷从电场中心某处移到无穷远时所作的功,这就变成在无限区间上的积分问题. 因此,我们有必要推广已有的积分概念,在更广泛的范围上研究和处理积分问题. 这也意味着将考虑积分区间无限的情况(无穷积分),或被积函数无界的情况(瑕积分). 这样的积分统称为*广义积分*,而以往熟知的 Riemann 积分(定积分)相应地称为*常义积分*.

8.1　无穷积分

8.1.1　无穷积分的概念

定义 1　设函数$f(x)$定义在$[a,+\infty)$上,且对$\forall A>a$,$f(x)$在$[a,A]$上可积,我们称积分形式$\int_a^{+\infty} f(x)\,\mathrm{d}x$为$f(x)$在$[a,+\infty)$上的*无穷积分*. 若极限

$$\lim_{A\to+\infty}\int_a^A f(x)\,\mathrm{d}x = I$$

存在(且有限),则称$f(x)$在$[a,+\infty)$上的无穷积分$\int_a^{+\infty} f(x)\,\mathrm{d}x$*收敛*,其积分值

$$\int_a^{+\infty} f(x)\,\mathrm{d}x = \lim_{A\to+\infty}\int_a^A f(x)\,\mathrm{d}x = I,$$

否则便称$f(x)$在$[a,+\infty)$上的无穷积分$\int_a^{+\infty} f(x)\,\mathrm{d}x$*发散*.

类似地,我们可以定义$f(x)$在$(-\infty,b]$上的无穷积分

$$\int_{-\infty}^b f(x)\,\mathrm{d}x = \lim_{B\to-\infty}\int_B^b f(x)\,\mathrm{d}x$$

收敛或者发散.

很明显,按极限定义的表述方式,$f(x)$在$[a,+\infty)$上的无穷积分收敛可以用ε-A语言改写如下:

定义 1′ 设函数 $f(x)$ 定义在 $[a,+\infty)$ 上, $f(x)$ 在 $[a,+\infty)$ 上的无穷积分收敛于 I 是指, $\exists I\in\mathbf{R}$, 对于 $\forall\varepsilon>0$, $\exists A_0>a$, $\forall A>A_0$:

$$\left|\int_a^A f(x)\,\mathrm{d}x-I\right|<\varepsilon.$$

定义 2 设函数 $f(x)$ 定义在 $\mathbf{R}$ 上,若 $\exists a\in\mathbf{R}$,使 $\int_a^{+\infty}f(x)\,\mathrm{d}x$ 与 $\int_{-\infty}^a f(x)\,\mathrm{d}x$ 均收敛,则称无穷积分 $\int_{-\infty}^{+\infty}f(x)\,\mathrm{d}x$ 收敛,且规定

$$\int_{-\infty}^{+\infty}f(x)\,\mathrm{d}x=\int_{-\infty}^a f(x)\,\mathrm{d}x+\int_a^{+\infty}f(x)\,\mathrm{d}x.$$

注 1 不难说明,无穷积分 $\int_{-\infty}^{+\infty}f(x)\,\mathrm{d}x$ 的收敛性以及收敛情况下的积分值均与常数 a 的选取无关. 因此,在无穷积分 $\int_{-\infty}^{+\infty}f(x)\,\mathrm{d}x$ 的收敛定义中我们可以将"$\exists a\in\mathbf{R}$"改为"$\forall a\in\mathbf{R}$".

注 2 按无穷积分 $\int_{-\infty}^{+\infty}f(x)\,\mathrm{d}x$ 的收敛定义,应有

$$\int_{-\infty}^{+\infty}f(x)\,\mathrm{d}x=\lim_{\substack{A\to+\infty\\B\to-\infty}}\int_B^A f(x)\,\mathrm{d}x,$$

注意其中 $A\to+\infty$ 与 $B\to-\infty$ 的过程是相互独立的.

注 3 有时我们也用 $\lim\limits_{A\to+\infty}\int_{-A}^A f(x)\,\mathrm{d}x$ 来定义无穷积分 $\int_{-\infty}^{+\infty}f(x)\,\mathrm{d}x$ 的 Cauchy 主值. 如果上式中的极限存在,则称无穷积分的 Cauchy 主值收敛. 无穷积分的 Cauchy 主值通常记为 $V.P.\int_{-\infty}^{+\infty}f(x)\,\mathrm{d}x$.

例 1 判断下列无穷积分的收敛性 ($p\in\mathbf{R}$):

(1) $\int_1^{+\infty}\dfrac{\mathrm{d}x}{x^p}$; (2) $\int_2^{+\infty}\dfrac{\mathrm{d}x}{x\ln^p x}$.

解 (1) 对于 $\forall A>1$,有

$$\int_1^A\frac{\mathrm{d}x}{x^p}=\begin{cases}\dfrac{1}{1-p}(A^{1-p}-1), & p\neq 1,\\ \ln A, & p=1,\end{cases}$$

于是

$$\lim_{A\to+\infty}\int_1^A\frac{\mathrm{d}x}{x^p}=\begin{cases}\dfrac{1}{p-1}, & p>1,\\ +\infty, & p\leqslant 1.\end{cases}$$

可见原无穷积分当 $p>1$ 时收敛, $p\leqslant 1$ 时发散.

(2) 当 $p\neq 1$ 时,对于 $\forall A>2$,有

$$\int_2^A \frac{\mathrm{d}x}{x\ln^p x} = \int_2^A \frac{\mathrm{d}(\ln x)}{\ln^p x}\mathrm{d}x = \frac{1}{1-p}((\ln A)^{1-p} - (\ln 2)^{1-p}),$$

于是

$$\lim_{A\to+\infty}\int_2^A \frac{\mathrm{d}x}{x\ln^p x} = \begin{cases} \dfrac{(\ln 2)^{1-p}}{p-1}, & p>1, \\ +\infty, & p<1. \end{cases}$$

可见原无穷积分当 $p>1$ 时收敛,$p<1$ 时发散.

当 $p=1$ 时,有

$$\int_2^{+\infty} \frac{\mathrm{d}x}{x\ln x} = \lim_{A\to+\infty}\int_2^A \frac{\mathrm{d}x}{x\ln x} = \lim_{A\to+\infty} \ln(\ln x)\Big|_2^A = +\infty,$$

此时原无穷积分也发散.

综上所述,原无穷积分当 $p>1$ 时收敛,当 $p\leqslant 1$ 时发散.

顺便说明,此例中前一个无穷积分即所谓的“p 积分”. 无穷积分形式下的 p 积分在 $p>1$ 时收敛,$p\leqslant 1$ 时发散,这一结果在后面无穷积分判敛中有重要应用.

8.1.2 无穷积分的性质与计算

无穷积分的收敛性是由函数(积分上限函数)极限定义的,因此,关于函数极限与积分的某些性质几乎可以平行地“移植”到无穷积分上来.

定理 1 对于 $\forall c>a$,无穷积分 $\int_a^{+\infty} f(x)\mathrm{d}x$ 与 $\int_c^{+\infty} f(x)\mathrm{d}x$ 同敛散,且当 $\int_a^{+\infty} f(x)\mathrm{d}x$ 收敛时有

$$\int_a^{+\infty} f(x)\mathrm{d}x = \int_a^c f(x)\mathrm{d}x + \int_c^{+\infty} f(x)\mathrm{d}x.$$

定理 2 对于 $\forall k\neq 0$,无穷积分 $\int_a^{+\infty} f(x)\mathrm{d}x$ 与 $\int_a^{+\infty} kf(x)\mathrm{d}x$ 同敛散,且当 $\int_a^{+\infty} f(x)\mathrm{d}x$ 收敛时有

$$\int_a^{+\infty} kf(x)\mathrm{d}x = k\int_a^{+\infty} f(x)\mathrm{d}x.$$

定理 3 若无穷积分 $\int_a^{+\infty} f(x)\mathrm{d}x$, $\int_a^{+\infty} g(x)\mathrm{d}x$ 均收敛,则对于 $\forall k_1,k_2\in\mathbf{R}$, $\int_a^{+\infty}(k_1f(x)\pm k_2g(x))\mathrm{d}x$ 也收敛,且有

$$\int_a^{+\infty}(k_1f(x)+k_2g(x))\mathrm{d}x = k_1\int_a^{+\infty} f(x)\mathrm{d}x + k_2\int_a^{+\infty} g(x)\mathrm{d}x.$$

定理 4(分部积分法) 设函数 $f(x)$, $g(x)$ 在 $[a,+\infty)$ 上导数连续,则当下

式右端极限存在时，有

$$\int_a^{+\infty} f(x)g'(x)\mathrm{d}x = \lim_{A\to+\infty}\left(f(x)g(x)\Big|_a^A - \int_a^A g(x)f'(x)\mathrm{d}x\right).$$

特别地，当下式中有两项极限存在时，另一项极限也存在，且有

$$\begin{aligned}\int_a^{+\infty} f(x)g'(x)\mathrm{d}x &= \lim_{A\to+\infty} f(A)g(A) - f(a)g(a) - \int_a^{+\infty} g(x)f'(x)\mathrm{d}x \\ &\xlongequal{\text{def}} f(x)g(x)\Big|_a^{+\infty} - \int_a^{+\infty} g(x)f'(x)\mathrm{d}x.\end{aligned}$$

定理 5（换元积分法） 设函数 $f(x)\in C[a,+\infty)$，无穷积分 $\int_a^{+\infty} f(x)\mathrm{d}x$ 收敛，且 $x=\varphi(t)$ 在 $[\alpha,\beta)$（β 为常数或 $+\infty$）上导数连续并严格递增，$\varphi(\alpha)=a$，$\varphi(\beta)=+\infty$，则

$$\int_a^{+\infty} f(x)\mathrm{d}x = \int_\alpha^\beta f(\varphi(t))\varphi'(t)\mathrm{d}t.$$

例 2 计算 $\int_1^{+\infty} \frac{x\ln x}{(1+x^2)^2}\mathrm{d}x$.

解 用分部积分法

$$\begin{aligned}\int_1^{+\infty} \frac{x\ln x}{(1+x^2)^2}\mathrm{d}x &= \int_1^{+\infty} \ln x\,\mathrm{d}\left(-\frac{1}{2(1+x^2)}\right) \\ &= -\frac{\ln x}{2(1+x^2)}\Bigg|_1^{+\infty} + \frac{1}{2}\int_1^{+\infty}\frac{\mathrm{d}x}{x(1+x^2)} \\ &= \frac{1}{4}\int_1^{+\infty}\frac{\mathrm{d}(x^2)}{x^2(1+x^2)} = \frac{1}{4}\ln\frac{x^2}{1+x^2}\Bigg|_1^{+\infty} \\ &= -\frac{1}{4}\ln\frac{1}{2} = \frac{1}{4}\ln 2.\end{aligned}$$

例 3 计算 $\int_0^{+\infty} \frac{x\mathrm{e}^{-x}}{(1+\mathrm{e}^{-x})^2}\mathrm{d}x$.

解 先作恒等变形，再用分部积分与换元积分

$$\begin{aligned}\int_0^{+\infty} \frac{x\mathrm{e}^{-x}}{(1+\mathrm{e}^{-x})^2}\mathrm{d}x &= \int_0^{+\infty} \frac{x\mathrm{e}^{x}}{(\mathrm{e}^{x}+1)^2}\mathrm{d}x = \int_0^{+\infty} x\,\mathrm{d}\left(-\frac{1}{\mathrm{e}^x+1}\right) \\ &= -\frac{x}{\mathrm{e}^x+1}\Bigg|_0^{+\infty} + \int_0^{+\infty}\frac{1}{1+\mathrm{e}^x}\mathrm{d}x \\ &= \int_0^{+\infty}\frac{1}{1+\mathrm{e}^x}\mathrm{d}x,\end{aligned}$$

令 $1+\mathrm{e}^x=t$，则 $\mathrm{d}x=\frac{1}{t-1}\mathrm{d}t$，于是

$$\int_0^{+\infty}\frac{1}{1+\mathrm{e}^x}\mathrm{d}x = \int_2^{+\infty}\frac{\mathrm{d}t}{t(t-1)} = -\ln\frac{t}{t-1}\Bigg|_2^{+\infty} = \ln 2,$$

由此得出

$$\int_0^{+\infty} \frac{x\mathrm{e}^{-x}}{(1+\mathrm{e}^{-x})^2}\mathrm{d}x = \ln 2.$$

8.1.3 无穷积分的敛散性判别法

在无穷积分问题中,能够用上述方法具体计算出积分值的例子当属凤毛麟角,因此从某种意义上说,判断无穷积分是否收敛要比计算它的积分值更为重要. 如前面所述,无穷积分的收敛是用函数极限定义的,我们自然想到可以"借用"有关函数极限的一系列判定准则来判定无穷积分的收敛性.

1. 无穷积分收敛性的充要条件

首先给出无穷积分收敛的两个充要条件——Cauchy 收敛准则与 Heine 归并定理.

定理 6(Cauchy 收敛准则) 无穷积分 $\int_a^{+\infty} f(x)\mathrm{d}x$ 收敛的充要条件是, $\forall \varepsilon>0, \exists A>a$,对于 $\forall A', A''>A$:

$$\left|\int_{A'}^{A''} f(x)\mathrm{d}x\right| < \varepsilon.$$

定理 7(Heine 归并定理) 无穷积分 $\int_a^{+\infty} f(x)\mathrm{d}x$ 收敛的充要条件是,对于任意单调递增数列 $\{A_n\}\subset[a,+\infty)$ $(\lim\limits_{n\to\infty}A_n=+\infty)$,极限

$$\lim_{n\to\infty}\int_a^{A_n} f(x)\mathrm{d}x$$

均存在(并且相等).

例 4 判断无穷积分 $\int_0^{+\infty} \sin^{\frac{1}{3}}x\mathrm{d}x$ 的敛散性.

我们用两种方法证明积分 $\int_0^{+\infty} \sin^{\frac{1}{3}}x\mathrm{d}x$ 是发散的.

解法 1 用 Cauchy 收敛准则.

对于 $\forall A>0$, 取充分大的 $n\in\mathbf{N}$,使 $A'=2n\pi>A, A''=(2n+1)\pi>A$,此时便有

$$\left|\int_{A'}^{A''} \sin^{\frac{1}{3}}x\mathrm{d}x\right| = \int_{2n\pi}^{(2n+1)\pi} \sin^{\frac{1}{3}}x\mathrm{d}x = \int_0^{\pi} \sin^{\frac{1}{3}}x\mathrm{d}x \xlongequal{\text{def}} C > 0,$$

其中 C 是正常数.

解法 2 用 Heine 归并定理. 令 $A_n^{(1)}=2n\pi, A_n^{(2)}=(2n+1)\pi, n\in\mathbf{N}$,则

$$\lim_{n\to\infty}A_n^{(1)}=+\infty, \quad \lim_{n\to\infty}A_n^{(2)}=+\infty.$$

而

$$\int_0^{A_n^{(1)}} \sin^{\frac{1}{3}} x\mathrm{d}x = \int_0^{2n\pi} \sin^{\frac{1}{3}} x\mathrm{d}x = 0,$$

$$\begin{aligned}\int_0^{A_n^{(2)}} \sin^{\frac{1}{3}} x\mathrm{d}x &= \int_0^{(2n+1)\pi} \sin^{\frac{1}{3}} x\mathrm{d}x \\ &= \int_0^{2n\pi} \sin^{\frac{1}{3}} x\mathrm{d}x + \int_{2n\pi}^{(2n+1)\pi} \sin^{\frac{1}{3}} x\mathrm{d}x \\ &= \int_0^{\pi} \sin^{\frac{1}{3}} x\mathrm{d}x \overset{\text{def}}{=} C \neq 0.\end{aligned}$$

例 5 证明:无穷积分 $\int_0^{+\infty} \frac{\sin x}{x}\mathrm{d}x$ 收敛.

证明 首先注意到只要补充定义

$$f(x) = \begin{cases} \frac{\sin x}{x}, & x > 0, \\ 1, & x = 0, \end{cases}$$

就有 $f(x) \in C[0, +\infty)$. 于是 $f(x)$ 在任意区间 $[0,A]$ 上可积. 若记

$$\int_0^{+\infty} \frac{\sin x}{x}\mathrm{d}x = \int_0^1 \frac{\sin x}{x}\mathrm{d}x + \int_1^{+\infty} \frac{\sin x}{x}\mathrm{d}x,$$

则上式右端的前一个积分是定积分,因此我们只要证明无穷积分 $\int_1^{+\infty} \frac{\sin x}{x}\mathrm{d}x$ 收敛就行了.

对于 $\forall A'' > A' > 1$,有

$$\int_{A'}^{A''} \frac{\sin x}{x}\mathrm{d}x = -\frac{\cos x}{x}\bigg|_{A'}^{A''} - \int_{A'}^{A''} \frac{\cos x}{x^2}\mathrm{d}x,$$

于是

$$\left|\int_{A'}^{A''} \frac{\sin x}{x}\mathrm{d}x\right| \leqslant \frac{1}{A'} + \frac{1}{A''} + \int_{A'}^{A''} \frac{1}{x^2}\mathrm{d}x = \frac{2}{A'}.$$

$\forall \varepsilon > 0$,取 $A = \frac{2}{\varepsilon}$,则对于 $\forall A'' > A' > A$:

$$\left|\int_{A'}^{A''} \frac{\sin x}{x}\mathrm{d}x\right| \leqslant \frac{2}{A'} < \frac{2}{A} = \varepsilon.$$

由 Cauchy 收敛准则可知无穷积分 $\int_0^{+\infty} \frac{\sin x}{x}\mathrm{d}x$ 收敛.

事实上,对于这一类含确定函数的无穷积分判敛,按定义或用 Cauchy 收敛准则都显得繁复,有时甚至会十分困难. 下面我们将给出无穷积分判敛的若干具体方法,从而方便、有效地解决这一问题.

2. 非负函数无穷积分的收敛性判别法

定理 8 设函数 $f(x) \geqslant 0$, $\forall x \in [a, +\infty)$,则无穷积分 $\int_a^{+\infty} f(x)\mathrm{d}x$ 收敛的充

要条件是

$$F(A)=\int_a^A f(x)\,\mathrm{d}x$$

在 $[a,+\infty)$ 上有上界.

请读者自己补充这一定理的证明.

由这一结果便得出下面更加实用的比较判别法.

定理 9(比较判别法) 设当 x 充分大后有

$$0\leqslant f(x)\leqslant g(x),$$

则当无穷积分 $\int_a^{+\infty} g(x)\,\mathrm{d}x$ 收敛时, $\int_a^{+\infty} f(x)\,\mathrm{d}x$ 也收敛;当 $\int_a^{+\infty} f(x)\,\mathrm{d}x$ 发散时, $\int_a^{+\infty} g(x)\,\mathrm{d}x$ 也发散.

注(比较判别法的极限形式) 设 $f(x)\geqslant 0, g(x)>0, \forall x\in[a,+\infty)$,且

$$\lim_{x\to+\infty}\frac{f(x)}{g(x)}=l,$$

则有(1)当 $0<l<+\infty$ 时,无穷积分 $\int_a^{+\infty} f(x)\,\mathrm{d}x$ 与 $\int_a^{+\infty} g(x)\,\mathrm{d}x$ 同敛散;

(2) 当 $l=0$ 时,若 $\int_a^{+\infty} g(x)\,\mathrm{d}x$ 收敛,则 $\int_a^{+\infty} f(x)\,\mathrm{d}x$ 也收敛;

(3) 当 $l=+\infty$ 时,若 $\int_a^{+\infty} g(x)\,\mathrm{d}x$ 发散,则 $\int_a^{+\infty} f(x)\,\mathrm{d}x$ 也发散.

我们只说明(1),即无穷积分 $\int_a^{+\infty} f(x)\,\mathrm{d}x$ 与 $\int_a^{+\infty} g(x)\,\mathrm{d}x$ 同敛散的情况,其余留给读者练习.

由已知条件,对于 $\varepsilon_0=\frac{l}{2}>0, \exists A_0>a, \forall x>A_0$:

$$\left|\frac{f(x)}{g(x)}-l\right|<\frac{l}{2} \quad\Rightarrow\quad \frac{l}{2}<\frac{f(x)}{g(x)}<\frac{3l}{2},$$

即

$$\frac{l}{2}g(x)<f(x)<\frac{3l}{2}g(x),$$

再由比较判别法的结论即得所证.

在比较判别法中,倘若我们取 $g(x)=\frac{c}{x^p}(x\geqslant a>0, c>0)$ 作为比较函数,则又有下面的结果.

定理 10(Cauchy 判别法) 设对于 $\forall x\in[a,+\infty)$,有 $0\leqslant f(x)\leqslant\frac{c}{x^p}$ $(a,c>0)$ 且 $p>1$,则无穷积分 $\int_a^{+\infty} f(x)\,\mathrm{d}x$ 收敛;若 $f(x)\geqslant\frac{c}{x^p}$ 且 $p\leqslant 1$,则无穷积分

$\int_a^{+\infty} f(x)\,\mathrm{d}x$ 发散.

注(Cauchy 判别法的极限形式,又称为 p 判别法) 设函数 $f(x) \geqslant 0$, $\forall x \in [a, +\infty)$,且

$$\lim_{x \to +\infty} x^p f(x) = l,$$

则有(1)当 $0 \leqslant l < +\infty$ 且 $p > 1$ 时,无穷积分 $\int_a^{+\infty} f(x)\,\mathrm{d}x$ 收敛;

(2)当 $0 < l \leqslant +\infty$ 且 $p \leqslant 1$ 时,无穷积分 $\int_a^{+\infty} f(x)\,\mathrm{d}x$ 发散.

例 6 判断下列无穷积分的敛散性:

(1) $\int_1^{+\infty} \dfrac{\mathrm{d}x}{\sqrt[3]{x^2 + x^4}}$; (2) $\int_1^{+\infty} \dfrac{\arctan x}{(1 + x^2)^{\frac{3}{2}}}\mathrm{d}x$.

解 用 p 判别法.

(1) 取 $p = \dfrac{4}{3} > 1$,有

$$\lim_{x \to +\infty} x^{\frac{4}{3}} \frac{1}{\sqrt[3]{x^2 + x^4}} = \lim_{x \to +\infty} \left(\frac{x^4}{x^2 + x^4}\right)^{\frac{1}{3}} = 1,$$

故原无穷积分收敛.

(2) 取 $p = 3 > 1$,有

$$\lim_{x \to +\infty} x^3 \frac{\arctan x}{(1 + x^2)^{\frac{3}{2}}} = \lim_{x \to +\infty} \left(\frac{x}{\sqrt{1 + x^2}}\right)^3 \arctan x = \frac{\pi}{2},$$

故原无穷积分收敛.

例 7 讨论下列无穷积分的敛散性($\lambda \in \mathbf{R}$):

(1) $\int_1^{+\infty} \dfrac{\ln(1 + x)}{x^\lambda}\mathrm{d}x$; (2) $\int_{\mathrm{e}}^{+\infty} \dfrac{\mathrm{d}x}{x^\lambda \ln x}$.

解 (1)当 $\lambda > 1$ 时,取 $p\,(1 < p < \lambda)$,因为

$$\lim_{x \to +\infty} x^p \frac{\ln(1 + x)}{x^\lambda} = \lim_{x \to +\infty} \frac{\ln(1 + x)}{x^{\lambda - p}} = 0,$$

此时原无穷积分收敛.

当 $\lambda \leqslant 1$ 时,取 $p = \lambda$,则有

$$\lim_{x \to +\infty} x^p \frac{\ln(1 + x)}{x^\lambda} = \lim_{x \to +\infty} \ln(1 + x) = +\infty,$$

此时原无穷积分发散.

综上所述,原无穷积分当 $\lambda > 1$ 时收敛,当 $\lambda \leqslant 1$ 时发散.

(2) 当 $\lambda > 1$ 时,取 $p = \lambda$,因为

$$\lim_{x\to+\infty} x^p \frac{1}{x^\lambda \ln x} = \lim_{x\to+\infty} \frac{1}{\ln x} = 0,$$

此时原无穷积分收敛.

当 $\lambda < 1$ 时,取 $p(\lambda < p < 1)$,则有

$$\lim_{x\to+\infty} x^p \frac{1}{x^\lambda \ln x} = \lim_{x\to+\infty} \frac{x^{p-\lambda}}{\ln x} = +\infty,$$

此时原无穷积分发散.

当 $\lambda = 1$ 时,直接计算

$$\int_e^{+\infty} \frac{dx}{x\ln x} = \int_e^{+\infty} \frac{d(\ln x)}{\ln x} = \ln(\ln x)\Big|_e^{+\infty} = +\infty,$$

无穷积分也发散.

综上所述,原无穷积分当 $\lambda > 1$ 时收敛,$\lambda \leqslant 1$ 时发散.

例 8 判断无穷积分 $\int_1^{+\infty}\left(\frac{1}{x} - \ln\left(\frac{1}{x} + \sqrt{1+\frac{1}{x^2}}\right)\right)dx$ 的敛散性.

解法 1 为了方便判断被积函数在 $x\to+\infty$ 时无穷小的“阶”,我们将它展开为 Taylor 公式

$$\begin{aligned}
\frac{1}{x} - \ln\left(\frac{1}{x} + \sqrt{1+\frac{1}{x^2}}\right) &= \frac{1}{x} - \ln\left(\frac{1}{x} + \left(1+\frac{1}{x^2}\right)^{\frac{1}{2}}\right)\\
&= \frac{1}{x} - \ln\left(\frac{1}{x} + \left(1+\frac{1}{2x^2} + o\left(\frac{1}{x^3}\right)\right)\right)\\
&= \frac{1}{x} - \ln\left(1 + \left(\frac{1}{x} + \frac{1}{2x^2} + o\left(\frac{1}{x^3}\right)\right)\right)\\
&= \frac{1}{x} - \left(\frac{1}{x} + \frac{1}{2x^2} + o\left(\frac{1}{x^3}\right)\right) + \frac{1}{2}\left(\frac{1}{x} + \frac{1}{2x^2} + o\left(\frac{1}{x^3}\right)\right)^2 -\\
&\quad \frac{1}{3}\left(\frac{1}{x} + \frac{1}{2x^2} + o\left(\frac{1}{x^3}\right)\right)^3 + o\left(\frac{1}{x^3}\right)\\
&= \frac{1}{6x^3} + o\left(\frac{1}{x^3}\right), \quad x\to+\infty,
\end{aligned}$$

于是有

$$\begin{aligned}
\lim_{x\to+\infty} x^3\left(\frac{1}{x} - \ln\left(\frac{1}{x} + \sqrt{1+\frac{1}{x^2}}\right)\right) &= \lim_{x\to+\infty} x^3\left(\frac{1}{6x^3} + o\left(\frac{1}{x^3}\right)\right)\\
&= \lim_{x\to+\infty}\left(\frac{1}{6} + o(1)\right) = \frac{1}{6}.
\end{aligned}$$

故原无穷积分收敛.

解法 2 我们也可以用下述待定 m 的方法确定被积函数在 $x\to+\infty$ 时无穷小的“阶”.

$$\lim_{x\to+\infty} x^m\left(\frac{1}{x}-\ln\left(\frac{1}{x}+\sqrt{1+\frac{1}{x^2}}\right)\right)\overset{t=\frac{1}{x}}{=\!=}\lim_{t\to0^+}\frac{t-\ln(t+\sqrt{1+t^2})}{t^m}$$

$$\underset{m>0}{\overset{\left(\frac{0}{0}\right)}{=\!=}}\lim_{t\to0^+}\frac{1-\dfrac{1}{t+\sqrt{1+t^2}}\left(1+\dfrac{t}{\sqrt{1+t^2}}\right)}{mt^{m-1}}$$

$$=\lim_{t\to0^+}\frac{\sqrt{1+t^2}-1}{mt^{m-1}}=\lim_{t\to0^+}\frac{t^{3-m}}{2m}\overset{m=3}{=\!=}\frac{1}{6}.$$

3. Abel 判别法与 Dirichlet 判别法

先说明无穷积分的绝对收敛与条件收敛的概念.

定义 3 设无穷积分 $\int_a^{+\infty}|f(x)|\mathrm{d}x$ 收敛,称 $\int_a^{+\infty}f(x)\mathrm{d}x$ 为绝对收敛;若无穷积分 $\int_a^{+\infty}f(x)\mathrm{d}x$ 收敛,而 $\int_a^{+\infty}|f(x)|\mathrm{d}x$ 发散,称 $\int_a^{+\infty}f(x)\mathrm{d}x$ 为条件收敛.

利用无穷积分的 Cauchy 收敛准则,很容易得出下面的结论:

定理 11 设无穷积分 $\int_a^{+\infty}f(x)\mathrm{d}x$ 绝对收敛,则 $\int_a^{+\infty}f(x)\mathrm{d}x$ 必收敛.

读者要注意,该命题的逆命题不成立,后面我们将举出反例并作进一步说明.

定理 12(Abel 判别法) 设函数 $g(x)$ 在 $[a,+\infty)$ 上单调有界,而无穷积分 $\int_a^{+\infty}f(x)\mathrm{d}x$ 收敛,则 $\int_a^{+\infty}f(x)g(x)\mathrm{d}x$ 收敛.

分析 用 Cauchy 收敛准则,要证 $\forall\varepsilon>0,\exists A>a,\forall A''>A'>a$:

$$\left|\int_{A'}^{A''}f(x)g(x)\mathrm{d}x\right|<\varepsilon.$$

为了能利用 $\int_a^{+\infty}f(x)\mathrm{d}x$ 收敛的条件,由 $g(x)$ 的单调性,可用积分第二中值定理将 $\int_{A'}^{A''}f(x)g(x)\mathrm{d}x$ 写成两项之和,并说明当 A',A'' 充分大后这两项的绝对值都可以任意小.

证明 对于 $\forall A''>A'>a$, 在区间 $[A',A'']$ 上用积分第二中值定理,有

$$\int_{A'}^{A''}f(x)g(x)\mathrm{d}x=g(A')\int_{A'}^{\xi}f(x)\mathrm{d}x+g(A'')\int_{\xi}^{A''}f(x)\mathrm{d}x,\quad \exists\xi\in[A',A''].$$

因为 $\int_a^{+\infty}f(x)\mathrm{d}x$ 收敛,故 $\forall\varepsilon>0,\exists A>a,\forall A''>A'>A$:

$$\left|\int_{A'}^{\xi}f(x)\mathrm{d}x\right|<\varepsilon,\qquad\left|\int_{\xi}^{A''}f(x)\mathrm{d}x\right|<\varepsilon.$$

又由条件 $\exists M>0:|g(x)|\leqslant M,\forall x\in[A',A'']$,于是得出

$$\left|\int_{A'}^{A''}f(x)g(x)\mathrm{d}x\right|\leqslant|g(A')|\cdot\left|\int_{A'}^{\xi}f(x)\mathrm{d}x\right|+|g(A'')|\cdot\left|\int_{\xi}^{A''}f(x)\mathrm{d}x\right|$$
$$<M\varepsilon+M\varepsilon=2M\varepsilon.$$

由 Cauchy 收敛准则可知 $\int_a^{+\infty}f(x)g(x)\mathrm{d}x$ 收敛.

定理 13(Dirichlet 判别法) 设函数 $g(x)$ 在 $[a,+\infty)$ 上单调,且 $\lim\limits_{x\to+\infty}g(x)=0$,而 $F(A)=\int_a^A f(x)\mathrm{d}x$ 在 $[a,+\infty)$ 上有界,则 $\int_a^{+\infty}f(x)g(x)\mathrm{d}x$ 收敛.

证明思想与定理 12 类似,留作习题(见习题 8.1 题 4).

例 9 讨论下列无穷积分的敛散性:

(1) $\int_0^{+\infty}\frac{\sin x}{x}\mathrm{d}x$; (2) $\int_0^{+\infty}\sin x^2\mathrm{d}x$.

解 (1) 如同例 5 的说明,我们只要讨论无穷积分 $\int_1^{+\infty}\frac{\sin x}{x}\mathrm{d}x$ 的敛散性就行了.

在例 5 中已经用 Cauchy 收敛准则证明了 $\int_1^{+\infty}\frac{\sin x}{x}\mathrm{d}x$ 是收敛的,现在改用 Dirichlet 判别法重新证明.

记 $f(x)=\sin x$, 对于 $\forall A>1$,有

$$|F(A)|=\left|\int_1^A\sin x\mathrm{d}x\right|=|\cos A-\cos 1|\leqslant 2,$$

而 $g(x)=\frac{1}{x}$ 在 $[1,+\infty)$ 上单调且 $\lim\limits_{x\to+\infty}g(x)=0$. 由 Dirichlet 判别法可知 $\int_1^{+\infty}\frac{\sin x}{x}\mathrm{d}x$ 收敛,从而 $\int_0^{+\infty}\frac{\sin x}{x}\mathrm{d}x$ 也收敛.

又因为

$$\left|\frac{\sin x}{x}\right|\geqslant\frac{\sin^2x}{x}=\frac{1-\cos 2x}{2x}=\frac{1}{2x}-\frac{\cos 2x}{2x}$$
$$\xlongequal{\text{def}}F_1(x)-F_2(x),$$

用 p 判别法可证 $\int_1^{+\infty}F_1(x)\mathrm{d}x$ 发散(趋于 $+\infty$),仍用 Dirichlet 判别法可证 $\int_1^{+\infty}F_2(x)\mathrm{d}x$ 收敛,故 $\int_1^{+\infty}\left|\frac{\sin x}{x}\right|\mathrm{d}x$ 发散,从而 $\int_0^{+\infty}\left|\frac{\sin x}{x}\right|\mathrm{d}x$ 也发散.

综上所述,原无穷积分为条件收敛.

(2) 记

$$\int_0^{+\infty}\sin x^2\mathrm{d}x=\int_0^1\sin x^2\mathrm{d}x+\int_1^{+\infty}\sin x^2\mathrm{d}x,$$

在上式右端的后一积分中令 $x^2=t$，则 $\mathrm{d}x=\dfrac{\mathrm{d}t}{2\sqrt{t}}$，于是

$$\int_1^{+\infty}\sin x^2\mathrm{d}x=\frac{1}{2}\int_1^{+\infty}\frac{\sin t}{\sqrt{t}}\mathrm{d}t.$$

仿照上一题的方法可证明 $\int_1^{+\infty}\frac{\sin t}{\sqrt{t}}\mathrm{d}t$ 条件收敛，从而 $\int_0^{+\infty}\sin x^2\mathrm{d}x$ 也为条件收敛.

解答过程请读者补充齐全.

例 10 讨论无穷积分 $\int_1^{+\infty}\mathrm{e}^{\sin x}\frac{\sin 2x}{x^\lambda}\mathrm{d}x(\lambda>0)$ 的敛散性.

解 记 $f(x)=\mathrm{e}^{\sin x}\sin 2x$，则对于 $\forall A>1$，有

$$\begin{aligned}|F(A)|&=\left|\int_1^A\mathrm{e}^{\sin x}\sin 2x\mathrm{d}x\right|=2\left|\int_1^A\mathrm{e}^{\sin x}\sin x\mathrm{d}(\sin x)\right|\\&=2\left|(\sin x\mathrm{e}^{\sin x}-\mathrm{e}^{\sin x})\Big|_1^A\right|\leqslant 8\mathrm{e},\end{aligned}$$

而当 $\lambda>0$ 时，$g(x)=\dfrac{1}{x^\lambda}$ 在 $[1,+\infty)$ 上单调递减，且 $\lim\limits_{x\to+\infty}g(x)=0$. 由 Dirichlet 判别法可知 $\int_1^{+\infty}\mathrm{e}^{\sin x}\frac{\sin 2x}{x^\lambda}\mathrm{d}x$ 收敛.

判断原无穷积分是否绝对收敛时，应对 λ 分情况讨论.

当 $\lambda>1$ 时，因为

$$\left|\mathrm{e}^{\sin x}\frac{\sin 2x}{x^\lambda}\right|\leqslant\frac{\mathrm{e}}{x^\lambda},\quad\forall x\in[1,+\infty),$$

而 $\int_1^{+\infty}\frac{\mathrm{e}}{x^\lambda}\mathrm{d}x$ 收敛，从而此时原无穷积分为绝对收敛.

当 $0<\lambda\leqslant 1$ 时，有

$$\begin{aligned}\frac{\mathrm{e}^{\sin x}|\sin 2x|}{x^\lambda}&\geqslant\frac{\mathrm{e}^{-1}|\sin 2x|}{x^\lambda}\geqslant\frac{\mathrm{e}^{-1}\sin^2 2x}{x^\lambda}\\&=\mathrm{e}^{-1}\left(\frac{1}{2x^\lambda}-\frac{\cos 4x}{2x^\lambda}\right)\\&\overset{\text{def}}{=\!=}F_1(x)-F_2(x),\end{aligned}$$

用 p 判别法可证 $\int_1^{+\infty}F_1(x)\mathrm{d}x$ 发散（趋于 $+\infty$），仍用 Dirichlet 判别法可证 $\int_1^{+\infty}F_2(x)\mathrm{d}x$ 收敛，从而此时 $\int_1^{+\infty}\left|\mathrm{e}^{\sin x}\frac{\sin 2x}{x^\lambda}\right|\mathrm{d}x$ 发散.

综上所述，原无穷积分当 $\lambda>1$ 时为绝对收敛，当 $0<\lambda\leqslant 1$ 时为条件收敛.

例 11 设无穷积分 $\int_a^{+\infty}f(x)\mathrm{d}x$ 收敛，且函数 $f(x)$ 在 $[a,+\infty)$ 上单调，证明：

$$f(x)=o\left(\frac{1}{x}\right),\quad x\to+\infty.$$

证明　不妨设 $f(x)$ 在 $[a,+\infty)$ 上单调递减.

先证明 $f(x)$ 非负，用反证法. 倘若不然，则 $\exists c\geqslant a$，使 $f(c)<0$，因为 $f(x)$ 单调递减，故当 $x\geqslant c$ 时有 $f(x)\leqslant f(c)<0$. 从而

$$\int_c^{+\infty}f(x)\,\mathrm{d}x\leqslant\int_c^{+\infty}f(c)\,\mathrm{d}x=-\infty,$$

这与 $\int_a^{+\infty}f(x)\,\mathrm{d}x$ 收敛矛盾.

再证 $\lim\limits_{x\to+\infty}xf(x)=0$. 由条件 $\forall\varepsilon>0$，$\exists A>a(A>0)$，$\forall x>\frac{x}{2}>A$：

$$\left|\int_{\frac{x}{2}}^{x}f(t)\,\mathrm{d}t\right|<\frac{\varepsilon}{2}.$$

另一方面，又有

$$\left|\int_{\frac{x}{2}}^{x}f(t)\,\mathrm{d}t\right|=\int_{\frac{x}{2}}^{x}f(t)\,\mathrm{d}t\geqslant f(x)\left(x-\frac{x}{2}\right)=\frac{x}{2}f(x).$$

此时即有 $|xf(x)|<\varepsilon$，也即

$$\lim_{x\to+\infty}xf(x)=0,$$

或即

$$f(x)=o\left(\frac{1}{x}\right),\quad x\to+\infty.$$

上例中函数“单调”的条件不能减弱. 读者可参阅前面例 9 的(1)、(2)两个例子. 我们从中还可以看出，由无穷积分 $\int_a^{+\infty}f(x)\,\mathrm{d}x$ 收敛甚至不能推出必有 $\lim\limits_{x\to+\infty}f(x)=0$. 进一步的分析还可以说明，哪怕是条件加强为“$f(x)\in C[a,+\infty)$ 且恒正”，也未必能得出上述结果.

自然要问，在无穷积分 $\int_a^{+\infty}f(x)\,\mathrm{d}x$ 收敛的前提下，需要对 $f(x)$ 添加何种条件，才可以保证有 $\lim\limits_{x\to+\infty}f(x)=0$？一般地，我们可添加下列条件之一：

(1) $\lim\limits_{x\to+\infty}f(x)$ 存在；

(2) $f(x)$ 在 $[a,+\infty)$ 上单调；

(3) $f(x)$ 在 $[a,+\infty)$ 上一致连续；

(4) $f(x)$ 在 $[a,+\infty)$ 上导数有界.

我们选证其中(3)，其余留给读者.

例 12　设无穷积分 $\int_a^{+\infty}f(x)\,\mathrm{d}x$ 收敛，而函数 $f(x)$ 在 $[a,+\infty)$ 上一致连续，证明：$\lim\limits_{x\to+\infty}f(x)=0$.

证明 用反证法. 倘若 $\lim\limits_{x\to+\infty}f(x)\neq 0$, 则 $\exists\varepsilon_0>0$ 以及 $\{x_n\}\subset[a,+\infty)$ ($\lim\limits_{n\to\infty}x_n=+\infty$), 使得

$$|f(x_n)|\geqslant\varepsilon_0,\ \forall n\in\mathbf{N},$$

由一致连续条件, 对于上述 $\varepsilon_0>0$, $\exists\delta>0$, $\forall x',x''\in[a,+\infty)$, $|x'-x''|<\delta$:

$$|f(x')-f(x'')|<\frac{\varepsilon}{2}.$$

往证 $\int_a^{+\infty}f(x)\mathrm{d}x$ 不满足 Cauchy 收敛准则, 从而推出矛盾. 对于 $\forall A>a$, 因为 $\lim\limits_{n\to\infty}x_n=+\infty$, 故总有某一个 $x_n>A$, 记 $A'=x_n$. 不妨设 $f(A')\geqslant\varepsilon_0>0$ (若是 $f(A')<-\varepsilon_0<0$ 同样可证). 再取 $A''>A'$ 且使 $A''-A'=\frac{\delta}{2}<\delta$, 此时对于 $\forall x\in[A',A'']$, 有

$$f(x)>f(A')-\frac{\varepsilon_0}{2}\geqslant\varepsilon_0-\frac{\varepsilon_0}{2}=\frac{\varepsilon_0}{2},$$

从而得出

$$\left|\int_{A'}^{A''}f(x)\mathrm{d}x\right|>\frac{\varepsilon_0}{2}\int_{A'}^{A''}\mathrm{d}x=\frac{1}{4}\varepsilon_0\delta,$$

这与 $\int_a^{+\infty}f(x)\mathrm{d}x$ 收敛的 Cauchy 准则矛盾.

例 13* 设函数 $f(x)$ 在任意有限区间上可积, 且 $\lim\limits_{x\to+\infty}f(x)=C$, 证明:

$$\lim_{\lambda\to0^+}\lambda\int_0^{+\infty}\mathrm{e}^{-\lambda x}f(x)\mathrm{d}x=C.$$

证明 注意到

$$\lambda\int_0^{+\infty}\mathrm{e}^{-\lambda x}\mathrm{d}x\xlongequal{u=\lambda x}\int_0^{+\infty}\mathrm{e}^{-u}\mathrm{d}u=1,$$

从而

$$C=\lambda\int_0^{+\infty}C\mathrm{e}^{-\lambda x}\mathrm{d}x.$$

因为 $\lim\limits_{x\to+\infty}f(x)=C$, 故 $\forall\varepsilon>0$, $\exists A>0$, $\forall x>A$:

$$|f(x)-C|<\frac{\varepsilon}{2}.$$

又因为 $f(x)$ 可积, 故可记 $\int_0^A|f(x)-C|\mathrm{d}x=M$. 于是有

$$\begin{aligned}&\left|\lambda\int_0^{+\infty}\mathrm{e}^{-\lambda x}f(x)\mathrm{d}x-C\right|\\=&\left|\lambda\int_0^{+\infty}\mathrm{e}^{-\lambda x}(f(x)-C)\mathrm{d}x\right|\leqslant\lambda\int_0^{+\infty}\mathrm{e}^{-\lambda x}|f(x)-C|\mathrm{d}x\end{aligned}$$

$$= \lambda\int_0^A e^{-\lambda x}|f(x)-C|dx + \lambda\int_A^{+\infty} e^{-\lambda x}|f(x)-C|dx$$

$$< \lambda M + \frac{\varepsilon}{2}\int_A^{+\infty} e^{-\lambda x}d(\lambda x) < \lambda M + \frac{\varepsilon}{2}.$$

取充分小 $\delta\left(0<\delta<\frac{\varepsilon}{2M+1}\right)$，则对于 $\forall\lambda(0<\lambda<\delta)$，有 $\lambda M+\frac{\varepsilon}{2}<\varepsilon$. 由此即得

$$\lim_{\lambda\to0^+}\lambda\int_0^{+\infty}e^{-\lambda x}f(x)dx = C.$$

例 14* 设周期函数 $f(x)$ 有界可积(周期 $T>0$)，$\frac{1}{T}\int_0^T f(x)dx = C$. 证明：

$$\lim_{n\to\infty} n\int_n^{+\infty}\frac{f(x)}{x^2}dx = C.$$

证明 注意到

$$n\int_n^{+\infty}\frac{1}{x^2}dx = 1,$$

从而

$$C = n\int_n^{+\infty}\frac{C}{x^2}dx,$$

故应证 $\lim\limits_{n\to\infty} n\int_n^{+\infty}\frac{f(x)-C}{x^2}dx = 0$.

利用 $f(x)$ 的周期性以及 $\frac{1}{T}\int_0^T f(x)dx = C$，可证明对于 $\forall A>n$，积分 $\int_n^A (f(x)-C)dx$ 有界(见习题 8.1 题 12)，可记为

$$\left|\int_n^A (f(x)-C)dx\right| \leqslant M,\ \forall n\in\mathbf{N},\forall A>n.$$

因为 $f(x)-C$ 可积，而 $\frac{1}{x^2}$ 在 $[n,A]$ 上单调递减且非负，由积分第二中值定理得出 $\exists\xi\in[n,A]$：

$$\left|n\int_n^A\frac{f(x)-C}{x^2}dx\right| = n\cdot\frac{1}{n^2}\left|\int_n^{\xi}(f(x)-C)dx\right| \leqslant \frac{M}{n},$$

再令 $n\to\infty$ 即得所证.

习题 8.1

1. 判断下列命题的正确性，正确的要证明，错误的要举反例并说明理由.

(1) 设函数 $f(x)\in C[0,+\infty)$，且 $\lim\limits_{n\to\infty}\int_0^n f(x)dx$ 存在，则无穷积分 $\int_0^{+\infty} f(x)dx$ 必收敛.

(2) 设函数 $f(x)\in C[a,+\infty)$,若 $\lim\limits_{x\to+\infty}f(x)=0$,则无穷积分 $\int_a^{+\infty}f(x)\mathrm{d}x$ 必收敛.

(3) 设函数 $f(x)\in C[a,+\infty)$,若无穷积分 $\int_a^{+\infty}f(x)\mathrm{d}x$ 收敛,则必有 $\lim\limits_{x\to+\infty}f(x)=0$. 若条件加强为"$f(x)\in C[a,+\infty)$ 且非负",结论是否必定成立?

(4) 设无穷积分 $\int_a^{+\infty}f(x)\mathrm{d}x$ 收敛,则 $f(x)$ 在 $[a,+\infty)$ 上必有界. 若条件加强为"$f(x)\in C[a,+\infty)$ 且非负",结论是否必定成立?

(5) 设 $g(x)\leqslant f(x)\leqslant h(x)$, $\forall x\in[a,+\infty)$,且无穷积分 $\int_a^{+\infty}g(x)\mathrm{d}x$, $\int_a^{+\infty}h(x)\mathrm{d}x$ 均收敛,则 $\int_a^{+\infty}f(x)\mathrm{d}x$ 必收敛.

2. 计算下列无穷积分:

(1) $\int_0^{+\infty}\frac{1}{1+x^3}\mathrm{d}x$; (2) $\int_0^{+\infty}\mathrm{e}^{-ax}\sin x\mathrm{d}x\ (a>0)$;

(3) $\int_1^{+\infty}\frac{1}{x(1+x^2)}\mathrm{d}x$; (4) $\int_0^{+\infty}\frac{\sqrt{x}}{1+x^2}\mathrm{d}x$;

(5) $\int_0^{+\infty}\frac{\ln x}{1+x^2}\mathrm{d}x$; (6) $\int_0^{+\infty}\frac{1}{\mathrm{e}^x+\mathrm{e}^{-x}}\mathrm{d}x$.

3. 判断下列无穷积分的敛散性:

(1) $\int_0^{+\infty}\frac{1}{\sqrt[3]{x^4+1}}\mathrm{d}x$; (2) $\int_1^{+\infty}\frac{\sin x}{x\sqrt{1+x^2}}\mathrm{d}x$;

(3) $\int_0^{+\infty}\frac{\arctan x}{1+x^2}\mathrm{d}x$; (4) $\int_1^{+\infty}\left(\frac{x}{x^2+1}-\frac{1}{x+1}\right)\mathrm{d}x$;

(5) $\int_0^{+\infty}\frac{x}{\mathrm{e}^x+\mathrm{e}^{-x}}\mathrm{d}x$; (6) $\int_1^{+\infty}\frac{1}{x(1+\ln x)}\mathrm{d}x$;

(7) $\int_{\mathrm{e}}^{+\infty}\frac{1}{x(\ln x)^p}\mathrm{d}x\ (p>0)$; (8) $\int_1^{+\infty}\frac{(\ln x)^p}{1+x^2}\mathrm{d}x\ (p>0)$;

(9) $\int_0^{+\infty}\frac{1}{1+x|\sin x|}\mathrm{d}x$; (10) $\int_0^{+\infty}\frac{\sin^2 x}{x}\mathrm{d}x$.

4. 证明无穷积分的 Dirichlet 判别法.

5. 讨论下列无穷积分的敛散性(含绝对收敛性与条件收敛性):

(1) $\int_0^{+\infty}\frac{\sin x}{1+x^2}\mathrm{d}x$; (2) $\int_0^{+\infty}\frac{\sqrt{x}}{1+x}\cos x\mathrm{d}x$;

(3) $\int_{\mathrm{e}}^{+\infty}\frac{\sin x}{x\ln x}\mathrm{d}x$; (4) $\int_1^{+\infty}\frac{\sin x^2}{x^p}\mathrm{d}x\ (p>0)$.

6. 对无穷积分 $\int_a^{+\infty}f(x)\mathrm{d}x$,讨论其收敛、绝对收敛与平方收敛(即 $\int_a^{+\infty}f^2(x)\mathrm{d}x$ 收敛)之间的关系.

7. 设无穷积分 $\int_a^{+\infty}f(x)\mathrm{d}x$ 收敛, $\lim\limits_{x\to+\infty}f(x)$ 存在,证明: $\lim\limits_{x\to+\infty}f(x)=0$.

8. 设无穷积分 $\int_1^{+\infty}xf(x)\mathrm{d}x$ 收敛,证明: $\int_1^{+\infty}f(x)\mathrm{d}x$ 收敛.

9. 证明无穷积分的对数判别法:设函数$f(x)\in C[1,+\infty)$且恒正,若

$$\lim_{x\to+\infty}\frac{\ln f(x)}{\ln x}=-\lambda,$$

则当$\lambda>1$时无穷积分$\int_1^{+\infty}f(x)\,\mathrm{d}x$收敛.

10. 设函数$f(x)$在$[a,+\infty)$上有连续的导数且单调递减,$\lim\limits_{x\to+\infty}f(x)=0$,证明:无穷积分$\int_a^{+\infty}f'(x)\sin^2x\,\mathrm{d}x$收敛.

11. 设函数$f(x)$在$[a,+\infty)$上可导且单调递减,$\lim\limits_{x\to+\infty}f(x)=0$. 证明:无穷积分$\int_a^{+\infty}f(x)\,\mathrm{d}x$收敛的充要条件是$\int_a^{+\infty}xf'(x)\,\mathrm{d}x$收敛.

12. 设周期函数$f(x)$有界可积(周期$T>0$),记$\frac{1}{T}\int_0^T f(x)\,\mathrm{d}x=C$,证明:$\exists M>0$,$\forall n\in\mathbf{N}$,有

$$\left|\int_n^{+\infty}(f(x)-C)\,\mathrm{d}x\right|\leqslant M.$$

13. 设函数$f(x)\in C[0,+\infty)$,无穷积分$\int_0^{+\infty}f(x)\,\mathrm{d}x$绝对收敛,证明:

$$\lim_{h\to0^+}\int_0^{+\infty}\frac{h}{h^2+x^2}f(x)\,\mathrm{d}x=\frac{\pi}{2}f(0).$$

14. 设函数$f(x)\in C[0,+\infty)$,无穷积分$\int_0^{+\infty}g(x)\,\mathrm{d}x$绝对收敛,证明:

$$\lim_{n\to\infty}\int_0^{\sqrt{n}}f\left(\frac{x}{n}\right)g(x)\,\mathrm{d}x=f(0)\int_0^{+\infty}g(x)\,\mathrm{d}x.$$

8.2 瑕积分

8.2.1 瑕积分的概念

定义1 设函数$f(x)$定义在$[a,b)$上,而在$x=b$的任一左邻域内$f(x)$无界(此时称$x=b$为$f(x)$的瑕点),若$f(x)$在任意$[a,b-\varepsilon](0<\varepsilon<b-a)$上可积,我们称积分形式$\int_a^b f(x)\,\mathrm{d}x$为$f(x)$在$[a,b)$上的瑕积分. 当极限

$$\lim_{\varepsilon\to0^+}\int_a^{b-\varepsilon}f(x)\,\mathrm{d}x$$

存在(且有限)时,称$f(x)$在$[a,b)$上的瑕积分$\int_a^b f(x)\,\mathrm{d}x$收敛,且积分值

$$\int_a^b f(x)\,\mathrm{d}x=\lim_{\varepsilon\to0^+}\int_a^{b-\varepsilon}f(x)\,\mathrm{d}x;$$

当上式右端极限不存在时,称瑕积分$\int_a^b f(x)\,\mathrm{d}x$发散.

注 1 当 $f(x)$ 定义在 $(a,b]$ 上,而 $x=a$ 的瑕点时,同样定义

$$\int_a^b f(x)\,\mathrm{d}x = \lim_{\varepsilon\to 0^+}\int_{a+\varepsilon}^b f(x)\,\mathrm{d}x,$$

当上式右端极限存在时,称瑕积分 $\int_a^b f(x)\,\mathrm{d}x$ 收敛;否则称瑕积分 $\int_a^b f(x)\,\mathrm{d}x$ 发散.

注 2 当 $c\in(a,b)$ 为 $f(x)$ 唯一瑕点时,若瑕积分 $\int_a^c f(x)\,\mathrm{d}x$, $\int_c^b f(x)\,\mathrm{d}x$ 均收敛,称瑕积分 $\int_a^b f(x)\,\mathrm{d}x$ 收敛,且有

$$\int_a^b f(x)\,\mathrm{d}x = \int_a^c f(x)\,\mathrm{d}x + \int_c^b f(x)\,\mathrm{d}x.$$

例 1 判断瑕积分 $\int_a^b \frac{1}{(b-x)^p}\mathrm{d}x\ (p\in\mathbf{R})$ 的敛散性.

解 首先注意到当 $p\leqslant 0$ 时无瑕点,此时 $\int_a^b \frac{1}{(b-x)^p}\mathrm{d}x$ 为常义积分. 只有当 $p>0$ 时, $x=b$ 才是瑕点. 因为对于 $\forall\varepsilon(0<\varepsilon<b-a)$,有

$$\int_a^{b-\varepsilon}\frac{1}{(b-x)^p}\mathrm{d}x = \begin{cases}\frac{1}{p-1}(b-x)^{1-p}\Big|_a^{b-\varepsilon}, & p\neq 1,\\ -\ln(b-x)\Big|_a^{b-\varepsilon}, & p=1,\end{cases}$$

于是

$$\lim_{\varepsilon\to 0^+}\int_a^{b-\varepsilon}\frac{1}{(b-x)^p}\mathrm{d}x = \begin{cases}\frac{1}{1-p}(b-a)^{1-p}, & p<1,\\ +\infty, & p\geqslant 1.\end{cases}$$

可见原瑕积分当 $p<1$ 时收敛, $p\geqslant 1$ 时发散.

定义 2 对瑕积分 $\int_a^b f(x)\,\mathrm{d}x$(设 $x=b$ 为瑕点),若 $\int_a^b |f(x)|\,\mathrm{d}x$ 收敛,称 $\int_a^b f(x)\,\mathrm{d}x$ 为绝对收敛;若瑕积分 $\int_a^b f(x)\,\mathrm{d}x$ 收敛,而 $\int_a^b |f(x)|\,\mathrm{d}x$ 发散,称 $\int_a^b f(x)\,\mathrm{d}x$ 为条件收敛.

8.2.2 瑕积分的性质与计算

与前面介绍的无穷积分的性质相仿,由瑕积分的定义可以直接得出它的相关性质. 以下叙述中我们总假定 $x=b$ 为 $f(x)$, $g(x)$ 的唯一瑕点.

定理 1 对于 $\forall c\in(a,b)$, 瑕积分 $\int_a^b f(x)\,\mathrm{d}x$ 与 $\int_c^b f(x)\,\mathrm{d}x$ 同敛散, 且当 $\int_a^b f(x)\,\mathrm{d}x$ 收敛时,有

$$\int_a^b f(x)\,\mathrm{d}x = \int_a^c f(x)\,\mathrm{d}x + \int_c^b f(x)\,\mathrm{d}x.$$

定理 2 若瑕积分 $\int_a^b f(x)\,\mathrm{d}x$, $\int_a^b g(x)\,\mathrm{d}x$ 均收敛, 则对于 $\forall k_1,k_2 \in \mathbf{R}$, $\int_a^b (k_1 f(x) \pm k_2 g(x))\,\mathrm{d}x$ 也收敛,且有

$$\int_a^b (k_1 f(x) \pm k_2 g(x))\,\mathrm{d}x = k_1\int_a^b f(x)\,\mathrm{d}x \pm k_2\int_a^b g(x)\,\mathrm{d}x.$$

定理 3(分部积分法) 设函数 $f(x)$, $g(x)$ 在 $[a,b)$ 上导数连续,则当下式右端极限存在时,有

$$\int_a^b f(x)g'(x)\,\mathrm{d}x = \lim_{\varepsilon\to 0^+}\left(f(b-\varepsilon)g(b-\varepsilon) - f(a)g(a) - \int_a^{b-\varepsilon} g(x)f'(x)\,\mathrm{d}x\right).$$

特别地,当下式中有两项极限存在时,另一项极限也存在,且有

$$\int_a^b f(x)g'(x)\,\mathrm{d}x = \lim_{x\to b^-} f(x)g(x) - f(a)g(a) - \int_a^b g(x)f'(x)\,\mathrm{d}x$$

$$\overset{\text{def}}{=\!=\!=} f(x)g(x)\Big|_a^b - \int_a^b g(x)f'(x)\,\mathrm{d}x.$$

定理 4(换元积分法) 设函数 $f(x) \in C[a,b)$, 瑕积分 $\int_a^b f(x)\,\mathrm{d}x$ 收敛, 且 $x = \varphi(t)$ 在 $[\alpha,\beta)$ 上导数连续并严格递增, $\varphi(\alpha) = a$, $\lim\limits_{t\to\beta^-}\varphi(t) = b$, 则

$$\int_a^b f(x)\,\mathrm{d}x = \int_\alpha^\beta f(\varphi(t))\varphi'(t)\,\mathrm{d}t.$$

例 2 计算下列瑕积分:

(1) $\int_0^1 \ln x\,\mathrm{d}x$; (2) $\int_0^1 \dfrac{\mathrm{d}x}{(2-x)\sqrt{1-x}}$;

(3) $\int_1^3 \dfrac{\mathrm{d}x}{\sqrt{(x-1)(3-x)}}$.

解 (1) $x = 0$ 为瑕点,用分部积分法

$$\int_0^1 \ln x\,\mathrm{d}x = x\ln x\Big|_0^1 - \int_0^1 x\,\mathrm{d}(\ln x) = -\lim_{x\to 0^+} x\ln x - x\Big|_0^1 = -1.$$

(2) $x = 1$ 为瑕点,令 $\sqrt{1-x} = t$,则 $x = 1 - t^2$, $\mathrm{d}x = -2t\,\mathrm{d}t$. 于是

$$\int_0^1 \frac{\mathrm{d}x}{(2-x)\sqrt{1-x}} = 2\int_0^1 \frac{\mathrm{d}t}{1+t^2} = 2\arctan t\Big|_0^1$$

$$= 2\cdot\frac{\pi}{4} = \frac{\pi}{2}.$$

(3) $x = 1$, $x = 3$ 均为瑕点,因为对于 $\forall x \in (1,3)$,有

$$0 < \frac{x-1}{2} < 1,\quad 0 < \frac{3-x}{2} < 1,$$

且

$$\frac{x-1}{2}+\frac{3-x}{2}=1,$$

故令$\frac{x-1}{2}=\sin^2 t$,则 $x=1+2\sin^2 t,\mathrm{d}x=4\sin t\cos t\mathrm{d}t$. 于是

$$\int_1^3 \frac{\mathrm{d}x}{\sqrt{(x-1)(3-x)}}=\int_0^{\frac{\pi}{2}} \frac{4\sin t\cos t}{\sqrt{2\sin^2 t\cdot 2\cos^2 t}}\mathrm{d}t$$

$$=2\int_0^{\frac{\pi}{2}}\mathrm{d}t=\pi.$$

8.2.3 瑕积分的敛散性判别法

首先要指出,瑕积分与前面所介绍的无穷积分可以相互转化,它们的理论也是完全平行的.

一般来说,当 $x=b$ 为 $f(x)$ 的瑕点时,只要令 $y=\frac{1}{b-x}$,就可以将瑕积分 $\int_a^b f(x)\mathrm{d}x$ 转换成无穷积分$\int_{\frac{1}{b-a}}^{+\infty} f\left(b-\frac{1}{y}\right)\frac{\mathrm{d}y}{y^2}$,并且两者具有相同的敛散性,当积分收敛时,还有

$$\int_a^b f(x)\mathrm{d}x=\int_{\frac{1}{b-a}}^{+\infty} f\left(b-\frac{1}{y}\right)\frac{\mathrm{d}y}{y^2}.$$

因此,前面所讨论的有关无穷积分的各种判敛方法,几乎都可以"平移"应用到瑕积分上来. 故对下面的定理我们只作叙述而不再加以证明. 读者若能比照无穷积分的相应定理自己写出证明过程,将不失为一种极好的练习.

以下我们总假定 $x=b$ 为 $f(x),g(x)$ 的唯一瑕点.

定理 5(Cauchy 收敛准则) 瑕积分$\int_a^b f(x)\mathrm{d}x$ 收敛的充要条件是 $\forall\varepsilon>0$, $\exists\delta>0$,对于 $\forall x',x''\in(b-\delta,b)$:

$$\left|\int_{x'}^{x''} f(x)\mathrm{d}x\right|<\varepsilon.$$

定理 6(Heine 归并定理) 瑕积分$\int_a^b f(x)\mathrm{d}x$ 收敛的充要条件是对于 $\forall\{b_n\}\subset[a,b)(\lim\limits_{n\to\infty}b_n=b)$, 极限

$$\lim_{n\to\infty}\int_a^{b_n} f(x)\mathrm{d}x$$

均存在(并且相等).

定理 7 设函数$f(x)\geqslant 0,\forall x\in[a,b)$,则瑕积分$\int_a^b f(x)\mathrm{d}x$ 收敛的充要条件是

$$F(A)=\int_a^A f(x)\mathrm{d}x$$

在 $[a,b)$ 上有上界.

定理 8(比较判别法)　设在 $[a,b)$ 上有

$$0\leqslant f(x)\leqslant g(x),$$

则当瑕积分 $\int_a^b g(x)\mathrm{d}x$ 收敛时，$\int_a^b f(x)\mathrm{d}x$ 也收敛；当 $\int_a^b f(x)\mathrm{d}x$ 发散时，$\int_a^b g(x)\mathrm{d}x$ 也发散.

注(比较判别法的极限形式)　设 $f(x)\geqslant 0$, $g(x)>0$, $\forall x\in[a,b)$,且

$$\lim_{x\to b^-}\frac{f(x)}{g(x)}=l,$$

则有(1) 当 $0<l<+\infty$ 时,瑕积分 $\int_a^b f(x)\mathrm{d}x$ 与 $\int_a^b g(x)\mathrm{d}x$ 同敛散；

(2) 当 $l=0$ 时,若 $\int_a^b g(x)\mathrm{d}x$ 收敛，则 $\int_a^b f(x)\mathrm{d}x$ 也收敛；

(3) 当 $l=+\infty$ 时,若 $\int_a^b g(x)\mathrm{d}x$ 发散,则 $\int_a^b f(x)\mathrm{d}x$ 也发散.

定理 9(Cauchy 判别法)　设对于 $\forall x\in[a,b)$,有 $0\leqslant f(x)\leqslant\dfrac{c}{(b-x)^p}\ (c>0)$ 且 $p<1$,则瑕积分 $\int_a^b f(x)\mathrm{d}x$ 收敛；若 $f(x)\geqslant\dfrac{c}{(b-x)^p}$ 且 $p\geqslant 1$,则瑕积分 $\int_a^b f(x)\mathrm{d}x$ 发散.

注(Cauchy 判别法的极限形式，又称为 p 判别法)　设函数 $f(x)\geqslant 0$, $\forall x\in[a,b)$,且

$$\lim_{x\to b^-}(b-x)^p f(x)=l,$$

则有(1) 当 $0\leqslant l<+\infty$ 且 $p<1$ 时,瑕积分 $\int_a^b f(x)\mathrm{d}x$ 收敛；

(2) 当 $0<l\leqslant+\infty$ 且 $p\geqslant 1$ 时,瑕积分 $\int_a^b f(x)\mathrm{d}x$ 发散.

例 3　判断下列瑕积分的敛散性：

(1) $\int_0^1\dfrac{\ln x}{x^\lambda}\mathrm{d}x\ (\lambda\in\mathbf{R})$;　　(2) $\int_0^1\dfrac{x^\lambda}{\sqrt{1-x^4}}\mathrm{d}x\ (\lambda\in\mathbf{R})$;

(3) $\int_0^1 x^{p-1}(1-x)^{q-1}\mathrm{d}x\ (p,q\in\mathbf{R})$.

解　(1) 注意到仅当 $\lambda\geqslant 0$ 时,$x=0$ 为瑕点,而 $\ln x$ 在 $(0,1]$ 上恒非正. 当 $0\leqslant\lambda<1$ 时,取 $p(\lambda<p<1)$,有

$$\lim_{x\to0^+} x^p \frac{\ln x}{x^\lambda} = \lim_{x\to0^+} x^{p-\lambda}\ln x = 0,$$

此时原瑕积分收敛.

当 $\lambda \geqslant 1$ 时, 取 $p = \lambda$,有

$$\lim_{x\to0^+} x^p\left(-\frac{\ln x}{x^\lambda}\right) = \lim_{x\to0^+}(-\ln x) = +\infty,$$

此时原瑕积分发散.

综上所述,原瑕积分当 $\lambda < 1$ 时收敛,当 $\lambda \geqslant 1$ 时发散.

(2) 当 $\lambda \geqslant 0$ 时,$x = 1$ 为瑕点;当 $\lambda < 0$ 时,$x = 0$,$x = 1$ 均为瑕点. 记

$$\int_0^{\frac{1}{2}} \frac{x^\lambda}{\sqrt{1-x^4}}\mathrm{d}x \xlongequal{\text{def}} I_1, \quad \int_{\frac{1}{2}}^1 \frac{x^\lambda}{\sqrt{1-x^4}}\mathrm{d}x \xlongequal{\text{def}} I_2.$$

先看 I_1, $\lambda \geqslant 0$ 时,$f(x)$ 无瑕点;若 $\lambda < 0$,取 $p = -\lambda$,则有

$$\lim_{x\to0^+} x^p \frac{x^\lambda}{\sqrt{1-x^4}} = \lim_{x\to0^+} \frac{1}{\sqrt{1-x^4}} = 1,$$

故当 $-\lambda < 1$ 即 $\lambda > -1$ 时,I_1 收敛.

再看 I_2, 对于 $\forall \lambda \in \mathbf{R}$, 取 $p = \dfrac{1}{2} < 1$,有

$$\lim_{x\to1^-}(1-x)^{\frac{1}{2}} \frac{x^\lambda}{\sqrt{1-x^4}} = \lim_{x\to1^-} \frac{x^\lambda}{\sqrt{(1+x)(1+x^2)}} = \frac{1}{2},$$

故对于 $\forall \lambda \in \mathbf{R}$,$I_2$ 都收敛.

综上所述,原瑕积分当且仅当 $\lambda > -1$ 时收敛.

(3) 当 $p < 1$ 时, $x = 0$ 为瑕点;当 $q < 1$ 时, $x = 1$ 为瑕点. 记

$$\int_0^{\frac{1}{2}} x^{p-1}(1-x)^{q-1}\mathrm{d}x \xlongequal{\text{def}} I_1, \quad \int_{\frac{1}{2}}^1 x^{p-1}(1-x)^{q-1}\mathrm{d}x \xlongequal{\text{def}} I_2.$$

对于 I_1, 因为

$$x^{p-1}(1-x)^{q-1} \sim x^{p-1},\ x\to0^+,$$

故当 $1-p<1$ 即 $p>0$ 时,I_1 收敛.

对于 I_2, 因为

$$x^{p-1}(1-x)^{q-1} \sim (1-x)^{q-1},\ x\to1^-,$$

故当 $1-q<1$ 即 $q>0$ 时,I_2 收敛.

综上所述,原瑕积分当且仅当 $p>0$,$q>0$ 时收敛.

顺便说明,这一积分定义了一个以 p, q 为变量的二元函数 $\mathrm{B}(p,q)$,称为 Beta 函数. 在第十五章中我们还将专门讨论这一类重要的特殊函数.

定理 10(Abel 判别法) 设函数 $g(x)$ 在 $[a,b)$ 上单调有界,而瑕积分

$\int_a^b f(x)\mathrm{d}x$ 收敛,则$\int_a^b f(x)g(x)\mathrm{d}x$ 收敛.

定理11(Dirichlet判别法) 设函数$g(x)$在$[a,b)$上单调,且$\lim\limits_{x\to b^-}g(x)=0$,而$F(A)=\int_a^A f(x)\mathrm{d}x$在$[a,b)$上有界,则$\int_a^b f(x)g(x)\mathrm{d}x$收敛.

例4 讨论瑕积分$\int_0^1 \frac{\sin\frac{1}{x}}{x^\lambda}\mathrm{d}x(0<\lambda\leqslant 2)$的敛散性.

解 $x=0$为瑕点,对λ分情况讨论.

当$0<\lambda<1$时,因为

$$\left|\frac{\sin\frac{1}{x}}{x^\lambda}\right|\leqslant\frac{1}{x^\lambda},\quad \forall x\in(0,1],$$

由p判别法可知此时原瑕积分绝对收敛.

当$1\leqslant\lambda<2$时,记$f(x)=\frac{\sin\frac{1}{x}}{x^2}, g(x)=\frac{1}{x^{\lambda-2}}$. 对于$\forall\eta(0<\eta<1)$,有

$$\left|\int_\eta^1\frac{\sin\frac{1}{x}}{x^2}\mathrm{d}x\right|=\left|\int_\eta^1\sin\frac{1}{x}\mathrm{d}\left(-\frac{1}{x}\right)\right|=\left|\cos 1-\cos\frac{1}{\eta}\right|\leqslant 2.$$

而$g(x)=\frac{1}{x^{\lambda-2}}=x^{2-\lambda}$在$(0,1]$上单调递增,且$\lim\limits_{x\to0^+}g(x)=0$. 由Dirichlet判别法可知此时原瑕积分收敛. 又因为

$$\left|\frac{\sin\frac{1}{x}}{x^\lambda}\right|\geqslant\frac{\sin^2\frac{1}{x}}{x^\lambda}=\frac{1}{2}\left(\frac{1}{x^\lambda}-\frac{\cos\frac{2}{x}}{x^\lambda}\right)\xlongequal{\text{def}}F_1(x)-F_2(x),$$

$\int_0^1 F_1(x)\mathrm{d}x$显然发散,仍用Dirichlet判别法可证$\int_0^1 F_2(x)\mathrm{d}x$收敛,故此时原瑕积分条件收敛.

当$\lambda=2$时,因为

$$\int_\varepsilon^1\frac{\sin\frac{1}{x}}{x^2}\mathrm{d}x=\int_\varepsilon^1\sin\frac{1}{x}\mathrm{d}\left(-\frac{1}{x}\right)=\cos 1-\cos\frac{1}{\varepsilon},$$

当$\varepsilon\to0^+$时上式无极限,故此时瑕积分发散.

综上所述,原瑕积分当$0<\lambda<1$时绝对收敛,当$1\leqslant\lambda<2$时条件收敛,当$\lambda=2$时发散.

例5 讨论广义积分$\int_0^{+\infty}\frac{\sin x\cdot\arctan x}{x^\lambda}\mathrm{d}x(\lambda>0)$的敛散性.

分析 当 $\lambda > 2$ 时,$x = 0$ 为瑕点,而积分本身又具有无穷上限,因此,这属于一类“混合型”广义积分,宜拆分成两部分,使其中一个为瑕积分,另一个为无穷积分,并分别进行讨论.

解 记

$$\int_0^1 \frac{\sin x \cdot \arctan x}{x^\lambda}\mathrm{d}x \xlongequal{\text{def}} I_1,\quad \int_1^{+\infty} \frac{\sin x \cdot \arctan x}{x^\lambda}\mathrm{d}x \xlongequal{\text{def}} I_2.$$

对于 I_1, 当 $\lambda > 2$ 时,$x = 0$ 为瑕点,因为

$$\lim_{x\to 0^+} x^{\lambda-2}\frac{\sin x \cdot \arctan x}{x^\lambda} = \lim_{x\to 0^+}\frac{\sin x \cdot \arctan x}{x^2} = 1,$$

故当 $\lambda - 2 < 1$ 即 $\lambda < 3$ 时, I_1 绝对收敛;当 $\lambda \geqslant 3$ 时,I_1 发散.

对于 I_2, 当 $\lambda > 1$ 时,由

$$\left|\frac{\sin x \cdot \arctan x}{x^\lambda}\right| \leqslant \frac{\pi}{2}\cdot\frac{1}{x^\lambda},$$

此时 I_2 绝对收敛;当 $0 < \lambda \leqslant 1$ 时,由于 $\int_1^{+\infty}\frac{\sin x}{x^\lambda}\mathrm{d}x$ 收敛(用 Dirichlet 判别法),而 $\arctan x$ 在 $[1, +\infty)$ 上单调递增趋于 $\frac{\pi}{2}$,由 Abel 判别法可知此时 I_2 收敛. 但当 x 充分大后,总有

$$\left|\frac{\sin x \cdot \arctan x}{x^\lambda}\right| \geqslant \frac{|\sin x|}{x},$$

从而此时 I_2 为条件收敛(见 8.1.3 节例 9).

综上所述,原广义积分当 $0 < \lambda \leqslant 1$ 时条件收敛,$1 < \lambda < 3$ 时绝对收敛,$\lambda \geqslant 3$ 时发散.

8.2.4* Euler 积分与 Froullani 积分

例 6 计算 Euler 积分

$$I = \int_0^{\frac{\pi}{2}} \ln(\sin x)\,\mathrm{d}x.$$

解 Euler 积分的收敛性并不难说明. 因为 $x = 0$ 为瑕点,而 $\ln(\sin x)$ 在 $\left(0, \frac{\pi}{2}\right]$ 上不变号,可以用 p 判别法.

取 $p = \frac{1}{2} < 1$, 就有

$$\lim_{x\to 0^+} x^{\frac{1}{2}}\ln(\sin x) = \lim_{x\to 0^+}\frac{\ln(\sin x)}{x^{-\frac{1}{2}}} = 0,$$

故 Euler 积分收敛.

我们也可以用分部积分法来说明这一点. 因为

$$\int_0^{\frac{\pi}{2}}\ln(\sin x)\,\mathrm{d}x = x\ln(\sin x)\Big|_0^{\frac{\pi}{2}} - \int_0^{\frac{\pi}{2}} x\frac{\cos x}{\sin x}\mathrm{d}x = -\int_0^{\frac{\pi}{2}}\frac{x}{\tan x}\mathrm{d}x,$$

经补充定义后,上式中最后一个积分事实上已是常义积分.

为求出 Euler 积分的积分值,用换元积分法. 令 $x = 2t$, 则

$$I = 2\int_0^{\frac{\pi}{4}}\ln(\sin 2t)\,\mathrm{d}t = \frac{\pi}{2}\ln 2 + 2\int_0^{\frac{\pi}{4}}\ln(\sin t)\,\mathrm{d}t + 2\int_0^{\frac{\pi}{4}}\ln(\cos t)\,\mathrm{d}t,$$

在上式右端后一个积分中再令 $t = \frac{\pi}{2} - u$, 又有

$$\int_0^{\frac{\pi}{4}}\ln(\cos t)\,\mathrm{d}t = \int_{\frac{\pi}{4}}^{\frac{\pi}{2}}\ln(\sin u)\,\mathrm{d}u,$$

由此得出

$$I = \frac{\pi}{2}\ln 2 + 2\int_0^{\frac{\pi}{4}}\ln(\sin t)\,\mathrm{d}t + 2\int_{\frac{\pi}{4}}^{\frac{\pi}{2}}\ln(\sin t)\,\mathrm{d}t = \frac{\pi}{2}\ln 2 + 2I,$$

从而有

$$I = -\frac{\pi}{2}\ln 2.$$

例 7(Froullani 积分) 设 $f(x) \in C[0, +\infty)$, 令

$$I = \int_0^{+\infty}\frac{f(ax) - f(bx)}{x}\mathrm{d}x \ (a, b > 0). \tag{1}$$

(1) 若极限 $\lim\limits_{x\to+\infty} f(x)$ 存在且有限(记为 $f(+\infty)$), 则(1)式收敛,其值为 $(f(0) - f(+\infty))\ln\frac{b}{a}$;

(2) 若 $\lim\limits_{x\to+\infty} f(x)$ 不存在,但 $\exists A > 0$,使无穷积分$\int_A^{+\infty}\frac{f(x)}{x}\mathrm{d}x$ 收敛,则(1)式也收敛,其值为 $f(0)\ln\frac{b}{a}$.

解 (1) 考虑 $\forall[\alpha,\beta] \subset (0, +\infty)$, 有

$$\int_\alpha^\beta\frac{f(ax) - f(bx)}{x}\mathrm{d}x = \int_\alpha^\beta\frac{f(ax)}{x}\mathrm{d}x - \int_\alpha^\beta\frac{f(bx)}{x}\mathrm{d}x,$$

在上式右端的两个积分中分别作变量替换 $ax = t$ 及 $bx = t$, 得到

$$\begin{aligned}\int_\alpha^\beta\frac{f(ax) - f(bx)}{x}\mathrm{d}x &= \int_{a\alpha}^{a\beta}\frac{f(t)}{t}\mathrm{d}t - \int_{b\alpha}^{b\beta}\frac{f(t)}{t}\mathrm{d}t \\ &= \int_{a\alpha}^{b\alpha}\frac{f(t)}{t}\mathrm{d}t + \int_{b\alpha}^{a\beta}\frac{f(t)}{t}\mathrm{d}t - \int_{b\alpha}^{b\beta}\frac{f(t)}{t}\mathrm{d}t \\ &= \int_{a\alpha}^{b\alpha}\frac{f(t)}{t}\mathrm{d}t - \int_{a\beta}^{b\beta}\frac{f(t)}{t}\mathrm{d}t. \end{aligned} \tag{2}$$

由积分第一中值定理，有

$$\int_{a\alpha}^{b\alpha}\frac{f(t)}{t}\mathrm{d}t=f(\xi)\int_{a\alpha}^{b\alpha}\frac{\mathrm{d}t}{t}=f(\xi)\ln\frac{b}{a},\qquad \xi\text{ 介于 }a\alpha,b\alpha\text{ 之间；}$$

$$\int_{a\beta}^{b\beta}\frac{f(t)}{t}\mathrm{d}t=f(\eta)\int_{a\beta}^{b\beta}\frac{\mathrm{d}t}{t}=f(\eta)\ln\frac{b}{a},\qquad \eta\text{ 介于 }a\beta,b\beta\text{ 之间.}$$

令 $\alpha\to0^+,\beta\to+\infty$，同时有 $\xi\to0^+,\eta\to+\infty$. 由 f 的连续性及题设条件便得出

$$\begin{aligned}\int_0^{+\infty}\frac{f(ax)-f(bx)}{x}\mathrm{d}x&=\lim_{\substack{\alpha\to0^+\\ \beta\to+\infty}}\int_\alpha^\beta\frac{f(ax)-f(bx)}{x}\mathrm{d}x\\&=\left(\lim_{\xi\to0^+}f(\xi)-\lim_{\eta\to+\infty}f(\eta)\right)\ln\frac{b}{a}\\&=(f(0)-f(+\infty))\ln\frac{b}{a}.\end{aligned}$$

(2) 当无穷积分 $\int_A^{+\infty}\frac{f(x)}{x}\mathrm{d}x$ 收敛时，在(2)式中令 $\beta\to+\infty$，就有

$$\lim_{\beta\to+\infty}\int_{a\beta}^{b\beta}\frac{f(t)}{t}\mathrm{d}t=0,$$

于是对于 $\forall\alpha>0$，有

$$\int_\alpha^{+\infty}\frac{f(ax)-f(bx)}{x}\mathrm{d}x=\int_{a\alpha}^{b\alpha}\frac{f(t)}{t}\mathrm{d}t=f(\xi)\ln\frac{b}{a},\qquad \xi\text{ 介于 }a\alpha,b\alpha\text{ 之间，}$$

再令 $\alpha\to0^+$ 即得所证.

习题 8.2

1. 计算下列瑕积分：

(1) $\int_0^1\frac{x^3}{\sqrt{1-x^2}}\mathrm{d}x$；　　(2) $\int_0^1 x\sqrt{\frac{x}{1-x}}\mathrm{d}x$；

(3) $\int_0^1\ln^2x\mathrm{d}x$；　　(4) $\int_0^{\frac{\pi}{2}}\sqrt{\tan x}\mathrm{d}x$.

2. 判断下列瑕积分的敛散性：

(1) $\int_0^1\frac{1}{\sqrt[3]{x^2(1-x)}}\mathrm{d}x$；　　(2) $\int_0^1\frac{\ln x}{1-x^2}\mathrm{d}x$；

(3) $\int_0^1\frac{1}{\sqrt{x}\ln x}\mathrm{d}x$；　　(4) $\int_0^1\frac{1}{x}\cos\frac{1}{x^2}\mathrm{d}x$；

(5) $\int_0^\pi\frac{\mathrm{d}x}{\sqrt{\sin x}}$；　　(6) $\int_0^1\frac{\mathrm{d}x}{\sqrt[3]{x(\mathrm{e}^x-\mathrm{e}^{-x})}}$；

(7) $\int_0^{\frac{\pi}{2}}\frac{1-\cos x}{x^p}\mathrm{d}x\ (p>0)$；　　(8) $\int_0^{\frac{\pi}{2}}\frac{\mathrm{d}x}{\sin^px\cos^qx}$.

3. 对瑕积分 $\int_a^bf(x)\mathrm{d}x$ ($x=b$ 为瑕点)，讨论其收敛、绝对收敛与平方收敛之间的关系.

4. 证明瑕积分的 Abel 判别法.

提示：设 $x=b$ 为瑕点，令 $x=b-\frac{1}{y}$，将瑕积分转化为无穷积分，并设法利用无穷积分的相应结果.

5. 讨论下列广义积分的敛散性(含绝对收敛性与条件收敛性)：

(1) $\int_0^{+\infty}\frac{\ln(1+x)}{x^p}dx(p>0)$；

(2) $\int_0^{+\infty}\frac{\sin x(1-\cos x)}{x^p}dx(p>0)$；

(3) $\int_0^{+\infty}e^{\sin x}\frac{\sin 2x}{x^p}dx(p>0)$.

6. 设函数 $f(x)$ 在 $[0,1)$ 上单调递减，$\lim\limits_{x\to 0^+}f(x)=+\infty$，且瑕积分 $\int_0^1 f(x)dx$ 收敛，证明：

$$\lim_{x\to 0^+}xf(x)=0.$$

7. 利用 Euler 积分计算下列各题：

(1) $\int_0^{\frac{\pi}{2}}\ln(\tan x)dx$；

(2) $\int_0^1\frac{\ln x}{\sqrt{1-x^2}}dx$；

(3) $\int_0^{\pi}x\ln(\sin x)dx$，提示：令 $x=\pi-t$；

(4) $\int_0^1\frac{\arcsin x}{x}dx$，提示：分部积分，$\frac{1}{x}dx=d(\ln x)$.

8. 利用 Froullani 积分计算下列各题 $(a,b>0)$：

(1) $\int_0^{+\infty}\frac{e^{-ax}-e^{-bx}}{x}dx$； (2) $\int_0^{+\infty}\frac{\cos ax-\cos bx}{x}dx$；

(3) $\int_0^{+\infty}\frac{e^{-ax^2}-e^{-bx^2}}{x}dx$； (4) $\int_0^{+\infty}\frac{b\sin ax-a\sin bx}{x^2}dx$.

答案与提示

第一章

习题 1.1

1. $\mathbf{Z}=\{0,-1,1,-2,2,\cdots,-n,n,\cdots\}$.

3. (1) $\neg P$ 为 $\exists a\in A: a\notin B$. (2) $\neg P$ 为 $\exists k\in\mathbf{N},\forall N_k\in\mathbf{N},\exists n>N_k:|x_n-a|\geqslant\frac{1}{k}$.

习题 1.2

1. (2)提示:利用本题(1).
2. (2)提示:利用本题(1).
3. 提示:用归纳法.
4. 提示:用归纳法.
5. 提示:利用 A-G 不等式.
6. 提示:利用 A-G 不等式.
7. 提示:考虑 $\forall t\in\mathbf{R}:\left(\sum\limits_{k=1}^{n}a_k^2\right)t^2+\left(2\sum\limits_{k=1}^{n}a_kb_k\right)t+\sum\limits_{k=1}^{n}b_k^2\geqslant 0$ 的充要条件.
8. 提示:直接比较:$1,\sqrt{2},\sqrt[4]{4}<\sqrt[3]{3}$;当 $n\geqslant 4$ 时,试证 $\sqrt[n+1]{n+1}\leqslant\sqrt[n]{n}\leqslant\sqrt[4]{4}<\sqrt[3]{3}$.

习题 1.3

1. (1) $\sup E=1,\inf E=0$. (2) $\sup E=1,\inf E=\frac{1}{2}$. (3) $\sup E=\sqrt{3},\inf E=-\sqrt{3}$.

   (4) $\sup E=\sqrt{5},\inf E=-\sqrt{5}$. (5) $\sup E=0,\inf E=-\infty$.
2. 提示:利用例 6 的结论.
3. 提示:当 $k=0$ 时,$kA=\{0\}$,$\sup\{0\}=\inf\{0\}=0$ 当然成立;当 $k>0$ 时,直接运用上确界、下确界定义;当 $k<0$ 时,注意到 $kA=(-k)(-A)$,利用例 4 的结论.
4. 提示:由上确界、下确界定义直接证明.

习题 1.4

1. 提示:由上确界、下确界定义直接证明.

2. 提示：利用题 1 及例 6.

3. 提示：利用题 1 及习题 1.3 的题 4.

4. $f(x)=x^2-2$.

5. $f\left(\cos\dfrac{x}{2}\right)=1-\cos x$.

6. (1) $f\left(\dfrac{1}{f(x)}\right)=1-x$.

(2) $f(g(x))=\begin{cases}2(x^2-1), & |x|\leqslant 1,\\ 0, & |x|>1.\end{cases}$

(3) $f(g(x))=\begin{cases}0, & x<0,\\ x^2, & x\geqslant 0.\end{cases}$

(4) $f(g(x))=\begin{cases}1, & x<0,\\ 0, & x=0,\\ -1, & x>0;\end{cases}$ $g(f(x))=\begin{cases}\mathrm{e}, & |x|<1,\\ 1, & |x|=1,\\ \mathrm{e}^{-1}, & |x|>1.\end{cases}$

(5) $g(f(x))=\begin{cases}2+x, & x\geqslant 0,\\ x^2+2, & x<0.\end{cases}$

(6) $f(f(x))=\begin{cases}2+x, & x<-1,\\ 1, & x\geqslant -1.\end{cases}$

7. (1) $f_{2n-1}(x)=\dfrac{x}{x-1}$; $f_{2n}(x)=x$, $n\in\mathbf{N}$.

(2) $f_n(x)=\begin{cases}a^n x+\dfrac{b(a^n-1)}{a-1}, & a\neq 1,\\ x+nb, & a=1.\end{cases}$

(3) $f_n(x)=\dfrac{x}{\sqrt{1+nx^2}}$, $n\in\mathbf{N}$.

(4) $f_n(x)=\begin{cases}-2, & x<-2^{1-n},\\ 2^n x, & -2^{1-n}\leqslant x\leqslant 2^{1-n},\\ 2, & x>2^{1-n}\end{cases}=|1+2^{n-1}x|-|1-2^{n-1}x|$.

8. $f(x)=\dfrac{x}{2}-2$.

9. $x=-1$, $x=0$.

10. $g(x)=\sqrt{\ln(1-x)}$, $x\leqslant 0$.

11. 提示：$f(x)=\dfrac{a}{3}\left(\dfrac{2}{x}-x\right)$.

12. 由定义容易验证：当 f, g 均为偶函数时，(1) ~ (5) 均为偶函数；当 f, g 均为奇函数时，(1)、(2)为奇函数，(3)、(4)、(5)为偶函数.

13. 由定义容易验证：(1)、(2)为奇函数；(3)、(4)为偶函数.

14. 提示：考虑 $\varphi(x)=\dfrac{f(x)+f(-x)}{2}$, $\psi(x)=\dfrac{f(x)-f(-x)}{2}$, $x\in[-l,l]$.

15. $\varphi(\varphi(x))\overset{(\varphi\leqslant f)}{\leqslant}f(\varphi(x))\overset{(f\uparrow)}{\leqslant}f(f(x))\overset{(f\leqslant\psi)}{\leqslant}\psi(f(x))\overset{(\psi\uparrow)}{\leqslant}\psi(\psi(x))$.

16. 若 f,g 均单调增(减)，则 $M(x),m(x)$ 均为单调增(减).

17. 例如，$f(x)=\begin{cases}x, & x\in\mathbf{Q},\\ 1-x, & x\in\mathbf{Q}^c,\end{cases}$ $x\in[0,1]$.

18. (1) $a=1,b=1,c=0$.　(2) 提示：注意到 $f(x)=x+\dfrac{1}{x}=f\left(\dfrac{1}{x}\right)$.

19. 提示：(1) 试证 $\forall x\in\mathbf{R}$: $f(x)=f(x+2(b-a))$.

(2) 令 $\varphi(x)=f(x)-\dfrac{y_2-y_1}{b-a}x$，试证 $\forall x\in\mathbf{R}$: $\varphi(2a-2b+x)=\varphi(x)$.

20. (1) $f(2)=2a$, $f(5)=5a$.　(2) $a=0$.

21. (5) 提示：用反证法.

22. 提示：注意到 $(f\circ f)(f(x))=f((f\circ f)(x))$，由此证明 f 存在不动点；再由 $f\circ f$ 的不动点唯一推得 f 的不动点唯一.

第　二　章

习题 2.1

1. (1) "$\Leftarrow$"错误.　(2) 正确.　(3) "$\Leftarrow$"错误.　(4) 正确.　(5) 正确.　(6) 错误.　(7) 正确.　(8) 错误.　(9) 正确.　(10) 错误.

2. 提示：分别讨论 $\beta=+\infty$ 与 $\beta\in\mathbf{R}$.

3. 提示：由题设可知，所有的 a_n 均同号.

4. 提示：$||x_n|-|a||\leqslant|x_n-a|$. 反之，例如，$x_n=(-1)^n$.

6. 提示：(2) $\dfrac{|a|^n}{n!}<\dfrac{|a|^{[|a|]+1}}{([|a|]+1)!}\cdot\dfrac{|a|}{n}$.　(3) $\dfrac{1}{\sqrt[n]{n!}}\leqslant\dfrac{1}{\sqrt{n}}$.　(4) $\left|\sqrt[3]{x_n}-\sqrt[3]{a}\right|\leqslant\sqrt[3]{|x_n-a|}$.

7. (1) $\dfrac{3}{2}$.　(2) $\dfrac{1}{5}$.　(3) 1.　(4) $\dfrac{3}{4}$.　(5) $\dfrac{1}{2}$.　(6) 2.　(7) 0.　(8) 1.　(9) 1.　(10) 0.　(11) 1.　(12) $\dfrac{1}{2}$.　(13) 0.　(14) 1.　(15) 1.　(16) a.　(17) a.

8. 提示：$A\leqslant\sqrt[n]{a_1^n+a_2^n+\cdots+a_m^n}\leqslant\sqrt[n]{m}A$.

9. 提示：(1) 利用平均不等式及 Stolz 定理.　(2) 令 $a_n=\dfrac{n!}{n^n}$，且利用本题(1).

10. (1) $\sqrt{2}$.　(2) $\dfrac{1+\sqrt{5}}{2}$.　(3) 1.　(4) 1.

11. 提示：$a_{n+1}=\sqrt{a_nb_n}\leqslant\dfrac{a_n+b_n}{2}=b_{n+1}$.

12. 提示：试证 $\{a_n\}$ 为基本数列.

13. 提示：利用 Cauchy 收敛准则.

14. 提示：利用单调有界定理与 Cauchy 收敛准则.

15. 提示：由题设，$\exists N\in\mathbf{N}$，$\forall n\geqslant N$：$\dfrac{a_n}{a_{n+1}+a_{n+2}}<\dfrac{1}{4}$，由此推得存在$\{a_n\}$的子列$\{a_{n_k}\}$：$\lim\limits_{k\to\infty}a_{n_k}=+\infty$.

16. 提示：首先试证$\{x_n\}$单调减小到 0，其次运用 Stolz 定理推得 $\lim\limits_{n\to\infty}nx_n=1$.

习题 2.2

1. (1) 正确. (2) 正确. (3) 正确. (4) 错误. (5) 正确.

2. (4) 提示：$\left|\sqrt{x}-\sqrt{a}\right|\leqslant\sqrt{|x-a|}$.

4. (1) $\lim\limits_{x\to1^+}\dfrac{|x-1|}{x-1}=1$；$\lim\limits_{x\to1^-}\dfrac{|x-1|}{x-1}=-1$. (2) $\lim\limits_{x\to0^-}\arctan\dfrac{1}{x}=-\dfrac{\pi}{2}$；$\lim\limits_{x\to0^+}\arctan\dfrac{1}{x}=\dfrac{\pi}{2}$.

   (3) $\lim\limits_{x\to0^-}\dfrac{2^{\frac{1}{x}}-1}{2^{\frac{1}{x}}+1}=-1$；$\lim\limits_{x\to0^+}\dfrac{2^{\frac{1}{x}}-1}{2^{\frac{1}{x}}+1}=1$. (4) $f\left(\dfrac{1}{n}+0\right)=n-(n-1)=1$；$f\left(\dfrac{1}{n}-0\right)=0$.

5. 提示：利用 Stolz 定理、复合函数求极限以及夹逼定理.

6. (1) $\dfrac{2}{3}$. (2) $\dfrac{a-1}{3a^2}$. (3) nx^{n-1}. (4) $\dfrac{2^{20}\cdot3^{30}}{5^{50}}$. (5) $\dfrac{1}{2}$. (6) $-\dfrac{1}{2\sqrt{2}}$. (7) $\dfrac{2\sqrt{2}}{3}$.

   (8) -2. (9) $\dfrac{1}{2}$. (10) $\dfrac{1}{2}$. (11) $\dfrac{1}{2}$. (12) 0. (13) 0. (14) 1. (15) 6.

   (16) $\dfrac{n+1}{2}$. (17) $\dfrac{1}{n^{\frac{n(n+1)}{2}}}$. (18) $\dfrac{mn(n-m)}{2}$. (19) 0. (20) 1. (21) $\cos x$.

   (22) $-\sin x$. (23) 1. (24) 1. (25) 2. (26) $-\dfrac{1}{3}$. (27) 4. (28) $\dfrac{1}{4}$.

   (29) 2. (30) $\dfrac{3}{2}$. (31) $\dfrac{2}{\pi}$. (32) 当 $x=0$ 时，原式 $=1$；当 $x\neq0$ 时，原式 $=\dfrac{\sin x}{x}$.

   (33) e^2. (34) e^{-2}. (35) e^{-1}. (36) 1. (37) $\mathrm{e}^{-\frac{1}{2}}$. (38) $\mathrm{e}^{\cot a}$. (39) e^{-3}.

   (40) e. (41) 0. (42) $\sqrt[3]{abc}$. (43) $\dfrac{1}{x\ln a}$. (44) $\ln a$. (45) $\dfrac{1}{2}$. (46) -1.

   (47) $\dfrac{a^2}{b^2}$. (48) $\dfrac{a}{n}-\dfrac{b}{m}$. (49) $-\dfrac{2}{3}$. (50) 1.

7. $10\ln3$.

8. (1) $a=1,b=-1$. (2) $a=1,b=-\dfrac{1}{2}$.

9. 提示：取 $x_n^{(1)}=\dfrac{1}{2n\pi}$，$x_n^{(2)}=\dfrac{1}{2n\pi+\dfrac{\pi}{2}}$.

11. 提示：注意到 $f(x)=\lim\limits_{n\to\infty}f(x+nT)$，其中 $T>0$ 为 f 的周期.

12. 提示：注意到 $\forall x\in(0,+\infty)$：$f(x)=\lim\limits_{n\to\infty}f(2^nx)$.

13. 提示：用反证法.

15. (1) 正确. (2) 正确. (3) 错误. (4) 正确. (5) 正确. (6) 正确. (7) 错误.
   (8) 正确. (9) 正确.

习题 2.3

1. (1)"$\Leftarrow$"错误. (2)"$\Leftarrow$"错误. (3) 正确. (4)"$\Leftarrow$"错误. (5) 正确. (6) 正确.

2. 提示:对 Dirichlet 函数 $D(x)$作适当变形,用以构造 $f(x)$.

3. 令 $f(x)=\begin{cases} x+1, & x\in(-1,0)\cap\mathbf{Q}^c, \\ x, & x\in[-1,1]\cap\mathbf{Q}, \\ x-1, & x\in(0,1)\cap\mathbf{Q}^c, \\ D(x), & x\in(-\infty,-1)\cup(1,+\infty), \end{cases}$ 则最大值为 1, 最小值为 -1.

4. (1) $x=1$ 为可去间断点, 补充定义 $f(1)=-2$;$x=2$ 为无穷间断点.

(2) $x=0$ 为可去间断点,补充定义 $f(0)=\dfrac{2}{3}$;$x=k\pi(k=\pm1,\pm2,\cdots)$为无穷间断点.

(3) $x=0$ 为可去间断点,补充定义 $f(0)=-1$;$x=1$ 为可去间断点,补充定义 $f(1)=0$;$x=-1$ 为无穷间断点.

(4) $x=1$ 为跳跃间断点,$f(1-0)=0$,$f(1+0)=1$.

(5) $x=n\in\mathbf{Z}$ 为跳跃间断点,$f(n-0)=n-1$,$f(n+0)=f(n)=n$.

(6) $x=n\in\mathbf{Z}$ 为可去间断点,改变定义 $f(n)=-1$.

(7) $x=\dfrac{1}{n+1}(n\in\mathbf{N})$为跳跃间断点,$f\left(\dfrac{1}{n+1}-0\right)=\dfrac{1}{n+1}$,$f\left(\dfrac{1}{n+1}+0\right)=\dfrac{1}{n}$;$f(0+0)=0$,补充定义 $f(0)=0$.

(8) $f(x)=\begin{cases} -1, & x\in(-\infty,-1), \\ 1, & x\in[0,1), \\ 0, & x\in(1,+\infty). \end{cases}$ (注意 $D_f=(-\infty,-1)\cup[0,+\infty)$). $f(-1-0)=-1$,补充定义 $f(-1)=-1$;$x=1$ 为跳跃间断点,$f(1-0)=1$,$f(1+0)=0$.

(9) $x=0$ 为可去间断点,改变定义 $f(0)=0$.

(10) $x=0$ 为跳跃间断点,$f(0-0)=1$,$f(0+0)=\dfrac{1}{2}$.

5. (1) $x=\pm1$ 为跳跃间断点.(注意 $D_f=(-\infty,-1)\cup(-1,+\infty)$).

(2) $x=0$ 为跳跃间断点. (3) 函数在 $\mathbf{R}$ 上连续.

(4) $x=n\pi(n\in\mathbf{Z})$为可去间断点.

6. $a=0$,$b=1$.

7. $f(0-0)=f(0)=1+b\Rightarrow\forall b\in\mathbf{R}$: $f(x)$在 $x=0$ 点左连续.

$\forall a\in(-\infty,0]$: $f(x)$在 $x=0$ 处不存在右极限$\Rightarrow x=0$ 为第二类间断点.

$\forall a\in(0,+\infty)$: $f(0+0)=0\Rightarrow$当 $b=-1$ 时,$f(x)$在 $x=0$ 点连续;当 $b\neq-1$ 时,$x=0$ 为跳跃间断点.

8. 提示:$\forall x\in\mathbf{R}$:$\lim\limits_{h\to0}f(x+h)=\lim\limits_{h\to0}(f(x)+f(h))=f(x)+\lim\limits_{h\to0}f(h)$.

9. 提示:$\forall x\in(0,+\infty)$: $f(x)=\lim\limits_{n\to\infty}f(\sqrt[2^n]{x})$.

10. 提示:试证 $\min\limits_{x\in[a,b]}|f(x)|=0$.

11. 提示:不妨设 f 为 $\mathbf{R}$ 上的单调增函数(若 f 为单调减函数,只需考虑 $G(x)=-f(x+0)$,

此时 $-f$ 为单调增函数，且 G 与 F 具有相同的右连续性）. $\forall x_0\in\mathbf{R}$，由 $f(x_0+0)\in\mathbf{R}$ 的定义，试证 $\forall\varepsilon>0,\exists\delta>0,\forall x\in(x_0,x_0+\delta):F(x_0)\leqslant F(x)<F(x_0)+\varepsilon$.

12. 提示：(1) 试证 $M(\delta)-m(\delta)$ 为点 0 的某一右去心邻域中的单调有界函数.

(2)"$\Leftarrow$". $\forall x\in U(x_0,\delta):|f(x)-f(x_0)|\leqslant M(\delta)-m(\delta)<\varepsilon$.

"$\Rightarrow$". 利用函数连续的 Cauchy 准则，且注意到 $M(\eta)-m(\eta)=\sup\limits_{x',x''\in U(x_0,\eta)}|f(x')-f(x'')|$.

13. 提示：$\forall x\in(a,b)$，对于充分小的 $|y|$，有 $x\pm y\in(a,b)$. 分别利用下述不等式

$$f\left(x+\frac{y}{2}\right)\leqslant\frac{1}{2}(f(x)+f(x+y)),\quad f(x)\leqslant\frac{1}{2}(f(x-y)+f(x+y)).$$

14. 提示：用零点存在定理.

15. 提示：用零点存在定理.

16. 提示：用零点存在定理.

17. 提示：用函数(广义)极限的保号性和零点存在定理.

18. 提示：运用介值定理.

19. 提示：利用函数列(广义)极限的保号性和零点存在定理.

20. 提示：用零点存在定理.

21. 提示：由归纳法试证 $f(x)=f\left(\frac{x}{2^n}\right)\prod\limits_{k=1}^{n}\cos\frac{x}{2^k},x\in[0,+\infty),n=1,2,\cdots$.

22. 提示：用反证法.

23. 提示：利用有极限函数的局部有界性以及闭区间上连续函数的有界性.

24. 提示：由 $\lim\limits_{x\to\infty}f(x)=+\infty$ 知，$\exists X>0,\forall x(|x|>X):f(x)>f(0)$. 再在 $[-X,X]$ 上对 $f(x)$ 运用最(小)值定理.

25. 提示：用反证法.

26. 提示：由 $\lim\limits_{x\to\infty}f(x)=+\infty$ 知，$\exists b>|a|:f(\pm b)>a$. 又由 $f(a)<a$ 以及介值定理可知

$$\exists\xi\in(-b,a):f(\xi)=a;\quad\exists\eta\in(a,b):f(\eta)=a.$$

27. (1) 错误. (2) 正确. (3) 正确. (4) 正确. (5) 错误. (6) 正确. (7) 正确. (8) 正确.

28. 提示：(1) $\forall x',x''\in[0,+\infty):\left|\sqrt[3]{x'}-\sqrt[3]{x''}\right|\leqslant\sqrt[3]{|x'-x''|}$.

(2) 取 $x'_n=2n\pi+\frac{1}{n},x''_n=2n\pi(n\in\mathbf{N})$.

29. 提示：注意到 $\forall x,y\in\mathbf{R}(|x-y|<\delta<T),\exists n\in\mathbf{Z}:x+nT,y+nT\in[-T,T]$.

30. 提示："$\Leftarrow$". 令 $F(x)=\begin{cases}f(a+0), & x=a,\\ f(x), & x\in(a,b),\\ f(b-0), & x=b.\end{cases}$

"$\Rightarrow$". 由一致连续定义结合函数极限的 Cauchy 准则.

31. 提示：对 $f(+\infty)$ 存在运用 Cauchy 收敛准则；再运用 Cantor 定理.

32. 提示：试证 $\frac{f(x)}{x}$ 在 $[a,+\infty)$ 上满足 lipschitz 条件.

第　三　章

习题 3.1

1. 提示:利用致密性定理.
2. 提示:由无界数列概念可找到$\{x_n\}$的一个子列收敛于∞;又由非无穷大数列的概念可找到一个有界子列.
3. 提示:由致密性定理,有$\lim\limits_{k\to\infty}x_{n_k}^{(1)}=\alpha$,再考虑$[a,b]\setminus U(\alpha,\varepsilon_0)$内$\{x_n\}$的情形.
5. 提示:证明思路同例 3.
6. 提示:用反证法. 假设$\lim\limits_{n\to\infty}x_n\neq x_0$, 则$\exists\varepsilon_0>0$,以及$\{x_{n_k}\}\subset\{x_n\}:|x_{n_k}-x_0|\geqslant\varepsilon_0$. 对$\{x_{n_k}\}$用致密性定理.
7. 提示:存在$a_1,b_1\in[a,b],a_1<b_1$,且$f(a_1)\neq f(b_1)$. 不妨设$f(a_1)<f(b_1)$. 由连续函数的介值定理可知, 存在$a_2,b_2\in(a_1,b_1)$满足:

$$a_1<a_2<b_2<b_1,\ f(a_1)<f(a_2)<f(b_2)<f(b_1),\ b_2-a_2<\frac{b_1-a_1}{2}.$$

依此类推,并由区间套定理和 Heine 定理最后可得$f(a_n)<f(c)<f(b_n)$.

8. 提示:由反证法,记$[a,b]=\{x_1,x_2,\cdots,x_n,\cdots\}$. 将$[a,b]$三等分为三个小闭区间, 则至少有一个不含$x_1$, 记此区间为$[a_1,b_1]$, 即有$x_1\notin[a_1,b_1]$,且$b_1-a_1=\dfrac{1}{3}(b-a)$. 以此类推并用区间套定理可得矛盾.
9. 提示:充分性. 假设$f\notin U.C(I)$,即$\exists\varepsilon_0>0$,取$\delta_n=\dfrac{1}{n}(n=1,2,\cdots)$,分别存在$I$中的点$s_n$,$t_n$,使得$|s_n-t_n|<\dfrac{1}{n}$,但是$|f(s_n)-f(t_n)|\geqslant\varepsilon_0$. 由致密性定理,$\{s_n\}$有收敛子列$\{s_{n_k}\}$,设$\lim\limits_{k\to\infty}s_{n_k}=x_0$, 那么$\lim\limits_{k\to\infty}t_{n_k}=x_0$. 取$x_{2k-1}=s_{n_k},x_{2k}=t_{n_k}$,可推得矛盾.
10. 提示:由$f\in U.C[0,+\infty)$知,$\forall\varepsilon>0,\exists\delta>0,\forall x,y\in I,|x-y|<\delta:|f(x)-f(y)|<\dfrac{\varepsilon}{2}$. k等分$[0,1]$,$x_0=0<x_1<x_2<\cdots<x_n=1$,使得$|x_i-x_{i-1}|<\delta$. 因此, 对于$\forall x\in[0,1]$,必存在某个$x_i$使得$|x-x_i|<\delta$. 对于$\forall x\in[0,\infty)$,存在$n\in\mathbf{N}$,使$0\leqslant x-n<1$; 故$\exists x_i$,使$|(x-n)-x_i|<\delta$. 由$\lim\limits_{n\to\infty}f(x_i+n)=0$和$f$的一致连续性可推得$|f(x)|<\varepsilon$.

习题 3.2

1. 提示:对$[a,b]$利用二等分法.
2. 提示:若设$\{x_n\}$单调增加,b为其上界,记$x_1=a$,则$\{x_n\}\subset[a,b]$. 对$[a,b]$用二等分法,可得一闭区间套$\{[a_n,b_n]\}$使得$[a_n,b_n](\forall n\in\mathbf{N})$含有$\{x_n\}$中的无穷多项. 所以存在唯一的$\xi\in[a_n,b_n](\forall n\in\mathbf{N})$且$\lim\limits_{n\to\infty}a_n=\lim\limits_{n\to\infty}b_n=\xi$. 然后证明$\lim\limits_{n\to\infty}x_n=\xi$.
3. 不妨设E为非空有上界数集,上界为M. 任取$x_0\in E$,若$x_0=M$,则M即为E的上确界;否则,就令 $a_0=x_0,b_0=M$. 将$[a_0,b_0]$二等分,若$\left[\frac{a_0+b_0}{2},b_0\right]\cap E\neq\varnothing$,取其为$[a_1,b_1]$;否则就取另一半为$[a_1,b_1]$……. 不难验证在上述取法下得到的区间列右端点数列$\{b_n\}$收敛,记其极限为$\beta=\lim\limits_{n\to\infty}b_n$,再证明$\beta=\sup E$.

4. 设 $a\leqslant x_n\leqslant b,n\in\mathbf{N}$,令

$$E=\{x\mid[a-1,x)\text{内至多含}\{x_n\}\text{中有限项}\},$$

证明 E 非空有上界,并且其上确界 β 即为$\{x_n\}$中某一子列的极限.

5. 提示:用确界原理.

6. 提示:用二分法和闭区间套定理.

7. 提示:由条件$\exists x_1,x_2\in[a,b]$(不妨设 $x_1<x_2$)使$f(x_1)=m,f(x_2)=M$. 先令 $E_1=\{x\mid$在$[x_1,x)$上$f<M\}$,证明$f(\beta)=M$,其中$\beta=\sup E_1$.

8. 提示:不妨设 $m<f(x)<M,\forall x\in[a,+\infty)$. 将$[m,M]$二等分,可证当 x 充分大时,$f(x)$必完全位于$\left[m,\frac{m+M}{2}\right]$或$\left[\frac{m+M}{2},M\right]$内,记这个小区间为$[m_1,M_1]$,如此类推便得一区间套$\{[m_n,M_n]\}$且$\exists\xi\in[m_n,M_n],\forall n\in\mathbf{N}$. 再证明$\lim\limits_{x\to+\infty}f(x)=\xi$.

第　四　章

习题 4.1

1. (1) $3f'(x_0)$.　(2) $4f(x_0)f'(x_0)$.　(3) $e^{\frac{f'(x_0)}{f(x_0)}}$.　(4) $f(x_0)-x_0f'(x_0)$.

2. (1) $f'(0)=0$.　(2) $f'(0)=0$.

3. (1) 错误.　(2) 正确.　(3) 正确.　(4) 错误.　(5) 错误.

4. 提示:利用导数定义和连续函数零点存在定理.

5. 提示:按导数定义验证,当条件改为“$f(x_0)=0$”时结论未必成立.

6. (1) $f'_-(1)=2,f'_+(1)=\infty$.　(2) $f'_-(0)=f'_+(0)=1$.
(3) $f'_-(0)=1,f'_+(0)=0$.　(4) $f'_-(0)=f'_+(0)=1$.

7. (1) $a=b=\frac{1}{2}$.　(2) $a=-2,b=2$.

8. 提示:证明必要性时可利用 $F(x)$在 $x=0$ 处的左导数、右导数存在并相等.

9. (1) $a=e^{-1}$.　(2)可导,且 $f'(1)=0$.

10. $a=2,b=-1$. 提示:区分 $x<1,x=1,x>1$ 的情况将 $f(x)$用分段函数表示.

11. (2) $f'(x)=f'(0)+2x$.

12. 提示:参考 Stolz 定理(见 2.1.3 节例 12)的证明思想.

13. 提示:将$\frac{f(\beta_n)-f(\alpha_n)}{\beta_n-\alpha_n}$改写为$\frac{f(\beta_n)-f(x_0)}{\beta_n-x_0}+\left(\frac{f(\beta_n)-f(x_0)}{\beta_n-x_0}-\frac{f(\alpha_n)-f(x_0)}{\alpha_n-x_0}\right)\frac{\alpha_n-x_0}{\beta_n-\alpha_n}$,并验证后一式当 $n\to\infty$ 时极限为 0.

14. 提示:利用已知条件可以将 $f\left(\frac{k}{n^2}\right)$ 改写为 $f'(0)\frac{k}{n^2}+\frac{k}{n^2}\alpha_k(n)$, $k=1,2,\cdots,n$. 其中每个 $\alpha_k(n)$ 都是无穷小量,也即有 $\lim\limits_{n\to\infty}\alpha_k(n)=0$. $\frac{1}{2}f'(0)$.

15. $e^{\frac{1}{2}}$. 提示:利用上题结果.

习题 4.2

1. (1) $6x^2+\cos x+2\sin x$. (2) $\frac{1}{x}-2e^x$. (3) $\left(1-\frac{1}{x^2}\right)\sin x+\left(x+\frac{1}{x}\right)\cos x$.

(4) $\frac{1}{x}(x+\tan x)+\ln x(1+\sec^2 x)$. (5) $(e^x+6x)\arcsin x+(e^x+3x^2)\frac{1}{\sqrt{1-x^2}}$.

(6) $2x((x^2-2)(x^2-3)+(x^2-1)(x^2-3)+(x^2-1)(x^2-2))$.

(7) $\frac{(e^x+xe^x)\sin x-\cos x(xe^x-1)}{\sin^2 x}$. (8) $\frac{(\ln x+1-2^x\ln 2)(2x+2\sqrt{x})-(x\ln x-2^x)}{2\sqrt{x}(\sqrt{x}+1)^2}$.

(9) $\frac{(3x^2-\csc^2 x)x\ln x-(x^3+\cot x)}{x\ln^2 x}$. (10) $\frac{-2(x+\sin x\cos x)}{(x\sin x-\cos x)^2}$.

(11) $\frac{(1+\sec x\tan x)(x-\csc x)-(1+\cot x\csc x)(x+\sec x)}{(x-\csc x)^2}$.

(12) $\frac{(1+e^x(\sin x+\cos x))(1+x^2)\arctan x-(x+e^x\sin x)}{(1+x^2)(\arctan x)^2}$.

2. $P(2,1)$.

3. $x_n=\frac{n-1}{n}$, $n\in\mathbf{N}$; $\lim\limits_{n\to\infty}y(x_n)=e^{-1}$.

4. (1) $12x^2(x^3+1)^2$. (2) $-\frac{x}{(1+x^2)^{\frac{3}{2}}}$. (3) $\frac{x-1}{2x^3}$. (4) $e^{-x}(a\cos ax-b\sin bx-\sin ax-\cos bx)$.

(5) $\frac{-\sin x e^{\sqrt{1+\cos x}}}{2\sqrt{1+\cos x}}$. (6) $\frac{1}{\sin x}$. (7) $\ln 2\left(2^{\sin x^2+1}x\cos x^2-2^{\tan\frac{1}{x^2}+1}\frac{1}{x^3}\sec^2\frac{1}{x^2}\right)$.

(8) $\sin\left(\frac{2(1-\sqrt{x})}{1+\sqrt{x}}\right)\frac{1}{\sqrt{x}(1+\sqrt{x})^2}$. (9) $2\cos(\sin(\sin 2x))\cdot\cos(\sin 2x)\cdot\cos 2x$.

(10) $-\frac{2x}{\sqrt{e^{2x^2}-1}}$. (11) $\frac{1}{1+x^2}$. (12) $\frac{\sqrt{x^2+1}+2x\sqrt{x}}{2\sqrt{x}\sqrt{x^2+1}(\sqrt{x}+\sqrt{x^2+1})}$.

(13) $\frac{-1}{\sin x}$. (14) $\frac{-2+\ln x}{x^2}\sin\frac{2(1-\ln x)}{x}$. (15) $\arcsin(\ln x)+\frac{1}{\sqrt{1-\ln^2 x}}$.

(16) $\sqrt{a^2-x^2}$. (17) $\sqrt{a^2+x^2}$. (18) $x^{\frac{1}{x}-2}(1-\ln x)$.

(19) $2\left(\frac{x}{1+x}\right)^{2x}\left(\frac{1}{1+x}+\ln\frac{x}{1+x}\right)$. (20) $a^a x^{a^a-1}+a^{x^a+1}\ln a\cdot x^{a-1}+a^{a^x+x}\ln^2 a$.

(21) $(\sin x)^{\cos x-1}(\cos^2 x-\sin^2 x\cdot\ln(\sin x))-(\cos x)^{\sin x-1}(\sin^2 x-\cos^2 x\cdot\ln(\cos x))$.

(22) $\sum\limits_{i=1}^{n}\left(a_i(x-a_i)^{a_i-1}\prod\limits_{1\leqslant k\leqslant n,k\neq i}(x-a_k)^{a_k}\right)$.

5. (1) $e^{f(x)}(f'(e^x)e^x+f(e^x)f'(x))$. (2) $\sin 2x(f'(\sin^2 x)-f'(\cos^2 x))$.

(3) $\cos(f(\sin x))f'(\sin x)\cos x$. (4) $-f'\left(\frac{1}{f(x)}\right)\frac{1}{f^2(x)}f'(x)$.

(5) $-\frac{1}{f^2(f(x))}f'(f(x))f'(x)$. (6) $f'(f(f(x)))f'(f(x))f'(x)$.

6. (1) $\frac{u'(x)v(x)-u(x)v'(x)}{u^2(x)+v^2(x)}$. (2) $\frac{u'(x)u(x)+v(x)v'(x)}{u^2(x)+v^2(x)}$.

(3) $\frac{1}{u^2(x)}v(x)^{\frac{1}{u(x)}-1}(v'(x)u(x)-u'(x)v(x)\ln v(x))$.

(4) $\left(\frac{\sin(u(x))}{x}\right)^{v(x)-1}\left(v(x)\frac{\cos(u(x))u'(x)x-\sin(u(x))}{x^2}+v'(x)\left(\frac{\sin(u(x))}{x}\right)^2\ln\frac{\sin u(x)}{x}\right)$.

8. (1) $\frac{ay-x^2}{y^2-ax}$. (2) $-\frac{y}{x}$. (3) $-\frac{2xy^2-e^y}{2x^2y+1-xe^y}$. (4) $\frac{y-x+1-(y-x)y\cos xy}{(y-x)x\cos xy+1}$.

(5) $\frac{y-y^2(x+1)e^{xy}}{(x+1)(xye^{xy}+1)}$. (6) $\frac{\cos y}{\sin x}\cdot\frac{\sin x\ln(\cos y)-y\cos x}{x\sin y+\cos y\ln(\sin x)}$.

10. $g'(1)=-\frac{1}{2}e^2-e^3$.

11. (1) $\frac{2-3t^2}{3-2t}$. (2) $\frac{2\cos t-t\sin t}{2\sin t+t\cos t}$. (3) $\frac{t}{2}$. (4) $\frac{e^y\cos t}{2(t-1)(2-y)}$.

习题 4.3

1. (1) $\frac{4x}{\sin 2x^2}dx$. (2) $\frac{-x^4-2x-3x^2}{(x^3-1)^2}dx$. (3) $e^{-ax}(b\cos bx-a\sin bx)dx$.

(4) $\frac{1}{x(1+\ln^2 x)}dx$. (5) $-2\tan(u^2(x)+v^2(x))(u(x)u'(x)+v(x)v'(x))dx$.

(6) $e^{\arctan\frac{u(x)}{v(x)}}\ \frac{u'(x)v(x)-u(x)v'(x)}{u^2(x)+v^2(x)}dx$.

2. (1) $\frac{x\cos x-\sin x}{2x^3}$. (2) $-\frac{x+e^{-2x}}{2e^{-2x}\sqrt{x^2-e^{-2x}}}$.

4. 将摆长修正为 0.22 m.

习题 4.4

1. (1) $2(\sin 2x+x\cos 2x)dx^2$. (2) $e^{-x^2}(4x^2-2)dx^2$. (3) $\left(2\arctan x+\frac{2x}{1+x^2}\right)dx^2$.

(4) $\left(2\ln x+3+\frac{2}{x}\ln x+\frac{2}{x}\right)dx^2$.

2. $\left(-\frac{1}{x^2}+\frac{4}{x}+4\ln x\right)e^{2x}dx^2$; $\frac{-4x-1+4x^2\ln x}{x^2e^{2x}}dx^2$.

3. $a\neq-\frac{1}{2}, b=1, c=0$.

4. $a=\frac{1}{2}f''_-(x_0), b=f'_-(x_0), c=f(x_0)$.

5. $g'(y)=\dfrac{1}{f'(x)}, g''(y)=-\dfrac{f''(x)}{(f'(x))^3}, g'''(y)=-\dfrac{f'(x)f'''(x)-3(f''(x))^2}{(f'(x))^5}$.

6. (1) $-2^{n-1}\cos\left(2x+\dfrac{n\pi}{2}\right)$. (2) $(-1)^n\dfrac{(n-2)!}{x^{n-1}}, n\geqslant 2$.

(3) $(-1)^n n!\left(\dfrac{1}{(x-1)^{n+1}}-\dfrac{2}{(x+2)^{n+1}}\right)$.

(4) $(-1)^n e^{-x}(x^2+2(n-1)x+n^2-3n+2)$. (5) $\dfrac{3}{2}4^{n-1}\cos\left(4x+\dfrac{n\pi}{2}\right)$.

(6) 提示:用归纳法. $e^{ax}(a^2+b^2)^{\frac{n}{2}}\sin(bx+n\varphi)$,其中 $\varphi=\arctan\dfrac{b}{a}$.

(7) 提示:先将原式改写为 $-(x^{n-1}+x^{n-2}+\cdots+1)+\dfrac{1}{1-x}$. $\dfrac{n!}{(1-x)^{n+1}}$.

(8) $\dfrac{(-1)^{n-1}(n-3)!\,2^{n-2}}{(1+2x)^n}(8x^2+8x(n-1)+3n^2-5n), n\geqslant 3$.

10. (2) $y^{(n)}(0)=\begin{cases}0, & n=2k,\\ (-1)^k(2k)!, & n=2k+1,\end{cases}\quad k=0,1,2,\cdots$.

11. (2) $y^{(n)}(0)=\begin{cases}0, & n=2k-1,\\ 2^{2k-1}((k-1)!)^2, & n=2k,\end{cases}\quad k=1,2,\cdots$.

12. (1) $-\dfrac{1}{a(1-\cos t)^2}$. (2) $2(t-1)(1+t^2)$. (3) $\dfrac{1}{f''(t)}$.

13. (1) $-\dfrac{2}{y^3}\csc^2(x+y)$. (2) $-\dfrac{2(x^2+y^2)}{(x+y)^3}$. (3) $\dfrac{2x+2y(y')^2-2ay'}{ax-y^2}$,其中 $y'=\dfrac{ay-x^2}{y^2-ax}$.

14. $(a^2+b^2)\sin\dfrac{(n-m)\pi}{2}$.

15. 提示:当 $x\neq 0$ 时,可得出

$$f'(x)=\frac{2}{x^3}e^{-\frac{1}{x^2}}, f''(x)=\left(\frac{4}{x^6}-\frac{6}{x^4}\right)e^{-\frac{1}{x^2}},\cdots, f^{(n)}(x)=p_n\left(\frac{1}{x}\right)e^{-\frac{1}{x^2}},\cdots,$$

其中 $p_n\left(\dfrac{1}{x}\right)$ 是 $\dfrac{1}{x}$ 的高次($3n$ 次)多项式.

16. $f^{(n)}(x_0)=n!\,\varphi(x_0)$.

17. $\dfrac{d^2y}{dt^2}+y=0(\csc t\neq 0)$.

18. $\dfrac{d^2z}{dx^2}-2\left(\dfrac{dz}{dx}\right)^2=2\cos^2 z$.

19. $\dfrac{d^2z}{dx^2}+z=0(x\neq 0)$.

20. 提示:令 $u=(x^2-1)^n$,就有 $u'=2nx(x^2-1)^{n-1}$,即 $(x^2-1)u'=2nxu$,再用 Leibniz 公式.

第 五 章

习题 5.1

2. 提示:(1)、(2)均用反证法.

3. 提示:可令 $f(x)=\frac{a_0}{n+1}x^{n+1}+\frac{a_1}{n}x^n+\cdots+a_nx, x\in[0,1]$.

4. 提示:(1) 记 $\lim\limits_{x\to a^+}f(x)=\lim\limits_{x\to b^-}f(x)=A$,分 $f(x)$ 在 (a,b) 内恒为 A 和不恒为 A 两种情况讨论.

(2) 仿(1) 可证.

5. 提示:参考 5.1.1 节的例 3.

6. 提示:先证明 $f(x)$ 在 (a,b) 内至少有一个零点.

8. 提示:先证明在 $x=a$ 的某右邻域 $(a,a+\delta)$ $(0<\delta<b-a)$ 内至少有一点 x_0,使 $f(x_0)>0$,再对 $f(x)$ 在区间 $[a,x_0]$ 和 $[x_0,b]$ 上分别使用 Laglange 中值定理.

9. 提示:利用 5.1.2 节例 4(2)的结论.

10. 提示:(1) 可令 $F(x)=\frac{f(x)}{x}, G(x)=\frac{1}{x}, x\in[a,b]$,并使用 Cauchy 中值定理.

(2) 可令 $g(x)=\ln x, x\in[a,b]$,对 $f(x),g(x)$ 使用 Cauchy 中值定理.

11. 提示:(1) 可令 $F(x)=\frac{f(x)}{x}, x\in[a,b]$,并用 Rolle 中值定理.

(2) 可令 $F(x)=f(x)e^{-\lambda x}, x\in[a,b]$,并用 Rolle 中值定理.

12. 提示:要证 $(1-\xi)f''(\xi)-2f'(\xi)=0$,即 $G'(x)\overset{\text{def}}{=\!=\!=}(f'(x)(1-x)-f(x))'_{x=\xi}=0$,验证 $G(x)$ 在 $(0,1)$ 内有两个零点.

13. 提示:先证明对于 $\forall x\in(0,1)$,有 $f(x)=0$,再证明 $f(1)=0$ 并将结论向右方延拓.

14. 提示:不妨设 $0\leqslant x_1\leqslant x_2\leqslant 1$,分 $x_2-x_1<\frac{1}{2}$ 与 $x_2-x_1\geqslant\frac{1}{2}$ 两种情况讨论.

15. 提示:可令 $g(x)=-\frac{1}{x}, x\in[a,b]$,对 $f(x),g(x)$ 使用 Cauchy 中值定理.

16. 提示:可令 $F(x)=f(x)-\frac{1}{2}x^2, x\in[0,1]$,对 $F(x)$ 在 $\left[0,\frac{1}{2}\right],\left[\frac{1}{2},1\right]$ 上分别使用 Laglange 中值定理.

习题 5.2

1. (1) $\frac{1}{2}$. (2) 2. (3) $-\frac{1}{8}$. (4) 1. (5) $-\frac{e}{2}$. (6) 0. (7) $\ln\frac{a}{b}$. (8) $\frac{1}{6}$.

(9) $\frac{1}{2}$. (10) 0. (11) $-\frac{1}{3}$. (12) $-\frac{1}{2}$. (13) e^{-1}. (14) 1. (15) $e^{-\frac{2}{\pi}}$.

(16) $e^{-\frac{2}{\pi}}$. (17) $e^{\frac{1}{6}}$. (18) $e^{-\frac{1}{2}}$. (19) $e^{-\frac{1}{2}}$. (20) $e^{-\frac{1}{2}}$.

2. (1) $A=g'(0)$. (2) $f(x)$ 在 $x=0$ 处可导且导数连续.

4. $-\dfrac{f''(x_0)}{2(f'(x_0))^2}$.

5. $\lim\limits_{x\to 0^+}\theta=\dfrac{1}{4}$, $\lim\limits_{x\to+\infty}\theta=\dfrac{1}{2}$.

6. $\lim\limits_{x\to 0}\theta=\dfrac{1}{\sqrt{3}}$.

8. 提示:先证明$\{x_n\}$严格递减趋于零,再用 Stolz 定理.

9. 提示:同上题.

习题 5.3

1. (1) $1+2x+x^2-\dfrac{2}{3}x^3-\dfrac{5}{6}x^4-\dfrac{1}{15}x^5+o(x^5),x\to 0$. (2) $-\dfrac{1}{2}x^2-\dfrac{1}{12}x^4-\dfrac{1}{45}x^6+o(x^6),x\to 0$.

   (3) $x-\dfrac{1}{3}x^3+\dfrac{1}{10}x^5+o(x^5),x\to 0$. (4) $x^2+\dfrac{1}{2}x^3-\dfrac{1}{8}x^4+o(x^4),x\to 0$.

2. (1) $\dfrac{1}{2}$. (2) $-\dfrac{1}{12}$. (3) $\dfrac{1}{2}$. (4) $\dfrac{1}{3}$. (5) $\dfrac{1}{2}$. (6) $\dfrac{1}{3}$.

3. 提示:将 $f(x)$ 在 $x_0=\dfrac{a+b}{2}$ 处展开成 Taylor 公式,并利用导数介值性.

4. 提示:将 $f(x)$ 在 $x_0=0$ 处展开成 Taylor 公式,并将 $x=-1,x=1$ 分别代入.

5. 提示:分别将 $f(x-1)$, $f(x+1)$ 在点 x 处展开成 Taylor 公式.

6. 提示:先证明 $f^{(k)}(0)=0,k=0,1,2,\cdots$,将 $f(x)$ 在 $x_0=0$ 处展开成 Taylor 公式后再证明其余项趋于零.

7. $a=\dfrac{4}{3},b=-\dfrac{1}{3}$.

8. 提示:将 $f\left(\dfrac{a+b}{2}\right)$ 分别在 $x=a,y=b$ 处展开成 Taylor 公式.

9. 提示:对于 $\forall t,x\in[a,b]$,有

$$f(t)=f(x)+f'(x)(t-x)+\frac{1}{2!}f''(\xi)(t-x)^2,\quad \xi\text{介于}t,x\text{之间}.$$

   (1) 当 $f(x)$ 不恒为常数时,$|f(x)|$ 的最大值必在区间内点 $x_0\in(a,b)$ 处取得,可将 $t=a$, $x=x_0$(或将 $t=b,x=x_0$)代入上式.

   (2) 在上式中分别将 $t=a,t=b$ 两次代入.

习题 5.4

1. (1) 错误. (2) 错误. (3) 错误. (4) 错误.

2. 提示:用反证法.

3. (1) 递增区间 $(-\infty,-1)$ 和 $(3,+\infty)$,递减区间 $(-1,3)$.

   (2) 递增区间 $(-\infty,1-\sqrt{2})$ 和 $(1+\sqrt{2},+\infty)$,递减区间 $(1-\sqrt{2},1+\sqrt{2})$.

   (3) 递增区间 $(0,n)$,递减区间 $(n,+\infty)$.

   (4) 递增区间 $(0,+\infty)$,递减区间 $(-1,0)$.

(5) 递增区间$(-\infty,-1)$,递减区间$(1,+\infty)$.

(6) 递减区间$(0,+\infty)$.

4. (1)在$x=0$处取极小值0,在$x=2$处取极大值4. (2) 在$x=\sqrt{\frac{2}{3}}a$处取极大值$\frac{2\sqrt{3}}{9}a^3$.

(3) 在$x=e^{-2}$处取极小值$-2e^{-1}$.

(4) 在$x=1$处取极小值0,在$x=e^2$处取极大值$4e^{-2}$.

(5) 在$x=0$处取极小值0,在$x=\frac{2}{3}$处取极大值$\left(\frac{2}{3}\right)^{\frac{2}{3}}e^{-\frac{2}{3}}$.

(6) 在$x=-1$处取极小值$-\frac{\pi}{4}$,在$x=1$处取极大值$\frac{\pi}{4}$.

5. 当且仅当n为奇数时,$f(x)$在$x=0$处取极大值1.

6. $4e^{-2}$.

8. 提示:(4) 先证明取对数后的不等式.

9. 提示:考虑$f(x)=x^p+(1-x)^p$在$[0,1]$上的最大值和最小值.

10. (1) $\sqrt[3]{3}$. (2) $\frac{9}{16}$.

11. $2ab$.

12. $\frac{8}{3}\pi R^3$.

13. 所剪去扇形的圆心角为$2\pi\left(1-\sqrt{\frac{2}{3}}\right)$.

14. (1) 前13分钟. (2) 第13分钟前后. (3) 不适宜.

15. 最值点x_0应满足$\frac{x_0}{v_2\sqrt{h_2^2+x_0^2}}=\frac{l-x_0}{v_1\sqrt{h_1^2+(l-x_0)^2}}$,即有$\frac{\sin\theta_1}{v_1}=\frac{\sin\theta_2}{v_2}$.

16. $\left(a^{\frac{2}{3}}+b^{\frac{2}{3}}\right)^{\frac{3}{2}}$.

17. 提示:令$f(x)=x^n(1-x),x\in(0,1)$,证明$f(x)$在$(0,1)$内的最大值不大于$\frac{1}{ne}$.

18. 提示:(1) 利用习题2.3题24的结果. (2) 利用(1)的结果.

19. 提示:证明$f(x)$在$[a,b]$上没有正的最大值,也没有负的最小值.

20. 提示:(1) 证明$f''(c)>0$. (2) $f(0)$是极小值.

习题 5.5

1. 提示:按定义验证.

3. (1)上凸区间$(-\infty,2)$,下凸区间$(2,+\infty)$,$x=2$为拐点.

(2) 上凸区间$\left(-\infty,-\frac{1}{5}\right)$,下凸区间$\left(-\frac{1}{5},+\infty\right)\setminus\{0\}$,$x=-\frac{1}{5}$为拐点.

(3) 上凸区间$\mathbf{R}\setminus(-1,1)$,下凸区间$(-1,1)$,$x=\pm1$为拐点.

(4) 上凸区间$(-1,2-\sqrt{3})$和$(2+\sqrt{3},+\infty)$,下凸区间$(-\infty,-1)$和$(2-\sqrt{3},2+\sqrt{3})$,$x=-1,2\pm\sqrt{3}$为拐点.

(5) 上凸区间 $\left(-\frac{\pi}{2}+2k\pi,\frac{\pi}{2}+2k\pi\right)$，下凸区间 $\left(\frac{\pi}{2}+2k\pi,\frac{3\pi}{2}+2k\pi\right)$，$x=\frac{\pi}{2}+k\pi(k\in\mathbf{Z})$为拐点.

(6) 上凸区间 $\left(e^{\frac{1}{4}\pi+2k\pi},e^{\frac{5}{4}\pi+2k\pi}\right)$，下凸区间 $\left(e^{-\frac{3}{4}\pi+2k\pi},e^{\frac{1}{4}\pi+2k\pi}\right)$，$x=\frac{\pi}{4}+k\pi(k\in\mathbf{Z})$为拐点.

5. (3)当 $a,b>0$ 时先取对数，再用 Jensen 不等式.

7. 提示：用反证法和严格凸函数的定义.

8. 提示：可令 $f(x)=\ln\frac{\sin x}{x}$，$x\in(0,\pi)$，并利用 Jensen 不等式.

9. 提示：对于 $\forall x\in(a,b)$，记 $\lambda_1=\frac{b-x}{b-a}$，$\lambda_2=\frac{x-a}{b-a}$，则 $\lambda_1+\lambda_2=1$，而 $x=\lambda_1 a+\lambda_2 b$.

10. 提示：利用上题结论可知 $f(x)$ 在 $[\alpha,\beta]$ 上有上界，只要再证明 $f(x)$ 在 $[\alpha,\beta]$ 上有下界就行了.

习题 5.6

2. 当 $k\leqslant 0$ 或 $k=\frac{2\sqrt{3}}{9}$ 时，原方程只有一个解.

3. (1) 两个.

(2)当 $k<\frac{3\sqrt{3}}{16}$ 时，原方程有两个实根；当 $k=\frac{3\sqrt{3}}{16}$ 时，原方程有唯一实根；当 $k>\frac{3\sqrt{3}}{16}$ 时，原方程无实根.

第 六 章

习题 6.1

1. $\frac{2}{3}\sqrt{x^3}+2\sqrt{x}+2\ln|x|+\frac{x^3}{3}+C$.

2. $2x^{\frac{3}{2}}\left(\frac{1}{3}-\frac{4}{5}x+\frac{4}{7}x^2\right)+C$.

3. $\cos x-\sin x+C$.

4. $x-\arctan x+C$.

5. $\tan x-x+C$.

6. $\frac{1}{3}x^3-x+\arctan x+C$.

7. $\frac{4^x}{\ln 4}+\frac{6^x}{\ln\sqrt{6}}+\frac{9^x}{\ln 9}+C$.

8. $\frac{1}{2}e^{2x}-e^x+x+C$.

9. $-\frac{1}{3x^3}+\frac{1}{x}+\arctan x+C.$

10. $-x+3\tan x+C.$

习题 6.2

1. (1) $\frac{1}{5}e^{5x}+C$. (2) $\frac{1}{3}\sin 3x+C$. (3) $\frac{1}{7}\tan 7x+C$. (4) $\frac{1}{3}(1+x^2)^{\frac{3}{2}}+C$.

(5) $-\frac{1}{4}\cos^4 x+C$. (6) $\sqrt{1+\sin^2 x}+C$. (7) $\frac{2}{3}(1+\tan x)^{\frac{3}{2}}+C$.

(8) $\frac{1}{4}\ln(1+4e^x)+C$. (9) $\frac{1}{3}\tan^3 x-\tan x+x+C$. (10) $e^{\sin x}+C$.

(11) $-2\cos\sqrt{x}+C$. (12) $\ln\left|\frac{1+\sqrt{1-x^2}}{x}\right|-\frac{\sqrt{1-x^2}}{|x|}+C.$

(13) $-\frac{2}{x}-2\frac{\sqrt{1-x^2}}{x}-2\arcsin x-x+C.$ (14) $-\ln\left|e^{-x}+\sqrt{1+e^{-2x}}\right|+C.$

(15) $\frac{3}{2}(\sin x-\cos x)^{\frac{2}{3}}+C.$ (16) $\ln\left|\frac{1}{2}+x+\sqrt{x^2+x+1}\right|+C.$

(17) $\frac{2}{3}\ln^{\frac{3}{2}}\left(x+\sqrt{1+x^2}\right)+C$.

(18) $\begin{cases}\dfrac{\tan x}{b^2}+C, & a=0,b\neq 0,\\ -\dfrac{1}{a^2\tan x}+C, & a\neq 0,b=0,\\ \dfrac{1}{ab}\arctan\left(\dfrac{a}{b}\tan x\right)+C, & ab\neq 0.\end{cases}$

2. (1) $x\sin x+\cos x+C.$ (2) $\frac{x^2}{2}\left(\ln x-\frac{1}{2}\right)+C.$ (3) $\frac{1}{2}e^x(\cos x+\sin x)+C.$

(4) $(x^2-2)\sin x+2x\cos x+C.$ (5) $\frac{x^{n+1}}{(n+1)^2}((n+1)\ln x-1)+C.$

(6) $x\arctan x-\frac{1}{2}\ln(1+x^2)+C$. (7) $\frac{1}{2}(1+x^2)\arctan x-\frac{1}{2}x+C.$

(8) $x\arcsin\sqrt{\frac{x}{1+x}}-\sqrt{x}+\arctan\sqrt{x}+C.$ (9) $\frac{1+x}{2\sqrt{1+x^2}}e^{\arctan x}+C.$

(10) $\frac{1}{n}\left(x\sin nx-\frac{1}{n}\cos nx\right)+C.$

3. (1) $I_n=\begin{cases}x+C, & n=0,\\ -\cos x+C, & n=1,\\ \dfrac{1}{n}\left((n-1)I_{n-2}-\sin^{n-1}x\cos x\right), & n\geqslant 2.\end{cases}$

(2) $I_n=-x^n e^{-x}+nI_{n-1}$.

(3) $I_n=\begin{cases}\arcsin x+C, & n=0,\\ -\sqrt{1-x^2}+C, & n=1,\\ -\dfrac{1}{n}x^{n-1}\sqrt{1-x^2}+\dfrac{n-1}{n}I_{n-2}, & n\geqslant 2.\end{cases}$

习题 6.3

1. (1) $\dfrac{1}{4}\ln\left|\dfrac{x-1}{x+1}\right|+\dfrac{1}{2(x+1)}+C.$ (2) $\dfrac{1}{3}\ln\left|\dfrac{x-1}{x+2}\right|+C.$

(3) $\dfrac{x+2}{2(x^2+2x+3)}-\dfrac{\sqrt{2}}{4}\arctan\dfrac{x+1}{\sqrt{2}}+C.$

(4) $\ln\left|\dfrac{x}{x+1}\right|-\dfrac{2}{\sqrt{3}}\arctan\dfrac{2x+1}{\sqrt{3}}+C.$ (5) $\dfrac{1}{4}\ln\left|\dfrac{1+x}{1-x}\right|-\dfrac{1}{2}\arctan x+C.$

(6) $\dfrac{1}{\sqrt{2}}\arctan\dfrac{x^2-1}{\sqrt{2}x}+C.$ (7) $\ln\dfrac{(x-1)^2}{|x|}-\dfrac{x}{(x-1)^2}+C.$

(8) $x-\dfrac{8}{3}\arctan\dfrac{x}{2}+\dfrac{1}{3}\arctan x+C.$

(9) $\dfrac{1}{4}\left(x^4+\ln\dfrac{x^4+1}{(x^4+2)^4}\right)+C.$

(10) $-\dfrac{1}{97(x+1)^{97}}+\dfrac{1}{49(x+1)^{98}}-\dfrac{1}{99(x+1)^{99}}+C.$

2. (1) $\tan\dfrac{x}{2}+C.$ (2) $\ln\left|\dfrac{\tan\dfrac{x}{2}+2-\sqrt{5}}{\tan\dfrac{x}{2}+2+\sqrt{5}}\right|+C.$ (3) $\dfrac{1}{2}\ln\left|\tan\dfrac{x}{2}\right|-\dfrac{1}{4}\tan^2\dfrac{x}{2}+C.$

(4) $\dfrac{1}{2}\tan^2x+\ln|\cos x|+C.$ (5) $\dfrac{1}{\sqrt{6}}\arctan\dfrac{\sqrt{2}\tan x}{\sqrt{3}}+C.$

(6) $\dfrac{1}{2}(\sin x-\cos x)-\dfrac{1}{2\sqrt{2}}\ln\left|\tan\left(\dfrac{x}{2}+\dfrac{\pi}{8}\right)\right|+C.$

(7) $\dfrac{1}{3}\ln\left|\dfrac{\left(1+\tan\dfrac{x}{2}\right)^3}{1-\tan^3\dfrac{x}{2}}\right|+C.$ (8) $\sqrt{2}\arctan\dfrac{\tan x}{\sqrt{2}}-x+C.$

(9) $\arctan(\cos 2x)+C.$ (10) $\dfrac{2}{1-r^2}\arctan\left(\dfrac{1+r}{1-r}\tan\dfrac{\theta}{2}\right)+C.$

3. (1) $\dfrac{4}{3}\sqrt[4]{x^3}-\dfrac{4}{3}\ln(1+\sqrt[4]{x^3})+C.$

(2) $\ln(x+\sqrt{x^2-1})-\dfrac{1}{\sqrt{2}}\ln\left|\dfrac{\sqrt{2}x+\sqrt{x^2-1}}{\sqrt{2}x-\sqrt{x^2-1}}\right|+C.$

(3) $\sqrt{x}+\dfrac{x}{2}-\dfrac{1}{2}\sqrt{x(x+1)}-\dfrac{1}{2}\ln(\sqrt{x}+\sqrt{x+1})+C.$

(4) $\dfrac{1}{\sqrt{2}}\ln\left|\dfrac{\sqrt{x^2+2x+2}-x-\sqrt{2}}{\sqrt{x^2+2x+2}-x+\sqrt{2}}\right|+C.$

(5) $\frac{1}{4}(2x-1)\sqrt{2+x-x^2}+\frac{9}{8}\arcsin\frac{2x-1}{3}+C.$

(6) $\frac{1}{2}\ln\frac{t^4}{|2t+1|^3}+\frac{3}{2(2t+1)}+C$,其中 $t=x+\sqrt{x^2+x+1}.$

4. (1) $-\frac{1}{ab}\ln\left|ae^{-bx}+k\right|+C.$

(2) $\begin{cases}\frac{1}{2a^2}\ln(a^2\tan^2x+b^2)+C, & a\neq 0,\\ \frac{1}{2b^2}\tan^2x+C, & a=0.\end{cases}$

(3) $-\frac{2}{e^x-1}+\ln\left|1-e^{-x}\right|+C.$ (4) $\frac{e^x}{1+x}+C.$

(5) $\ln\frac{e^x}{1+e^x}+\frac{1}{1+e^x}+C.$ (6) $\ln\left|\frac{xe^x}{1+xe^x}\right|+C.$

(7) $x+\frac{x^2-1}{2}\ln\frac{1+x}{1-x}+C.$

(8) $\frac{x}{x-\ln x}+C$, 提示:令 $x=\frac{1}{t}.$

(9) $\frac{x}{\sqrt{1+x^2}}\ln x-\ln(x+\sqrt{1+x^2})+C.$

(10) $2x\sqrt{e^x-2}-4\sqrt{e^x-2}+\frac{8}{\sqrt{2}}\arctan\frac{\sqrt{e^x-2}}{\sqrt{2}}+C.$

(11) $\frac{1}{4}\ln\left|\frac{\sqrt[4]{1+x^4}-1}{\sqrt[4]{1+x^4}+1}\right|+\frac{1}{2}\arctan\sqrt[4]{1+x^4}+C.$

(12) $x-\frac{\arcsin e^x}{e^x}-\ln\left(1+\sqrt{1-e^{2x}}\right)+C.$

(13) $x\arctan(1+\sqrt{x})-\sqrt{x}+\ln(2+x+2\sqrt{x})+C.$

(14) $x-\frac{2}{\sqrt{3}}\arctan\frac{2\tan x+1}{\sqrt{3}}+C.$

(15) $-\frac{1}{x}\arctan x-\frac{1}{2}(\arctan x)^2+\ln\left|\frac{x}{\sqrt{1+x^2}}\right|+C.$

(16) $x\arctan x-\frac{1}{2}(\arctan x)^2-\frac{1}{2}\ln(1+x^2)+C.$

(17) $\frac{x}{2}\sqrt{1-x^2}\arcsin x-\frac{1}{4}(x^2-(\arcsin x)^2)+C.$

(18) $\frac{x}{2}\sqrt{1-x^2}\arcsin x+\frac{1}{4}(x^2+(\arcsin x)^2)+C.$

(19) $-\frac{x}{1+\tan x}+\frac{x}{2}+\frac{1}{2}\ln\left|\sin x+\cos x\right|+C.$

(20) $x\tan\frac{x}{2}+C$, 提示:$\int\frac{x+\sin x}{1+\cos x}dx=\int\frac{x}{2\cos^2\frac{x}{2}}dx+\int\frac{\sin\frac{x}{2}}{\cos\frac{x}{2}}dx.$

(21) $e^x\tan\frac{x}{2}+C$, 提示:参考上题方法.

(22) $-\frac{1}{8}x\csc^2\frac{x}{2}-\frac{1}{4}\cot\frac{x}{2}+C$, 提示:$\frac{\cos^4\frac{x}{2}}{\sin^3 x}dx=-\frac{1}{8}d\left(\sin\frac{x}{2}\right)^{-2}$.

5. (1) $2\sqrt{x}+C$. (2) $x-\frac{1}{2}x^2+C, x\in[0,1]$. (3) $\begin{cases}x, & x\in(-\infty,0],\\ e^x-1, & x\in(0,+\infty).\end{cases}$

(4) $x\left(\frac{3}{2}\sin(\ln x)+\frac{1}{2}\cos(\ln x)\right)+C$.

6. (1) $\frac{x\cos x-2\sin x}{x}+C$. (2) $x+2\ln|x-1|+C$.

7. (1) $\begin{cases}x+C, & |x|\leqslant 1,\\ \frac{x^3}{3}+\frac{2}{3}\mathrm{sgn}(x)+C, & |x|>1.\end{cases}$ (2) $\begin{cases}e^x(x-1)+C, & x\geqslant 0,\\ -e^x(x-1)+C-2, & x<0.\end{cases}$

8. (1) $\frac{3y}{x}-2\ln\left|\frac{y}{x}\right|+C$, 提示:令 $y=tx$,代入原方程解出 $x=\frac{1}{t^2(1-t)}$.

(2) $\frac{1}{2}\ln\left|(x-y)^2-1\right|+C$, 提示:令 $x-y=t$,代入原方程解出 $x=\frac{t^3}{t^2-1}$.

第 七 章

习题 7.1

1. $\int_0^{\frac{H}{2}}Lx\,dx$.

2. $\int_a^b\frac{Qq}{x^2}dx$.

3. (1) $\frac{a}{2}+b$. (2) 3. (3) $\frac{a-1}{\ln a}$.

4. (1) $\frac{b^2-a^2}{2}$. (2) $\frac{\pi}{2}\left(\frac{b-a}{2}\right)^2$. (3) $\left(\frac{b-a}{2}\right)^2$.

习题 7.2

1. (1) 可积. (2) 可积. (3) 可积. (4) 可积.

2. f可积$\Rightarrow f^2$可积; $|f|$可积$\Leftrightarrow f^2$可积; f可积$\Rightarrow |f|$可积.

3. 提示:(1) $\omega\left(\frac{1}{f}\right)\leqslant\frac{1}{\alpha^2}\omega(f)$. (2) $\omega(\ln f)\leqslant\frac{1}{\alpha}\omega(f)$.

4. (1) Riemann 函数 $R(x)$. (2) Dirichlet 函数 $D(x)$. (3) $f(x)=\begin{cases}\frac{1}{x}, & 0<x\leqslant 1,\\ 0, & x=0.\end{cases}$

(4) 符号函数 $\mathrm{sgn}(x), x\in[-1,1]$. (5) $f(x)=\begin{cases}2x\sin\frac{1}{x^2}-\frac{2}{x}\cos\frac{1}{x^2}, & 0<x\leqslant 1,\\ 0, & x=0.\end{cases}$

5\. 提示：$\left|f(\xi_i+h)-f(\xi_i)\right|\leqslant\omega_i+\omega_{i+1}$.

6\. 提示：利用 $f\in U.C[a,b]$.

7\. 提示：$\omega(f')\leqslant2\omega(|f'|)$.

8\. 提示：利用 $\sum\omega_i(f)\Delta x_i$，且注意到对于逐一连接 $(x_{i-1},f(x_{i-1}))$ 与 $(x_i,f(x_i))$ 的折线函数 $\varphi_n(x)$，都有 $\left|f(x)-\varphi_n(x)\right|\leqslant\omega_i(f),x\in[x_{i-1},x_i]$.

习题 7.3

1\. (1) $\int_0^{\frac{\pi}{2}}\sin^3x\mathrm{d}x>\int_0^{\frac{\pi}{2}}\sin^6x\mathrm{d}x$. (2) $\int_0^1\sqrt{x}\mathrm{d}x>\int_0^1x^2\mathrm{d}x>\int_1^0\mathrm{e}^{-x}\mathrm{d}x$.

(3) $\int_a^b\frac{f(a)+f(b)}{2}\mathrm{d}x<\int_a^bf(x)\mathrm{d}x<\int_a^bf(b)\mathrm{d}x$.

3\. (1) $\frac{\sqrt{2}}{4}<\int_{\frac{\pi}{4}}^{\frac{\pi}{2}}\frac{\sin x}{x}\mathrm{d}x<\frac{1}{\sqrt{2}}$. (2) $\frac{\pi}{21}<\int_{\frac{\pi}{4}}^{\frac{\pi}{3}}\frac{1}{1+\sin^2x}\mathrm{d}x<\frac{\pi}{18}$.

(3) $\frac{2}{3}<\int_0^1\frac{1}{\sqrt{2+x-x^2}}\mathrm{d}x<\frac{1}{\sqrt{2}}$.

5\. 提示：(1) $xf(x)=x\sqrt{f(x)}\cdot\sqrt{f(x)}$. (2) 参见(1).

6\. 提示：利用积分第一中值定理，并对函数 $xf(x)$ 运用 Rolle 中值定理.

7\. (1) 0. (2) 0. (3) 0. (4) 1.

8\. (1) 1. (2) $\frac{\pi^2}{4}$. (3) $\frac{1}{2}$.

9\. 提示：$(x+a)(b-x)f(x)\geqslant0,x\in[-a,b]$.

10\. 提示：作辅助函数 $g(x)=(x-a)(b-x)f(x),x\in[a,b]$.

11\. 提示：(1)运用闭区间套定理，且注意到函数 f 在 x_0 点连续 $\Leftrightarrow\omega(f,x_0)=0$.

(2)利用定理 4(1)以及本题(1).

(3)利用本题(2)且结合反证法.

12\. 提示：利用题 11 与连续函数的局部保号性.

习题 7.4

1\. 利用定积分关于区间的可加性以及定理的推论 1.

2\. (1) 错误. (2) 错误. (3) 错误.

3\. (1) $\frac{\pi}{4}$. (2) $\frac{2}{\pi}$. (3) $\frac{1}{\mathrm{e}}$. (4) $\frac{3}{2}$.

习题 7.5

1\. (1) $4-\pi$. (2) $\frac{1}{2}$. (3) $\ln\frac{2\mathrm{e}}{1+\mathrm{e}}$. (4) $\frac{4}{3}$. (5) $\frac{\pi}{4}$. (6) $\frac{a^2}{2}\left(\sqrt{2}+\ln(1+\sqrt{2})\right)$.

(7) $\frac{3\pi}{2}$. (8) $2\left(1-\frac{1}{\mathrm{e}}\right)$. (9) $\frac{20}{\pi}$. (10) $\frac{3}{5}(\mathrm{e}^{\pi}-1)$. (11) $\frac{\pi}{8}$. (12) $\frac{1}{27}(5\mathrm{e}^3-2)$.

(13) $\frac{\pi}{8}-\frac{1}{4}\ln 2$.　(14) $\frac{(2n)!!}{(2n+1)!!}$.　(15) $\frac{3\pi}{32}$.　(16) $\frac{\pi}{35}$.　(17) $\frac{5\pi}{16}$.　(18) $\frac{\pi}{8}\ln 2$.

(19) $\frac{\pi}{4}-\frac{1}{2}\ln 2$.　(20) $\frac{\pi}{4}$.

2. (1) $-\frac{3}{4}$.　(2) 2.

3. $x-1$.

4. π^2-2.

5. 提示:作变换 $x=\frac{\pi}{2}-t$.

8. $xf(x^2)$.

9. 提示:用分部积分法.

11. 提示:注意到 $\int_a^b |f'(x)|\mathrm{d}x \geqslant \left|\int_\xi^\eta |f'(x)|\mathrm{d}x\right| \geqslant \left|\int_\xi^\eta f'(x)\mathrm{d}x\right| = |f(\eta)-f(\xi)|, \xi,\eta \in [a,b]$.

12. 提示:作辅助函数 $F(t)=\left(\int_0^t f(x)\mathrm{d}x\right)^2-\int_0^t f^3(x)\mathrm{d}x, t\in[0,1]$.

14. 提示:注意到 $\forall x\in[a,b]:0\leqslant f(x)\leqslant M$,同时不妨设 $M>0$,于是有 $\forall \varepsilon\in(0,M)$,
$\exists[\alpha,\beta]\subset[a,b], \forall x\in[\alpha,\beta]:f(x)>M-\varepsilon>0$.

15. 提示:注意到

$$\left|\int_{-1}^1 \frac{h}{h^2+x^2}f(x)\mathrm{d}x-\pi f(0)\right| \leqslant \left|\int_{-1}^1 \frac{h}{h^2+x^2}|f(x)-f(0)|\mathrm{d}x\right| + \left|\int_{-1}^1 \frac{h}{h^2+x^2}f(0)\mathrm{d}x-\pi f(0)\right|,$$

$$\int_{-1}^1 \frac{h}{h^2+x^2}|f(x)-f(0)|\mathrm{d}x = \int_{-1}^{-\delta} \frac{h}{h^2+x^2}|f(x)-f(0)|\mathrm{d}x + \int_{-\delta}^{\delta} \frac{h}{h^2+x^2}|f(x)-f(0)|\mathrm{d}x +$$

$$\int_\delta^1 \frac{h}{h^2+x^2}|f(x)-f(0)|\mathrm{d}x,\quad \delta\in(0,1).$$

习题 7.6

1. (1) 0.　(2) 0.

3. (1) $\frac{1}{3}\pi^{\frac{3}{2}}$.　(2) $\frac{\pi}{8}$.　(3) $\frac{2}{\pi}\int_a^b f(x)\mathrm{d}x$.

习题 7.7

1. (1) $\frac{32}{3}$.　(2) $\frac{1}{2}-\frac{1}{2}\ln 2$.　(3) $2-\frac{2}{\mathrm{e}}$.

2. (1) $6\pi a^2$.　(2) $\frac{5}{4}\pi$.　(3) $\frac{\pi}{2}-1$.

3. (1) $3\pi a^2$.　(2) $\frac{3}{8}\pi a^2$.

4. $\frac{16}{3}p^2$.

5. $\frac{e}{2}$.

6. 切线方程：$y=-\frac{2\sqrt{3}}{3}x+\frac{4}{3}$.

7. $1-x^2$.

8. $\frac{2}{3}R^3\tan\alpha$.

9. $\frac{\pi}{6}$.

10. $\frac{112}{3}\pi$.

11. $a=4, V=\frac{32\sqrt{5}}{1\,875}\pi$.

12. $a=-\frac{5}{4}, b=\frac{3}{2}, c=0$.

13. (1) $V(\xi)=\frac{\pi}{2}(1-e^{-2\xi}), a=\frac{1}{2}\ln 2$. (2) 切点：$\left(1,\frac{1}{e}\right)$，面积 $S=\frac{2}{e}$.

14. (1) $5\pi^2a^3$. (2) $6\pi^2a^3$. (3) $7\pi^2a^3$.

15. (1) $\frac{\pi}{15}$. (2) $2\pi^2$. (3) $\frac{5}{2}\pi$.

16. $\frac{8}{3}\pi a^3$.

17. (1) $\sqrt{2}(e^{\frac{\pi}{2}}-1)$. (2) $\ln(1+\sqrt{2})$. (3) $8a$.

18. (1) 4. (2) $\frac{4}{3}\pi+\sqrt{3}$.

19. $\frac{56}{27}$.

20. $2+\frac{1}{2}\ln 3$.

21. (1) 曲率半径为 $p\left(1+\frac{2x}{p}\right)^{\frac{3}{2}}$. (2) 曲率半径为 at.

22. $\frac{32}{5}\pi a^2$.

23. $\frac{c}{T}a, \sqrt{\frac{c}{T}}a$.

24. $\frac{1}{2}h, \frac{1}{\sqrt{3}}h$.

25. $\frac{U_m}{\pi}$.

26. I_m^2R.

27. $8a, \left(\pi a, \frac{4}{3}a\right)$.

28. (1)质心为$\left(0,\dfrac{2}{\pi}R\right)$，旋转体体积为$\dfrac{4}{3}\pi R^3$，旋转体侧面积为 $4\pi R^2$.

(2) 质心为$\left(0,h+\dfrac{2}{\pi}R\right)$，旋转体体积为$\dfrac{4}{3}\pi R^3$，旋转体侧面积为 $4\pi R^2$.

第 八 章

习题 8.1

1. (1) 错误. (2) 错误. (3) 错误. (4) 错误. (5)正确.

2. (1) $\dfrac{2\pi}{3\sqrt{3}}$. (2) $\dfrac{1}{1+a^2}$. (3) $\dfrac{\ln 2}{2}$. (4)$\dfrac{\sqrt{2}}{2}\pi$. (5) 0. (6)$\dfrac{\pi}{4}$.

3. (1) 收敛. (2) 收敛. (3) 收敛. (4) 收敛. (5) 收敛. (6) 发散.

(7) 当且仅当 $p>1$ 时积分收敛. (8) 对于 $\forall p>0$ 积分收敛.

(9) 发散,提示:$\dfrac{1}{1+x|\sin x|}\geqslant\dfrac{1}{1+x}$.

(10) 发散,提示:考虑对于 $\forall k\in\mathbf{N}$,有

$$\int_{k\pi}^{(k+1)\pi}\frac{\sin^2 x}{x}\mathrm{d}x\geqslant\frac{1}{(k+1)\pi}\int_{k\pi}^{(k+1)\pi}\sin^2 x\mathrm{d}x=\frac{1}{(k+1)\pi}\int_0^{\pi}\sin^2 x\mathrm{d}x=\frac{1}{2(k+1)}.$$

4. 提示:用积分第二中值定理.

5. (1) 绝对收敛. (2) 条件收敛. (3) 条件收敛.

(4) 当 $0<p\leqslant 1$ 时为条件收敛,当 $p>1$ 时为绝对收敛.

7. 提示:用反证法.

8. 提示:记 $f(x)=\dfrac{1}{x}\cdot xf(x)$,并用 Abel 判别法.

9. 提示:适当选取 $\varepsilon_0>0$,使 $\lambda-\varepsilon_0\overset{\text{def}}{=\!=}p>0$. 再证明有 $f(x)<\dfrac{1}{x^p},p>1$.

10. 提示:先对 $\int_a^{+\infty}f'(x)\sin^2 x\mathrm{d}x$ 分部积分.

11. 提示:必要性证明利用 $f(x)$ 的单调递减非负性,先说明有 $\int_{\frac{x}{2}}^{x}f(t)\mathrm{d}t\geqslant\dfrac{x}{2}f(x),x\geqslant a$, 再利用 Cauchy 收敛准则; 充分性证明可按收敛性定义, 对于 $\forall\varepsilon>0$, 当 A 充分大时, 有 $\left|\int_A^{+\infty}xf'(x)\mathrm{d}x\right|<\varepsilon$,由此证明 $\lim\limits_{A\to+\infty}Af(A)=0$.

12. 提示:应证对于 $\forall A>n$,积分$\int_n^A\left(f(x)-c\right)\mathrm{d}x$ 有界. 若记 $A-n=kT+T'(0<T'\leqslant T)$, 则有

$$\left|\int_n^A\left(f(x)-c\right)\mathrm{d}x\right|=\left|k\int_0^T f(x)\mathrm{d}x+\int_{n+kT}^A f(x)\mathrm{d}x-(A-n)c\right|$$
$$\leqslant T'c+\left|\int_n^{A-kT}f(x)\mathrm{d}x\right|\leqslant Tc+\int_0^T|f(x)|\mathrm{d}x.$$

13. 提示:因为

$$\int_0^{+\infty}\frac{h}{h^2+x^2}\mathrm{d}x=\int_0^{+\infty}\frac{\mathrm{d}\left(\frac{x}{h}\right)}{1+\left(\frac{x}{h}\right)^2}=\arctan\frac{x}{h}\bigg|_0^{+\infty}=\frac{\pi}{2},$$

故应证 $\lim\limits_{h\to0^+}\int_0^{+\infty}\frac{h}{h^2+x^2}\big(f(x)-f(0)\big)\mathrm{d}x=0.$

14. 提示:注意到

$$\left|\int_0^{\sqrt{n}}f\left(\frac{x}{n}\right)g(x)\mathrm{d}x-\int_0^{+\infty}f(0)g(x)\mathrm{d}x\right|\leqslant\int_0^{\sqrt{n}}\left|f\left(\frac{x}{n}\right)-f(0)\right|\cdot|g(x)|\mathrm{d}x+\int_{\sqrt{n}}^{+\infty}|f(0)|\cdot|g(x)|\mathrm{d}x,$$

故应证当 n 充分大时,上式右端的两项均可以任意小.

习题 8.2

1. (1) $\frac{2}{3}$. (2) 3π,提示:先令 $\sqrt{\frac{x}{1-x}}=t$,再令 $t=\tan u$. (3) 2.

(4) $\frac{\sqrt{2}}{2}\pi$,提示:令 $\tan x=t^2$.

2. (1) 收敛. (2) 收敛. (3) 发散. (4) 收敛,提示:令 $x=\frac{1}{\sqrt{t}}$ 作变换. (5) 收敛.

(6) 收敛. (7) 当 $0<p<3$ 时收敛,当 $p\geqslant3$ 时发散. (8) 当且仅当 $p<1,q<1$ 时积分收敛.

5. (1) 当且仅当 $1<p<2$ 时积分收敛.

(2) 当 $0<p\leqslant1$ 时条件收敛,当 $1<p<4$ 时绝对收敛,当 $p\geqslant4$ 时发散.

(3) 当 $0<p\leqslant1$ 时条件收敛,当 $1<p<2$ 时绝对收敛,当 $p\geqslant2$ 时发散.

6. 提示:参考 8.1 节的例 11.

7. (1) $-\pi\ln 2$. (2) $-\frac{\pi}{2}\ln 2$. (3) $-\frac{\pi^2}{2}\ln 2$,提示:令 $x=\pi-t$.

(4) $\frac{\pi}{2}\ln 2$,提示:利用 $\frac{1}{x}=\mathrm{d}(\ln x)$ 先分部积分.

8. (1) $\ln\frac{b}{a}$. (2) $\ln\frac{b}{a}$. (3) $\frac{1}{2}\ln\frac{b}{a}$. (4) $ab\ln\frac{b}{a}$.

索　引

郑 重 声 明

反盗版举报电话：(010) 58581897/58581896/58581879
传　　真：(010) 82086060
E - mail：dd@ hep. com. cn
通信地址：北京市西城区德外大街 4 号
高等教育出版社打击盗版办公室
邮　　编：100120

购书请拨打电话：(010)58581118

策划编辑　李艳馥
责任编辑　李华英
封面设计　王凌波
责任绘图　吴文信
版式设计　马静如
责任校对　朱惠芳
责任印制　刁　毅